研究生教育精品教材——土木工程

岩体力学与工程

谢　强　赵　文　主编
程谦恭　主审

西南交通大学出版社
·成 都·

内容简介

本书从工程应用的角度，介绍岩体力学与岩体工程的概念、岩石力学基本理论、结构面研究方法、岩体变形与强度、岩体测试试验及分析、岩体工程设计、岩体工程问题等相关内容。本书可供具有一定地质学基础和岩石力学基础的读者参考。

图书在版编目（CIP）数据

岩体力学与工程 / 谢强，赵文主编. —成都：西南交通大学出版社，2011.7

研究生教育精品教材. 土木工程

ISBN 978-7-5643-1065-3

Ⅰ. ①岩… Ⅱ. ①谢… ②赵… Ⅲ. ①岩石力学－研究生－教材 Ⅳ. ①TU45

中国版本图书馆 CIP 数据核字（2011）第 016962 号

研究生教育精品教材——土木工程

岩体力学与工程

谢 强 赵 文 主编

*

责任编辑 张 波

特邀编辑 杨 勇

封面设计 本格设计

西南交通大学出版社出版发行

成都二环路北一段 111 号 邮政编码：610031 发行部电话：028-87600564

http://press.swjtu.edu.cn

四川森林印务有限责任公司印刷

*

成品尺寸：170 mm × 230 mm 印张：21.75

字数：389 千字

2011 年 7 月第 1 版 2011 年 7 月第 1 次印刷

ISBN 978-7-5643-1065-3

定价：39.50 元

前　言

本书是以具备一定的地质学知识并学习过岩石力学基础课程的地质工程、土木（岩土）工程及相关专业的研究生为对象编写的。因此，有关岩石的物理水理力学性质、岩石的变形与强度、岩石强度理论、地应力、岩石边坡、地下硐室、岩石地基应力计算等相关知识，除必要者外，不再编入本书。

如何编写一本研究生用的教材，特别是像岩体力学这样一门仍不算成熟的学科的教材，是编者较为困惑的问题。编者根据在岩体力学前辈指导下学习的体会和涉足研究生教育的思考，认为研究生阶段的学习应该是尽可能地扩大文献的阅读量，了解不同的学术思想，启发自己的思考和探索，尽可能地学习掌握专业特有的认识问题、分析问题、解决问题的方法。因此，本书试图按此想法组织编写，而不求做到内容成熟、叙述详尽、面面俱到。

目前仅国内出版的岩体力学教材已多达数十种。本书试图从与普通本科教材有所衔接并突出工程应用的角度去编写。前者，以“含结构面的岩体”为主的内容与本科“完整岩石”为主的内容相区别；后者，则按工程应用的要求，依照观点、方法、基本理论、试验测试计算手段、典型工程举例分析的线索展开。

本书的编写仅仅是一种尝试。限于编者学术水平和工程实践经验，不管对本书理论体系的把握还是对内容的理解都难免有一定缺陷或疏漏之处，恳请读者不吝指正。

本书由西南交通大学谢强、赵文主编，程谦恭主审。编写人员分工如下：西南交大谢强编写第 1 章，谢强、胡熠编写第 6 章，赵文编写第 2、3、5 章及第 7 章的第 1、2、3 节，西华大学李娅编写第 4 章，西南交大郭永春编写第 7 章第 4、5 节，文江泉编写第 7 章第 6 节。全书由谢强、赵文统稿。西南交大郑立宁、冯治国提供了部分素材、绘制了部分图件并参加校改书稿，西南交大李春花、徐飞飞、赵阳、渠孟飞、柳堰龙、郭清石等研究生绘制了部分图件。

本书的编写，引用和参考了国内外众多作者的学术著作和研究成果。这些著作和成果尽量在每章的末尾以参考文献列出，不再在文字叙述和图表说明中逐一标明，在此特致谢意。

本书得到西南交通大学“研究生特色教材建设专项经费”和“中央高校基本科研业务费专项资金（SWJTU09CX014）”资助。

编　者

2010 年 10 月

目录

1 岩体力学与岩体工程

1.1 岩体、岩体力学、岩体工程

1.1.1 岩　体

岩体是地质历史中形成并演化、处于复杂地质环境下，由结构面和结构体所构成的天然地质体。

1. 岩体是地质历史的产物

岩体是地质历史的产物，是地球内力地质作用和外力地质作用对地表岩石圈共同孕育和改造的结果。从地质历史的角度看，岩体具有形成（孕育）—发展（成长）—稳定（成熟）—新构造建造（消亡）的生长发育规律，它是有“生命”的。

形成（孕育）期是岩体所赋存的区域地质构造格局环境形成的时期，它决定岩体最基本的物质组成和地质构造格局。

从工程应用的观点看，分析岩体形成期特征，主要解决三个基本问题：物质组成、工程岩体边界以及原始区域应力场特征及其配套的区域构造体系。

岩体的物质组成决定“材料”的力学性质。显然，不同成因的岩石材料，其基本力学特征不尽相同，特别是细观组构决定的力学性质的差异。同时，由于物质组成的差异，岩体呈现出非均质和各向异性的力学特征。

新近建成的石家庄—太原铁路客运专线，在晋冀交界处以长达 28 km 的隧道穿越太行山脉，隧道最大埋深 350 m，穿越地层主要为一套奥陶系的含膏角砾岩，其性质极为破碎，极易坍塌变形，这种物质组成决定了工程建设的难度。

提到工程岩体，必然有一个“尺度”的概念蕴含其中。通常的观点，工程岩体是指人类工程开挖引起岩体原有应力特征发生变化的那个范围内的岩体。但实际上，影响工程岩体稳定性的地质构造边界才是工程岩体的边界。最典型的例子就是“安全岛”的概念。

基本地质构造格局是一个地区最基础的地质构造特征。它决定了该区域主要构造线的走向和配套、最初地应力场方向和强度，也奠定了后期山脉水系展布规律。这些特征，影响到工程的布置（比如长大交通隧道尽量垂直构造线穿越、河谷线路走向应避开顺层岩体等）和工程岩体稳定性计算中边界的应力场状态。

正在修建的大理—瑞丽铁路在保山平坡村古霁虹桥遗址附近跨越澜沧江。受澜沧江断裂带影响，桥址处断层发育（图 1-1-1)，最后确定的桥位处于三条断层包围的稳定岩体内,为一安全岛。

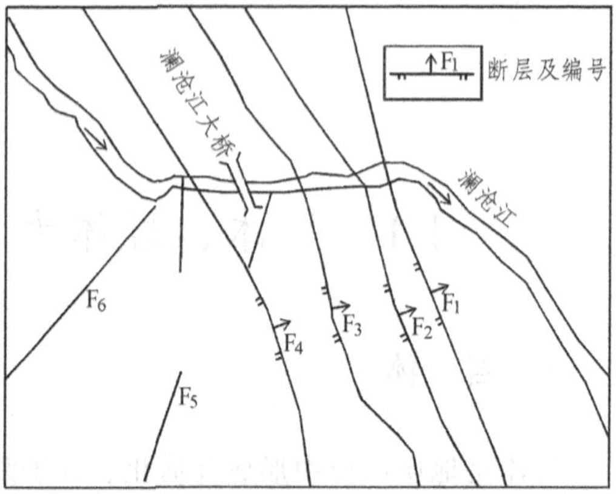

图 1-1-1　澜沧江铁路大桥桥址断裂构造

石太客专铁路太原附近，铁路以大桥跨越 314 省道（公路）所在峡谷，受区域构造控制，桥址位于向斜一翼，大桥太原端边坡岩体呈顺层状态。图 1-1-2 示意中生代燕山期形成的区域构造格局。可以看出地质构造对边坡岩体的控制作用。

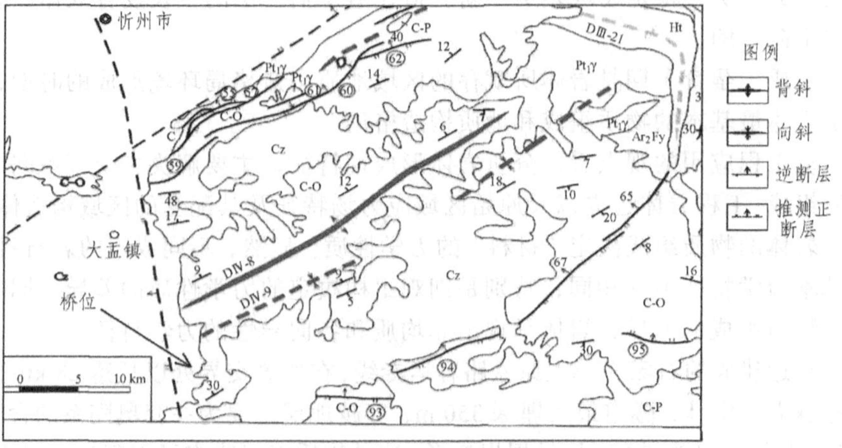

图 1-1-2　山西阳曲范庄附近区域地质构造略图

发展（成长）期是新构造运动的作用和现代外营力作用对岩体“雕刻”和“改造”的时期，该时期的岩体总体来说还处在变动演化阶段，一般是欠稳定或不稳定的。

发展期的岩体在地质上主要有四种状态：活动性断裂影响（包括高烈度区）、地壳上升形成深切峡谷、不良地质（地质灾害）发育、岩浆活动地热异常。这些现象有时单独出现，有时同时存在。

由于发展期的岩体处于动态变化过程中，其岩体工程稳定性的分析必须高度重视。实际上，发展期岩体稳定性分析最难，并常常被人们所忽略。大部分没有多少地质背景的岩土工程师很少有“区域稳定”的概念，在这种情况下，他们做出的计算分析先天不足；而没有多少工程知识的地质人员，较少用简明清晰的描述表达地质过程对具体工程的影响，容易给人“隔靴搔痒”的感觉，有时难以将正确的意见融入工程岩体稳定性分析，并充分体现在具体的工程设计之中。

如果说形成期形成的基本地质环境通常由普通的地质勘察就可以查清，那么，发展期的岩体地质特征通常要经过深入细致的专门工作才能了解清楚。对活动性断裂等强烈内力作用的了解、评价与预测，现在一般都通过专门机构的“地震安全性评价”进行。

基本地震烈度基础之上的区域稳定性状态，大都由现场调查分析得出结论。

发展期岩体最基本的特征是变化。比如深切河谷谷底的堆积物、陡岸峭壁上新近崩塌、卸荷裂隙松动岩体的发育、岩溶侵蚀基准面的变化、坑道开挖中的岩爆、软岩围岩收敛变形、区域滑坡、泥石流发育等。

对工程岩体稳定性分析而言，发展期岩体的概念主要在两个方面产生影响：天然应力状态和计算结果的预估。前者要通过地质构造分析确定现代地应力场的方向，甚至通过实测了解现代地应力场的强度。后者影响到参数计算时偏于安全的取值并留足安全储备，以及是否需要加强工程措施。

以石太客运专线 314 省道峡谷边坡为例。图 1-1-3 示意形成期后地质构造格局的变化，图中数字为构造序次，包括新构造运动形成的近东西向的拉张、地壳差异升降致使原分水岭西移、河流袭夺、先期节理被拉开充填、次一级褶皱的形成等。由此，判定边坡岩体的稳定性趋势较差，虽然目前处于弱稳定状态，仍应进行加固处理。

另一个工程实例是四川大邑的西岭雪山公路隧道。由于靠近龙门山活动断裂带，其地震烈度较高，隧道进口部分经过断层破碎带，同时又处于背斜转折端（图 1-1-4），加之所在红层具有相当强的膨胀性。加固处理时，在原有衬砌的基础上，采用了两层钢拱架加锚杆并挂网喷射钢纤维混凝土的超强支护措施。

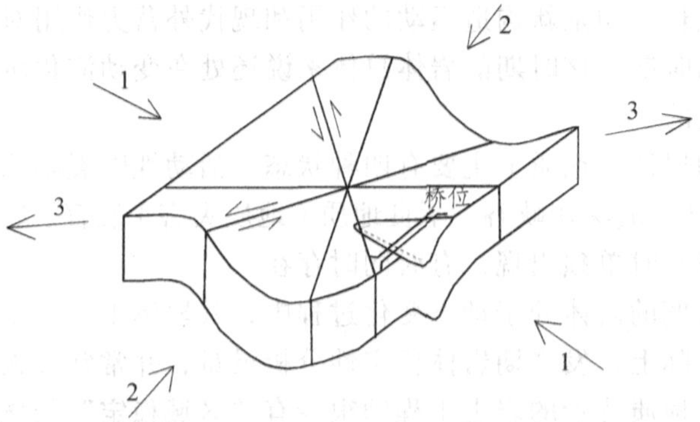

图 1-1-3 山西阳曲范庄附近区域地质构造立体示意图

1—燕山早期；2—燕山后期；3—喜山期

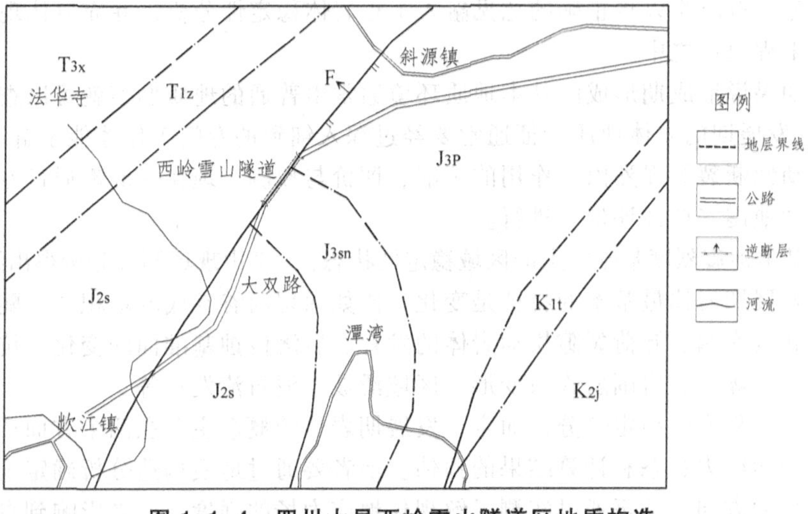

图 1-1-4 四川大邑西岭雪山隧道区地质构造

稳定（成熟）期是新构造运动和外力作用都相对平静的时期，岩体处于相对稳定状态。该时期的地质特征是没有晚近以来形成的构造形迹，地震烈度低于 VI 度，在野外观察，岩体相对完整，较少区域性不良地质发育。

稳定期岩体的分析，可以不考虑区域构造的影响，但工程岩体边界的划定应根据构造布局确定。在岩体工程分析中，岩体的稳定性主要由其基本力学性质和工程荷载决定，一般不用或用很少的工程防护加固措施。

消亡期是新一轮区域构造体系的重建时期，岩体卷入到大规模、区域性破坏变化之中，也是新岩体孕育的开始。这种地质构造强烈变动区域，强震频发，一般是不适合进行工程建设的。

岩体是自然地质历史的产物，岩体的孕育、发展、变化是自然规律控制的结果，人们应立足于“利用”岩体，进行有限的、顺其自然的“改变”。

2. 岩体是被结构面所切割的

岩体是地质历史的产物，在其形成和发展过程中，由于内外力地质作用的影响，具有大量不同序次的破裂面。因此从介质的组构及其空间展布看，岩体是完整岩石块体与分离切割它的裂开面的总和。根据我国的岩体结构理论，完整岩石块体称为结构体（也称完整岩石、块体），分离切割岩块体的面称为结构面（也称裂面、不连续面），结构体和结构面的组合称为岩体结构。

根据结构面的地质成因，结构面分为原生结构面、构造结构面和次生结构面。

原生结构面是岩石形成时形成的，如岩浆岩中的原生冷凝节理（柱状节理）、岩浆岩与围岩接触面、流面等，沉积岩中的层理、不整合面、软弱夹层等，以及变质岩中的片理等。

构造结构面是成岩后在地质构造作用下形成的破坏面，如断层、节理、劈理、层间错动等。

次生结构面主要指成岩后在外力地质作用下形成的破裂面,如卸荷裂隙、风化裂隙等。

结构面的上述划分是基于地质学较严密的定义划分。在岩土工程界，并没有进行如此严格的区分，且术语也不完全统一。通常国际上将结构面统称节理（joints）或不连续面（discontinuous plane）。当岩体的变形破坏主要受节理（构造节理）控制时，这类岩体也称节理（化）岩体（jointed rock mass）。

由于结构面成因不同，其规模也不同。在我国，按结构面的规模及其对岩体力学性质的影响，把结构面分成五级。

Ⅰ级结构面　结构面延伸长，一般几公里至几十公里以上，构成对区域构造起控制作用的断裂带，它包括大小构造单元接壤的深大断裂带，是地壳或区域巨型地质结构面。如较大的断层，其破碎带宽达数米至数十米，它的存在直接关系到工程所在区域的稳定性。

Ⅱ级结构面　一般指延展性较强而宽度较窄的地质界面，如不整合面、假整合面、原生软弱夹层；亦包括延伸数百米以上，宽度 1 m 左右至数米，一般贯穿整个工程区域或某一具体部位的断层、层间错动、接触破碎带、风化夹层等。这类结构面控制了山体稳定性和岩体稳定性，影响着工程的布局。

Ⅲ级结构面　延伸长度短，一般十多米、数十米左右或更长些的断层、挤压或接触破碎带、风化夹层、软弱夹层、层间错动、开裂的层面等，其宽度多在 1 m 以下。这类结构面往往是岩体稳定分析的边界。

Ⅳ级结构面　延伸短，无论走向方向还是纵深方向上的发展，均是很有限的，一般数米至二三十米，无明显宽度，多未错动，不夹泥。如节理、劈理、层面、次生裂隙等。不仅破坏了岩体的完整性，直接影响到岩体的力学性质和应力分布状态，而且在很大程度上决定着岩体的破坏形式。这类结构面是决定岩体力学性质、岩体结构效应的基础。

Ⅴ级结构面　是指结构面微小，且连续性差的小节理、隐节理、不发育的片理、微层理和隐微裂隙等。这种结构面决定岩块的力学性质，在非贯通裂隙的岩体中起重要作用，是岩体细观力学研究的主要对象。

如前所说，工程岩体是有“尺度”的。在宏观尺度上，如果以断层、不整合面、层理等不连续面作为“裂面”，则“块体”就是这些“裂面”切割包围的山体（工程岩体）部分。如果以节理、卸荷裂隙等不连续面作为“裂面”，则“块体”就是这些“裂面”切割包围的完整岩块部分。通常，工程上研究的岩体以前者作为边界，后者作为计算的结构。

在细观尺度上，“裂隙”主要是矿物颗粒的边缘、微构造、微裂隙，“块体”主要是矿物颗粒。细观尺度的研究，是岩石力学理论研究的主要尺度。

无论何种尺度，岩体结构面是岩体最基本的属性。

从力学的角度看，结构面最基本的特征是它造成了岩体介质的不连续。由于结构面的发育，岩体在经受荷载作用时，表现出与人工材料极为不同的特征。如果结构面在岩体中是贯通的，岩体的变形将以块体的移动为主导。如果结构面在岩体中是不贯通的，岩体的变形将以结构面的扩展和块体的变形移动为特征。无论何种情况，结构面对岩体的力学行为都起着控制性的作用，这种观点也被称为结构控制论。研究结构面和结构体的力学行为与相互作用是岩体力学最基本的课题之一。

除了造成岩体不连续的性质之外，由于不同地质构造部位应力作用的差别，其结构面发育的程度（密度和规模）也不尽相同。比如在断层附近的伴生节理、在褶皱核部的密集劈理等，在空间上，也使得岩体力学性质产生非均质性和各向异性。

不连续性、非均质性和各向异性，是岩体最基本的力学特征，也是当前经典固体力学理论在岩体力学中应用和发展需要克服的障碍之一。

3. 岩体处于复杂的地质和工程环境中

人们在岩体中进行的工程建设（开挖），使岩体不仅作为工程环境，同时也作为工程结构的一部分。比如地下硐室的围岩，它不仅是地下硐室的环境，其部分围岩的成拱性质也直接承担了上覆岩体的荷载。因此工程岩体作为工程环境与工程结构的双重身份，使岩体这种天然“材料”的属性比任何一种人工材料的属性都要复杂得多。

岩体规模巨大，自重产生的压力也是巨大的。岩体作为地质体，直接承载着地壳运动产生的构造应力的作用。岩体作为工程环境，是人类地表建筑荷载的最终承载者。因此，作为“材料”来看待岩体，它的内部是存在各种物理力学作用引起的应力场的。

岩体作为天然物质，由于成因不同，很多岩块内部具有孔（空）隙结构。同时，几乎所有岩体都存在裂隙。裂隙的存在，为岩体介质中水汽的储存和运移提供了空间和通道。地下水在岩体中储存，使得岩体内部承受着静水压力；而地下水的运移、水位的变动，又使岩体承受动水压力和负压吸力。因此，岩体也处于渗流场中。

由于地核热源的存在，岩石圈中存在地热增温现象。而地表下局部岩浆的活动，岩石中某些放射性元素的蜕变生热，都能造成岩体中温度的增加及热应力的形成。由此，岩体还处于温度场中。

一些具有特殊性质的岩体，在外界因素变化时，会产生相应的变化。比如，含有蒙脱石的黏土矿物和含有硬石膏的岩石，在水的作用下会产生膨胀，引起膨胀应力。再如某些黑色岩层、含易溶盐岩层的化学腐蚀作用，都引起岩体力学性质的改变。

首先，作为工程的环境和结构组成部分，岩体和支护是同步共同工作的；其次，开挖对原有的岩体是一种卸载过程，其力学行为有别于人工建筑结构的加载过程；再次，大部分岩体工程的开挖分步完成，受岩体非线性力学性质的影响，岩体应力状态的变化也是复杂的。岩体的力学表现与工程结构形式和施工方法密切相关。

因此，岩体所处的环境是极其复杂的，是多种因素交互作用的结果。这些因素对岩体的工程性质产生极大影响，同时也极大地影响到工程岩体稳定性分析的结果。

1.1.2 岩体力学

岩体力学是研究岩体在各种力场作用下的变形和破坏规律的科学。

岩体力学在国际上通称 Rock Mechanics（直译为岩石力学）。在我国，部分研究者为了强调岩体的天然性，特别是结构面的作用，用以区别于早期研究中把岩体视为连续介质的岩石材料而忽视结构面的存在的研究，而称为岩体力学（Rock-mass Mechanics）。现在，岩石力学和岩体力学的概念已经没有根本的不同，本书为了强调结构面的作用和岩体的天然属性，采用“岩体力学”这个术语。本书在描述基于岩块研究的内容和成果时，也同时使用“岩石力学”这个术语。

目前，岩体力学研究的主要内容有：岩体的地质特征及其工程分类、岩体基本力学性质、岩体中的天然应力状态、岩体力学的试验和测试技术、岩体力学的计算理论和方法、模型模拟试验和现场监测、工程岩体稳定性、岩体工程性质的改善与加固。

岩体力学作为一门独立的科学，诞生于 20 世纪 60 年代，迄今不过 50 年。由于时间短、对象复杂，岩体力学还不能称为一门成熟的科学。因此，表现在其研究方法上和成果表达上，也没有完全统一。目前，岩体力学的研究方法（更确切称之为技术路线）主要有以下 3 种。

1. *固体力学研究方法*

将岩体作为材料进行力学研究的方法基本上是固体力学的研究方法。其技术路线和研究方法可以表示如下：

采集制作试件→试验机力学实验→获得变形曲线（σ-ε-t-w-T）→建立本构方程→应用方程进行实际工程计算。

这种方法对大部分人工材料的研究是有效的，其优点是可以借鉴大量固体力学研究的理论和成果，理论体系较为严密完整，过程较清晰，结论较明确。对满足一定条件下的岩石块体材料的研究能获得基本力学成果。因此，它是岩体研究的基础性工作之一。但是，该方法最大的困难是岩样材料的离散性、岩样所处环境的复杂性和结构面不连续性的影响。

2. *反分析法*

也称为黑箱法。基本思路是不考虑引起岩体变形的诸因素及其作用，而直接通过测量分析最终变形的结果，采用统计原理或设定的理论计算方法进行反演计算，以求得岩体的力学参数、初始状态、行为特征。

这种方法常用于对系统的力学行为不清楚的情况，比如地下硐室围岩压力，在边界条件或环境因素复杂时，通过试验硐开挖后的围岩变形量测，按工程经验或设定的理论模型反算应力分布特征，进行工程设计。

这种方法的优点是回避了边界的复杂性，能较好地解决工程设计所需参数，也有一定的理论基础，可以从中发现和追溯所研究岩体的本质特征。其困难在于不是所有岩体工程都具备量测条件，比如大尺度的高边坡。另外，它依循的理论仍然源于固体力学的成果。因此，也有人将其归入固体力学方法。

3. 工程分析方法

岩体工程中最常用的方法，也称为类比法。其主要思路表示如下：

样本调查→分类→分析决定影响因素→因素定量化（参数化）→建立因素和目标之间形式上的相关关系（经验公式）→代入目标参数→解决工程设计与评价。

该方法不同于经典的固体力学方法，它是建立在对大量已知样本的统计对比之上的。实质上属于专家经验的类比判断。由于最新数学理论的引进，模型的识别精度大为提高。但是，有时它的各步骤之间的逻辑关系不太明确，结论比较宽泛。

曾经一段时间，关于岩体力学研究途径是最有争议的问题之一。一些研究者在岩体力学的研究中，将更多的热情和注意力放在岩块材料的试验结果上。为了描述岩石力学表现的复杂结果，人们使用了很多复杂的数学工具。然而工程师们不大乐于采用这些成果。除了新知识的学习需要时间之外，最大的问题在于这些源于实验室的成果与工程实践有相当的距离。而工程师们的经验又由于样本的局限，难以"放之四海而皆准"。

岩体力学研究的出发点和目标是满足岩体工程设计和稳定性分析的需要。从工程实用的角度看，至少在现阶段，岩体力学的应用研究似乎可以依循"以理论为依据、以实践为基础、以方便好用为标准"的原则。

理论是岩体力学应用研究的依据。以岩体边坡工程研究为例。岩体边坡的很多基本问题没有很好地解决，往往就是缺乏一定的理论依据。比如：岩石边坡坡度受多个因素影响，但在边坡设计中，哪些因素直接决定坡度的大小，哪些因素通过影响边坡的稳定性间接影响坡度。又如：在边坡设计中，坡度和坡高哪一个对边坡的安全性影响更大；在台阶型边坡中，台阶的高度和宽度取多少才符合基本的边坡力学原理；水的作用如何考虑，等等。这些问题，利用现有的理论可以解决一些，有一些还不能解决，还有些目前只能得到趋势性的结论。尽管如此，有理论做指导，边坡的研究就能目的明确、进展有序、结论可信。

实践是岩体力学应用研究的基础。岩体工程要求岩体力学提供工程设计参数和稳定性分析结论。从工程应用的角度讲，研究结果要以"数学关系"表达出来。数学关系可以源于力学模型的数学演绎，也可以通过模型实验分析、工程实践总结建立起来。由于地质环境和岩体物理力学特征的复杂性，数力模型演绎的方法尚不能普遍应用于岩体工程分析，岩体研究的主要基础是模型实验和统计分析。因此，目前工程岩体研究的基础和核心是工程实践。

如何看待源于对工程实践进行调查统计所得出的结论，不同的人可能有不同的观点。主要原因之一是结论的可靠性问题。长期的经典数学教育，使人们片面理解了“只有通过数学推导出来的才是科学的”这一观点。实际上，人们对客观世界的基本认识方法本来就有两种，一种是演绎法，一种是归纳法。演绎法通过对事物内在规律和外在联系的认识进行逻辑推理来获得结论，是“连续性”模型，具有普遍性和严密性。归纳法则是通过对大量个体的统计总结，找出事物的本质规律，是“离散性”模型。样本越多，范围越广，它的普遍性就越好，可靠性就越高。工程岩体的安全性是由各种复杂的、变化着的自然地质因素和人类活动的总和所决定的。目前人们还没有完全了解决定这一复杂事物内外因素间的相互关系，但能够通过对数以万计的工程样本抽样调查、分类统计、科学总结而得出结论。这些来源于实践中的岩体工程样本，经过实践检验，包含着客观真理，对它们的科学总结得到的结论是完全可靠的。

对工程实践总结的另一个疑问是结论的精度问题。在“连续性”模型中，结论是确定的，是“必然”，使人感到结论非常精确。而用统计学方法得到的结论，往往以或然率（概率）给出，是“可能”，使人看起来不够精确。这是一种误解。科学研究表明，人们对复杂事物的认识是用“可能性”而不是用“必然性”来做论断的。以边坡岩体稳定性分析为例。当“稳定性系数”大于1时，边坡可能是稳定的，也可能是不稳定的，经验丰富的设计者能够依据自己的经验估计出边坡稳定的可能性大小。可见，精度绝不是单纯的数字的表现形式。更深一层，岩体的安全性是由各种复杂因素综合影响的，这些因素还在变化和发展中。比如岩石的强度会随着风化的进程而弱化，人们对岩体的维护又在提高其安全性。这种复杂的、变化着的事物不是 $1+1=2$ 这种简单、机械的确定性推理所能表达的。正因为如此，现代自然科学早就超越了单纯的机械决定论而提倡统计决定论。因此用“可能性”描述岩石边坡的安全性比用“必然性”更合适。

方便好用是岩体力学应用研究的技术标准。从工程设计的角度讲，一个成果如果在实践中过于繁琐，不好用，这样的成果只能束之高阁，等于无用。此外，岩体力学的应用研究应遵循综合优化和简单就是好的原则。综合优化的原则表达了这样一种观念：在一个系统中，也许任何一个个体都不一定是最好的，然而其共同作用的结果可以达到系统最优。正如一支全由明星临时组成的球队，由于彼此疏于配合，常常会在一支队员一般但组织有力、配合默契的球队气势如虹的进攻面前败下阵来一样。因此，岩体工程的设计和分析中，不强求每个环节的先进，力求系统最优才是非常必要的。简单就是好的原则既体现了技术实用性，也在一定程度上反映了人们把握问题实质的水平。如果一个事物能以最简单的方式描述出来，显然事物的本质已经得到充分的认识。

1.1.3 岩体工程

岩体工程是以岩体作为介质和环境的工程，主要是边坡、地下硐室和地基。简单地说，任何对岩体的开挖，都可以称为岩体工程。

岩体工程的本质，是由于岩体开挖破坏了岩体本身的生存状态，岩体为达到新的平衡状态而进行调整，人们为适应这个调整而进行的工作。因此岩体工程工作，不仅是回答现在怎样，更要考虑工程建设后将会怎样的问题。

岩体工程的主要工作核心是岩体工程设计参数的确定和开挖后岩体稳定性问题。岩体工程参数的确定是岩体力学研究成果的体现。

由于岩体本身性质及所处环境的复杂性，岩体工程技术仍然处于较低水平的状态。因此，尤其需要遵循正确的岩体工程工作程序。这个程序可以简单表达为：详细的野外调查，提炼概化岩体工程地质模型，根据实践进行定性分析并得出初步结论，根据概化模型采用各种手段进行模型试验和实际边界条件下的数值分析，对比印证定性分析结论，必要时布置现场监测。

根据岩体工程工作程序进行岩体工程分析的内涵和重点，是分析地质构造控制的岩体稳定性，岩体结构决定的岩体破坏模式以及岩体应力状态影响的工程设计方案和参数。

1. 地质构造控制岩体的稳定性

地质构造特征既是岩体稳定的基础，也是工程岩体的边界。前者是区域稳定性或场地稳定性问题，后者是某个具体岩体工程研究的空间范围。

宝天铁路葡萄园车站附近边坡，自 20 世纪 50 年代通车至 20 世纪 80 年代，虽几经整治，但边坡变形、线路桥梁位移几乎未停止过。经过详细的地质调查和分析（图 1-1-5），发现边坡所在山体的变形是渭河盆地北缘山前活动性正断层仍然活动而造成破碎的绿泥石片岩长期蠕变的结果。这种构造决定的不稳定，难以整治，最终改线。

另一个构造控制的例子是前述大瑞铁路澜沧江大桥桥址岩体的稳定性分析。虽然桥址距澜沧江活动断裂带仅 1 km，但根据地震安全评价提供的资料计算，认为澜沧江断裂带活动对桥址岩体区域应力分布影响有限，大桥可以在原址修建。其间经历了 2008 年 3 月 21 日云南盈江 5.0 级地震（距离约 150 km）的考验，部分印证了分析结果。

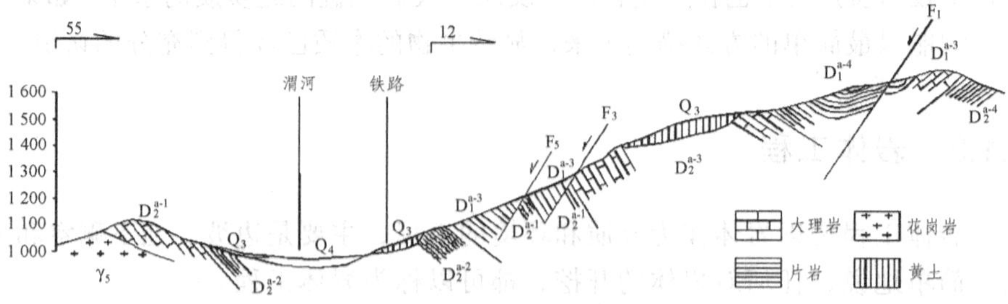

图 1-1-5　宝天线葡萄园滑坡群地区地质纵断面图

2. 岩体结构决定破坏模式

如果说地质构造控制的是整体的稳定性，那么岩体中结构面和临空面的组合关系就决定了岩体工程的变形模式和规模。这个观点也是岩体结构控制论的理论核心。在关于岩体结构的著作中，有很多关于结构控制的阐述和实例。在此，仅举宜昌—万州铁路高阳寨隧道进口边坡问题加以说明。

宜万铁路高阳寨隧道进口设在 318 国道边坡上，边坡岩体为厚层至巨厚层状灰岩，2007 年 11 月 20 日，边坡岩体突然坍塌掩埋公路，方量 3 000 m^3，最大块体为 18 m×10 m×5 m，约 900 m^3。根据赤平投影分析，岩体被两组节理和层理切割，形成巨大楔形块体且处于可向边坡下方公路运动的状态(图 1-1-6(a))。根据实体投影图(图 1-1-6(b))得到隧道口块体最大厚度为 5.12 m，最大破坏宽度范围为 30 m，最大破坏高度为 40 m，大约 3 000 m^3，与现场调查相当吻合。

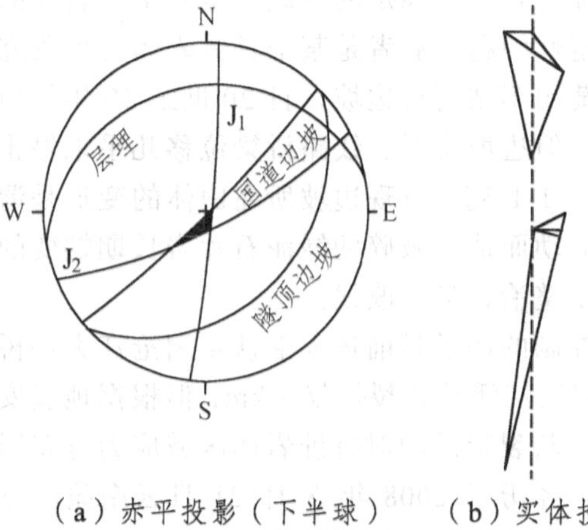

(a) 赤平投影（下半球）　　(b) 实体投影

图 1-1-6　高阳寨隧道进口边坡赤平投影及实体比例投影

3. 岩体重分布应力影响工程设计参数

在不存在岩体结构变形的情况下，岩体工程设计的安全标准就是工程荷载作用下岩体中应力大小及分布特征，特别是塑性区的分布特征。采用数值分析方法，可以模拟不同的设计参数，从而确定岩体工程的最终设计方案。

同前澜沧江大桥实例。根据工程荷载和地质条件，综合考虑施工条件、水库蓄水等工况，计算出桥基岩体强度特征如图 1-1-7 所示。根据塑性区大小和分布，确定桥基埋置深度和岸坡加固范围（图中深色部分）。

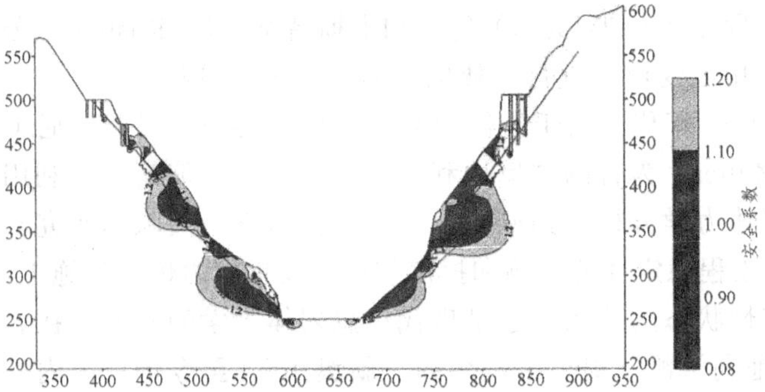

图 1-1-7　澜沧江大桥桥基荷载作用下岸坡岩体强度特征

1.2　岩体力学理论发展简要回顾

岩体力学的形成和发展，与矿山开采、道路修筑、水利水电建设和国防工程等人类工程活动的进展有着密切的关系。早期，由于工程实践活动中遇到一些岩体力学方面的问题，促使人们去研究、解决，因而相应地提出了一些有关岩体力学方面的观点和认识。随着工程建设不断发展，人们对岩体力学知识的不断积累和丰富，才逐步形成了一门新兴的学科。

最早注意到作用在地下硐室壁上的水平应力的是法国的隧道专家尔扎哈（F. Rziha）（1874 年），而后瑞士的海姆（A. Heim）提出岩体中的水平应力应该与垂直应力大小相等的见解，即著名的静水压力理论。1920 年初，瑞士联合铁路公司在阿尔卑斯山北部修建了阿姆斯特格隧道，并在隧道中进行水压硐室试验，首次证明岩体具有弹性变形性质。金尼克（A. H. Динникy）提出了确定岩体中天然应力状态的公式。

20 世纪 30 年代，是岩体力学学科形成的重要阶段，弹性力学和塑性力学等连续介质理论被引入岩石力学，确立了一些经典计算公式。瑞士的施米特（H. Schmid）于 1926 年在发表的论文中把海姆初始应力的思想和岩体弹性特性的新观点结合起来，解决了地下圆形硐室围岩中的应力分布，对岩体力学理论做出了贡献。萨文（P. H. Савин）用无限大平板孔附近应力集中的弹性解析解来计算分析围岩应力分布问题。20 世纪 50 年代，鲁滨湟特（K. B. Руллененит）运用连续介质理论写出了求解岩体力学领域问题的系统著作。同期，开始有人用弹塑性理论研究围岩的稳定问题，导出著名的芬纳（R. Fenner）-塔罗布（J. Talobre）公式和卡斯特纳（H. Kastner）公式，塞拉塔（S. Serata）用流变模型进行了隧硐围岩的黏弹性分析。

20 世纪 50 年代，由于岩体中裂隙作用的发现，以斯梯尼（J. Stini）和缪勒（L. Müller）为首的“奥地利学派”认为：不能简单地利用固体力学的原理进行岩体力学分析，强调要重视对岩体节理、裂隙的研究，重视岩体结构面对岩体工程稳定性的影响和控制作用；要重视岩体工程施工过程中应力、位移和稳定性状态的监测，这是现代信息岩体力学的雏形。在岩体工程施工方面，“奥地利学派”提出了著名的“新奥法”，至今仍被国内外广泛应用，在全世界产生了广泛的影响。

20 世纪 50 年代以来，由于生产建设的发展，岩体力学也得到了迅速的发展。如许多国家对地下硐室围岩稳定性、岩体边坡稳定性及地基岩体稳定性等，均在不同程度上先后全面开展了研究，并且开始利用深孔应力解除法，对岩体中的天然应力进行实测研究。此外，把岩体的裂隙特征，岩体中的结构面对岩体力学性质的影响，以及岩体的各向异性等问题的研究，逐渐放到了重要地位；还发展了原位试验测试技术和评价岩体稳定性的块体极限平衡理论等分析方法。1956 年，在美国召开了第一次岩石力学讨论会，在该讨论会论文集中明确指出，将这种有关岩石的力学方面的学科取名为岩石力学。1957 年，塔罗布出版了《岩石力学》一书，这是一本较全面、系统地介绍岩石力学的现代理论和试验研究的著作。

20 世纪 60 年代和 70 年代，原位岩体与岩块的巨大工程差异被揭示出来，岩体的地质结构和赋存状况受到重视，“不连续性”成为岩石力学研究的重点。从“材料”概念到“不连续介质”概念是岩石力学理论上的飞跃。

在我国，陈宗基在 1959 年把流变学引入岩体力学，并把流变理论推广到各向异性岩体，并提出了岩石扩容的本构方程和长期强度本构方程，进一步发展了岩石流变扩容理论。谷德振（1979）提出的岩体工程地质力学观点，进一步发展了岩体结构的观念，为正确认识和分析不连续地质界面在岩体中的力学效应，深入研究岩体工程的稳定性奠定了重要的分析基础。孙广忠（1988）以岩体结构控制论为基础，倡导建立由连续介质力学、块裂介质力学、碎裂介质力学和板裂介质力学组成的体系。

随着计算机科学的进步，20 世纪 60 年代和 70 年代开始出现用于岩体工程稳定性计算的数值计算方法，主要是有限元法。20 世纪 80 年代以来，数值计算方法发展很快，有限元、离散元、边界元及其混合模型得到广泛的应用，并且可以提供应力场、渗流场、温度场等多场耦合的复杂计算。数值计算日益成为岩体力学分析计算的主要手段。20 世纪 90 年代起，随着 ANSYS、FLAC、UDEC 等大型商业软件的开发推广，数值分析终于在岩体力学和工程学科中扎根。岩体力学专家和数学家的合作继续创造出一系列新的计算原理和方法。例如，损伤力学和离散元法的进步，DDA 法和流形方法的发展，岩体力学建立起自己独到的分析原理和计算方法。

由于岩体结构及其赋存状态、赋存条件的复杂性和多变性，岩体力学和工程所研究的目标和对象存在着大量不确定性因素，从 20 世纪 80 年代末提出的不确定性研究理论，目前已被越来越多的人所认识和接受。现代科学技术手段如模糊数学、人工智能、灰色理论和非线性理论等为不确定性分析研究方法和理论体系的建立提供了必要的技术支持。

20 世纪 90 年代现代数理科学的渗透是非线性科学在岩石力学中的重要应用。岩体力学和相邻的工程地质学都因受到研究对象的“复杂性”挑战，而对非线性理论倍加青睐。耗散结构论、协同论、分叉和混沌理论正在被试图用于认识和解释岩体力学的各种复杂过程。可以预料，随着数学、力学等基础科学和计算机技术的发展，岩体力学最终将走向成熟。

参考文献

[1] BRADY B H G，BROWN，E T. 地下采矿岩石力学. 北京：煤炭工业出版社，1990.

[2] HOEK E，BRAY J W. 岩石边坡工程. 北京：冶金工业出版社，1983.

[3] MÜLLER. 岩石力学. 北京：煤炭工业出版社，1981.

[4] 蔡美峰，何满潮，刘东燕. 岩石力学与工程. 北京：科学出版社，2008.

[5] 谷德振. 岩体工程地质力学基础. 北京：科学出版社，1979.

[6] 秦四清，张倬元，王士天，等. 非线性工程地质学导引. 成都：西南交通大学出版社，1993.

[7] 孙广忠. 岩体结构力学. 北京：科学出版社，1988.

[8] 谭云亮，刘传孝，赵同彬．岩石非线性动力学初论．北京：煤炭工业出版社，2008.
[9] 王继光．岩体问题概论．峨眉：西南交通大学出版社，1984.
[10] 薛守义，刘汉东．岩体工程学科性质透视．郑州：黄河水利出版社，2002.
[11] 周创兵，陈益峰，姜清辉．复杂岩体多场广义耦合分析导论．北京：中国水利水电出版社，2008.

2 岩石力学基本理论

2.1 岩石力学基础理论

岩石力学基础理论是基于岩样试验的结果得到的，本质上是固体力学的成果，和包含裂隙的岩体是有差别的。虽然大部分岩体变形的本质是岩块沿节理的运动，但在理解岩体的力学行为，借用现有的成果和工具分析解决岩体工程问题时，岩石材料的力学行为仍然有基础知识的意义。

以下原因使我们仍然运用基于固体力学知识的岩石力学理论和方法分析问题：当应力水平较低，岩块基本上未沿节理作明显运动，外力由岩块的变形和节理的静摩擦来承担时；当节理分布比较均匀，特别是以非贯通节理为主，可将岩体视为统计均质连续介质时；当岩体存在一个优势方向的各向异性，但不产生沿此方向的宏观位移，且可以用横观各向同性描述时（如具片理构造的岩体和未产生顺层滑移的层状岩体）；当宏观运动由单一材料的定向运动引起，且材料力学行为清楚时（如顺层滑动受泥化夹层控制等）。

2.1.1 岩石的变形

岩石的变形是岩石在力的作用下表现出的最基本最主要的力学行为。对岩石的变形特征的研究，不仅是研究岩体工程性质的一个重要方面，更是深入研究岩石的强度与破坏机理的基础。

按岩石达到峰值强度前的变形量与整个变形量的比例划分，岩石的变形破坏可分为脆性和延性。直观看，脆性破坏的岩石在破坏前无明显变形或其他预兆，破坏后承载力迅速消失；延性破坏有明显变形或其他预兆，达到峰值强度后，岩石仍具有一定承载能力。脆性域和延性域的力学机制和分析方法是不同的。

1. 脆性域岩石变形特征

理想脆性域岩石（通常以大部分矿物颗粒为主的硬岩为例）轴向变形全过程曲线如图 2-1-1 所示，除一些以结晶联结为主的岩石，如石英岩、玄武岩、硅灰岩等，其应力-应变曲线大致为直线形的弹性变形外，大部分脆性域岩石的变形主要由压密（*Oa* 段）—线弹性（*ab* 段）—非线弹性（*bc* 段）—初裂（*b*′点）—弹塑性（*cd* 段）—峰值（*d* 点）几个阶段构成。脆性域岩石变形的机制，主要是强度较高的矿物颗粒（石英、长石、方解石等）受力引起局部应力集中，经过粒间微裂隙的形成（初裂），微裂隙的扩展并接，最终达到宏观破裂。初裂是岩石破坏的开始，其体积由压缩转向膨胀。一般岩石的初裂强度为峰值强度的 40%~60%，达到峰值前还有一定的强度储备。初裂后不论是计算参数还是变形量都与传统意义上的弹性（甚至弹塑性）计算有较大的差别。因此，初裂到峰值的描述和研究对理解岩体是如何工作的，对计算不同荷载级的岩体工程问题有指导意义。

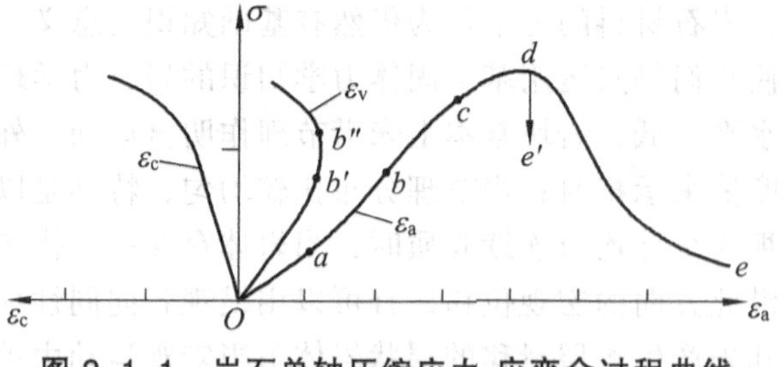

图 2-1-1　岩石单轴压缩应力-应变全过程曲线

σ—应力；ε_a—轴向应变；ε_c—侧向应变；ε_v—体积应变

脆性域岩石峰值后承载力迅速下降甚至消失，因此，通常不考虑让脆性域岩石工作在残余阶段。由于脆性域岩石在破坏前总体上变形较小，一般仍用弹性（弹塑性）工具来计算。脆性域岩石破坏机制的研究，有利于理解统计均匀节理岩体破坏机制。这也可能是细观-宏观联系的路径。

2. 延性域岩石变形特征

延性域岩石变形（通常以黏土岩为例）主要由弹塑性—塑性—峰值—应变软化—残余阶段构成，其中峰值后的应变软化（stain softening）是较重要的性质。当应力达到峰值强度之后，随着变形的继续增加，其强度迅速降到一个较低的水平，这种由于变形引起的岩土材料性能劣化的现象称之为“应变软化”。岩石、硬黏土、结构性黏土、紧密砂土及混凝土等材料都具有明显的应变软化现象。由于内部凝聚力较大，在达到峰值后还能承担一定的荷载，体现出残余强度特征。

20 世纪 80 年代日本学者川本基于室内岩石三轴压缩试验，将应变软化曲线简化为三条直线（图 2-1-2）。其中 *OA* 段应力-应变关系为线弹性变化，应变随应力线性增加，至 *A* 点达到峰值强度；*AB* 段为应变软化，随着应变的增加，强度反而线性降低，至 *B* 点达到残余强度。*BC* 段为流变段，强度不再降低，应变随时间产生大变形。

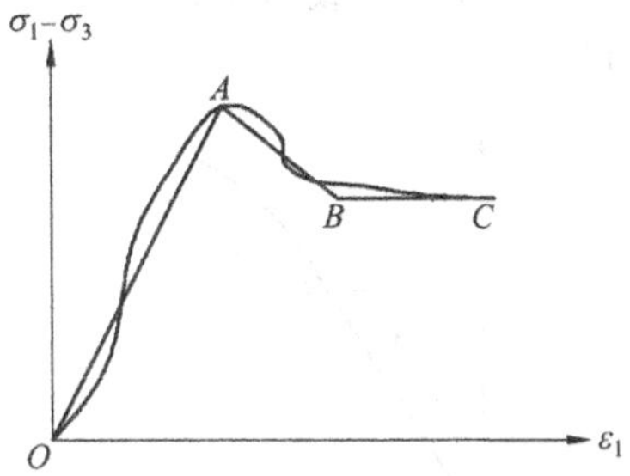

图 2-1-2　简化的岩石应变软化曲线

矿井开挖中常遇到的软岩大变形问题，由于软岩的加载破坏过程存在明显的应变软化阶段，故其对应的软岩巷道围岩会出现弹性区、塑性硬化区、塑性软化区和塑性流动区四个分区，且塑性流动区具有显著的流变效应，为软岩硐室的支护及长期稳定造成了一定的困难。

沈珠江（1997）建议用下列公式描述软化型应力-应变曲线：

$$\tau=\frac{\gamma(a+c\gamma)}{(a+b\gamma)^2} \tag{2-1-1}$$

式中：τ 表示剪切应力；γ 表示剪切应变；a、b、c 表示应变软化参数，由试验得出。

目前针对岩石应变软化机理深入研究的还比较少，部分学者将应变软化现象按产生的机理归结为减压软化、剪胀软化和损伤软化三类，并认为混凝土和岩石在软化过程中既有胶结力丧失的损伤，又有剪胀影响，且损伤占主体。

3. 循环荷载下岩石变形特征

在循环荷载下，岩石的应力-应变曲线将随着具体的加载方法和卸载时的应力大小而变化。如果卸载点的应力低于弹性极限，则应力-应变曲线沿着原来的轨迹恢复到原点，如图 2-1-3（a）所示。如果卸载点的应力高于弹性极限，卸荷曲线偏离原来的加载曲线，卸载曲线不再回到原点，而出现永久变形，永久变形用ε_p表示，弹性变形用ε_e表示，如图 2-1-3（b）所示。在卸载过程中有一部分变形不能立即恢复，但一段时间后仍可恢复，这种现象称为弹性滞后。当岩石在连续加载条件下应力-应变曲线的弹性段接近直线时，卸载曲线方向一般和连续加载曲线的弹性段大致平行，否则和连续加载曲线原点处的切线大致平行。因此，加载-卸载曲线形成“塑性滞环”（也称回滞环）。每次卸载后再加载到原来的应力后继续增加荷载，即逐级循环加载，则新的加载曲线段将沿着卸载前的加载曲线方向上升，这种现象称为岩石的“记忆”。随着循环加载水平的提高，塑性滞环逐次有所扩大，卸载曲线的斜率有所增长。

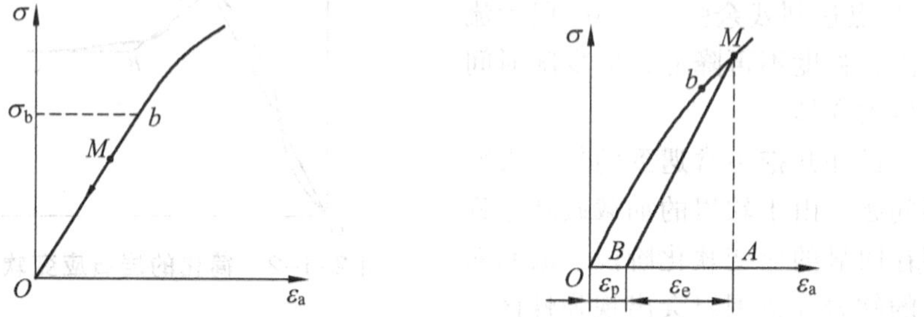

（a）卸载后变形完全恢复　　（b）卸载后变形不能完全恢复

图 2-1-3　循环加载曲线特征

若在低于弹性极限的恒定应力下反复加载、卸载（称为反复循环），则第二循环和以后各循环的变形将叠加在先前各次循环的永久变形上。而且随着循环次数的增加，逐次变形的增量将按对数衰减率减小，塑性滞环也逐渐变小，最后，卸载、加载曲线重合，近似于一条曲线，岩块近似于弹性体。若在高于弹性极限的某一应力下反复加载、卸载时，将导致试样进一步变形，发生破坏。这种破坏称为疲劳破坏。破坏时的应力低于单轴抗压强度，这一应力常被称为疲劳强度。可见在高于疲劳强度的应力下，反复加载、卸载，其积累变形必将导致试样破坏（图 2-1-4）。

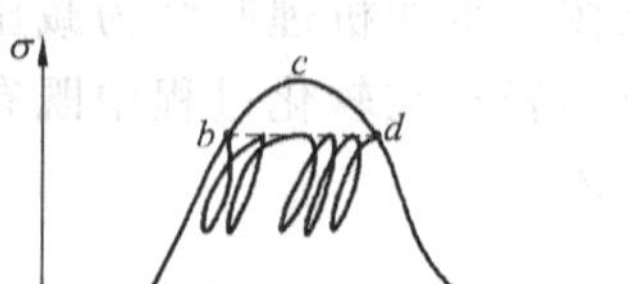

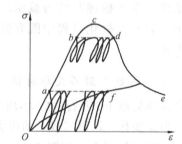

图 2-1-4　岩石在循环荷载作用下的疲劳强度（据 koichi 等）

研究岩石在循环荷载条件下的变形特征，有助于解释岩石在循环荷载作用下所产生的变形，这不仅对研究周期性活载，如机器的振动、列车对基础的作用，甚至水库的储水与放水等工况条件下的岩石变形有现实意义，而且对研究地壳岩石在经历了地质历史中的多次构造作用后其性质的变化也具有意义。

4. 三轴试验下岩石变形特征

常规三轴试验时，岩样预先施加了各向均匀的液压（即围限压力），所以在施加轴向压力时，由于液压对纵向传力柱的反压，实际上在试件上起作用的是主应力差（$\sigma_1-\sigma_3$），图 2-1-5 ~ 图 2-1-7 表示辉长岩、砂岩和大理岩圆柱试样在三向压缩时主应力差（$\sigma_1-\sigma_3$）与轴向应变的关系曲线。

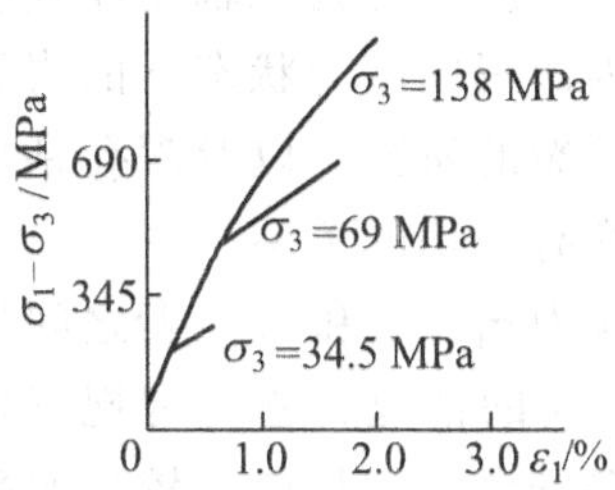

图 2-1-5　辉长岩应力-应变曲线

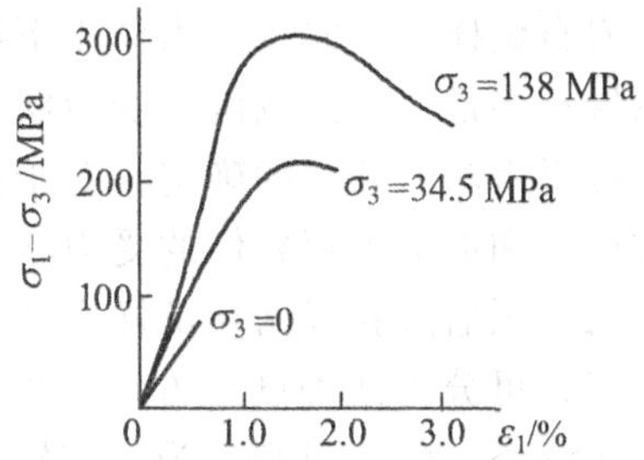

图 2-1-6　砂岩应力-应变曲线

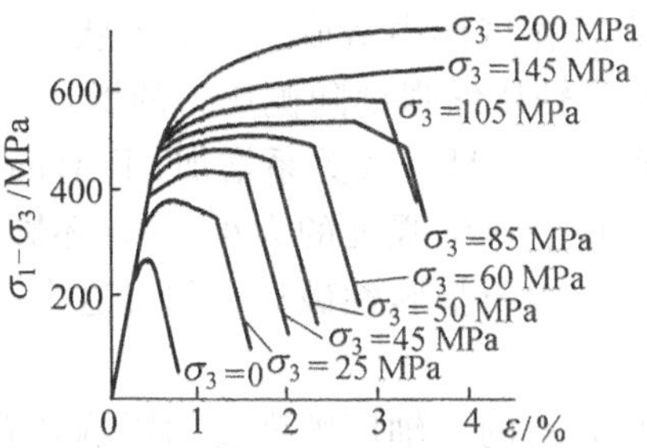

图 2-1-7　大理岩应力-应变曲线

从图中代表性岩石的试验曲线可以看出，围压σ_3的增加，对岩石变形的影响有三种类型：主要由坚硬的矿物颗粒如长石类组成的岩石，如辉长岩（图 2-1-5），其围压对刚度和破坏形式的影响不明显。含空隙或充填有软弱物质的岩石如砂岩，在一定范围内，随着围压的增加，岩石压密，因而其刚度增加（图 2-1-6）。主要由较软的（如方解石）颗粒组成的岩石，如大理岩（图 2-1-7），随围压的增加，刚度的变化不大，但当围压达到一定值时，其变形破坏形式从脆性可转变成塑性。但不论哪种类型，随围压的增加，其强度均随之提高。

在真三轴试验中，中间主应力σ_2对岩石变形破坏的影响在某些条件下十分明显。已有资料表明：中间应力σ_2对有明显各向异性的岩石（如层理、片理等定向软弱面存在的岩石）的影响是明显可见的。试验表明，σ_2增到与σ_1水平相近时，岩样实际处于双轴状态，岩石的脆性增加。当岩样中存在明显层理、片理等定向软弱面时，如果σ_2作用在软弱面上，则σ_2的增加会较大地提高岩石的刚度与强度。因此，σ_2对包含定向结构面的岩石的影响较受重视。

2.1.2 岩石的三轴强度

岩石试样在三向压应力作用下破坏时的最大主应力称为三轴压缩强度。天然岩石多是在三向或两向受力状态之下的。因而三向应力状态下的岩石强度，对于岩基承载力的确定，对于岩层褶曲与断裂的研究，以及深孔钻探、边坡稳定和地下工程岩体的受力状态的研究等都有密切的关系。

三轴压缩试验根据在试样中产生的三个主应力σ_1、σ_2和σ_3三者之间的关系不同，可分为两种试验方法。主应力$\sigma_1>\sigma_2=\sigma_3$的情况，称为常规三轴试验；$\sigma_1>\sigma_2>\sigma_3$的情况则称为真三轴试验，也叫多轴试验。目前，较普遍采用的是常规三轴试验。真三轴试验是采用正方体或长方体试件，在它的三对面上施加三个方向的压力，在试样中造成三向应力状态。

试验表明，岩石的三轴压缩强度随侧压力的增加而增加，但不同的岩石，其增加方式是不相同的。有的呈直线关系增加，而有的却呈非线性关系增加。围限压力的大小不仅影响着压缩强度的大小，并且还影响着岩石破坏的方式。在一定围限压力作用下，岩石呈脆性破坏，超过这个侧压力时，岩石将表现出塑性破坏。

围限压力对于各种岩石的三轴压缩强度的影响各有不同。虽然三轴压缩强度σ_1随围限压力的增加而增加，但增加的速率既取决于岩石的类型，也取决于围限压力的大小。

岩石的结构、微裂隙发育的程度和特征，以及微裂隙相对于最大主应力的方向等，除对岩石三轴压缩强度大小影响外，还表现在使岩石的强度具有各向异性，或使其沿裂隙形成的软弱结构面拉断或剪切破坏。

温度对强度的影响，已有许多人进行过研究。格里格斯（Griggs）等人1960年在试验中应用的最高温度已达800 °C。虽然各类岩石的强度受温度的影响不同，但所有岩石的强度均随温度升高而降低。

关于孔隙压力对岩石强度的影响，许多人进行过研究。这些研究认为孔隙压力的效应主要取决于岩石的孔隙度、孔隙液体的黏滞性、试样尺寸以及加载速率。对于孔隙度较大的岩石来说，岩石的强度通常随着孔隙压力的增大而降低，围限压力应以“有效围限压力”，即围限压力与孔隙压力之差（σ_3-u）来代替。对于孔隙度非常小的岩石来说，岩石的强度与“有效围限压力”无关，它仍然是围限压力的一个函数。此外，端面效应也是影响三轴压缩试验的一个因素，但与单轴压缩试验不同，在三轴压缩试验中，随着围限压力的增大，端面效应逐渐趋向消失。

利用三轴试验，用不同σ_3，得到不同的σ_1，每一组可得出一个破坏应力圆，这样便可得出数个破坏应力圆。绘制这些应力圆的包络线，即可求得岩石的强度包络线。根据岩石的强度包络线可确定岩石的 c、φ值。但岩石的强度包络线通常为一曲线，表明 c、φ值随破坏面上的σ值而变化。一般σ小时，φ值相对比σ大时的φ值要大，而 c 值则相对比σ大时要小。

用三轴试验求岩石的 c、φ值，可以在一定程度上纠正用直剪试验方法时剪切面上应力分布不均的缺点，但三轴试验所谓的 c 值一般比用直剪试验方法得的 c 值大，而两种试验方法得出的φ值大致相同，故应用三轴试验结果时，要注意 c 值偏大的情况。

2.1.3 岩石的强度理论

变形是一个过程，在时间上可以是持续的，也可以是波动性发展的。变形在某种状态下可能稳定，也可能到达变形的特殊阶段——破坏。强度是这个过程中某些具有特殊意义的应力值，是“点”。在不同点处表征不同变形的应力就是不同的强度。如初裂强度、屈服强度、峰值强度、残余强度等。一般来说，不同的强度表征了性质不同的破坏。而它们对岩体工程的意义是不同的。对破坏的原因、过程和条件的系统化描述，称为强度理论。强度理论的数学表达就是强度（破坏）准则（判据）。

强度理论是岩石力学与岩土工程分析中应用最广泛的基础理论。长期以来，在岩体力学中，最常用的强度理论是莫尔（Mohr）理论。莫尔理论提出后的二十多年一直受到检验和评论，直到 20 世纪 30 年代才开始被逐步认可并应用到工程中。

莫尔理论认为，当材料中的某个面上取决于正应力σ的剪应力τ达到最大值时，将引起岩石的破裂，此时剪应力与正应力的关系为：

$$\tau=f(\sigma)$$

这就是莫尔理论的普遍形式，同时也是莫尔应力圆的包络线方程。莫尔理论强调材料破坏时的极限剪应力τ_α是与作用在面上的法向应力σ_α有关的，将不同的σ_α下材料破坏时的τ点绘在τ-σ坐标中，则σ-τ曲线就表达出不同σ_α下的材料抗剪强度，这条曲线称为剪切强度曲线（图 2-1-8）。通常，它是从一组达到破坏时的莫尔圆的包络线得到的，所以被称为莫尔包络线。通过强度包络线与材料中实际应力圆的比较，可以判断材料是否达到破坏条件。对不同的材料，其包络线的形状是不同的。对这条曲线，莫尔理论没作任何假定，而是完全取决于试验结果。

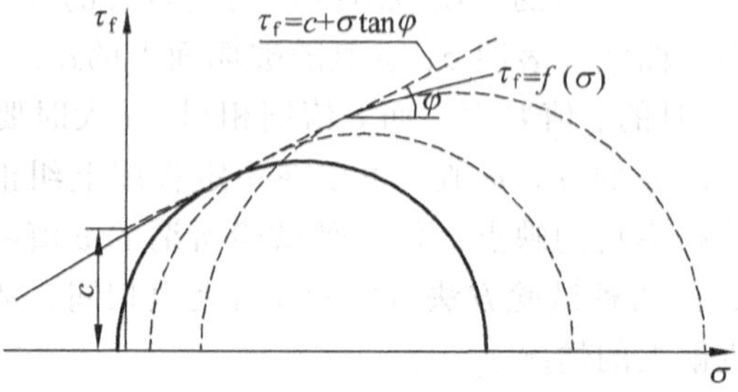

图 2-1-8　莫尔-库仑强度曲线

试验研究表明，当围限压力不太大时，大多数岩石莫尔包络线常常近似于直线，因此库仑（Coulumb）假定包络线为直线，从而得到强度曲线的线性方程表达式，该方程称为莫尔-库仑准则：

$$(\sigma_1-\sigma_3)=(\sigma_1+\sigma_3)\sin\varphi+2c\cdot\cos\varphi \tag{2-1-2}$$

由于莫尔强度理论没有考虑 σ_2 对破坏的影响，因而在某种情况下又有一定的局限性。因此，从研究等倾面剪应力出发，可以建立包含 σ_2 的八面体强度理论。该理论认为当正八面体面上的剪应力达到某一极限时，材料将发生破坏。八面体强度理论可用剪应变能和八面体应力两种方式推导，其数学表达结果相同，形式如下：

$$(\sigma_1-\sigma_2)^2+(\sigma_2-\sigma_3)^2+(\sigma_3-\sigma_1)^2=2\sigma_y^2 \tag{2-1-3}$$

八面体强度准则的本质是剪切破坏，和莫尔准则相比，在形式上包括了 σ_2 的影响。但由于基本几何模型的理想化和建立极限强度时过于简单，其应用精度受到影响，而远不如莫尔理论应用广泛。

近百年来，人们对σ_2在强度准则中的作用的研究一直没有停止过。Sandel 在 1919 年提出剪应力与静水应力的组合来反映σ_2 的影响。此后，Ros 和 Eichinger（1927）等提出形状改变能理论，其中也包含了σ_2 的影响。

对岩石中间主应力效应研究作出重要贡献的是日本东京大学的茂木清夫（Mogi），他经过多年的研究，证实了中间主应力对岩石破坏的重要影响。茂木清夫、帕拉特等认为，σ_2可以在很大程度上影响岩石的强度，Sangha 则认为，许多脆性岩石的强度在很大程度上取决于σ_2。

20 世纪 60 年代，真三轴试验机使人们能通过试验研究中间主应力的效应。高延法等总结了国内外多种岩石的真三轴实验结果，认为σ_2对岩石强度的影响程度为 20%~50%。张金铸、林天健等也通过实验验证了σ_2效应。莫尔-库仑理论实际上只考虑了一个面上的剪应力和正应力，也可以称之为单剪强度理论。1985 年，俞茂宏发表了双剪强度理论，即：

$$\begin{cases} F=\sigma_1-\dfrac{\alpha}{2}(\sigma_2+\sigma_3)=\sigma_t，\ \sigma_2\leqslant\dfrac{\sigma_1+\alpha\sigma_3}{1+\alpha} \\ F'=\dfrac{1}{2}(\sigma_1+\sigma_2)-\alpha\sigma_3=\sigma_t，\ \sigma_2\geqslant\dfrac{\sigma_1+\alpha\sigma_3}{1+\alpha} \end{cases} \tag{2-1-4}$$

式中：$\alpha=\sigma_t/\sigma_c$，为材料拉压强度比。

双剪强度的工程应用可以较莫尔-库仑单剪强度理论更好地发挥材料的强度潜力，取得显著的经济效益。

章海远等（2000，2002）考虑静水应力σ_m对抗剪强度和屈服面上摩阻力的双重作用，从物理意义上引进中间主应力对剪切滑移的影响，将二参数的莫尔定理修正为三参数形式，以弥补莫尔-库仑理论的不足：

$$\tau_{13}+D(\sigma_{13}-\sigma_m)=B\sigma_m+C \tag{2-1-5}$$

式中：τ_{13} 为主剪应力，$\tau_{13}=\dfrac{1}{2}(\sigma_1-\sigma_3)$；$\sigma_{13}$ 为主剪应力面上的正应力，$\sigma_{13}=\dfrac{1}{2}(\sigma_1+\sigma_3)$；$\sigma_m$ 为静水应力，$\sigma_m=\dfrac{1}{3}(\sigma_1+\sigma_2+\sigma_3)$；$B$、$C$、$D$ 是由材料的单轴抗拉强度、单轴抗压强度和双轴等值抗压强度等确定的材料常数，具体确定方法见相关文献。

除莫尔-库仑准则外，Drucker 和 Prager 于 1952 年提出著名的 D-P 准则，其表达式为：

$$f=\alpha I_1+\sqrt{J_2}-H=0 \tag{2-1-6}$$

式中：α、H 为材料参数；I_1 为应力张量第一不变量；J_2 为应力偏量的第二不变量。

D-P 屈服条件考虑了围压对屈服特性的影响，并能反映剪切引起膨胀（扩容）的性质。它是岩土介质中最常用的材料屈服准则，在模拟岩石材料的弹塑性性质时，这种屈服条件得到广泛的应用。

然而，进一步的研究表明，脆性材料的破坏不全是剪应力作用的结果。格里菲斯（Griffith，1921）对脆性材料的破坏研究后认为，凡脆性材料都含有潜在的裂纹，在施加外力时，裂纹周围将引起极大的应力集中，裂纹边缘的拉应力由于裂纹的大小、形状以及方向的不同而有差别，但比起施加在试样上的拉应力要大得多。由于应力集中而产生的应力，在某种情况下可以达到所施加应力的100倍。因此，脆性材料是否破坏，不是受材料本身强度的控制，而是决定于材料内部裂纹周围的应力状态。这就说明了脆性材料的理论强度和实际强度之间存在极大差异。

最初格里菲斯是从能量观点来研究脆性断裂问题的，后来发展到用应力观点来研究这个问题，通过对椭圆裂纹周围的应力分析和计算，得出平面问题中裂纹初始破坏准则为：

当$\sigma_1+3\sigma_3\geqslant 0$时

$$\frac{(\sigma_1-\sigma_3)^2}{\sigma_1+\sigma_3}=8\sigma_t \tag{2-1-7}$$

式中：σ_t表示单轴抗拉强度（虽然规定拉应力为负值，但σ_t仍取正数）。

当$\sigma_1+3\sigma_3<0$时

$$\sigma_3=-\sigma_t \tag{2-1-8}$$

格里菲斯强度理论对完整的脆性岩石破坏的描述较合理，但对以岩块沿节理滑动破坏为主的岩体的破坏特征不能充分描述，因而在岩体力学中远不如莫尔-库仑理论应用广泛。虽然在细观本质上，莫尔理论不能完全反映脆性域岩石的破坏特征，但由于脆性岩石宏观破坏的表象近似莫尔描述的剪切破坏，所以，莫尔理论最先广泛应用于岩石力学。随着工程积累的增加，大量工程经验随着莫尔准则中的两个著名参数c、φ融入了该准则，因此莫尔表达式已经成为工程经验的载体，特别是其力学参数，基本已失去了本身的物理意义。

2.2 岩石的流变

包括岩石在内的许多材料，当长时间内应力保持为常量时，应变随着时间的延长不断增长的现象称为蠕变。反之，当长时间内变形保持为常量时，应力随着时间的延长不断减小的现象称为松弛。固体材料的蠕变和松弛特性，统称为流变性。

工程实践表明，岩石的流变力学特性作为岩石重要力学特性之一，与岩体工程长期稳定紧密相关。由于能源、资源开发利用中的一些大型岩体工程的失事与工程事故，特别是水利、水电工程的失事，地震、滑坡之类的地质灾害，核废料及其他有害的医疗或工业废弃物的处理问题，岩体高边坡流变问题、深埋软弱隧道变形问题、高坝坝基长期稳定与安全问题，以及人类生活圈保护问题等，推动了对岩石长期变形的流动特性和时效强度问题研究，把岩石力学从强度与变形研究推向时效流变研究。深入了解岩石的流变特征，对岩体工程长期稳定性的评价与预测具有重要的意义。

2.2.1 岩石流变基本特征

与其他固体材料相似，大部分岩石均不同程度地具有流变特性。对岩石流变力学特性的研究最早可追溯到 20 世纪 30 年代，格里格斯通过蠕变试验，指出砂岩和粉砂岩等类岩石中，当荷载达到破坏荷载的 12.5%～80% 时，就发生蠕变。近年来，对岩石在单轴压缩、双轴压缩以及三轴压缩等受力条件下的流变力学特性、岩体及结构面剪切蠕变特性的研究均较深入。由于在生产实践中经常遇到的是岩石的变形问题，所以下面着重介绍岩石的蠕变特征。试验研究表明，岩石的蠕变可以分 3 个阶段，如图 2-2-1 所示。

（1）初始蠕变阶段 OA，该段特点是变形速率逐渐减小，即 $\dot{\varepsilon}\to 0$，在 A 点达到最小值。

（2）等速蠕变阶段 AB，该段的特点是，变形速度保持为常量，即 $\dot{\varepsilon}$ = 常数，平稳变形一直持续到 B 点。

（3）加速蠕变阶段 BC，该段只有在应力达到或超过岩石蠕变极限应力时才出现。其特点是变形速率逐渐加快，并最终导致破坏，即 $\dot{\varepsilon}\to\infty$。

由上述可知，岩石的三个蠕变阶段，并非在任何应力下都能全部出现。当应力较小时，岩石仅出现第一阶段或第一阶段与第二阶段，只有当应力达到蠕变极限应力时，才出现第三阶段，如图 2-2-2 所示。通常把出现加速蠕变的最低应力值称为长期强度。

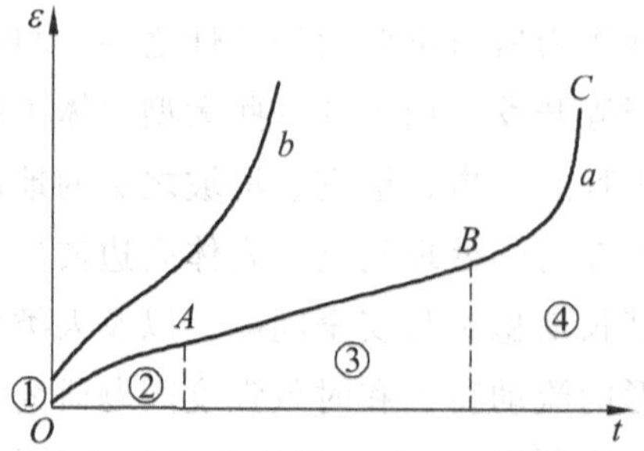

图 2-2-1　岩石的蠕变曲线

①—瞬时应变；②—初始蠕变；
③—等速蠕变；④—加速蠕变

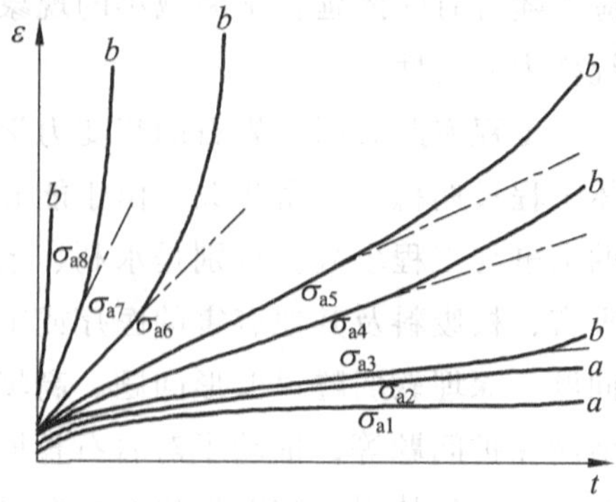

（$\sigma_{a1}<\sigma_{a2}<\cdots<\sigma_{an}$）

图 2-2-2　不同应力水平下岩石的蠕变曲线

岩石的蠕变性能，可以通过岩石的单轴压缩蠕变试验或三轴压缩蠕变试验或剪切蠕变试验来测定。

对于典型蠕变曲线，蠕变变形量可表示为：

$$\varepsilon=\varepsilon_0+\varepsilon_1(t)+v_t+\varepsilon_2(t) \tag{2-2-1}$$

式中：ε_0 表示瞬时弹性应变；$\varepsilon_1(t)$表示初始蠕变阶段的应变量；v_t 表示等速蠕变阶段的应变量；$\varepsilon_2(t)$表示加速蠕变阶段的应变量。

上述公式的具体表达方式，目前仍处于经验公式阶段，而且主要集中在表达第一阶段蠕变上。较为详细的一个经验公式，是罗伯逊（Roberstson）根据开尔文模型，通过试验校正，得到的恒载下的半经验公式：

$$\varepsilon=\varepsilon_0+A\ln t \tag{2-2-2}$$

式中：ε_0 表示瞬时应变，即加上荷载伊始的应变；A 为系数，在单轴压缩条件下 $A=\left(\dfrac{\sigma}{E}\right)^{n_c}$，在三轴压缩时 $A=\left(\dfrac{\sigma_1-\sigma_3}{2G}\right)^{n_c}$，其中 E、G 为弹性模量及剪切模量，n_c 为蠕变指数，低应力下为 1 ~ 2，高应力下为 2 ~ 3。

法默（Farmer）按工程条件下产生蠕变的程度，将岩石划分为三类：准弹性（一般不蠕变）、半弹性（弹性变形和蠕变）和非弹性（主要为蠕变）。根据不同的应力值，提供了一个 A 的参考数值表（表 2.2.1）。

表 2.2.1　不同应力条件下岩石的 A 值

岩石类型	弹性模量 E（$\times 10^4$ MPa）	σ= 10 MPa n_c = 1.5	σ= 50 MPa n_c = 1.7	σ= 100 MPa n_c = 1.85
准弹性 I	12	7.6×10^{-6}	1.8×10^{-6}	2.2×10^{-6}
	10	1.0×10^{-6}	2.4×10^{-6}	2.9×10^{-6}
	8	1.4×10^{-6}	3.5×10^{-6}	4.3×10^{-6}
半弹性 Ⅱ	6	2.1×10^{-6}	5.8×10^{-6}	7.4×10^{-6}
	4	4.0×10^{-6}	1.2×10^{-6}	1.5×10^{-6}
非弹性 Ⅲ	2	1.1×10^{-6}	3.8×10^{-6}	5.3×10^{-6}
	0.5	8.9×10^{-6}	1.6×10^{-6}	2.5×10^{-6}

其中，属于Ⅰ类的岩石主要为坚硬岩浆岩（如花岗岩、玄武岩）和某些坚硬变质岩（如石英岩）等。属于Ⅱ类的岩石主要为多数沉积岩。属于Ⅲ类的岩石主要为软弱黏土岩类和含泥较重的其他岩石。

岩石的流变性质，从工程应用的角度讲，是岩石最重要最基本的性质之一。如果说，常规条件下（这里指不考虑时间因素）对岩石的变形和破坏的研究，更多的是解决在岩石开挖过程中和特殊作用力（如工业与建筑荷载、地震、爆炸等）下岩石的力学特性的话，那么，在岩体工程使用过程中，岩石随时间发生的变形甚至破坏的特性是考虑工程安全与寿命所不容忽视的一大问题。实际上，边坡的某些缓慢弯曲、鼓胀变形破坏，隧道的收缩等，在非其他因素存在的情况下，这些变形和破坏正是岩石流变的结果。正由于此，岩石流变的研究已成为岩石力学研究的热门，并已发展成一个新的分支——岩石流变学（Rheology of Rock）。岩石流变研究的核心，是获得不同条件下的流变曲线以及采用最精确的本构关系描述它。而研究岩石的本构关系，必然涉及岩石流变的力学模式。

2.2.2　流变模型

流变模型是对流变试验曲线的数学描述。根据建立数学方程方法不同，流变模型可分为流变经验模型和流变元件模型两类。

岩石流变经验模型是指通过对岩石在特定的条件下进行一系列流变试验，在获取流变试验数据后，利用试验曲线进行拟合，从而建立岩石流变经验模型。对每种不同的岩石材料，甚至不同的条件，可以求得各种各样的流变经验模型。通常采用的岩石流变经验模型的形式主要有幂律型、对数型、指数型以及三者的混合方程。尽管岩石流变经验模型与具体的试验吻合得较好，但它通常只能反映特定应力路径及状态下岩石的流变特性，难以反映岩石内在机理及特征，若推广到其他条件则往往会带来较大的误差，甚至得出完全错误的结论。此外，岩石流变经验模型只能描述岩石瞬时流变阶段以及稳态流变阶段，而无法描述加速流变阶段，这也是目前岩石流变经验模型建立中的一个重要缺陷，这可能是由于岩石在加速流变阶段完全是荷载长期累积效应所导致破坏的结果，没有确定的流变破坏规律可循。岩石流变经验模型直观明确，可直接使用，亦为工程设计人员乐意采用。但流变力学参数获取困难，实际应用仍不方便。

岩石流变元件模型是根据流变试验曲线将岩石抽象成一系列弹簧、阻尼器以及滑块等元件组成的体系，用已知力与变形关系的简单元件来描述固体物质在受力条件下的变形特征。这些元件之间各种组合分别代表岩石不同的流变特性，根据岩石试验结果只是确定与选定流变模型所对应的元件组合有关的常数或待定系数，而并非确定定律本身。通常求取岩石流变模型参数的方法有模型辨识和参数反演。元件模型法适应性较经验模型法好，尤其是适用于工程数值分析。岩石流变元件模型中著名的有 Maxwell 模型、Kelvin 模型、Bingham 模型、Burgers 模型、理想黏塑性体、西原模型、刘宝琛模型等等。这些模型有的呈现瞬态响应，有些却没有；有些是常应力下应变最终趋于某一有限值，因此呈现固体特性；而有些材料在常应力下出现应变蠕变，因此呈现流变特性。

由于岩石材料具有非线性特征，近年来发展了一些非线性流变元件模型理论，如：金丰年（1995）基于试验成果，结合传统线性黏弹性模型的分析，提出了非线性黏弹性模型，并作出了较圆满的说明；孙钧（1999）就岩石的非线性流变理论进行了探讨；邓荣贵（2002）根据岩石加速蠕变阶段的力学特性，提出了一种非牛顿流体黏滞阻尼元件，结合描述岩石减速蠕变和等速蠕变特性的传统模型，提出新的综合流变力学模型；曹树刚（2002）采用非牛顿体黏性元件构成五元件的改进西原模型，探讨了与时间有关的软岩一维和三维的本构方程和蠕变方程。岩石流变的非线性元件模型，仍是目前岩石流变力学理论研究中的一个重要课题。

下面介绍几种最常用的组合模型。

1. 马克斯威尔（Maxwell）模型（黏、弹体）

该模型又称松弛模型，它是由弹簧和阻尼元件串联而成的，如图 2-2-3 所示。其变形特征是由弹簧和阻尼元件共同决定的。该模型在外力作用下既产生弹性变形，也产生永久变形。其应力-应变关系如图 2-2-3 所示。

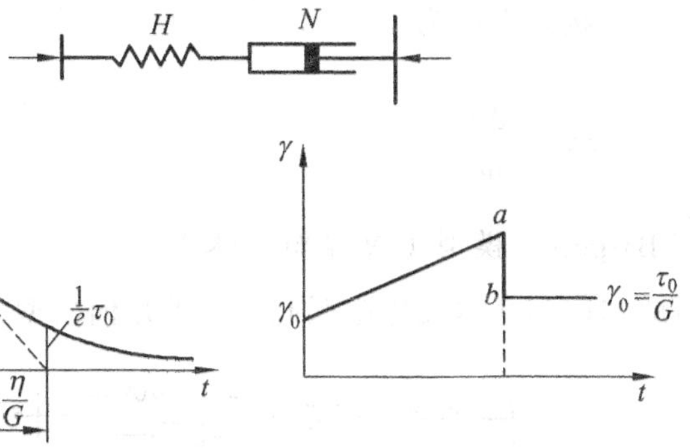

图 2-2-3　马克斯威尔模型及其力学性状

该模型的微分状态方程为：

$$\frac{d\gamma}{dt}=\frac{1}{G}\frac{d\tau}{dt}+\frac{1}{\eta}\tau \tag{2-2-3}$$

或
$$\eta\frac{d\gamma}{dt}=\frac{\eta}{G}\frac{d\tau}{dt}+\tau=\lambda\frac{d\tau}{dt}+\tau \tag{2-2-4}$$

式中：$\lambda=\frac{\eta}{G}$，λ为松弛时间。

2. 开尔文（Kelvin）模型（滞弹体）

该模型又称推迟模型（意即延迟了弹性），它是由弹簧和阻尼元件并联而成的，如图 2-2-4 所示。加载时，变形恢复到零。

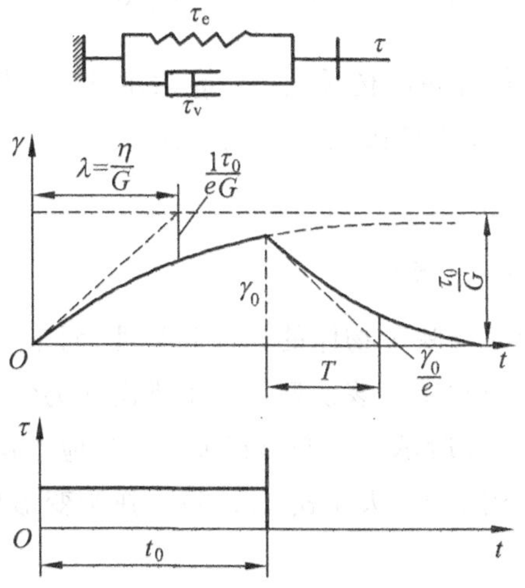

图 2-2-4　开尔文模型及其力学性状

该模型的微分状态方程为：

$$\sigma = E\varepsilon + \eta\frac{\mathrm{d}\varepsilon}{\mathrm{d}t} \tag{2-2-5}$$

3. 伯格（Bargers）模型（黏弹塑性体）

将马克斯威尔体和开尔文体串联起来，就是伯格型，如图 2-2-5 所示。

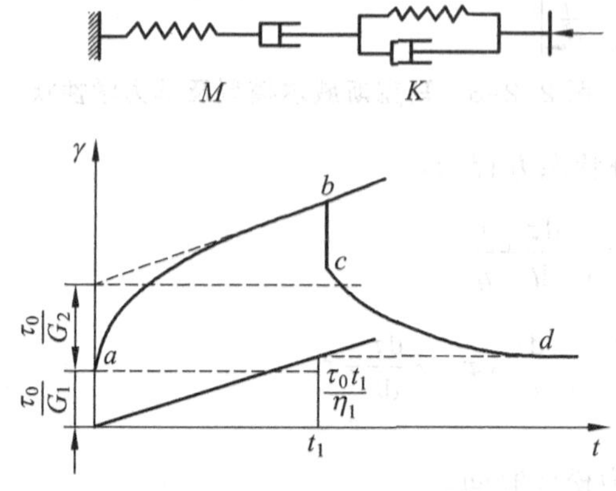

图 2-2-5　伯格模型及其力学性状

根据它的结构特征，该模型的微分状态方程为：

$$E_{\mathrm{K}}\frac{\mathrm{d}\varepsilon}{\mathrm{d}t} + \eta_{\mathrm{K}}\frac{\mathrm{d}^2\varepsilon}{\mathrm{d}t^2} = \left(1 + \frac{E_{\mathrm{K}}}{E_{\mathrm{M}}}\right)\frac{\mathrm{d}\sigma}{\mathrm{d}t} + \frac{\eta_{\mathrm{K}}}{E_{\mathrm{K}}}\frac{\mathrm{d}^2\sigma}{\mathrm{d}t^2} + \frac{E_{\mathrm{K}}}{\eta_{\mathrm{M}}}\sigma \tag{2-2-6}$$

式中：E_{K} 表示开尔文体弹簧的杨氏模量；η_{K} 表示开尔文体阻尼元件黏滞系数；E_{M} 表示马克斯威尔体弹簧杨氏模量；η_{M} 表示马克斯威尔体阻尼元件的黏滞系数。

4. 宾汉（Bingham）模型

以上的三个模型只反映了物体的黏性和弹性，而未直接反映物体的塑性，宾汉模型则考虑了这一性质。该模型是在圣维南体力学模型中加入一个阻尼元件组成的，如图 2-2-6 所示。其变形特征是：当应力 σ 小于滑块的屈服值 σ_s 时，只有弹簧变形；当应力 σ 大于 σ_s 时，除了弹簧变形外，还有阻尼元件的变形，即黏性流动。

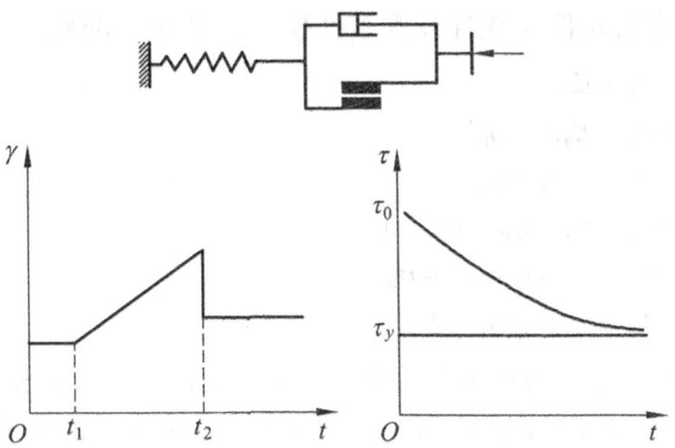

图 2-2-6　宾汉体的力学模型及其力学状态

该模型的微分状态方程为：

当$\sigma \leqslant \sigma_s$时，$\varepsilon=\varepsilon_1=\sigma/E$，则

$$\frac{\mathrm{d}\varepsilon}{\mathrm{d}t}=\frac{\mathrm{d}\varepsilon_1}{\mathrm{d}t}=\frac{1}{E}\frac{\mathrm{d}\sigma}{\mathrm{d}t} \tag{2-2-7}$$

当$\sigma \geqslant \sigma_s$时，$\varepsilon=\varepsilon_1+\varepsilon_2$，则

$$\frac{\mathrm{d}\varepsilon}{\mathrm{d}t}=\frac{\mathrm{d}\varepsilon_1}{\mathrm{d}t}+\frac{\mathrm{d}\varepsilon_2}{\mathrm{d}t}=\frac{1}{E}\frac{\mathrm{d}\sigma}{\mathrm{d}t}+\frac{\sigma-\sigma_s}{\eta} \tag{2-2-8}$$

5. 非线性黏弹塑性流变模型

岩石流变过程往往是弹性、黏性、塑性、黏弹性和黏塑性等多种变形共存的一个复杂过程，因而需要采用多种元件（线性和非线性元件）的复合来对其进行模拟。徐卫亚（2006）利用非线性黏塑性体（NVPB 模型）与五元件线性黏弹性流变模型串联起来，建立岩石非线性黏弹塑性流变模型，该模型可以充分反映岩石的加速流变特征，如图 2-2-7 所示。

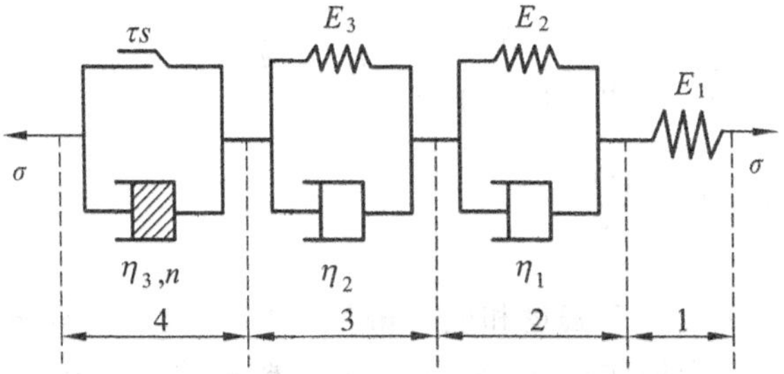

图 2-2-7　非线性黏弹塑性流变模型

流变模型为七元件非线性黏弹塑性模型，其相应的状态方程为：

$$\begin{cases}\sigma_1 = E_1\varepsilon_1 \\ \sigma_2 = E_2\varepsilon_2 + \eta_1\dot{\varepsilon}_2 \\ \sigma_3 = E_3\varepsilon_3 + \eta_2\dot{\varepsilon}_3 \\ \sigma_4 = \sigma_S + \eta_3\dot{\varepsilon}_4/(nt^{n-1}) \\ \sigma = \sigma_1 = \sigma_2 = \sigma_3 = \sigma_4 \\ \varepsilon = \varepsilon_1 + \varepsilon_2 + \varepsilon_3 + \varepsilon_4\end{cases} \tag{2-2-9}$$

上面各式中的σ和ε分别为模型总的应力和应变，σ_1、σ_2、σ_3和σ_4分别为 1、2、3 和 4 部分的应力，ε_1、ε_2、ε_3和ε_4分别为 1、2、3 和 4 部分的应变；E_1、E_2、E_3、η_1、η_2和η_3分别为材料的弹性、黏性和塑性参数；n 为流变指数；σ_s 为岩石的屈服应力或长期强度。

根据式（2-2-9）可得到七元件黏弹塑性流变模型的本构方程为：

$$\begin{aligned}&\ddot{\varepsilon} + \left(\frac{E_2}{\eta_1} + \frac{E_3}{\eta_2}\right)\dot{\varepsilon} + \frac{E_2E_3}{\eta_1\eta_2}\varepsilon \\ &= \frac{1}{E}\ddot{\sigma} + \left(\frac{E_2}{E_1\eta_1} + \frac{\eta_1+\eta_2}{\eta_1\eta_2} + \frac{E_3}{E_1\eta_2}\right)\dot{\sigma} + \left(\frac{E_1E_2 + E_2E_3 + E_1E_3}{E_1\eta_1\eta_2}\right)\sigma + \frac{nt^{n-1}}{\eta_3}\dot{\sigma} + \\ &\quad \frac{n(n-1)t^{n-2}(\sigma - \sigma_S)}{\eta_3} + \left(\frac{E_2}{\eta_1} + \frac{E_3}{\eta_2}\right)\frac{nt^{n-1}(\sigma - \sigma_S)}{\eta_3} + \\ &\quad \frac{E_2E_3}{\eta_1\eta_2}\int\frac{nt^{n-1}(\sigma - \sigma_S)}{\eta_3}\mathrm{d}t\end{aligned} \tag{2-2-10}$$

6. 损伤流变模型

李松（1990）在 H-（K|V）体的蠕变方程基础上，考虑各向同性损伤影响，给出了考虑损伤影响的蠕变方程和损伤发展方程：

$$e_{ij} = \frac{S_{ij}}{1-\omega_0}\frac{1}{2G_H}\frac{S_{ij} - S_{ij}^p}{(1-\omega)\cdot 2G_K}(1 - \mathrm{e}^{-\frac{G_K}{\eta}t}) \tag{2-2-11}$$

$$\dot{\omega} = D\frac{\varphi^{k_1}(\tau)}{(1-\omega)^{k_2}} \tag{2-2-12}$$

式中：e_{ij} 和 S_{ij} 分别为应变偏量和应力偏量；S_{ij}^p 为应力偏量表达的屈服应力；ω_0 为初始损伤；ω 为损伤；D、k_1 和 k_2 为材料参数；$\varphi(\tau)$为等时函数的值，与控制损伤的应力有关。

凌建明等（1993）在岩体流变中考虑损伤演化，建立了节理裂隙岩体各向异性非线性蠕变损伤模型。郑永来（1996）等建议一种黏弹性连续损伤本构模型，将黏弹性和损伤结合起来，提出一种岩石黏弹性连续损伤本构模型。邓广哲等（1998）从岩体不连续裂隙介质三轴蠕变试验结果分析开挖诱致岩体裂隙蠕滑全过程的基本特点，研究了裂隙起裂机制、蠕变扩展规律，讨论了岩体裂隙损伤断裂全过程与裂隙岩体蠕变全过程的耦合关系，并建立了相应的本构模型和分析模型。

综上所述，从岩块的静态变形特征和几种常用的力学模型可归纳出以下几个问题：

（1）按照一般的加载速度得到的非线性的应力-应变关系说明，杨氏模量是应力的函数，同时还受黏性和时间的影响。

（2）黏性和时间的影响，说明阻尼元件是构成岩石的力学模型要素之一。

（3）黏性可以解释改变加载速度时应力-应变曲线发生变化的原因，说明岩石的力学模型必须包括阻尼元件。

（4）虽然黏性能解释蠕变现象，但只用黏性并不能说明载荷不同而岩石的蠕变曲线形状不同的问题，这种情况用含有滑块的力学模型才能解释。

（5）岩石在单向压缩和单向拉伸时杨氏模量不等，以及月牙形的滞后作用曲线，说明除弹簧、滑块和阻尼元件以外，还应考虑新的元件或设计新的模型才能适用于岩石材料。

为此，要想设计出比较完善的、适用性较强的力学模型，则不论是在应力和应变之间，还是时间和温度之间，必须进行广泛的试验研究。

2.2.3 流变试验

最早的岩石流变试验是以灰岩为样本进行的静水压力试验，目的是观测其变形与破坏随时间变化的特征，只是从地质学角度探讨岩石的变形与流动性质。在国外，岩石流变力学特性试验研究可以追溯到 20 世纪 30 年代末，格里格斯（1939）最先对灰岩、页岩、粉砂岩等类软弱岩石进行了蠕变试验；Ito（1987）对花岗岩试件进行了历时 30 年的弯曲蠕变试验；Haupt（1991）研究了盐岩的应力松弛特性；E. Maranini 等对石灰岩进行了单轴压缩和三轴压剪蠕变试验。

在我国，陈宗基领导的研究组开创了岩体流变力学研究。20 世纪 50 年代以来，先后在水电工程、矿山边坡、巷道工程等重大工程研究中进行了较大规模的剪切流变和三轴流变现场试验,取得了重要的理论成果和实验成果。陈宗基（1991）对砂岩进行了扭转蠕变试验，研究了岩石的封闭应力和蠕变扩容现象，指出蠕变和封闭应力是岩石性状中的两个基本因素；郭志（1994）论述了岩体软弱夹层充填物的流变变形特性；徐平（1995）开展了三点弯曲蠕变断裂试验，得到了不同风化程度岩石的蠕变断裂韧度；李永盛（1995）分别对大理岩、红砂岩、粉砂岩和泥岩进行单轴压缩条件下的蠕变与应力松弛试验；邱贤德（1995）对盐岩的蠕变、松弛和弹性后效流变力学特性进行了试验研究；陈有亮（1996）采用直接拉伸试验方法，对红砂岩进行了拉伸断裂和拉伸流变断裂的对比试验，得到了该类岩石的流变断裂准则。针对长江三峡工程建设，众多学者对花岗岩流变特性进行了试验研究，这些学者有夏熙伦、徐平、孙钧、李建林、周火明、丁秀丽、张奇华、邓广哲、陈有亮等。

岩石流变性质试验设备的研制和开发一直为学术界和工程界所重视。1981 年，长江科学院与长春试验机厂共同研制了国内第一台岩石剪切流变仪，其最大法向载荷 150 kN、最大剪切载荷 200 kN。随后，长江科学院研制成功多功能软岩剪切流变仪，能自动记录剪应力-剪位移全过程。近年来，国内研制出高围压条件下的岩石三轴流变试验系统。2004 年，长江科学院与长春朝阳试验仪器有限公司共同研制出了一台大吨位、高围压微机控制电液伺服岩石三轴流变试验机“RLW-2000 微机控制岩石三轴流变仪”，该流变仪最大轴压 2 000 kN、最大围压 70 MPa。2007 年，河海大学引进一套全自动流变伺服仪，围压施压最大为 60 MPa，偏压可达 200 MPa。

随着对核废料地质处置库等问题研究需求，国内外学者开始了热、液、力及其相互耦合条件下的岩石流变试验。北京石油大学研制出高温高压三轴岩石蠕变仪，试验温度可达 200 °C，试验围压 200 MPa。国家地震局地质研究所研制了有孔隙水压功能的高温高压三轴试验机，能达到的试验温度为 300 °C，试验围压 300 MPa，试验孔隙压力为 100 MPa。太原理工大学研制出 20 MN 伺服控制高压岩体三轴试验机，最大轴向和侧向出力 10 000 kN，试验最高加热温度 600 °C。同济大学开发的节理剪切-渗流耦合试验系统，最大法向和切向荷载均为 600 kN，最大渗透压力为 0.5 MPa。

岩石流变研究面临许多复杂的问题。为了消除岩石试件的尺寸效应影响，试样尺寸一般都相当大；地质构造应力作用又使得变形滞后与应力松弛非常复杂，这就要求岩石流变试验设备能维持长期、稳定的高载荷，有特殊的加载装置和长期稳定的测量仪表。

岩石流变试验装置分两种类型：蠕变仪和松弛仪。

1. 流变试验仪

1）岩石蠕变仪

岩石流变试验有单轴抗压蠕变试验、扭转蠕变试验、剪切蠕变试验、三轴蠕变仪试验和真三轴蠕变试验。单轴抗压蠕变试验是最常用的。我国最早设计的岩石流变试验装置结构如图 2-2-8 所示。它利用杠杆系统对圆柱形试件施加恒定扭矩，以保持蠕变试验的长期稳定性；试件变形以试件的相对扭转角测定，即由卡在试件上的两个环形表架上的千分表测定。设计试件为直径 80 mm ~ 120 mm 的钻孔岩芯，试件的采集与加工非常方便。该设备可对软岩和高强度岩石进行试验。

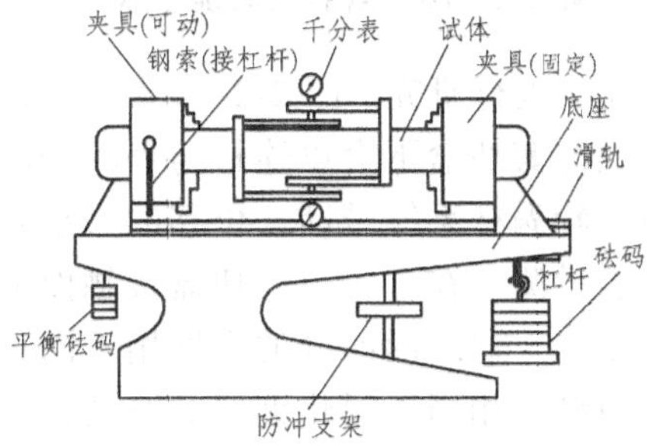

图 2-2-8 岩石扭转流变仪

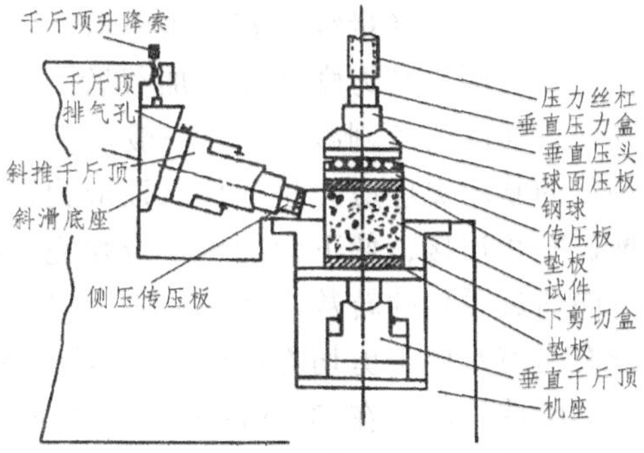

图 2-2-9 岩石剪切流变仪

在岩石剪切流变研究中，岩石剪切流变仪 JQ-200 在我国有一定的代表性。它是在 20 世纪 70 年代末研制成功的，其主机部分如图 2-2-9 所示。试验系统由主机（中型剪切仪）、加荷系统（电动油泵或手动油泵）、油-气蓄能稳压器所组成。试件为立方体，最大试件可达 20 cm × 20 cm × 20 cm。垂直压力为 40 t，侧向压力为 100 t。为防止试件受剪时后部出现拉应力，侧向千斤顶作用力与水平方向成 15°角，并使合力通过试体受剪面的中心。

中国科学院地球物理研究所于 1982 年研制成了一种可对试件加温和进行加载过程中试件孔隙水压变化观测的三轴流变仪，它可以用于研究围压、孔隙压力、荷载作用时间和温度对岩石力学性能的影响，各种流体对岩石的软化效应以及岩石在复杂应力状态下的渗透性。该仪器由 4 部分组成：稳压器、增压器、恒温控制箱、三轴高压室。三轴高压设计如图 2-2-10 所示。

2）岩石松弛仪

图 2-2-11 是一种岩石单轴松弛仪，试验装置由 4 根具有高刚度的载荷柱框架组成，试样加载用螺旋千斤顶来实现，千斤顶由带有减速齿轮的电动机

驱动，千斤顶内装有荷载传感器。试样保持恒定变形的调节由微机控制的电子驱动螺旋千斤顶以闭环系统控制，用数字应变仪获得试件的实际长度，其精度为 1 μm。环境湿度对试件松弛性质影响很大，故整个装置安放于温度变化控制在 ±0.1K 的恒温箱内；通过 *x-t* 函数记录仪记录试验结果。

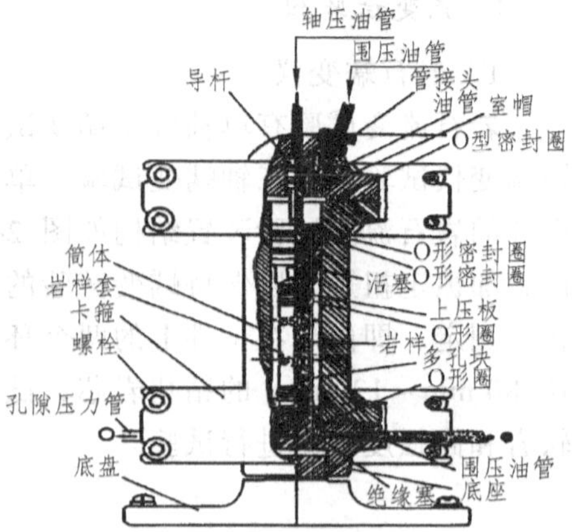

图 2-2-10　岩石三轴流变仪

由于岩体内的泥化夹层往往很薄，一般在毫米量级，若使用单剪流变试验测定其力学性能，加载后其剪切强度会急剧减弱，故一般适于用松弛法进行研究。图 2-2-12 为用于这一目的软弱夹层应力松弛仪。该应力松弛仪的剪切盒下盒以连杆与涡轮杆的推进轴相连接，使下盒的水平位移完全由涡轮涡杆系统带动，位移的大小和方向通过手轮的转数和转向控制，以千分表量测。在上、下剪切盒接触面上开有两道对应于剪切方向的 V 形滚珠槽。上、下盒之间的缝的宽度用不同直径的滚珠控制（在 3 mm ~ 4 mm 范围），使缝宽相当于泥化夹层的厚度，施加常应变后夹层内的应力变化，通过测力钢环测定，钢环可以千分表或电阻应变仪读数。

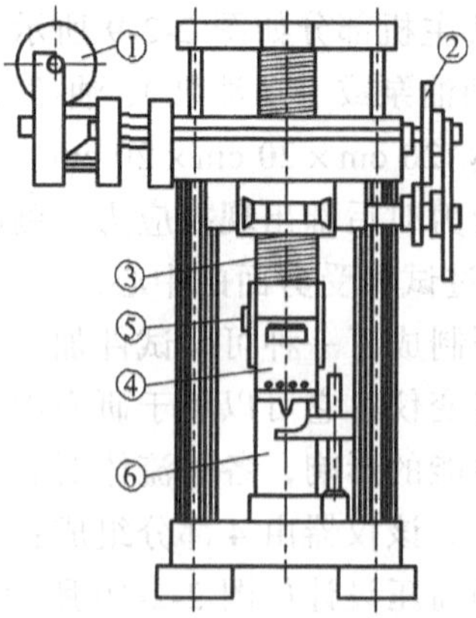

图 2-2-11　松弛装置

①—电机；②—减速齿轮；③—螺旋千斤顶；
④—数字应变仪；⑤—载荷传感器；⑥—试体

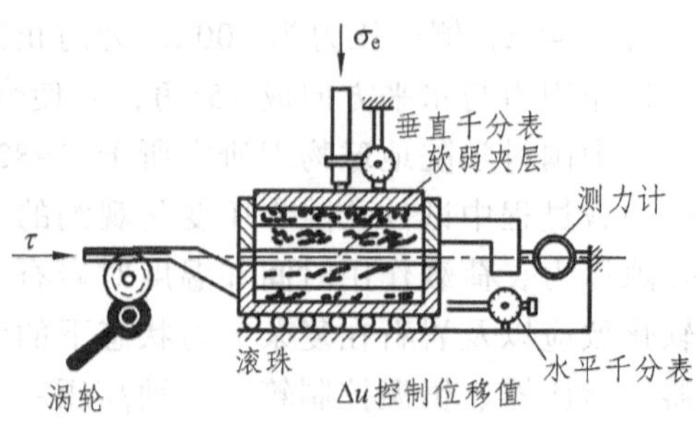

图 2-2-12　软弱夹层松弛仪

2. 流变试验

1）单轴拉伸蠕变试验

通常将岩石或混凝土试件固定在拉伸夹具中（图 2-2-13），进行直接拉伸试验。首先在钻石机上将岩样制成标准的圆柱体，其尺寸一般为ϕ25 × 125（mm）或ϕ50 × 125（mm）。在试验时应做到拉力 T 的作用线和试件轴线重合。在试件两端约 25 mm 长度的外表面涂上黏结剂（一般用环氧树脂胶）后装入夹具内。施动零件 1，使零件 2 上升，零件 3 的内圆面自动向中心收缩，与试件的外表面密贴，使试件 4 与夹具粘结在一起。零件 5 是带球形铰的拉杆，它与无扭钢绳相连，保证试件中部产生的是纯单向拉应力状态。可以通过杠杆仪、重物或试验机给试件施加恒定的拉力 T。量测试件的变形时应在中部粘贴电阻应变片或安装位移计。

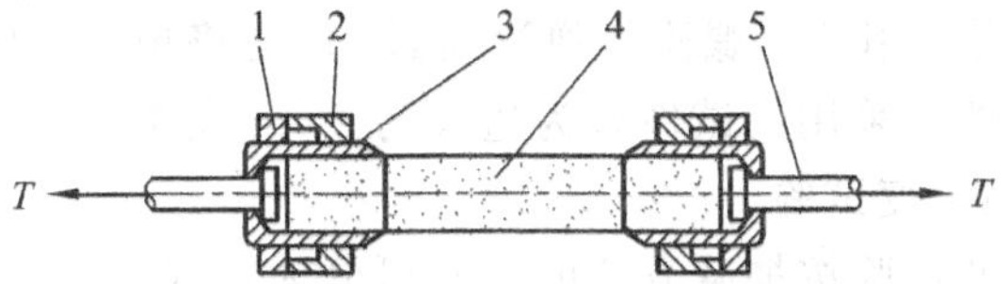

图 2-2-13　试件在拉伸夹持器中的安装简图

2）单轴压缩蠕变试验

单轴压缩蠕变试验方法和材料的抗压试验相同。但在试验中，沿试件轴向施加的荷载应保持恒定。一般仍采用圆柱体试件，其高径比仍为 2 ~ 2.5，也可采用其他形态的试件。试验中，应做到在试件中部产生单一均匀单向压应力状态。可用杠杆仪、弹簧压缩仪或具有稳压性能的试验机给试件加载。在试件中部贴应变片或安装位移计，量测试件的轴向应变和侧向应变随时间变化的曲线。

3）扭转蠕变试验

这种试验的目的是确定材料在恒定剪应力作用下的剪应变随时间变化的规律。仪器经杠杆系统对岩样施加恒定扭矩，在岩样中部选取两横截面，用千分表测定两截面间的相对扭转角。试件可为直径 80 mm、85 mm、90 mm，长度 280 mm 的圆柱体。

4）弯曲蠕变试验

采用三点弯曲或四点弯曲进行蠕变试验。试件可用矩形或圆形断面的梁。用岩石试件进行抗弯试验表明，试件尺寸对试验结果有一定的影响，因而试件尺寸的选取应慎重。对于圆形断面的梁，按经验可取其直径为 25 mm ~ 50 mm，长度为 125 mm ~ 200 mm。在弯曲蠕变中，一般用位移计测定梁中点处的挠度随时间的变化，由此可得出蠕变柔度。

5）剪切蠕变试验

为了测定软岩的流变参数，需要进行剪切蠕变试验。一般在单剪流变仪上进行剪切蠕变试验。试验时先在岩样上面施加垂直压力，待其稳定后再逐步施加水平剪应力。根据试验方法的不同，分单点法和多点法。剪切蠕变试验中除了确定剪应变随时间变化的规律外，还确定剪应变速率随应力和时间变化的规律，这些资料在滑坡预测及治理工程中应用较广泛。

6）双轴压缩蠕变试验

双轴压缩的应力状态在工程上较为常见，在求解平面问题时，要采用双轴压缩试验资料。但目前试验研究较少，也无成套定型的试验设备。试件上两个方向的应力σ_1和σ_2可由稳压千斤顶施加，也可用弹簧力施加。试验是在平面应力条件下进行的，此时$\sigma_2 = 0$。在安装好试件后，用千斤顶按一定的速率压缩弹簧，然后利用锁紧螺栓将弹簧锁紧，使之将预定的应力加到试件上，应变由位移计量测。采用的试件多为边长为 4 cm 或 7 cm 的正方体。

7）三轴压缩蠕变试验

三轴压缩蠕变试验按加载方式的不同可分为常规三轴压缩和真三轴压缩蠕变试验。在常规三轴压缩试验中，一般采用$\phi 50 \times 100$ mm 的圆柱体试件，在试件轴向施加轴向压力σ_1，在侧向一般借助液压油施加围压 p。在真三轴试验中一般采用长方体或正方体试件，在三对互相正交的面上施加互不相等的压应力σ_1、σ_2、σ_3。常规三轴试验，相当于$\sigma_2 = \sigma_3$的情况。

在三轴压缩流变试验中，仍然是三个方向的压力加到预定值后就保持恒定，然后量测各方向的应变随时间变化的曲线。应注意三个方向的压力施加方式、加载速率等都对试验结果影响较大。因此试验中对加载要严格控制。试验中还可能同时出现蠕变和松弛现象，因此三个方向上的应力、应变都必须同时进行量测，以便能随时观察应力、应变随时间变化的规律。在三轴压缩蠕变试验中，荷载的施加及变形的量测都比简单应力状态下的蠕变试验要复杂得多，各因素又相互影响，这方面的试验研究在过去做得不多，但随着先进的三轴压缩蠕变试验设备的研究成功，近年来这方面的试验研究又不断开展起来。真三轴蠕变试验资料作为理论研究是很重要的。

2.2.4 岩体的长期强度

随着恒定荷载的加大，岩石由趋稳蠕变转为非趋于稳定蠕变，也就是说，由不破坏转变为经蠕变而破坏。因此，一定存在一临界应力值，当岩石所受的长期应力小于这一临界应力值时，蠕变趋于稳定，岩石不会破坏。而大于这临界应力值时，岩石经蠕变最后发展至破坏。这一临界应力值称极限长期强度（亦称第三屈服值）。从物理意义上来说，岩石的应力越大，达到破坏所需的时间越短，而应力越小，达到破坏需要的时间越长。如应力小于某一临界值时，无论应力作用时间多长，岩石也不破坏。这一临界值即为极限长期强度，也就是使岩石在无限长时间内因蠕变达到破坏时的应力值，以τ_∞或σ_∞表示。

极限长期强度τ_∞或σ_∞是岩石流变特性的重要指标，可按下列步骤求得：

（1）取一组样，在每一试件上施加不同的应力，从而取得一组在不同应力作用下的蠕变曲线。

（2）对各条蠕变曲线，取相应于不同时间（$t=0$，$t=t_1$，$t=t_2$，…，$t=t_n$）的应力值和应变值，则可得出图 2-2-14 中对应于时间 t_1，t_2，…，t_n 的一系列的应力-应变等时曲线。

由应力-应变等时曲线可以看出，曲线簇的前段一般为线性，线性段的斜率即为弹性模量 E。E 值随时间 t 的增大而减小。曲线簇的后段呈弯曲形，t 值越大，则曲线越早趋于平缓。根据这样的变化趋势，可以绘得一条 $t=\infty$的平行于横坐标ε的直线。该线与纵坐标σ相交的应力值，即为极限长期压缩强度σ_∞。若施加的荷载超过极限长期强度，岩石将由蠕变发展至破坏，如图 2-2-14 中之阴影部分。

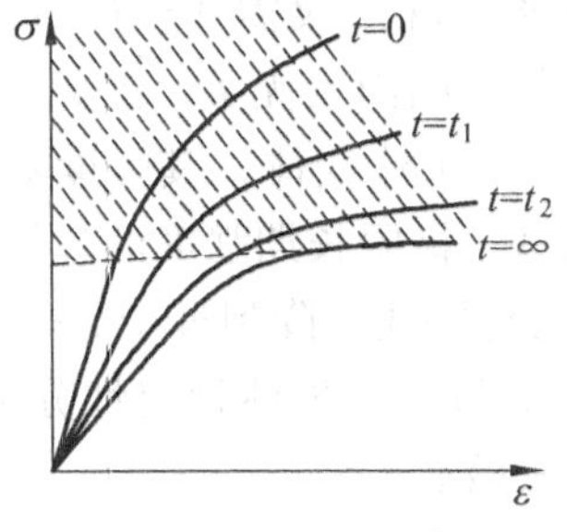

图 2-2-14 岩石应力-应变等时曲线（据陈宗基）

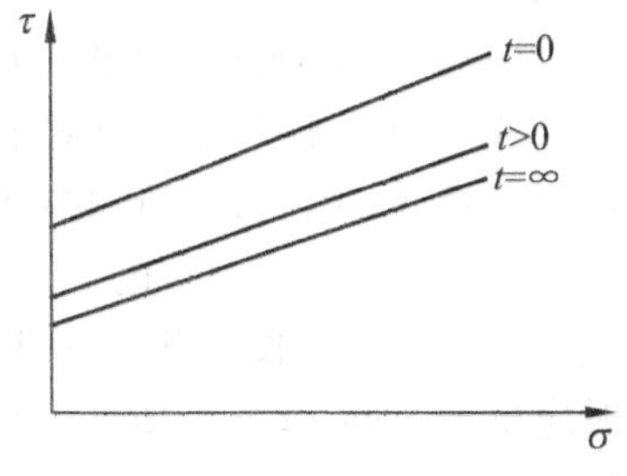

图 2-2-15 岩石强度包络线随时间变化

如果要求表征τ_∞的极限长期内摩擦角φ_∞及凝聚力 c_∞，则至少要用 4 组试件（每组包括 6 个以上试件）。使其各组试件之间受不同的法向应力，而组内各试件受的法向应力相同，受的剪应力不同。这样，可以求得 4 个在不同法向应力下的极限剪切长期强度τ_∞。作法向应力σ与τ_∞的关系曲线，则可求得φ_∞和 c_∞值，见图 2-2-15。

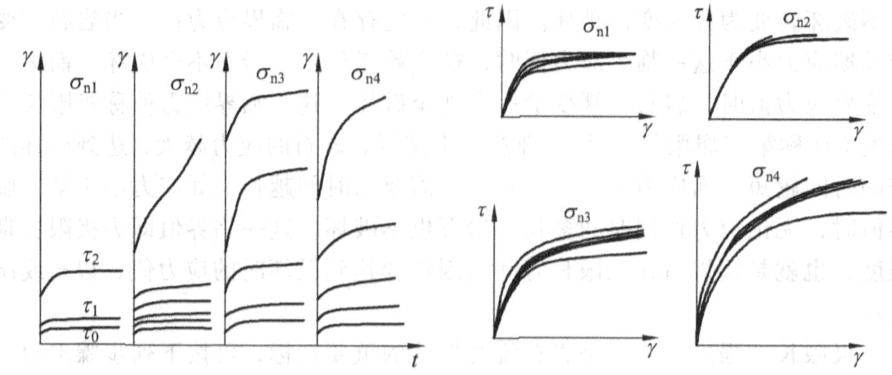

（a）分级加长期荷载的剪应变-时间叠加曲线

（b）各级法向应力下相同剪切历时的剪应力-剪应变曲线

图 2-2-16　剪应力-剪应变曲线

这样，为求长期剪切强度指标φ_∞和 c_∞，至少要 24 个试件。如同时进行试验，至少需要 20 台相同的设备。显然，进行这样的试验在时间和设备上都是有困难的。因此，陈宗基在第四届国际岩石力学大会上建议了一种简单方法。这一方法是根据广义的波尔兹曼（Baltzmann）的叠加原理，对一个试件分 n 级加长期荷载来代替对 n 个试件加一级荷载。如图 2-2-16 所示，在 4 个试件上，分别施加不同的法向应力σ_{n1}、σ_{n2}、σ_{n3}、σ_{n4}，然后对每一试件分 5 级施加剪应力，每一级延续的时间相同（图中为 10 天），这样即可得到如图 2-2-16（a）之γ-t 曲线。通过叠加原理，将图 2-2-16（a）曲线整理成图 2-2-17（b）之曲线，即为不同法向压力作用下的 4 组γ-τ 曲线。这样，仅需 4 台设备即可。

按照莫尔-库仑强度理论，认为材料的强度与时间因素无关。因此，其强度包络线是固定不变的。但对于岩石来说，它是一个流变体，其强度随时间的增加而降低。因此，不同的时间有不同的包络线。极限长期强度的包络线是最低的一条包络线（$t=\infty$包络线）。岩石从 $t=0$ 的包络线下降到近于 $t=\infty$的包络线，这一过程可长达几十年或更长。因此，在进行工程岩体稳定性分析时，有时应根据时间 $t=\infty$（图 2-2-15）的包络线来校核。

2.3　岩石动力学

岩体的动力学性质是岩体在动荷载作用下所表现出来的性质，包括岩体中应力波的传播规律及岩体动力变形与强度性质。岩体的动力学性质在岩体工程动力稳定性评价中具有重要意义。同时岩体动力学性质的研究还可为岩体各种物理力学参数的动测法提供理论依据。

常规的岩石力学试验系指应变速率在 1×10^{-5}/s ~ 10^{-1}/s 范围的试验，如：常规的刚性伺服试验机荷载，当应变速率小于 1×10^{-5}/s 时，属于岩石流变学研究范畴；当应变速率大于 1×10^{5}/s 时，岩体处于热流体状，属爆炸流体力学范畴。只有当应变速率在 1×10^{-1}/s ~ 1×10^{4}/s 范围，才属岩石动力学研究范畴。

我国岩石动力学研究最早可以追溯到 20 世纪 60 年代初湖北大冶铁矿边坡稳定性研究中的爆破动力效应试验。比较全面地开展岩石动力学研究，始于 1965 年由国家科委与国防科委同意成立防护工程组，并将“防护工程问题的研究”增列为十年规划中的国家重点项目。与岩石动力学相关的研究内容主要有：传播应力、应变变化的应力波和应力场；岩石动力学的试验方法；岩石动力学的数值解析法；岩石的动态物理性质；岩石的动态变形特性、强度特性和破碎特性；岩石的动态破裂准则；岩石在高速度冲击载荷作用下的本构方程；岩石动力学在工程上的应用等。1987 年，中国岩石力学与工程学会岩石动力学专业委员会的成立，标志着我国岩石动力学学科发展走向新的里程。

2.3.1 岩石动力学基本特征

岩石的动力学特征是指在动荷载作用下岩石的振动特性、随时间变化载荷的效应（位移和应力的效应）及周期（振动）或随机载荷的效应。动荷载是指大小随时间的延续而变化的荷载。比如振动、冲击、交变作用力、地震载荷、随机振动等。根据不同荷载作用方式，岩石动力学分析可分为谐分析（交变作用力）、瞬态分析（冲击）、谱分析（地震或随机振动）、模态分析（特定频率的机械振动）。

在动荷载作用下，能量以波的方式在岩体中传播。应力波到达岩体中某个质点之时，将引起质点运动，即该处岩体的位移变形。和静力条件下变形保持的行为不同的是，当应力波通过后，该点位移全部或部分恢复。因此，在动力学条件下，岩体的变形是时间的函数。岩体中某点的位移与时间的关系曲线，也称时程曲线。

由于岩体的不连续和非均质性，岩体中存在大量的、不同力学性质的界面。应力波在岩体中传播时，这些界面的反射、折射、衍射会形成叠加，影响岩体中某处质点的运动变化。因此，岩体动力学特征是非常复杂的。

1. 固体中应力波的类型

波是指某种扰动或某种运动参数或状态参数（例如应力、变形、振动、温度、电磁场强度等）的变化在介质中的传播。应力波就是应力在固体介质中的传播。由于固体介质变形性质的不同，在固体中传播的应力波有弹性波、黏弹性波、塑性波和冲击波。当应力值较高（相对岩体强度而言）时，岩体中可能出现塑性波和冲击波；而当应力值较低时，则只产生弹性波。这些波在岩体内传播的过程中，弹性波的传播速度比塑性波大，且传播的距离远；而塑性波和冲击波传播慢，且只在振源附近才能观察到。弹性波的传播也称为声波的传播。在岩体内部传播的弹性波称为体波，而沿着岩体表面或内部不连续面传播的弹性波称为面波。体波又分为纵波（P 波）和横波（S 波）。纵波又称为压缩波，波的传播方向与质点振动方向一致；横波又称为剪切波，其传播方向与质点振动方向垂直。面波又有瑞利波（R 波）和勒夫波（Q 波）等等。

2. 弹性介质中的平面应力波

在弹性力学里，运动方程、几何方程和物理方程经过综合后，可以得出拉梅运动方程。当不计体力时，该方程可表示为：

$$\begin{cases}(\lambda+G)\dfrac{\partial\theta}{\partial x}+G\nabla^2 u=\rho\dfrac{\partial^2 u}{\partial t^2}\\(\lambda+G)\dfrac{\partial\theta}{\partial y}+G\nabla^2 v=\rho\dfrac{\partial^2 v}{\partial t^2}\\(\lambda+G)\dfrac{\partial\theta}{\partial z}+G\nabla^2 \omega=\rho\dfrac{\partial^2 \omega}{\partial t^2}\end{cases} \tag{2-3-1}$$

式中：u、v、ω 分别表示 x、y、z 方向的位移分量；λ 表示拉梅常数；θ 表示体积应变；G 表示动剪切模量；ρ 为介质密度；t 表示时间。

对于平面波，波在传播过程中质点只能在平行传播方向运动，其波阵面为平面。设 x 坐标轴平行于波的传播方向，则有：

$$\begin{cases}u=u(x,t),\quad v=\omega=0\\\varepsilon_x\neq 0,\quad \varepsilon_y=\varepsilon_z=0,\quad \theta=\varepsilon_x\\\sigma_x\neq 0,\quad \sigma_y=\sigma_z\neq 0\end{cases} \tag{2-3-2}$$

式（2-3-1）化为：

$$\frac{\partial^2 u}{\partial t^2}=V_p^2\frac{\partial^2 u}{\partial x^2}$$

该方程的解的一般形式为：

$$u=G(x-ct)+H(x+ct) \tag{2-3-3}$$

根据胡克定律和平面波假设，有：

$$V_p^2\frac{\partial^2 \sigma_x}{\partial x^2}=\frac{\partial^2 \sigma_x}{\partial t^2} \tag{2-3-4}$$

推导知，式（2-3-4）的解与式（2-3-2）的解有相同的形式：

$$\sigma_x=G(x-ct)+H(x+ct) \tag{2-3-5}$$

在给出边界及初始条件后，不难求出这个解。如在半无限空间的自由表面施加应力σ_0，有边界及初始条件：

$$\begin{cases}\sigma_x=0, & \text{当}x\to\infty\text{对所有的}t\\ \sigma_x=\sigma_0, & \text{当}x=0\text{对}t>0\\ \sigma_x=0, & \text{对所有的}x,\text{当}t=0\\ \dfrac{\partial u}{\partial t}=u=0, & \text{对}t=0\end{cases}$$

上述边界及初始条件转为位移形式，有：

$$\begin{cases}\dfrac{\partial u}{\partial x}=0, & \text{对}x\to\infty\\ \dfrac{\partial u}{\partial x}=\dfrac{\sigma_0}{2G+\lambda}, & \text{对}x=0\text{和}t>0\\ \dfrac{\partial u}{\partial x}=0, & \text{对}x\to\infty\text{和}t=0\\ \dfrac{\partial u}{\partial t}=u=0, & \text{对}t=0\end{cases} \tag{2-3-6}$$

通过拉氏变换，可以得到上述方程的解：

$$u(x,t)=-\frac{\sigma_0 V}{2G+\lambda}\cdot\begin{cases}0, & 0\leqslant t\leqslant\dfrac{x}{V}\\ \left(t-\dfrac{x}{V}\right), & \dfrac{x}{V}<t\leqslant\infty\end{cases} \tag{2-3-7}$$

$$\sigma_x = \sigma_0 \cdot \begin{cases} 0, & 0 \leqslant t \leqslant \dfrac{x}{V} \\ 1, & \dfrac{x}{V} < t \leqslant \infty \end{cases} \tag{2-3-8}$$

3. 弹塑性介质中的平面应力波

当荷载足够大时，使应力超过了岩石介质的屈服应力，即$\sigma > \sigma_0$，或冲击速度超过了岩石介质的临界速度时，波的传播速度将不再等于常数，而是随应变的变化而变化。这时的岩体部分处于弹性状态，部分处于塑性状态，还有一部分可能仍处于未受力的状态。平面弹塑性波的运动方程和连续方程与弹性情况相一致，只有本构方程有所不同。设岩石是各向同性的，屈服应力为σ_H，则有：

$$\frac{\mathrm{d}\sigma_x}{\mathrm{d}\varepsilon_x} = \begin{cases} K + \dfrac{4}{3}G, & \sigma_x \leqslant \sigma_H \\ K + \dfrac{4}{3}G_P, & \sigma_x > \sigma_H \end{cases} \tag{2-3-9}$$

这里假设体积的变化是弹性的，式中：K 为体积模量；G 为弹性剪切模量；G_P 为塑性剪切模量。

4. 黏弹性介质中的平面应力波

考虑到实际岩石或多或少地具有阻尼特性，使得从弹性或弹塑性观点出发得到的结果与实际情况有所差异，而引入黏性概念则是必要的。以黏弹性介质中平面应力波的传播为例，其应力-应变关系为：

$$\sigma = k\left(1 + \eta \frac{\mathrm{d}}{\mathrm{d}t}\right)\varepsilon \tag{2-3-10}$$

x 方向的应力分量可表示为：

$$\sigma_x = k_d\left(1 + \eta_d \frac{\partial}{\partial t}\right)\frac{\partial u}{\partial x} + \frac{1}{3}\left[(k_0 - k_d) + (k_0\eta_0 - k_d\eta_d)\frac{\partial}{\partial t}\right]\theta \tag{2-3-11}$$

式中：　　$\theta = \varepsilon_x + \varepsilon_y + \varepsilon_z$

设半无限介质的自由平面为 $x = 0$，由平面波的概念，式（2-3-11）化为：

$$\sigma_x = E_1\left(1 + \eta \frac{\partial}{\partial t}\right)\frac{\partial u}{\partial x} \tag{2-3-12}$$

用应力表示的运动方程为：

$$\frac{\partial \sigma_x}{\partial x} = \rho \frac{\partial^2 u}{\partial t^2} \tag{2-3-13}$$

于是

$$E_1\left(1+\eta\frac{\partial}{\partial t}\right)\frac{\partial^2 u}{\partial x^2} = \rho\frac{\partial^2 u}{\partial t^2} \tag{2-3-14}$$

设作用在自由表面上的荷载为：

$$p = p_0 f(t) \tag{2-3-15}$$

为了便于讨论，对上述各量无量纲化：

$$\begin{cases} \text{无量纲距离} & \xi = \dfrac{x}{\eta}\sqrt{\dfrac{\rho}{E_1}} \\ \text{无量纲时间} & \tau = \dfrac{t}{\eta} \\ \text{无量纲位移} & \varphi = \dfrac{u}{\eta p_0}\sqrt{E_1\rho} \\ \text{无量纲应力} & s = \dfrac{\sigma_r}{p_0} \end{cases} \tag{2-3-16}$$

根据初始条件和边界条件，应力解为：

$$s(\xi,\tau) = \frac{1}{\pi}\int_0^{\infty}\frac{\mathrm{e}^{H(y)}}{(x-1)^2+y^2}[(x-1)\cos B + y\sin B]\mathrm{d}y \tag{2-3-17}$$

式中：

$$H = (x-1)\tau - \xi\left(1-\frac{1}{\gamma}\right)\sqrt{\frac{\gamma+x}{2}}$$

$$B = y\tau - \xi\left(1+\frac{1}{\gamma}\right)\sqrt{\frac{\gamma-x}{2}}$$

$$\gamma = \sqrt{x^2+y^2}$$

5. 岩体中弹性参数测试

根据运动方程式（2-3-1），考虑点源单向传播，得到纵波在各向同性岩体中的纵波速度 V_p 和横波速度 V_s 可表示为：

$$\begin{cases} V_p = \sqrt{\dfrac{E_d(1-\mu_d)}{\rho(1+\mu_d)(1-2\mu_d)}} \\ V_s = \sqrt{\dfrac{E_d}{2\rho(1+\mu_d)}} \end{cases} \tag{2-3-18}$$

式中：E_d为动弹性模量；μ_d为动泊松比；ρ为介质密度。

由式（2-3-18）可知：弹性波在介质中的传播速度仅与介质密度ρ及其动力变形参数 E_d和μ_d有关。若已知ρ、V_p、V_s，则可根据上式推出动弹性模量E_d和动泊松比μ_d计算公式：

$$\begin{cases} E_d = \dfrac{\rho V_s^2(3V_p^2-4V_s^2)}{V_p^2-V_s^2} \\ \mu_d = \dfrac{(V_p^2-2V_s^2)}{2(V_p^2-V_s^2)} \end{cases} \tag{2-3-19}$$

若 V_s分辨不清，则可用ρ、V_p及μ（静泊松比）求 E_d，即：

$$E_d = \frac{\rho V_p^2(1+\mu)(1-2\mu)}{1-\mu} \tag{2-3-20}$$

由式（2-3-18）得：

$$\frac{V_p}{V_s} = \sqrt{\frac{2(1-\mu_d)}{1-2\mu_d}} \tag{2-3-21}$$

若$\mu_d = 0.25$，$V_p/V_s = 1.73$。一般情况下，V_p/V_s值的变化范围为 1.6 ~ 1.7。

通过在实验室测定岩体试件的声波传播速度，可按式（2-3-19）计算动弹性模量。测定时，把声源和接收器放在岩块试件的两端。接收器主要确定波从起始点到接收点传播的时间，即 t_p与 t_s，由于 V_p是 V_s的 1.6 倍 ~ 1.7 倍，在波形图上，首次接收到的振动总是 P 波，然后才是 S 波，由此可确定 t_p与 t_s的大小，则纵波和横波速度为：

$$\begin{cases} V_p = \dfrac{D}{t_p} \\ V_s = \dfrac{D}{t_s} \end{cases} \tag{2-3-22}$$

式中：D 表示岩石试件两端面之间的距离（m）；t_p 表示纵波在岩石试件两端面间的传播时间；t_s表示横波在岩石试件两端面间的传播时间。

在现场通常应用声波法和地震法实测岩体的弹性波速度。声波法的原理如图 2-3-1 所示，选择代表性测线，布置测点和安装声波仪。测点可布置在岩体表面或钻孔内。测试时，通过声波发射仪的触发电路发生正弦脉冲，经发射换能器向岩体内发射声波。声波在岩体中传播并为接收换能器所接收，经放大器放大后由计时系统所记录，测得纵、横波在岩体中传播的时间 t_p、t_s。由式（2-3-22）计算纵波速度 V_p 和横波速度 V_s。

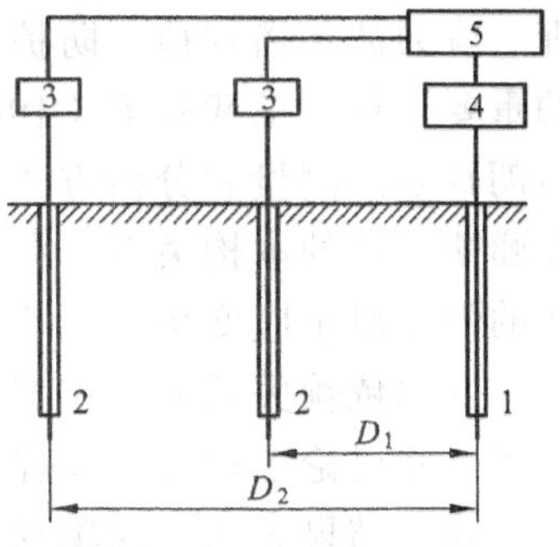

图 2-3-1　声波法测弹性波原理图

1—发射换能器；2—接收换能器；3—放大器；
4—声波发射仪；5—计时装置

岩性、建造组合和结构面发育特征以及岩体应力等情况的不同，影响到弹性波在岩体中的传播速度。不同岩性的岩体中弹性波速度不同，一般来说，岩体愈致密坚硬，波速愈大，反之，则愈小；岩性相同的岩体，弹性波速度与结构面特征密切相关。一般来说，弹性波穿过结构面时，一方面引起波动能量消耗，特别是穿过泥质等充填的软弱结构面时，由于其塑性变形能量容易被吸收，波衰减较快；另一方面，产生能量弥散现象。所以，结构面对弹性波的传播起隔波或导波作用，致使沿结构面传播速度大于垂直结构面传播的速度，造成波速及波动特性的各向异性。

此外，应力状态、地下水及地温等地质环境因素对弹性波的传播也有明显的影响。一般来说，在压应力作用下，波速随应力增加而增加，波幅衰减少；反之，在拉应力作用下，则波速降低，衰减增大。由于在水中的弹性波速是在空气中的 5 倍，因此，随岩体中含水量的增加也将导致弹性波速增加；温度的影响则比较复杂，一般来说，岩体处于正温时，波速随温度增高而降低，处于负温时则相反。

2.3.2　岩石动力学研究进展及发展方向

1. 岩石动力学研究进展

1）岩石动态力学性质与本构关系

各种动荷载作用下所引起的岩体结构物破坏的预报，岩石中结构物的抗爆炸破坏能力的估计，以及这些结构物的合理设计等，都要求充分地掌握岩体的动态力学性质。特别是在爆炸荷载作用下的本构关系，是研究岩石爆破机理、应力波传播规律、防护工程设计以及地震工程、岩土基础工程等所必需的重要资料。王武林等（1986）通过室内大块度岩石球面波爆炸试验，用拉格朗日多点测量和分析方法对实测结果进行了数值计算，获得了大理岩材料在弹塑性区的本构关系。在岩石动力特性方面，钱七虎、戚承志就岩石及岩体的强度对于应变率的依赖关系及其机理进行了理论研究，给出考虑强度对于应变率依赖关系的莫尔-库仑准则，确定了岩体的破坏尺寸与应变率之间的关系，并讨论了动力强度理论的应用。李海波、赵坚等对岩芯进行动态压缩性试验。结果表明，在单轴动载荷作用条件下岩样呈锥形破坏模式，三轴情况下岩样呈剪切破坏模式。李夕兵、楼为涛、单仁亮等利用 Hopkinson 压杆技术分别研究了各种岩石材料的动力特性与破坏模式。从总的研究情况来看，岩石动态力学性质研究结合工程项目的应用研究较多，系统的岩石动态力学性质研究较少；类比的结果较多，机理性的研究较少；对有些岩石动效应不明显的现象，尚未找到理论支持。岩石动态本构模型研究，在我国从 20 世纪 80 年代始，许多学者曾潜心研究，获得可喜成绩，但并没有取得突破性成果。

2）应力波传播与衰减规律

20 世纪 60 年代中期开始，我国防护工程组的建立，核爆情况下自由场应力波的传播与衰减规律研究一直是该项目的主要研究课题之一，并得出了一系列有重要意义的结论，相关研究可参考中国科学院武汉岩土力学研究所的文献《地下炸药库爆炸应力波试验与理论分析》等。杨仁华等从对影响应力波传播规律的几个主要因素的量纲分析出发，推导出应力波传播规律的计算公式。王明洋等根据断层与节理裂隙带的几何关系，运用应力波通过裂隙传播理论，分析了应力波通过节理裂隙带的衰减规律。李守巨对柱状装药应力波衰减规律进行了模型试验研究。张奇对岩体中爆炸冲击波的理论进行了研究，通过力学分析和数值计算，讨论了球形装药在岩体内爆炸后的冲击波传播规律，以及介质内各点应变率的估算方法。

应力波传播的媒介是地质体，因此研究波与地质构造、波与断层、波与节理裂隙的相互作用，对研究波的传播与衰减至关重要。王明洋、钱七虎结合工程地质特点，根据断层与节理裂隙带的几何关系，研究了爆炸应力波通过节理裂隙带的衰减规律。王占江、李孝兰等在花岗岩岩体中，经过系列化爆试验，获得了自由场应力波传播规律可与核爆试验可比的结果。张继春、肖正学等人对软弱夹层岩体爆破运动特征进行了试验研究，以单孔台阶爆破为原型，进行含软弱夹层的混凝土模型爆破试验，利用高速摄像观测爆破过程中夹层土的运动状态，分析不同炮孔装药量、夹层土含水率和最小抵抗线条件下夹层土的运动特征及其变化规律。黄永林等研究了郯庐断裂带鲁苏沂沭段几条平行的深大断裂构造对汶川地震波的隔震效应，地震波传播通过郯庐断裂带产生反射与折射以及汶川地震时的人员反应和地震记录，分析表明郯庐断裂带鲁苏沂沭段阻碍了地震波的传播，验证了郯庐断裂带对地震波有隔震作用的判断。

3）岩石的声学特征

应用声学方法研究岩石物理力学特性，是声学与岩石动力学学科相互交叉的结果。李造鼎等运用声发射及断裂力学方法，对岩石中声发射衰减进行了实验研究，提出了一种新的 Q 值计算模型，并实测分析了大理岩三点弯曲预制裂纹试样的品质因数及衰减特性。席道瑛、蔡忠理研究了岩石在单轴压缩下的声学特性、单轴压缩下波速与应力的变化关系。楚泽涵等对垂直地震剖面层速度与声波测井速度进行了对比研究。试验结果表明，声波测井速度普遍小于垂直地震剖面地层声速度，地层声波传播速度越高，二者差别越大。如泥岩层一般为 5%～6%，砂岩层约 10%，而白云岩地层最高达 14%。鲁先元等用声发射法对三峡坝址区地应力进行研究，为现场地应力测量提供了较好的补充。

4）爆破效应与破岩机理

在爆破破岩效应研究方面，林俊德从岩体爆炸应力波参数计算公式出发，提出估算水饱和硬岩封闭爆炸地表剥裂的方法。王靖涛提出了裁剪脉冲加载法的新概念，用应力波在孔边的绕射理论阐明了产生多裂纹的机理，证明了生成的孔边裂纹数目最主要取决于脉冲荷载的上升时间，而不是目前研究者们普遍认为的加载率。王明洋等对岩体中爆炸与冲击下的破坏做了研究，提出岩体中爆炸与冲击真实变形和破坏过程必须基于研究微观物理原理和细观物理力学理论，建立工程实用的介质在爆炸和冲击作用下统一的分阶段连贯的不同时空尺寸的动力本构模型，提出必须研究材料在不同特征能量尺度及其传输速度下统一的分阶段连贯的动力破坏过程和动力破坏准则的论断。戚承志等人研究了冲击荷载作用下岩石变形破坏的细观结构特性，得出在细观水平上黏性随着应变率增加而减小与介质变形的转动模式有关。此外，单仁亮、陶纪南、郭子庭、吴从师、杨永琦、宗琦、刘积、马芹永、李守巨、张奇、贺红亮、楼为涛、赵阳升等均作过较深入的研究，并取得相应成果。

5）数值分析与数值计算

我国开展动力有限元法的研究始于 20 世纪 70 年代初，应用背景是核爆与化爆炸的工程效应。通过有限元法计算分析研究应力波在自由场中的传播衰减规律，应力波与断层及毛硐的相互作用。近十多年来，数值计算、数值仿真得到空前发展。钱七虎（1995）研究了用动力有限元求解瞬态波动过程中产生的高频振荡和波形畸变的原因，提出了提高计算精度的有效方法及相应的确定单元尺寸及时间步长的方法。钟放庆（2001）利用广义反射、透射系数矩阵和离散波数方法，计算了水平分量花岗岩介质中近场范围内 3 次地下爆炸的地表粒子速度垂直分量波形，并通过实测波形的拟合，得到地下爆炸激发的地震震源函数。杨军（1996）利用分形理论提出一种新的岩石爆破损伤模型。卢文波、旭浩等应用大型有限元计算软件对延长装药在岩石介质中爆破破坏过程的应力场、传播过程、岩石爆破漏斗进行了数值模拟。

6）岩爆与冲击地压机理研究

该领域的研究成果从第三届全国岩石动力学会议论文集开始就作为一个专题讨论。研究较有代表的是章梦涛、潘一山、齐庆新、侯发亮、靳钟铭、赵阳升、王淑坤、李庶林等人的工作。这些人大多结合我国岩爆、冲击地压多发矿井，系统地从机理到工程防治进行了卓有成效的研究。潘一山在对我国冲击地压分布状况研究的基础上，将冲击地压分为煤体压缩型、顶板断裂型和断层型等基本类型，分别研究其发生机理，提出通过煤层注水、卸压爆破、机械振动产生岩体裂隙而改变煤体性质防治压缩型冲击地压，通过开采解放层、本层煤解放的高压水射流钻孔割缝、留设煤柱改变顶板运动规律防治顶板型冲击地压，限制断层移动防治断层错动型冲击地压等针对性的治理措施。

2. 岩石动力学发展方向

1）岩石动态力学与本构关系

岩石动态力学性质反映的是岩石变形与破坏的动态过程，时间起关键作用。很多岩石变形损伤演化方程及破坏准则实际上都是极有时间构造性的，因此进一步完善岩石变形与破坏的时间构造性仍是一个重要课题。由于岩石材料的特殊性与复杂性，岩石材料本构关系的建立十分困难。虽然曾有人通过室内试验建立本构模型，但符合现场实际状态的动力本构模型几乎为空白。此外，不仅要研究高压-高应变率的问题，还应重点研究中等压力-中等应变速率问题。大尺度、多尺度、多因素问题以及耦合效应，也是主攻方向之一。

2）岩石（体）中应力波的传播与反演

岩体中爆炸产生的应力波向四周传播时，除随着几何扩散而引起衰减外，还受到岩体的塑性、非线性和黏性等阻尼作用，其能量大大衰减。而塑性、非线性和黏性受地质条件的影响，岩体中应力波的传播和衰减是一个十分复杂的问题。研究岩体中应力波传播与衰减规律及动力断裂和破碎过程，均需要了解岩体材料的力学性质与本构方程，因此，可以说这两个方面研究是紧密联系的。关于波的反问题，一类是介质反问题，另一类是源反问题。如岩体物理力学特性参数的探测就是介质反问题，确定波源性质，如震源机制属于另一类反问题。优先研究的课题主要有：波传播反问题的不适定性根源的研究；发展解不适定反问题的新方法；进一步研究层状介质的反问题，特别是研究黏弹性波的反演模型。

研究波与岩石材料天然缺陷（如裂隙、节理）的相互作用，波与结构物、构造物的相互作用，特别是层状介质中高阻抗失配材料中波的传播，都有着十分重要的战略意义。

3）岩石材料的断裂与破碎

爆炸所引起的动荷载可视为作用在岩体表面或岩体内部的点（爆心）荷载，岩体的断裂与破碎是由于点源荷载作用下岩石内部缺陷的扩张、分叉，直至贯通而造成的。因此研究岩体损伤、断裂随时间增长发展最终破坏失稳的机理、模式和判据，确定岩体时效损伤断裂的统一机制十分必要，并须求得岩石断裂动力学问题的精确封闭解。

裂纹岩体由爆炸荷载作用下所产生的动态响应，可以通过由无裂纹岩体受爆破荷载作用的动态响应，和裂纹表面作用分布荷载时裂纹岩体的动态响应两者之叠加来得到。前者可直接由弹性动力学理论中的积分变换方式求得，后者则可通过裂纹表面作用点源脉冲荷载时其响应的积分求得。点源脉冲荷载作用的解，可由冲击点源荷载作用时的解相互比照分析研究。

4）数值模拟与智能化

数值模拟分析不单纯是应力分析的一种手段，也是一种试验的工具，尤其对岩石动力学更具有特殊意义。由于动力过程极其复杂，进行物理模拟试验比较困难。一方面是设备复杂昂贵;另一方面是动力相似律不易满足。因此必须大力发展动力问题的数值模拟技术，优先研究以下内容：三维动力边界元、离散元、流形元、无单元、FLAC 等方法；动力断裂过程的数值模拟与虚拟仿真技术；动力学-热传导-流体流动全耦合的数值模拟方法。

数字模拟试验机的提出，将会进一步提高人们对数值模拟技术的认识，也必将促进许多现场无法实现的试验通过计算机模拟技术实现。其中关键技术是减小人与计算机间的隔阂，使计算机从串行变成大规模并行，从单维变成多维，从封闭到开放系统，不是预定程序而强调面对具体对象，使虚拟变成现实。

2.4 裂隙岩体水力学

岩体的水力学性质是岩体力学性质的一个重要方面，它是指岩体与水共同作用所表现出来的力学性质。水在岩体中的作用包括两个方面：一方面是水对岩石的物理化学作用，在工程上常用软化系数来表示；另一方面是水与岩体相互耦合作用下的力学效应，包括空隙水压力与渗流动水压力等的力学作用效应。在空隙水压力的作用下，首先是减少了岩体内的有效应力，从而降低了岩体的剪切强度。另外，岩体渗流与应力之间的相互作用强烈，对工程稳定性具有重要的影响，如法国的马尔帕塞拱坝溃决、意大利瓦依昂滑坡等。

1974 年 Louis 提出了岩石水力学的概念，把岩石水力学作为岩石力学的一部分。岩石与岩体有很大的不同，岩体的渗透性取决于裂隙的发育程度。一般岩体裂隙的渗透性是岩石渗透性的百倍以上。此外，岩体裂隙中的地下水具有渗透压力。裂隙岩体水力学是近几十年发展起来的与岩石力学密切相关的一门新兴力学，是主要研究裂隙岩体中地下水的运动规律及与地下水力学耦合作用下裂隙岩体变形与破坏规律的科学。

2.4.1 岩体的渗透性描述

岩体的渗透性是指岩体允许透过流体（气体和液体）的能力，其定量指标可用渗透率、渗透系数、渗透率张量和渗透系数张量描述。

1. 岩体的渗透率与渗透系数

渗透率（Permeability）是表征岩体介质特征的函数，它描述了岩体介质的一种平均性质，表示岩体介质传导流体的能力。对于均质各向同性多孔介质而言，其渗透率为：

$$k(\sigma)=cd^2\mathrm{e}^{-a\sigma} \tag{2-4-1}$$

式中：$k(\sigma)$为岩体在应力为σ时的渗透率；a 为待定系数；σ为岩体应力；d 为岩体颗粒的有效粒径；c 为介于 45 ~ 140 的比例常数。

对于单裂隙介质而言，其岩体裂隙的渗透率为：

$$k_f(\sigma)=\frac{b^2}{\lambda}\mathrm{e}^{-a\sigma} \tag{2-4-2}$$

式中：$k_f(\sigma)$为岩体在应力为σ时的渗透率；λ为岩体裂隙粗糙度有关的参数。

对裂隙系统而言，岩体的等效渗透率为：

$$k_f(\sigma_a)=\frac{b^3}{\lambda S}\mathrm{e}^{-a\sigma_a} \tag{2-4-3}$$

式中：S表示岩体中裂隙的平均间距；σ_a表示岩体的等效法向应力。

渗透系数是岩体介质特征和流体特性的函数，它描述了岩体介质和流体的一种平均性质。在岩体水流系统中，渗透系数可表征地下水流经空间内任一点上的介质的渗透性；也可表征某一区域内介质的平均渗透性；也可表征某一裂隙段上介质的渗透性。

对岩体裂隙介质而言，渗透系数可表示为：

$$K_f(\sigma)=k_f(\sigma)\left(\frac{\rho g}{\mu}\right) \tag{2-4-4}$$

2. 岩体的渗透率张量和渗透系数张量

在岩体系统内，由于岩体介质具有非均质各向异性，反映岩体各向异性的渗透性能，不能用一个标量来表示，而要用张量来描述岩体介质各个方向上的不同渗透性能，这个量就称为岩体介质的渗透率张量。岩体系统内任一点或任一小区域上介质的平均渗透率张量不同，空间内不同点上渗透率张量构成了岩体系统内介质的渗透率张量场。

当岩体由多组裂隙组成，且其间岩块为不透水者，裂隙组在裂隙网络中互相连通，一方向上裂隙组裂隙水流丝毫不受另一方向裂隙组裂隙水流的干扰。则岩体裂隙等效渗透率为：

$$\boldsymbol{k}=\begin{bmatrix}K_{11} & K_{12} & K_{13}\\ K_{21} & K_{22} & K_{23}\\ K_{31} & K_{32} & K_{33}\end{bmatrix}=\begin{bmatrix}\sum\limits_{i=1}^{M}\frac{b_i^3}{\lambda S_i}(1-a_{xi}^2) & -\sum\limits_{i=1}^{M}\frac{b_i^3}{\lambda S_i}a_{xi}a_{yi} & -\sum\limits_{i=1}^{M}\frac{b_i^3}{\lambda S_i}a_{xi}a_{zi}\\ -\sum\limits_{i=1}^{M}\frac{b_i^3}{\lambda S_i}a_{yi}a_{xi} & \sum\limits_{i=1}^{M}\frac{b_i^3}{\lambda S_i}(1-a_{yi}^2) & -\sum\limits_{i=1}^{M}\frac{b_i^3}{\lambda S_i}a_{yi}a_{zi}\\ -\sum\limits_{i=1}^{M}\frac{b_i^3}{\lambda S_i}a_{zi}a_{xi} & -\sum\limits_{i=1}^{M}\frac{b_i^3}{\lambda S_i}a_{zi}a_{yi} & \sum\limits_{i=1}^{M}\frac{b_i^3}{\lambda S_i}(1-a_{zi}^2)\end{bmatrix} \tag{2-4-5}$$

式中：$a_{xi}=\cos\beta_i\sin\alpha_i, a_{yi}=\sin\alpha_i\sin\beta_i, a_{zi}=\cos\alpha_i$，$\alpha_i$为第$i$组裂隙的倾角；$\beta_i$为第$i$组裂隙倾向；$b_i$为第$i$组裂隙的宽度；$S_i$为第$i$组裂隙的间距。

当裂隙的隙宽和密度十分整齐和规则，但方位杂乱无章，没有一个较其他方向突出的主渗透方向时，则岩体渗透率张量可表达为：

$$\boldsymbol{k}=\frac{b^3}{S\lambda}\begin{bmatrix}K_{11} & 0 & 0\\ 0 & K_{22} & 0\\ 0 & 0 & K_{33}\end{bmatrix} \tag{2-4-6}$$

当岩体中只发育唯一的一个方向裂隙组，且裂隙宽度 b 和间距 S 均为常数，而 Z 轴与裂隙面法向一致，X、Y 轴在裂隙面上时，则岩体的渗透率张量可表述为：

$$\boldsymbol{k}=\frac{b^3}{S\lambda}\begin{bmatrix}1 & 0 & 0\\ 0 & 1 & 0\\ 0 & 0 & 0\end{bmatrix} \tag{2-4-7}$$

当岩体中发育有两个相交的方向裂隙组，且裂隙宽度 b 和间距 S 均为常数，且 Z 轴与不同方位隙面的交线一致，X、Y 轴在裂隙面上时，则岩体的渗透率张量可表述为：

$$\boldsymbol{k}=\frac{b^3}{S\lambda}\begin{bmatrix}1 & 0 & 0\\ 0 & 1 & 0\\ 0 & 0 & 2\end{bmatrix} \tag{2-4-8}$$

渗透系数张量是表述岩体介质和介质内流动的流体在空间同一点上不同方向上的渗透性能的量，其值可表示为：

$$\boldsymbol{K}(\sigma,T)=\boldsymbol{k}(\sigma)\left[\frac{\rho(T)g}{\mu(T)}\right] \tag{2-4-9}$$

式中：$\boldsymbol{K}(\sigma, T)$为异常温压作用下岩体的渗透系数张量；$\boldsymbol{k}(\sigma)$为应力作用下岩体介质的渗透率张量。

2.4.2 岩体水力学基础理论

1. 不变形岩体中单裂隙水流定理

不变形岩体是指岩体中的裂隙形状、体积既不受地应力影响，又不受渗透压力影响。

假定在岩体中存在单一裂隙，裂隙隙宽为 b，隙面光滑，且无限延伸，裂隙长度远远大于隙宽，把该裂隙可看成平行板状窄缝，通过裂隙断面的单宽流量为：

$$q=\frac{\gamma}{4\mu}J_f\int_0^{b/2}(b^2-4y^2)\mathrm{d}y=\frac{b^3\gamma}{12\mu}J_f \tag{2-4-10}$$

这就是著名的裂隙水流立方定律。它说明裂隙断面上的单宽流量与裂隙隙宽的立方成正比。从而得出流经单裂隙的水流平均流速为：

$$V=\frac{b^2\gamma}{12\mu}J_f=K_fJ_f \tag{2-4-11}$$

式（2-4-11）就是著名的 Bernoullis 窄缝水流公式。它反映了单裂隙中水流呈层流时的运动规律。

实际岩体裂隙的隙宽是变化的，影响裂隙隙宽的因素有：裂隙隙面粗糙度、裂隙的充填程度以及岩体所处的应力状态。处于一定应力环境下的裂隙面两壁是凹凸不平的，两壁面的形状是不一样的，否则，压力的存在早使这些裂隙闭合了。在实际中，对粗糙裂隙水流问题处理，一般采用两种修正方法：

一是修正裂隙隙宽。Witherspoon（1981）建议对典型裂隙测得其最大隙宽 $b_{\max}$ 及宽度频率分布函数 $E(b)$，用下式求得裂隙的等效宽度：

$$\bar{b}^3=\frac{\int_0^{b_{\max}}b^3E(b)\mathrm{d}b}{\int_0^{b_{\max}}E(b)\mathrm{d}b} \tag{2-4-12}$$

式中：$\bar{b}$ 为裂隙等效宽度。

也可以用实测裂隙隙宽的算术平均值作为等效宽度，即：

$$b=\frac{1}{N}\sum_{i=1}^{N}b_i \tag{2-4-13}$$

将等效隙宽代入式（2-4-10），可计算粗糙单裂隙岩体水流单宽流量。

另一种方法是运用岩体裂隙粗糙度来修正单裂隙水流公式。Louis（1967）提出粗糙单裂隙单宽流量公式为：

$$q=\frac{\gamma b^3}{12\mu}\cdot\frac{J_f}{(1+8.8R^{1.5})} \tag{2-4-14}$$

式中：R 为裂隙相对粗糙度。

若裂隙中存在充填物时，给相应的流量公式乘以充填物的渗透系数；若充填物的渗透系数难于确定，在实际裂隙测量时，若发现裂隙充填，测量裂隙隙宽时应去掉充填部分宽度，测得未充填的裂隙隙宽，代入相应裂隙流量公式中计算裂隙渗流量。

在实际岩体渗流研究中，如何选择单裂隙公式，国内外许多学者进行了大量研究。根据 Huitt 的实验和梁尧驰（1988）野外单裂隙水力试验成果，在层流状态下，单裂隙中渗流与隙壁性质关系不大，无论壁面的相对粗糙度多大，在雷诺数小于 1 800 的范围内，实验结果与用光滑裂隙渗流公式计算的结果基本吻合，在天然岩体单裂隙试验中也得到证明。当裂隙的渗流在层流范围内（$R_e \leqslant 2\ 300$）时，裂隙渗流满足立方定律，这已被许多学者证明。但对于微裂隙渗流来说，水流运动不再满足立方定律，这是因为水力梯度增大时，微裂隙中渗流速度的增加高于线性递增，呈现类似非牛顿流体特性。当裂隙隙宽很小时，流体与固体壁之间除了通常意义下的摩擦阻力作用之外，还存在固体壁面吸附作用力，而通常意义下的摩擦阻力在层流范围内与水力梯度是线性关系，由于吸附力的存在，且吸附力随着动能增大，其增长速率降低。

2. 实体岩体中单裂隙渗流特征

变形岩体中单裂隙渗流是指岩体受正应力或剪应力作用时，岩体中裂隙发生变形，主要是裂隙隙宽改变，从而影响裂隙渗流规律。应力环境对裂隙隙宽影响的情况有：在沟谷或河流岸坡上的岩体，由于沟谷或河流下切，造成边坡岩体应力释放回弹而产生卸荷节理，这种应力环境的改变引起裂隙隙宽增大；岩体从地表向地下深处，自重应力逐渐增加，岩体裂隙隙宽逐渐变窄以至闭合；在工程活动作用下，岩体应力场发生改变，从而使岩体裂隙隙宽改变。因此，研究变形岩体中单裂隙渗流特征，具有重要的理论和实际意义。

Louis（1974）在试验的基础上，提出了裂隙岩体渗透系数与正应力（normal stress）之间的关系式，即：

$$K_f = K_f^0 \mathrm{e}^{(-\alpha\sigma)} \tag{2-4-15}$$

式中：K_f^0 为 $\sigma = 0$ 时的裂隙岩体渗透系数；α 为待定参数。

当岩体中仅存在单一裂隙，且裂隙面上承受正应力（σ）和水流渗透压力（P）作用时，单裂隙渗流速度公式可表示为：

$$V = \frac{\gamma b_0^2}{12\mu} \cdot J_f \mathrm{e}^{-\alpha(\sigma - P)} \tag{2-4-16}$$

式中：b_0 为裂隙初始宽度；P 为裂隙中渗透水压力。

实际中难以给出裂隙面上的正应力，可给出或计算出岩体承受的主应力，应根据主应力方向与岩体中裂隙展布方向确定裂隙面上承受的正应力，再应用上式计算单裂隙渗流速度。

岩体中仅存在单一裂隙，且当岩体承受两向主应力（σ_x, σ_y）作用时，其中σ_x的方向与裂隙走向垂直，而σ_y的方向与裂隙走向平行，则裂隙面上承受的正应力为$\sigma=\sigma_x$，此时，单裂隙渗流速度公式可写成：

$$V=\frac{\gamma b_0^2}{12\mu}\cdot J_f \mathrm{e}^{-\alpha(\sigma_x-P)} \tag{2-4-17}$$

在其他情况下，如当岩体承受单向主应力时，其方向与裂隙斜交；承受剪应力和两向主应力，方向均与裂隙斜交；承受剪应力和两向主应力等，单裂隙渗流速度公式参考仵彦卿的相关著作。

3. 多裂隙岩体渗流特征

岩体中含多组相互连通的裂隙时，设各组裂隙有固定的间距（S）和张开度（b），而不同组裂隙的间距和张开度可不同，且各组裂隙内的水流相互不干扰，在以上假定条件下，罗姆（Romm，1966）认为，岩体中水的渗流速度矢量$\boldsymbol{v}$是各裂隙平均渗流速度矢量u_i之和：

$$\boldsymbol{v}=\sum_{i=1}^{M}u_i=K(\sigma)J_f=\mathrm{e}^{-\alpha(\sigma-P)}\sum_{i=1}^{M}\frac{b_i^3\gamma}{12\mu S_i}(1-\alpha_i\alpha_i) \tag{2-4-18}$$

式中：b_i和S_i分别是第i组裂隙的张开度和间距；M为裂隙组数；K为裂隙岩体等效渗透系数张量。

实际岩体系统不只是一种类型，有的岩体裂隙分布很密集，如风化带岩体；有的岩体内大裂隙很少，只存在一些密集的小裂隙、微裂隙及孔隙，如完整的砂岩岩体。这些岩体中的渗流问题可近似用多孔连续介质或等效连续介质渗流来处理，不至于造成大的误差。

当考虑岩体裂隙系统内岩块的渗透性时，岩体系统的渗流问题可描述为双重介质渗流问题。双重介质可分为狭义双重介质和广义双重介质两种。狭义双重介质被定义为由孔隙介质和裂隙介质共存于一个岩体系统中形成的含水介质。在狭义双重介质中裂隙导水，由孔隙组成的岩块储水，岩块与裂隙之间存在水流交换，形成双重介质渗流模式。广义双重介质被定义为由连续介质和非连续裂隙网络介质共存于一个岩体系统中形成的具有水力联系的含水介质。连续介质可以是均质各向同性或非均质各向异性的孔隙介质。非连续裂隙网络介质是连通或部分连通的裂隙网络介质。

当不考虑岩体系统内岩块的渗透性，仅考虑裂隙的渗透性能时，由于裂隙的不连续性，可按实际裂隙的几何展布，建立裂隙网络非连续介质渗流模型。对岩溶问题，当岩溶中以溶隙为主时，可按裂隙岩体渗流模型描述。当存在溶隙和岩溶管道时，可建立溶隙-管道渗流模型。

2.4.3 岩体渗流场与应力场耦合理论

岩体处于一定的地质环境之中，岩体系统中，裂隙是地下水流动的通道，岩体应力的变化改变岩体空隙结构，即岩体应力场对渗流场产生影响；而地下水产生的动静水压力的变化又导致岩体应力的变化，即渗流场对应力场产生影响。岩体应力场和渗流场处于动态平衡之中。岩体渗流场和应力场的耦合，是岩体水力学研究的重要内容，而岩体渗流场与应力场耦合的数学模型研究，是定量化研究岩体与地下水力学相互作用的重要手段。

岩体渗流场与应力场耦合数学模型的研究，通常采用机理分析法、混合分析法及系统辨识法。由于岩体系统的复杂性和多样性，在实际应用中，结合具体问题、具体地质条件和工程需要，选择不同的数学模型。以岩体渗流场与应力场耦合的连续介质模型为例，对岩体渗流场与应力场的耦合理论进行介绍。对于其他的理论，如岩体渗流场与应力场耦合的裂隙网络模型、等效连续介质模型等，读者可参考相关书籍。

假定岩体介质具有非均质各向异性渗流特点，当岩体介质干燥时，岩体应力的改变，其介质变形为非弹性的。在饱和状态下，岩体介质的变形为线弹性的，渗流连续性方程可表述为：

$$-\left[\frac{\partial}{\partial x}(\rho V_x)+\frac{\partial}{\partial y}(\rho V_y)+\frac{\partial}{\partial z}(\rho V_z)\right]\Delta V=\frac{\partial}{\partial t}(\rho n\Delta V) \qquad (2\text{-}4\text{-}19)$$

式中：n 为岩体的裂隙率；V_x、V_y、V_z 分别为 X、Y、Z 方向上渗流速度矢量的分量。

式（2-4-19）右端分解成：

$$\frac{\partial}{\partial t}(\rho n\Delta V)=\Delta V\rho\frac{\partial n}{\partial t}+n\rho\frac{\partial \Delta V}{\partial t}+n\Delta V\frac{\partial \rho}{\partial t} \qquad (2\text{-}4\text{-}20)$$

由于

$$\Delta V_s=(1-n)\Delta V$$

则

$$d(\Delta V_s)=(1-n)d(\Delta V)+\Delta V d(1-n)$$

或

$$\begin{aligned}dn&=(1-n)\frac{d(\Delta V)}{\Delta V}-(1-n)\frac{d(\Delta V_S)}{\Delta V_S}\\&=-(1-n)d\varepsilon_V+(1-n)d\varepsilon_S\approx-(1-n)d\varepsilon_V\end{aligned} \tag{2-4-21}$$

式中：ΔV_S为表征体元ΔV中固体颗粒的体积；$d\varepsilon_V$为表征体元的体应变；$d\varepsilon_S$为固体颗粒的体应变。

由式（2-4-21）可推出：

$$\frac{\partial n}{\partial t}=-(1-n)\frac{\partial\varepsilon_V}{\partial t} \tag{2-4-22}$$

及

$$\frac{\partial(\Delta V)}{\partial t}=-\Delta V\frac{\partial\varepsilon_V}{\partial t} \tag{2-4-23}$$

又由于

$$dP=-E_w\frac{d(\Delta V_w)}{\Delta V_w} \tag{2-4-24}$$

式中：P为表征体元中地下水的渗透压强；E_w为地下水的体积弹性模量；ΔV_w为表征体元中地下水所占的体积。

根据质量守恒原理，$\rho\Delta V_w=$常数，从而，得其全微分形式为：

$$\begin{cases}d(\rho\Delta V_w)=0\\ \Delta V_w d\rho+\rho d(\Delta V_w)=0\\ d\rho=-\rho\dfrac{d(\Delta V_w)}{\Delta V_w}\end{cases} \tag{2-4-25}$$

将式（2-4-24）代入式（2-4-25），有：

$$d\rho=\frac{\rho}{E_w}dP$$

从而有：

$$\frac{\partial\rho}{\partial t}=\frac{\rho}{E_w}\frac{\partial P}{\partial t} \tag{2-4-26}$$

组合式（2-4-22）、（2-4-23）、（2-4-26）可得出：

$$\frac{\partial}{\partial t}(n\rho\Delta V)=-\Delta V\rho(1-n)\frac{\partial\varepsilon_V}{\partial t}-n\rho\Delta V\frac{\partial\varepsilon_V}{\partial t}+\frac{\rho n\Delta V}{E_w}\frac{\partial P}{\partial t}$$

整理后得：

$$\frac{\partial}{\partial t}(n\rho\Delta V)=\rho\Delta V\left(\frac{n}{E_w}\frac{\partial P}{\partial t}-\frac{\partial\varepsilon_V}{\partial t}\right)$$

由达西定律，当ρ = 常数时，上式可写成：

$$\rho\Delta V(K\cdot\nabla P)=\rho\Delta V\gamma\left(\frac{n}{E_w}\frac{\partial P}{\partial t}-\frac{\partial\varepsilon_V}{\partial t}\right)$$

整理后得：

$$\nabla(K\cdot\nabla P)=\frac{\gamma n}{E_w}\frac{\partial P}{\partial t}-\gamma\frac{\partial\varepsilon_V}{\partial t}\tag{2-4-27}$$

式（2-4-27）左端项为地下水流入量与流出量之差，右端项为岩体内地下水储存量的变化量。当含水介质系统为一封闭系统或该系统内流入与流出量达到均衡时，式（2-4-27）的右端项为零，从而得：

$$\frac{n}{E_w}\frac{\partial P}{\partial t}=\frac{\partial\varepsilon_V}{\partial t}$$

即

$$d\varepsilon_V=\frac{n}{E_w}dP\tag{2-4-28}$$

当岩体的体应变和地下水渗透压强为单值函数时，对式（2-4-28）两边取定积分，得：

$$\varepsilon_V-\varepsilon_V^0=\frac{n}{E_w}(P-P_0)\tag{2-4-29}$$

即

$$\Delta\varepsilon_V=\frac{n}{E_w}\Delta P=\frac{n\gamma}{E_w}\Delta H\tag{2-4-30}$$

及

$$\Delta P=\frac{E_w}{n}\Delta\varepsilon_V\tag{2-4-31}$$

式（2-4-30）说明了具有连续介质特征的岩体系统中，水头的变化可导致岩体的应力状态改变；反过来，在没有外界补给的条件下，岩体中地下水位的变化是由于地应力的改变引起的。

岩体渗流场与应力场耦合模型，用下面两个模型来描述。

连续介质的渗流场模型：

$$\begin{cases} \nabla(K\nabla H)+Q=S_s\dfrac{\partial H}{\partial t} \quad (t\geqslant t_0,(x,y,z)\in\Omega) \\ H(x,y,z,t_0)=H_0(x,y,z) \quad (t=t_0,(x,y,z)\in\Omega) \\ H(x,y,z,t)=H_1(x,y,z,t) \quad (t\geqslant t_0,(x,y,z)\in\Gamma_1) \\ K_x\cos(n,x)\dfrac{\partial H}{\partial x}+K_y\cos(n,y)\dfrac{\partial H}{\partial y}+K_z\cos(n,z)\dfrac{\partial H}{\partial z}=q(x,y,z,t) \\ \qquad (t\geqslant t_0,\ (x,y,z)\in\Gamma_2) \end{cases} \tag{2-4-32}$$

从式（2-4-32）中求解$\Delta H=H-H_0$，再按ΔH与ΔP关系求得ΔP，即$\Delta P=\gamma\Delta H$。式（2-4-32）可采用有限元方法求解，其有限元矩阵形式为：

$$[K]\{H\}+\{Q\}=[S]\left\{\frac{\mathrm{d}H}{\mathrm{d}t}\right\} \tag{2-4-33}$$

式中：$[K]$为总渗透矩阵；$\{Q\}$为源（汇）项列阵；$[S]$为贮水矩阵。

求出ΔP后，代入式（2-4-30），求得由于水头变化引起的岩体变形量，其体应变量为（$\Delta\varepsilon_V$），再代入下列模型求解应力场问题。

连续介质岩体的应力场数学模型为：

$$\sigma_{ij,i}+f_j=0 \quad (i,j=x,y,z)$$

其展开式为：

$$\begin{cases} \dfrac{\partial\sigma_x}{\partial x}+\dfrac{\partial\tau_{yx}}{\partial y}+\dfrac{\partial\tau_{zx}}{\partial z}+f_x=0 \\ \dfrac{\partial\tau_{xy}}{\partial x}+\dfrac{\partial\sigma_y}{\partial y}+\dfrac{\partial\tau_{zy}}{\partial z}+f_y=0 \\ \dfrac{\partial\tau_{xz}}{\partial x}+\dfrac{\partial\tau_{yz}}{\partial y}+\dfrac{\partial\sigma_z}{\partial z}+f_z=0 \end{cases} \tag{2-4-34}$$

式中：f_x、f_y、f_z为岩体系统内质量力。

岩体系统的力学边界条件为：

$$\begin{cases} \sigma_x\cos(n,x)+\tau_{yx}\cos(n,y)+\tau_{zx}\cos(n,z)=F_x \\ \tau_{xy}\cos(n,x)+\sigma_y\cos(n,y)+\tau_{zy}\cos(n,z)=F_y \\ \tau_{xz}\cos(n,x)+\tau_{yz}\cos(n,y)+\sigma_z\cos(n,z)=F_z \end{cases} \tag{2-4-35}$$

式中：F_x、F_y、F_z、σ_x、σ_y、σ_z分别为边界上 x、y、z 方向上的面力和正应力；$\tau_{xy}=\tau_{yx}$，$\tau_{xz}=\tau_{zx}$，$\tau_{yz}=\tau_{zy}$为边界上的剪应力；$\cos(n, x)$、$\cos(n, y)$、$\cos(n, z)$为法向矢量方向余弦。用有限元法求解岩体系统内应力场，其有限元方程的矩阵形式为：

$$\{\sigma\}=[D][\{\varepsilon\}+\{\Delta\varepsilon_V\}] \tag{2-4-36}$$

式中：$\{\varepsilon\}$为不考虑渗透水压力的应变矩阵；$\{\Delta\varepsilon_V\}$为渗透水压力引起岩体变形的应变列阵；$\{\sigma\}$为岩体的应力列阵；$[D]$为弹性矩阵。

将求得的体应变增量$\Delta\varepsilon_V$代入式（2-4-31）求ΔP，该ΔP 是由于应力场改变引起岩体系统内水头压力的改变，如此迭代，形成了渗流场与应力场耦合问题。当给定迭代精度时，可分别求得应力场作用下的渗流场问题的解及渗透压力作用下的应力场分布问题的解。

综上可得出岩体渗流场与应力场耦合的数学模型为：

$$\begin{cases}[K]\{H\}+\{Q\}=[S]\left\{\dfrac{\mathrm{d}H}{\mathrm{d}t}\right\}\\ \Delta\varepsilon_V=\dfrac{n\gamma}{E_\omega}\Delta H\\ \{\sigma\}=[D][\{\varepsilon\}+\{\Delta\varepsilon_V\}]\end{cases} \tag{2-4-37}$$

2.4.4 岩体工程中地下水的影响

岩体水力学理论较为复杂，在岩体工程中的应用尚不完善。在岩体工程中，对地下水的考虑往往是综合地下水情况，对岩体力学参数等进行折减。如强度分析中，对岩体强度参数进行折减；在隧道围岩分级中，综合地下水情况对围岩分类进行折减；在边坡稳定性分析中，考虑地下水情况对边坡稳定坡角进行折减。或者通过对地下水分布形式作简单的假定而考虑地下水压力作用，如利用极限平衡法进行边坡稳定性分析时，通过假定地下水在结构面中的分布，求解水压力。

1. 岩体内孔隙水压力的作用

水对岩石强度的影响是显然的。一般来说，某些岩石受水影响而性质变坏，主要是由胶结物的破坏所致，例如砂岩在其接近饱和时可以损失 15% 的强度。在极端的情况下，如含蒙脱石的页岩在被水饱和时可能全部破坏。然而，在大多数情况中，对岩石强度最有影响的还有孔隙和裂隙中的水压力，今统称这种水压力为孔隙水压力。如果饱和岩石在荷载作用下不易排水或不能排水，那么，孔隙或裂隙中的水就有孔隙水压力 p_w，岩石固体颗粒所承受的压力将相应地减少，强度则相应降低。

图 2-4-1 中绘出了页岩三轴试验的结果，可以看出孔隙水压力的发展以及引起的强度降低。图中表示两种不同的试验结果：一种是用圆圈表示的饱和试样在三轴压缩时孔隙水压力不积累的结果（排水试验）；另一种是用三角形代表的试样在三轴压缩时没有排水，以致孔隙水压力积累的结果（不排水试验）。对于排水的试验，偏应力$\sigma_1 \sim \sigma_3$与轴向应变的关系曲线表现出峰值，并在随后逐渐降低。对于不排水试验，由于孔隙水压力的增长，峰值应力大大降低，随后保持较平缓的曲线。

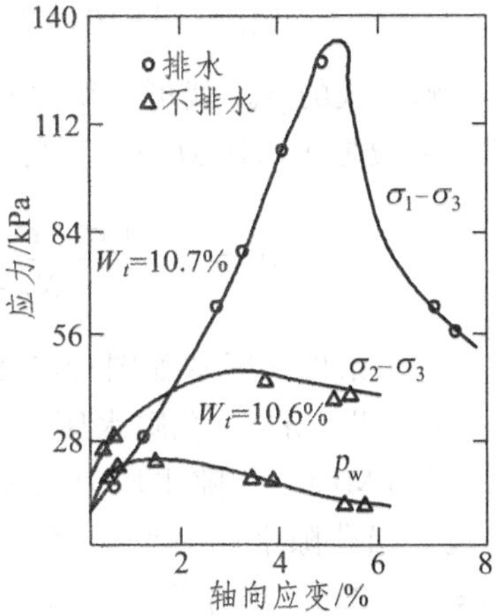

图 2-4-1 页岩的排水和不排水三轴试验（根据 Mesri 和 Gibala 资料）

W_t—初始含水量；p_w—孔隙水压力

根据许多岩石力学工作者的研究，只要岩石中有连接的孔隙（包括细微裂隙）系统，对土力学中已经证明的太沙基有效应力定律，在岩石中也是适用的。在土力学中有：

$$\sigma' = \sigma - p_w \tag{2-4-38}$$

式中：σ表示总应力；p_w表示孔隙水压力；σ'表示有效应力。

根据莫尔-库仑强度理论，考虑到孔隙水压力的作用，饱和多孔岩石的抗剪强度用下式表示：

$$\tau_f = c + (\sigma - p_w)\tan\varphi \tag{2-4-39}$$

可见，岩石中由于孔隙水压力的存在，强度降低。强度降低的程度视孔隙水压力 p_w 的大小而定。

为了在莫尔-库仑破坏准则（用主应力表示）中考虑到孔隙水压力的影响，在该准则中用有效主应力 σ_1' 和 σ_3' 来代替主应力 σ_1 和 σ_3。在干岩石的试验中，主应力与有效主应力没有差别。对受水饱和的岩石来说，方程式为：

$$\sigma_1' = \sigma_3' N_\phi + R_c \tag{2-4-40}$$

或者

$$(\sigma_1' - \sigma_3') = \sigma_3'(N_\phi - 1) + R_c \tag{2-4-41}$$

因为有

$$\sigma_1' = \sigma_1 - p_w \tag{2-4-42}$$

$$\sigma_3' = \sigma_3 - p_w$$

代入上式有：

$$(\sigma_1 - \sigma_3) = (\sigma_3 - p_w)(N_\phi - 1) + R_c \tag{2-4-43}$$

解上式的 p_w，就可求得岩石从初始作用应力 σ_1 和 σ_3 达到破坏时所需的孔隙（或裂隙）水压力的计算公式:

$$p_w = \sigma_3 - \frac{[(\sigma_1 - \sigma_3) - R_c]}{N_\phi - 1} \tag{2-4-44}$$

这个条件的图解如图 2-4-2 所示，可以看出孔隙水压力对岩石破坏的影响。在这里，AB 是孔隙水压力为零的试验包络线。曲线Ⅱ表示 $\sigma_1 = 540$ MPa、$\sigma_3 = 200$ MPa、孔隙水压力为零时的莫尔圆，可以看到该圆在莫尔包络线的里边。当孔隙水压力增加时，该曲线向左移动直到它和 AB 线相切（这时 $p_w = 50$MPa），此时发生破坏（曲线Ⅰ)。

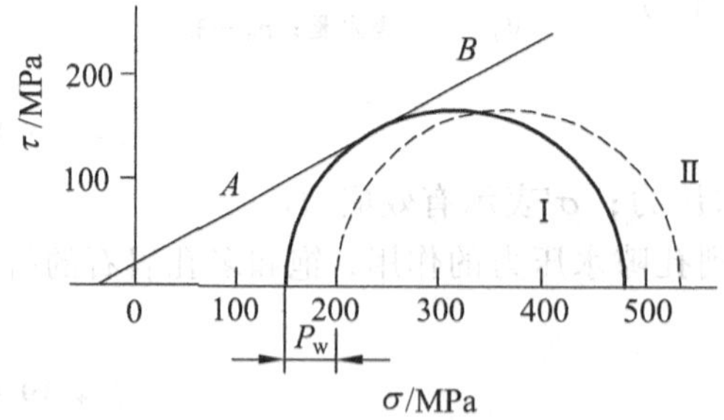

图 2-4-2 孔隙水压力对破坏的影响

AB—莫尔包络线；曲线Ⅰ—有效应力莫尔圆；曲线Ⅱ—总应力莫尔圆

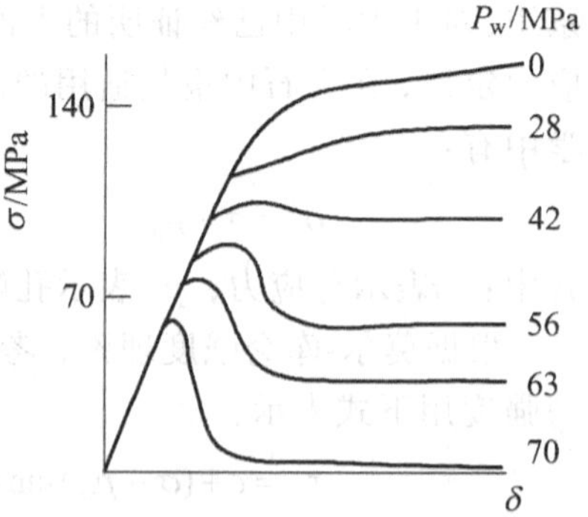

图 2-4-3 石英岩中孔隙水压力对脆性-韧性过渡的效应

在靠近蓄水库处的岩石或在含水层内的岩石中的初始应力接近强度时，如果岩石内产生孔隙水压力，则这种孔隙水压力可能造成岩石破坏和引起地震。

岩石材料表现出由脆性到韧性的变化，有时也是由有效的侧限压力 σ_3-p_w 来控制的。图 2-4-3 表示当侧限压力 $\sigma_3 = 70$ MPa 和在各种孔隙水压力作用下石灰岩的应力-应变曲线。这些曲线表示了随着 p_w 的减少，材料从脆性性状变化到韧性性状的全面变化。孔隙水压力的作用是增加材料的脆性性质。

2. 地下水对岩石边坡工程的影响

设岩块被一个充满水的张裂缝切断，张裂缝中的水压随深度线性增加，水压作用在岩块背面上的合力 V 沿斜面指向下。假设水压穿过张裂缝和岩块底面的交线而传递，则水压沿岩块底面的分布如图 2-4-4 所示，此水压分布产生一上举力 U，它降低了垂直作用于此面上的法向力。

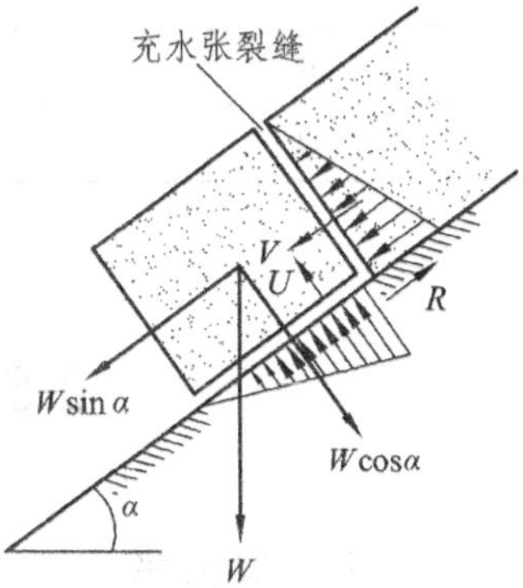

图 2-4-4　张裂缝水压对滑块稳定的影响

在这种情况下，岩块除自重 W 外，还受水力 V 和 U 的作用，其极限平衡条件为：

$$W\sin\alpha + V = c\cdot A + (W\cos\alpha - U)\tan\varphi \tag{2-4-45}$$

式中：W 为块体重力；c、φ为结构面强度参数；α为滑面倾角；A 为滑面面积；U、V 为水压力。

从这个方程式看出，导致沿斜面下滑的致滑力增大了，而抗滑摩擦力降低了，因而 V 和 U 的作用都将使稳定性减小。虽然这里所涉及的水压比较小，但它作用于很大的面积上，所以水的作用力可能很大。在许多边坡实例中发现，由于边坡中有水，就产生了上举力及张裂缝中的水压力，这些力对于边坡稳定性的影响是极为重要的。

3. 隧道围岩分级地下水修正

根据《铁路隧道设计规范》(TB 10003—2005)，围岩级别应在围岩基本分级的基础上，结合隧道工程的特点，考虑地下水状态、初始地应力状态等必要的因素进行修正，其中地下水的修正如表 2.4.1 和 2.4.2 所示。

表 2.4.1　地下水状态的分级

级别	状态	渗水量/[L/(min · 10 m)]
Ⅰ	干燥或湿润	<10
Ⅱ	偶有渗水	10 ~ 25
Ⅲ	经常渗水	25 ~ 125

表 2.4.2 地下水围岩级别修正

地下水状态分级 \ 围岩基本分级	Ⅰ	Ⅱ	Ⅲ	Ⅳ	Ⅴ	Ⅵ
Ⅰ	Ⅰ	Ⅱ	Ⅲ	Ⅳ	Ⅴ	—
Ⅱ	Ⅰ	Ⅱ	Ⅳ	Ⅴ	Ⅵ	—
Ⅲ	Ⅱ	Ⅲ	Ⅳ	Ⅴ	Ⅵ	—

2.5 其他理论

2.5.1 岩石断裂力学

断裂力学理论已经引入到岩石力学中，把对岩体的强度分析建立在对岩石的强度和裂纹研究的基础上。岩石断裂力学不再把岩石看成连续的均质体，而是由裂隙构造组合而成的介质体。运用断裂力学分析岩石的断裂强度可以比较实际地评价岩石的开裂和失稳。断裂力学可分为线弹性断裂力学和弹塑性断裂力学，按研究裂纹的尺度可分为微观断裂力学和宏观断裂力学。

1. 断裂力学的基本方法

断裂力学一般用于研究材料中尺度为几毫米至几厘米的裂纹。由于普通工件的尺度通常在几十至几千毫米之间，因此，裂纹的相对长度比率一般为工件的 1%～10%。对节理而言，如果将节理视为断裂力学中的裂纹，当节理的尺度大致为 60 cm～120 cm 时，则岩石力学所研究的岩体尺度大致为 20 m～100 m 的工程岩体，方可将节理视为断裂力学研究的微裂纹，从而引用断裂力学的研究成果。

断裂力学认为，材料中存在着微裂纹，裂纹尖端的应力集中区是材料中最危险的破坏区。材料的破坏是应力达到一定量级时，裂纹所产生的扩展。在岩石力学中，可用断裂力学的理论来分析和预测由于节理裂隙的扩展而引起的岩体破坏。

断裂力学将介质中的裂纹分为三种基本形式：张开型（Ⅰ型）、滑开型（Ⅱ型）及撕开型（Ⅲ型）（图 2-5-1）。张开型上下表面位移是对称的，由于法向位移的间断造成裂纹上下表面拉开。滑开型裂纹上下表面的切向位移是反对称的，由于上下表面切向位移间断，从而引起上下表面滑开，而法向位移不间断，因而只形成面内剪切。撕开型裂纹上下表面位移间断，沿 Z 方向扭剪。

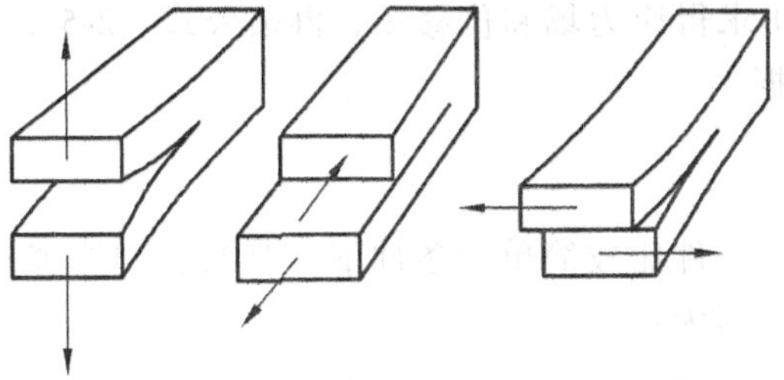

（a）张开型　（b）滑开型　（c）撕开型

图 2-5-1　裂纹三种基本类型

按线弹性理论，在裂纹尖端某点 $P(r, \theta)$处的应力场和位移场可按 Westergard 解为：

$$\begin{cases} \text{Ⅰ型:} \begin{Bmatrix} \vec{\sigma} \\ \vec{u} \end{Bmatrix} = K_{\mathrm{I}} f(r,\theta) \\ \text{Ⅱ型:} \begin{Bmatrix} \vec{\sigma} \\ \vec{u} \end{Bmatrix} = K_{\mathrm{II}} f(r,\theta) \\ \text{Ⅲ型:} \begin{matrix} \vec{\tau} = K_{\mathrm{III}} f(r,\theta) \\ w = K_{\mathrm{III}} f(r,\theta) \end{matrix} \end{cases} \qquad (2\text{-}5\text{-}1)$$

式中　$\vec{\sigma} = (\sigma_x, \sigma_y, \tau_{xy})$，$\vec{u} = (u, v)$

对一般情况，将Ⅰ～Ⅲ型的应力场和位移场叠加可得一般表达式。分析上式，$f(r, \theta)$是决定于计算点位移的几何参数，而决定应力及位移大小的因子是 K，故将 K 称为应力强度因子。对不同的荷载作用及不同的裂纹的几何状态，K 的计算是不同的，可以在断裂因子手册中查得。比如，在单向压缩条件下的单条裂纹，其强度因子的表达式为：

$$\begin{cases} K_{\mathrm{I}} = \sigma\sqrt{\pi a}\sin^2\beta \\ K_{\mathrm{II}} = \sigma\sqrt{\pi a}\sin\beta\cos\beta \end{cases} \qquad (2\text{-}5\text{-}2)$$

式中各参数如图 2-5-2 所示。

由于 K 表达了强度的数量大小，故仅用 K 就可以衡量裂纹的失稳。

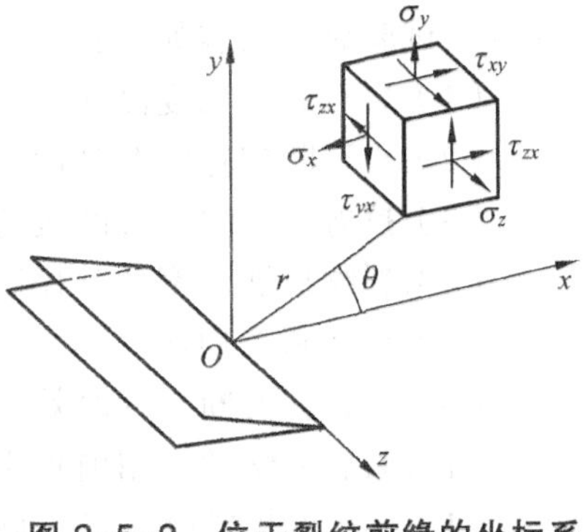

图 2-5-2　位于裂纹前缘的坐标系

实际的计算模型都不是简单的边界及简单的荷载条件所能描述的，因此 K 值的求解是困难的。在工程中常采用反求的方法得到，即先用其他方法（如实测或数值计算）求得应力场和位移场，再按公式（2-5-1）反求出 K 值，再由 K 建立断裂判据。

2. 断裂判据

在受力和几何条件比较简单的条件下，其断裂判据容易得到。在单向拉张状态下，断裂判据为：

$$K_{\mathrm{I}} \geqslant K_{\mathrm{I}c} \tag{2-5-3}$$

纯剪状态下，判据为：

$$K_{\mathrm{II}} \geqslant K_{\mathrm{II}c} \tag{2-5-4}$$

但是在工程实践中，裂纹的受力是复杂的，裂纹的扩展，可能同时有拉张作用，也有剪切作用。在这种情况下，得到一个理论上的复合判据十分困难，根据一些岩体破坏的理论研究和一些大型工程实践，认为用二次齐次型判据与实际工况较为吻合。在平面状态下，其判据的经验表达式可表示为：

$$K_{\mathrm{I}}^2 + aK_{\mathrm{I}}K_{\mathrm{II}} + bK_{\mathrm{III}} = c \tag{2-5-5}$$

式中：a、b、c 为经验系数。

运用时，将求得的 K_{I}、K_{II}代入上式，当上式满足时，即认为岩体中的应力已达到破裂强度。

3. 发展方向

目前，岩石断裂力学着重于试验研究，获得控制岩石断裂的材料参数、断裂机理,以及岩石在不同物理环境和加载条件下所表现出的断裂力学性状。主要的试验研究内容如下：

（1）岩石断裂韧度测试。

（2）岩石断裂过程及其微观分析。

（3）拉剪、压剪复合断裂的机理。

（4）裂纹扩展速率及其控制。

（5）动态断裂韧性。

（6）岩石流变断裂的时效历程。

岩石断裂力学的应用前景主要有：

（1）岩石的断裂预测与控制断裂。可应用于边坡、岩基开挖和硐室稳定，地热能开发，地震预测，避免冲击地压和岩爆以及工程爆破的减震等方面。

（2）岩石裂纹的产生和扩展。可应用于油气田开发中的水压或气压致裂，岩石切割与破碎、凿岩侵入分析，地震机制研究，多裂隙断裂扩展模型等。

目前，断裂力学应用于岩石力学的研究仍存在局限性，如裂纹的几何形状一般多局限于宏观的椭圆形，而实际岩石中往往存在着许多细小的微裂纹；断裂力学一般只注重研究裂纹的起始和扩展条件，而对裂纹在扩展中的相互作用研究不够。

2.5.2 岩石损伤力学

损伤力学是近几十年来发展起来的一门新的学科。1958 年，苏联塑性力学专家 Kachanov 在研究蠕变断裂时首先提出了“连续性因子”与“有效应力”概念。1963 年，苏联学者 Robotnov 又在此基础上提出了“损伤因子”的概念，此时的工作多限于蠕变断裂。由于材料是由颗粒或晶粒组成的，颗粒或晶粒的边缘是不连续的。同时，材料集合过程中，由于种种原因，气泡、空洞也不可避免地存在。因此，实际材料中是含有大量的更细一级的杂乱无章的微裂纹，或称缺陷。进一步研究这种介质模型的一门新的理论——损伤力学就因此诞生。由于损伤力学对材料的假定更接近天然岩石，因而在 1977 年法国巴黎第六大学的 Lemaitre 和法国国家宇航局的 Chaboche 等人建立了损伤力学。1985 年，日本学者 Kawamoto 将其引入到岩石力学中来，国内学者如周维垣、朱维申等也做了大量系统研究。与此并行，材料学家揭示了细微观的以微裂纹、微孔隙、剪切带等为损伤基元的事实，为力学家提供了从细观角度来研究其力学行为的可能。由此诞生了以 Rice-Tracey、Curson 等为代表的细观损伤力学。由原先的平行发展到现在成为互补的连续介质损伤力学和细观损伤力学，构成了损伤力学的主体部分。

1. 损伤的定义

在目前的应用中，损伤力学最基本的概念就是有效应力。以杆件受单向拉伸为例，如图 2-5-3 所示的杆件横截面上存在有限的缺陷，其面积为 a_i，当杆件受拉力

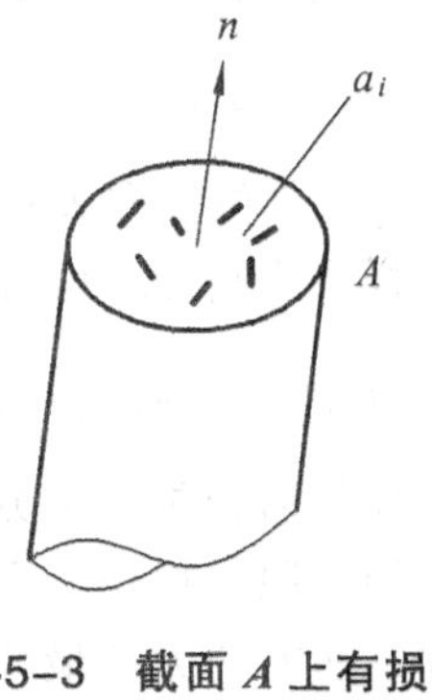

图 2-5-3 截面 A 上有损伤 a_i

P 作用时，计算出横断面上的拉应力为：

$$\sigma = \frac{P}{A} \tag{2-5-6}$$

式中：A 是横截面面积。

实际上，由于缺陷的存在，受力的面积不是 A 而是 A_{ef}，$A_{ef} = A - \sum a_i$，定义：

$$\psi = \frac{A_{ef}}{A} \tag{2-5-7}$$

则实际应力（即有效应力）σ^*为：

$$\sigma^* = \frac{\sigma}{\psi} \tag{2-5-8}$$

Robotnov 将 ψ 这个变量改写为：

$$\Omega = 1 - \psi \tag{2-5-9}$$

Ω 即称为损伤变量。此时有效应力为：

$$\sigma^* = \frac{\sigma}{(1-\Omega)} \tag{2-5-10}$$

损伤变量实质上表达的是面积的衰减，从一个角度表达了材料的弱化和应力的增大。但在公式（2-5-10）中，缺陷的方向对材料弱化的影响未加以考虑，这就意味着缺陷面平行和垂直于加载方向时是被同等看待的，这显然是不合理的。因此，损伤变量应表达成多方向的量，即张量，到目前为止，损伤张量是二阶的，即表达出面积的大小和方向，从而在一定程度上反映了材料的各向异性，Kowamoto 等人定义的损伤张量即为：

$$\underline{\Omega} = \omega(\underline{n} \otimes \underline{n}) \tag{2-5-11}$$

式中：$\underline{n}$ 为单位法向矢量；$\otimes$为并积。

这样去求得 $\underline{\Omega}$，并用以修正原来的应力，而得到有效应力。

2. 损伤力学研究内容

按损伤的分类，可分为弹性损伤、弹塑性损伤、疲劳损伤、蠕变损伤、腐蚀损伤、照射损伤、剥落损伤等。

通常研究两大类最典型的损伤，由裂纹产生与扩展的脆性损伤和由微孔硐的产生、长大、汇合与扩展的韧性损伤，介乎两者之间的还有准脆性损伤。损伤力学主要研究宏观可见缺陷或裂纹出现之前的力学过程，含宏观裂纹物体的变形以及裂纹的扩展是断裂力学研究的主要内容。

损伤力学的主要研究内容如图 2-5-4 所示。

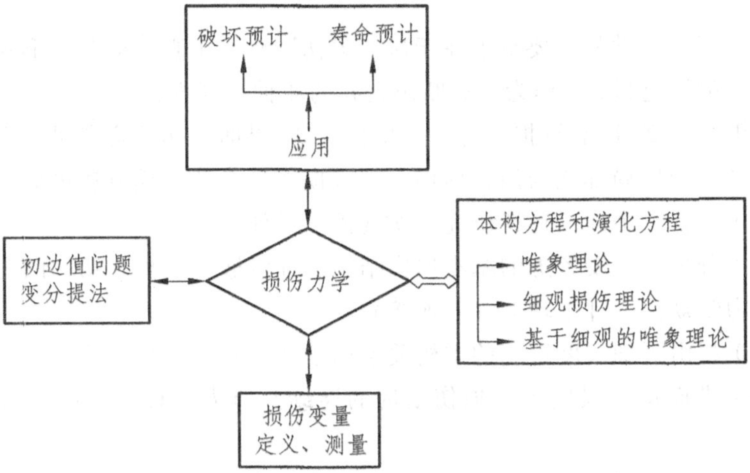

图 2-5-4　损伤力学主要研究内容

1）连续介质损伤力学

连续介质损伤力学把损伤力学参数当做内变量，用宏观变量来描述微观变化，利用连续介质热力学和连续介质力学的唯象学方法，研究损伤的力学过程。它着重考察损伤对材料宏观力学性质的影响以及材料和结构损伤演化的过程和规律，而不细察其损伤演化的细观物理与力学过程，只求用连续损伤力学预计的宏观力学行为与变形行为符合实际结果和实际情况。它虽然需要微观模型的启发，但是并不需要以微观机制来导出理论关系式。不同的作者选用具有不同意义的损伤力学参数来定义损伤变量。通常所说的损伤力学即是指连续介质损伤力学。

2）细观损伤力学

细观损伤力学从非均质的细观材料出发，采用细观的处理方法，根据材料的细观成分（基体、颗粒、空洞等）的单独行为与相互作用来建立宏观的本构关系。损伤的细观理论是一个采用多重尺度的连续介质理论，通常的研究方法是：首先，从损伤材料中取出一个材料构元，它从试件或结构尺度上可视为无穷小，包含了材料损伤的基本信息，无数构元的总和便是损伤的全部，材料构元体现了各种细观损伤结构（如空洞群、微裂纹、剪切带内空洞富集区、相变区等）。然后，对承受宏观应力作为外力的特定的损伤结构进行力学计算，便可得到宏观应力与构元总体应变的关系及与损伤特征量的演化关系，这些关系即对应于特定损伤结构的本构方程，又可用它来分析结构的损伤行为。

细观损伤力学的主要贡献在于对“损伤”赋予了真实的几何形象和具有力学意义的演化过程。作为宏观断裂先兆的 4 种细观损伤基元是：① 微孔洞损伤与汇合；② 微裂纹损伤与临界串接；③ 界面损伤（含滑错、空穴化与汇合）；④ 变形局部化与沿带损伤。细观损伤理论的建模方法可概括为：

（1）选择一个能描述待研究损伤现象的最佳尺度。

（2）分离出需要考虑的基本损伤结构，并将嵌含该损伤结构的背景材料按一定力学规律统计平均为等效连接介质。

（3）将由更细尺度得到的本构关系用于这一背景连续介质。

（4）进而从该尺度下含损伤结构的连续介质力学计算来阐明材料损伤模型。

表 2.5.1 对照了宏观、细观和微观损伤理论在损伤几何、材料描述和方法论等方面的主要特点。

表 2.5.1　损伤理论表征

类别	微观	细观	宏观
损伤几何	空位、断健、位错	孔洞、微裂纹、界面、局部化带	宏观裂纹、试件尺寸
材料	物理方程	基体本构与界面模型	本构方程与损伤演化方程
方法	固体物理	连续介质力学与材料科学	连续介质力学

3. *发展方向*

近年来，损伤力学和断裂力学的结合成为一种发展趋势。损伤是断裂前期微裂纹（或微空洞）演化程度的表现，损伤的极限状态是主裂纹开始扩展，而宏观断裂则是主裂纹扩展的结果。损伤力学研究的是，在各种加载条件下（塑性变形、蠕变、疲劳等）物体中的损伤随着变形而发展并最终导致破坏的过程和规律。当材料由于损伤形成了裂纹，在外载作用下，裂纹由起始扩展到失稳扩展，也是一个过程。断裂力学适于研究固体中裂纹扩展的规律。岩石破坏过程是一个初始缺陷的演化，宏观裂纹的产生及扩展，最后导致材料宏观断裂破坏的连续变化过程，可以用损伤力学和断裂力学来共同描述和研究。

损伤力学和断裂力学相结合来进行含裂纹岩石稳定性分析，得到越来越广泛的应用。

损伤力学的发展前景是非常广阔的，今后在以下几个方面有可能取得进展：

（1）材料各向异性问题。

（2）内变量改进，包括引进新的内变量，分解原来的内变量，以区别损伤的形成和发展两个阶段的不同规律，以及与断裂力学结合，用统一的内变量来描述与处理整个破坏过程。

（3）进一步引进应力以外的致损因素。

（4）进一步从细观角度对损伤加以研究。

损伤力学与现代计算技术的结合，将有力地推动其在工程设计和强度分析中的应用，为工程技术人员的设计决策提供较为准确可靠的理论工具。

2.5.3 岩石力学分形理论

分形理论于 20 世纪 70 年代由 Mandelbrot 创立，其研究对象为自然界和社会生活中广泛存在的无序而具有自相似性的系统，对地形地貌、裂纹扩展路径、裂隙网络的分形计算，然后与一些物理量挂钩，得到一些关系并加以解释。目前分形理论已被广泛地应用于自然科学和社会科学的各个领域，成为当今国际上许多学科的前沿研究课题。分形几何是研究非线性现象和图形不规则性的理论和方法，它在处理诸如岩石断裂形貌、岩石破碎、岩体结构、岩石颗粒特性、地下水渗流、节理粗糙度以及岩层的不规则分布等过去认为难以解决的复杂问题时，得到了一系列准确的解释和定量结果。

分形理论是现代非线性科学研究中一个十分活跃的数学分支，在物理、地质、材料科学以及工程技术中都有着广泛的应用。特别是随着电子计算机的迅速发展和广泛应用，它的应用范围更加扩大化。分形理论揭示了非线性系统中有序与无序的统一，确定性与随机性的统一，稳定与不稳定的统一，以及平衡与非平衡的统一。在非线性领域，随机性与复杂性是其主要性质，然而在这些复杂的现象背后存在着某种规律性，分形理论使人们能够透过无序的混乱现象和不规则的形态，揭示隐藏在复杂现象背后的规律。分形理论借助于自相似原理洞察隐藏于混乱现象中的精细结构，为人们从局部认识整体，从有限认识无限提供新的方法论，为不同学科发现规律提供崭新的语言和定量描述工具。

由于岩石力学是一个随机、多变、不稳定以及有许多不确定因素影响的一个复杂非线性系统，在地质演化方面，不同尺度的地质现象往往具有明显的相似性，小尺度的地质现象常常重演了大尺度的地质现象的演变过程。地质现象的自相似性，使我们可以从低层次、小尺度的地质现象的某些特征和演化规律认识高层次大尺度地质现象的某些特征和演化规律。也就是具有分形的特征，因此我们就可以用分形理论来解决岩石力学中过去往往难以解决的问题，并且国内外在这一方面也有许多方面取得了重大的成就，因此分形理论是研究岩石力学的一个有效工具。目前，分形理论应用于岩石力学方面主要成果体现在以下方面。

1. *岩石节理面的分形研究*

包括岩石节理面分形描述以及节理面力学行为和节理断层的分形研究。如 Turk 和 Carr 在 20 世纪 80 年代末期就研究用分形维数来描述节理粗糙度，并将分维数与 *JRC* 建立了相关关系，从而建立了分维数与节理剪切强度的关系。谢和平（1992，1995）在国内率先将分形理论应用于岩石力学方面的研究，对岩石节理面粗糙系数 *JRC* 进行了分形估计，得出了 *JRC* 与节理粗糙性分维数的经验公式。丁多文（1993）通过分形理论研究了岩体结构面和结构体分形特征，指出结构面和结构体分布分形维数是决定岩体质量的两个指标。杜时贵等（1993）讨论了节理表面轮廓曲线的自相似性和 *JRC* 的自相似性，指出了分形理论研究 *JRC* 的适用条件和有效的使用方法。徐光黎（1993）的研究结果表明在 10^7 级（无标度区间）范围内，结构面几何特征（包括规模、隙宽、密度等）呈现出很强的自相似性。张继春等（1994）从分形几何角度研究了岩体节理间距分布特征，并以实测数据证明了用分形分布比用负指数分布描述岩体节理间距的分布更接近实测间距分布。黄国明、丁多文、刘建国等结合具体工程，研究了岩体节理网络的分维特征。秦四清等（1993）建立了岩体节理的分维数与其强度、最大主损伤值、*RQD*、*JRC* 的定量关系，对分维的物理意义和工程地质意义进行了深入的分析，提出了用分维数大小对岩体进行分级的观点。袁宝远等（1998）研究了岩体结构诸要素，如结构面形态、结构面厚度、结构面分布、产状分布、孔隙分布颗粒表面形态等的分形表征。李亮等（2000）利用自相似性原理给出了节理裂隙的起伏度、粗糙度、张开度等的分形表达式。连建发等（2003）利用分形来研究岩体中裂隙分布的方法，并由此评价岩体质量 *RQD*。盛建龙等（2002）通过对矿山工程实例的研究，提出岩体结构面分布的分形维数是衡量结构面分布的重要指标。以上这些研究成果，为分形理论在岩体结构面研究方面的广泛应用奠定了基础。谢卫红等（2004）以分形曲线模拟岩石节理的粗糙特征，粗糙程度可以用分形维数 D 来进行定量表征，接触点数随分形维数 D 的增大而非线性增加，分形维数越高，则表明节理越粗糙，应用数值模拟的方法对岩石节理在单压状态下粗糙节理的最大剪应力、最大剪应变及其接触点分布情况进行了系统的研究。孙洪泉等（2008）对岩石断裂表面粗糙形态进行了分形模拟，给出了二元分形插值数学模型。

2. 岩石损伤演化过程的分形研究

材料的最终宏观断裂破坏与其内部微裂隙的发展和集聚有着密切的联系。大量实验研究表明，宏观裂纹四周的损伤区是以自相似性方式演化的，材料损伤演化过程属于分形，分形维数是反映材料损伤程度的特征量。如谢和平等（1991）研究了岩石类材料损伤演化过程所表现出的统计自相似性，应用分形几何方法分析了岩石材料损伤演化的分形特征，得到了材料损伤演化过程中分形维数随载荷变化的关系曲线。周金枝等（1997）运用分形几何理论，建立了岩石损伤变量与分形维数之间的关系。高峰等（2005）通过岩石单轴压缩声发射实验，利用 G-P 算法计算了不同应力水平下的声发射时间序列的关联维数。研究表明岩石声发射关联维数的变化反映了岩石内部损伤演化情况，分形维数的降低意味着主断裂或破坏的发生。梁正召等（2007）通过细观非均匀单元破坏事件的累积来反映岩石宏观上的逐渐损伤，而通过分析破坏单元的二维空间位置来建立岩石破坏过程中的分形和逾渗模型。研究表明岩石损伤分形维数随着均质度和单轴抗压强度的增加而变小，当外加载荷逐渐增加时，破裂集团和分形维数都表现出逐渐增加的趋势，但外载达到临界值时，应力突然下降的同时伴随着破裂单元急剧增多、破裂集团合并减少以及损伤分形维数增加等突变行为。刘洋等（2009）以损伤、断裂以及分形理论为基础，初步建立了岩石声-应力相关性的理论模型。

3. 岩石破坏度和破碎程度的分形研究

将分形理论引进到岩石断裂和破碎研究，其中包括岩石微观断裂、宏观裂纹动态扩展以及岩体破碎的块度分布等。如周宏伟等（1999）应用分形理论，建立了描述岩石断裂面的自仿射随机分形理论模型。探讨了岩石断裂面张开度与自仿射分形维数之间的关系。高峰等（1999）应用先进的实验技术和分形几何方法研究了岩石损伤与岩石破碎。结果表明有可能通过分析岩石结构中初始缺陷分布，来预测岩石破碎后碎块的尺度分布规律。盛建龙（1999）等探讨了岩石破碎过程中的分形特征。高峰等（1994）从分形几何的观点出发，通过标准岩样的单轴压缩实验，统计分析了岩样破碎后的碎块块度分布，表明岩石的块度分形维数 D 是反映岩石破碎程度恰当的统计特征量，也与岩石力学性能的相关性和岩石的细观结构密切有关。单晓云等（2003）探讨了岩石破碎过程中的分形特征，推导了岩石爆破块度分布和分形维数的关系式，并建立了分维数与爆破参数的关系。涂新斌等（2005）利用分形统计的方法，对风化花岗岩矿物成分的粒度分布特征进行了分析和统计，并根据分析的结果指出，岩石的风化破碎过程具有分形特征。讨论了碎裂分形维和岩石强度与颗粒结构的关系，并以岩石的降维碎裂演化，得到以分形维描述的岩石风化速率。孙洪泉等（2008）根据实测岩石断裂表面粗糙度数据，对岩石断裂表面粗糙形态进行了分形模拟，给出了二元分形插值数学模型。

4. 岩石渗流过程的分形研究

如马新仿等（2003）应用分形几何的原理，研究了低渗透储层岩石的孔隙结构，建立了毛细管压力和孔隙大小概率密度分布的分形几何模型。并根据毛细管压力曲线资料计算了孔隙结构的分形维数和孔径大小的概率密度分布。

5. 地震预报过程的分形研究

在伸展构造应力场作用区，新的拉张断层的产生或老断层在拉张应力作用下的重新活动是地震发生的直接物理原因。因此，在地震预测研究中，首先要搞清断裂构造发展最强烈的地段。如果将地壳中发育的各种天然断层构造视为大尺度损伤断裂，那么就可以利用岩石分形统计强度理论来分析地震与断层构造的关系，从而对地震进行预测。如徐志斌等（2005）依据岩石强度的分形特性，导出了影响构造地震发生概率的表达式。

2.5.4 智能岩石力学

人工智能是用计算机模拟人类智能行为的科学。智能岩石力学是将人工智能、专家系统、神经网络、模糊数学、非线性科学和系统科学的思想与岩体力学进行交叉和综合而发展起来的一种新的学科分支，是一个多学科交叉的综合体系。在信息时代思维方式的指导下，从岩体问题的实际出发，系统而全方位地研究岩石力学智能化问题，建立蕴涵岩体力学内在本质的理论体系，包括专家系统、知识学习、智能化应力模拟和理论分析、基于工程实例的类比、各种分析方法的综合集成、经验加计算的集成、力学参数和模型的智能辩识等。

智能岩石力学主要研究内容包括以下几个方面。

1. 岩石力学专家系统研究与开发

针对岩石力学问题的特征，进行岩石力学专家系统理论研究，提出相应的知识表示方法、不确定性推理方法、知识获取方法和学习方法、系统结构等。然后，将岩石力学问题的共性特征抽取出来，开发出面向岩石力学问题的专家系统工具。以该工具为基础，将某个特定问题的专家知识送进知识库，可以建立相应的专家系统。这样不仅可以提高岩石工程专家系统的研究水平，而且可以提高效率，缩短开发周期。

2. 岩体本构模型的自学习方法研究

既然各种复杂地质和工程条件下的岩体的本构关系是不同的，有些问题的岩体本构关系是无法弄清楚的。采用自学习的方法来对各个分区上的岩体本构关系进行自适应的识别，采用隐式（如神经网络的并行分布式）表达方法进行表达。这样，不仅可以解决显式表达方法（数学方程式）无法表达的问题，而且可以提高数值分析方法的速度和可靠性。

3. 岩体力学参数的信息分形预测方法研究

实际上，岩体力学参数与岩块力学参数、位移等之间存在某种自相似关系，即存在某种信息分形规律。通过研究他们的分形自相似规律，提出描述信息分形的指标，从信息分形的角度，研究从容易获得的局部信息（岩石力学参数、位移）来预测整体信息（岩体力学参数）的方法，这种推广预测是基于工程岩体分区而进行的。

4. 综合集成智能分析方法研究

考虑到不同岩石力学问题的求解方法和过程是变化的，可以把目前的各种方法纳入智能系统中，由系统根据问题的特征进行分析方法的自适应选择，对他们的决策结构进行自适应分析，得出理论上合理、工程上接受的结论。如边坡稳定性分析综合集成分析方法，是集专家系统、极限平衡分析、有限元计算、边界元计算、离散元计算、极大似然估计、神经网络估计等于一体的方法。

5. 岩石工程的系统整体设计方法研究

岩石工程设计和开挖作为一个系统过程，开挖过程的各个步骤需要综合考虑地质特征的识别、工程岩体分级分区、工程分区设计、分区施工和设计方案校准。在设计工程中，各种地质、施工、工程因素必须尽可能地得到考虑。

6. 数据实时收集和实时分析方法研究

现场数据实时采集，并通过高速数据通信网络传输到地面终端，通过中央控制器作出迅速的决策，并实时返回到施工现场。所以信息高速公路是这种方法的支持。

2.5.5 非线性理论

1. 耗散结构理论

普利高津（Prigogine）与他的同事们，为找到大自然内在的、统一的基本规律，把握决定论与非决定论的辩证关系，搞清自组织系统中从无序走向有序的复杂机制，弥合物理与生物学的巨大鸿沟，历经二十多年的不懈奋斗，在 1969 年一次理论与生物学的国际会议上提出了“耗散结构论”。该理论的诞生显示出许多学科之间的深刻联系，为解答大自然之谜奠定了重要的基础。普利高津也由此而荣获 1977 年度的诺贝尔奖金。

1）耗散结构论的基本原理

耗散结构论指出，一个远离平衡态的开放系统，通过不断地与外界交换物质和能量，当外界条件的变化达到一定阀值时，可能从原有的无序状态转变为一种在时间上、空间上或功能上的有序状态。普利高津把这样形成的有序状态称为耗散结构，因为它们的形成和维持需要能量的耗散。

耗散结构理论，又称之为非平衡系统的自组织理论。所谓自组织，是因为在这样的系统中，并无谁来发号施令、进行综观全局的统筹协调，而是系统内部自我协调、自我组织，形成一个具有自我调节功能的有序系统。

一个耗散结构的形成和维持至少需要三个条件：一是系统必须是开放系统，孤立系统和封闭系统都不可能形成耗散结构；二是系统必须处于远离平衡的非线性区，在平衡态或近平衡态，大量的试验和理论研究都证明其不可能发生质的突变从无序走向有序，也不可能从一种有序走向新的更高级的有序，即非平衡是有序之源；三是系统中必须有某些非线性动力学过程，如正负反馈机制等。这种非线性相互作用，能够使系统内的各要素之间产生协调动作和相干效应，从而使系统从杂乱无章变为井然有序。

一个耗散结构的形成不仅与系统的结构和功能有关，而且与系统的随机涨落也有着密切联系。三者相互关系见图 2-5-5。

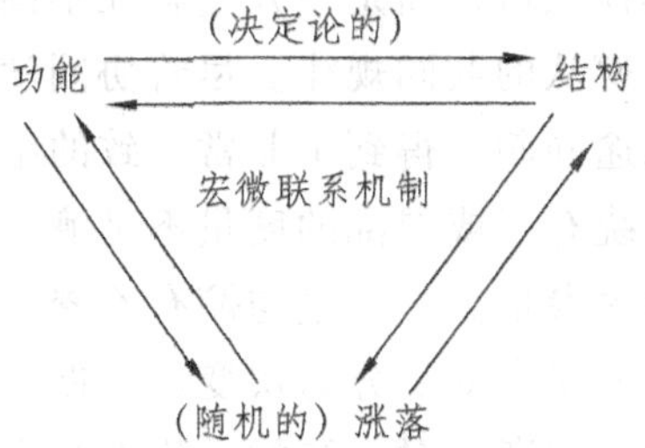

图 2-5-5 功能、结构和涨落之间的相互关系

2）耗散结构模型的建立

（1）局域平衡假设。这一假设的基本思想是：虽然系统从整体上看是非平衡的，但是若把系统分割为许许多多甚至无限多个子系，则每个子系内是平衡的，故称局域平衡。但任意两个局域子系的平衡情况却可能不同，所以整体是非平衡的。根据这个假设，可写出系统的质量连续方程：

$$\frac{\partial \rho_i}{\partial t} = D\nabla^2 \rho_i + f_i(\{\rho_i\}) \tag{2-5-12}$$

式中：ρ为系统的组分密度；D 为扩散系数；$f_i(\{\rho_i\})$为“源汇项”。

利用同样的思路和方法，可得到系统总熵对时间的微分：

$$\frac{\mathrm{d}s}{\mathrm{d}t} = -\int \mathrm{div}\vec{J}_i \mathrm{d}v + \int \sigma \mathrm{d}v = \frac{\mathrm{d}es}{\mathrm{d}t} + \frac{\mathrm{d}is}{\mathrm{d}t} \tag{2-5-13}$$

式中：$\vec{J}_i$是熵流；σ 为局域熵产生。此式的物理意义是：系统熵随时间的变化率由熵流 $\frac{\mathrm{d}es}{\mathrm{d}t}$ 和熵产生 $\frac{\mathrm{d}is}{\mathrm{d}t}$ 两者引起。

（2）Lyapounov 稳定性判别法。设在一定的初始条件下，一个微分方程组有解，如果当初始条件发生一个小的扰动而解的变化很小时，则称这个解是稳定的，反之则为不稳定的。如果稳定的解在时间趋于无穷时，它的微小变化趋于零，则称这样的解为渐近稳定的。

2. 协同学

协同学（Synergetics）是由德国著名的理论物理学家赫尔曼·哈肯（Harmann Haken）于 20 世纪 70 年代创立的。

协同学也是研究远离平衡态开放系统，在一定条件下如何自发地从无序走向有序的一种系统性物理科学。但是它并不像耗散结构论那样是从热力学研究着手，再推广到其他领域，而是一开始就在不同的研究领域中通过类比而找到它们发展变化所遵从的共同规律。尽管协同学与耗散结构论有着巨大的差别，但最后还是殊途同归，得到了非常一致的结果。

协同学用以表征系统有序或混乱的度量不是熵，而是通过类比得到的一个新概念，称为系统的序参量。序参量与熵有着密切的联系。

协同学把系统内部的状态变量分为快变量和慢变量两类，并认为快变量就像天空中的流星，转瞬即逝，对系统的进化不起主要作用；而慢变量却主导着系统演变的进程，支配和控制着整个系统的状态。慢变量就是所谓的序参量。这即是协同学提出的支配原理。哈肯学派根据这一原理，运用绝热消去法消去快变量，从而得到慢变量的系统方程。

协同学认为，系统几个序参量互相依赖又互相竞争，从而协同一致形成一个不受外界作用和内部涨落影响的自组织结构。其中每一个序参量都决定着系统的一种宏观结构以及对应的微观状态。

3. 突变理论

法国数学家托姆（Thom）于 1972 年创立的突变理论（Catastrophe Theory）是研究不连续现象的一个数学分支。与数学中的大多数新发展不同，它在开创初期是旨在实用的。

1）结构稳定性

如果任何小的扰动不引起系统基本性质的变化，则称这种性质为结构稳定性。这是突变理论中常用到的一个十分重要的概念。

2）剖分引理

临界点在原点且有 n 个独立变量的函数 $f(x_1, x_2, \cdots, x_n)$ 的 Hessen 矩阵为：

$$\begin{bmatrix} \dfrac{\partial^2 f}{\partial x_1^2} & \dfrac{\partial^2 f}{\partial x_1 \partial x_2} & \cdots & \dfrac{\partial^2 f}{\partial x_1 \partial x_n} \\ \dfrac{\partial^2 f}{\partial x_2 \partial x_1} & \dfrac{\partial^2 f}{\partial x_2^2} & \cdots & \dfrac{\partial^2 f}{\partial x_2 \partial x_n} \\ \vdots & \vdots & & \vdots \\ \dfrac{\partial^2 f}{\partial x_n \partial x_1} & \dfrac{\partial^2 f}{\partial x_n \partial x_2} & \cdots & \dfrac{\partial^2 f}{\partial x_n^2} \end{bmatrix} \tag{2-5-14}$$

可以证明，若 Hessen 矩阵的秩是 n，则存在一个坐标变换，可把 f 变换为：

$$f = e_1 x_1^2 + e_2 x_2^2 + \cdots + e_n x_n^2 + \text{高次项}$$

式中：每个常数 e_i 都等于±1，f 是结构稳定的。

如果 Hessen 矩阵的秩是 $n-r(r>0)$，则可通过坐标变换把 f 表示为：

$$f = e_{r+1} x_{r+1}^2 + e_{r+2} x_{r+2}^2 + \cdots + e_n x_n^2 + \text{高次项}$$

结构不稳定只取决于 x_1，x_2，…，x_r，其余变量 x_{r+1}，x_{r+2}，…，x_n 均可忽略。

这个结果叫做“剖分引理”。其实质是把变量分成与结构不稳定性有关的“实质性变量”和与之无关的“非实质性变量”，并从中略去后者。由此可见，可能出现的突变类型数目并不取决于状态变量的数目，而只取决于实质性状态变量的数目 r。

3）确定性

如果一个函数的 Taylor 展开式的前 k 项是足以刻画这个函数的性态，则称这个函数为 k 确定的。注意确定性与 Taylor 级数的收敛性完全是两回事。即使是发散的级数，其有限项之和也可能在原点的一个小邻域内很好地反映出原函数的性态。

4）尖点突变的性质

当系统的参数变化时，尖点突变系统具有如下性质（图 2-5-6）：

（1）多个平衡位置。

（2）跳跃性。平衡位置在上叶变化时，在 P 点突然由上叶的平衡位置变为下叶的平衡位置。

（3）滞后性。平衡位置在下叶变化时，突跳不发生在 P 点而发生在 Q 点。

（4）不可达性。由于上述的跳跃，在 P 和 Q 之间 x 值相对应的状态是不可能达到的。

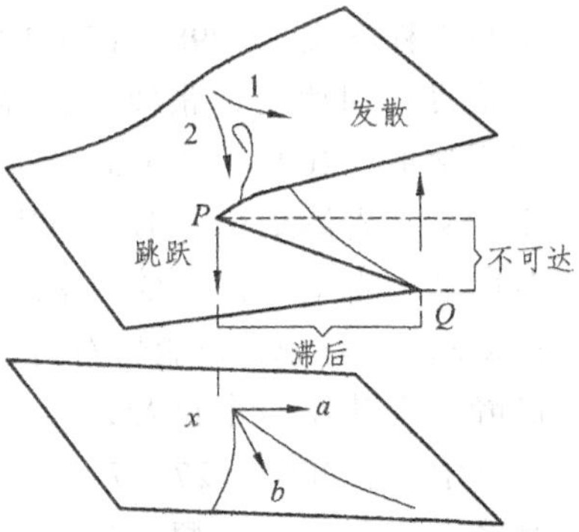

图 2-5-6　尖点突变的平衡曲面和分叉集

（5）发散性。沿着两条很靠近的路径 1 和 2 得到的最终平衡位置大不相同（分别在上叶和下叶）。

参考文献

[1] CARR J M，WARRINER J B. Relationship between the Fractal Dimension and Joint Roughness Coefficient. Bulletin of the Accociation of Engineering Geologists, XXVT（2）, 1989.

[2] 佩特森 M S. 实验岩石形变——脆性域. 北京：地质出版社，1982.

[3] MOGI K. Effect of intermediate principal stress on rock failure. Geophys Res, 1967.

[4] TURK N，GREIG M J，DEARMAN W R，et al. Characterization of Rock Joint Surfaces by Fractal Dimension. 28th U S Symp. On Rock Mechanics，Tucson，1987.

[5] 蔡美峰，何满潮，刘东燕. 岩石力学与工程. 北京：科学出版社，2002.

[6] 蔡忠理. 岩土声学特性研究的回顾与展望. 岩土力学，1989. Vol.10 No.3.

[7] 川本眺万. ひずみ软化を考虑した岩盘掘削の解析. 土木学会论文集. 1981.

[8] 崔新状. 爆炸应力波在各向同性损伤岩石中的衰减规律研究. 爆炸与冲击，1995（3）.

[9] 单仁亮，耿慧辉，孔祥松. 岩石动参数的随机性研究. 南华大学学报：自然科学版，2009，23（2）.

[10] 单仁亮. 花岗岩单轴冲击全程本构特性的实验研究. 爆炸与冲击，2000（1）.

[11] 邓广哲，朱维申. 岩体裂隙非线性蠕变过程特性与应用研究. 岩石力学与工程学报，1998，17（4）.

[12] 邓荣贵，周德培，张倬元，等. 一种新的岩石流变模型. 岩石力学与工程学报，2001，20（6）.

[13] 丁多文. 岩体结构分形及应用研究. 岩土力学，1993，14（3）.

[14] 范广勤. 岩土工程流变力学. 北京：煤炭工业出版社，1994.

[15] 冯夏庭，王泳嘉. 智能岩石力学及其内容. 工程地质学报，1997，5（1）.

[16] 高峰，李建军. 李肖音，等. 岩石声发射特征的分形分析. 武汉理工大学学报，2005，27（7）.

[17] 高峰，谢和平，赵鹏. 岩石块度分布的分形性质及细观结构效应. 岩石力学与工程学报，1994，13（3）.

[18] 高延法，陶振宇. 岩石强度准则的真三轴压力试验与分析. 岩土工程学报，1993，15（4）.

[19] 何满朝，景海河，孙晓明．软岩工程力学．北京：科学出版社，2002.
[20] 贺红亮．冲击载荷下岩石的损伤特性分析．爆炸与冲击，1995（3）.
[21] 黄理兴，陈奕柏．我国岩石动力学研究状况与发展．岩石力学与工程学报，2003，22（11）.
[22] 黄润秋．岩石高边坡发育的动力过程及其稳定性控制．岩石力学与工程学报，2008，27（8）.
[23] 黄永林，朱升初．郯庐断裂带鲁苏沂沭段对汶川地震波的隔震效应．第十一次全国岩石动力学会议，2009.
[24] 金丰年．岩石的非线性流变．南京：河海大学出版社，1998.
[25] 李松．岩石流变特性与工程应用．重庆建筑工程学院，1990.
[26] 李夕兵，古德生．岩石冲击动力学研究内容及其应用．西部探矿工程，1996（8）.
[27] 李永池，姚磊．应力波的演化机制及其对防护工程的应用．中国科学技术大学，2005.
[28] 李先炜．岩体力学性质．北京：煤炭工业出版社，1990.
[29] 李彰明．内时理论简介与岩土内时本构关系研究展望．岩土力学，1986，17（1）.
[30] 连建发，慎乃齐，张杰坤．基于分形理论的岩体质量评价初探．勘察科学技术，2003（2）.
[31] 梁正召，唐春安，唐世斌．岩石损伤破坏过程中分形与逾渗演化特征．岩土工程学报，2007，29（9）.
[32] 凌建明，孙钧．脆性岩石的细观裂纹损伤及其时效特征．岩石力学与工程学报，1993，12（4）.
[33] 刘浩吾，蔡德所．三峡工程岩体爆破地震效应的神经网络模型．岩土工程学报，1998，20（1）.
[34] 刘建国，彭功勋，韩文峰．岩体裂隙网络的分形特征．兰州大学学报：自然科学版，2000，36（4）.
[35] 刘佑荣，唐辉明．岩体力学．武汉：中国地质大学出版社，1999.
[36] 刘洋，赵明阶．基于分形与损伤理论的岩石声-应力相关性理论模型研究．岩土力学，2009，30（8）.
[37] 楼为涛．干燥和水饱和花岗岩的动态断裂特性．爆炸与冲击，1994（3）.
[38] 楼一珊．利用声波测井计算岩石的力学参数．探矿工程，1998（3）.
[39] 卢文波，旭浩．岩石爆破漏斗理论与数值模拟研究．武汉大学，2003.
[40] 梅志千，周建方，章海远．莫尔-库伦理论的修正及应用．上海交通大

学学报，Vol.36, No.3, Mar. 2002.
[41] 潘一山，李英杰．岩石分区碎裂化现象研究．岩石力学与工程学报，2007，26（1）．
[42] 戚承志，王明洋，钱七虎，等．冲击载作用下岩石变形破坏的细观结构特性．同济大学学报：自然科学版，2008，36（12）．
[43] 钱七虎，李树忱．深部岩体工程围岩分区破裂化现象研究综述．岩石力学与工程学报，2008，27（6）．
[44] 钱七虎，戚承志．岩石、岩体的动力强度与动力破坏准则．岩石力学与工程学报，2008，36（12）．
[45] 秦四清，张倬元，王士天，等．节理岩体的分维特征及其工程地质意义．工程地质学报，1993（2）．
[46] 邱贤德，杨小林，余永强．层状复合岩体爆破损伤断裂机理及工程应用研究．重庆大学，2003.
[47] 沈明荣，陈建峰．岩体力学．上海：同济大学出版社，2006.
[48] 沈珠江．关于破坏准则和屈服函数的总结．岩土工程学报，1995，17（1）．
[49] 石寒．莫尔-库伦强度理论的修正．岩土力学，1994，15（3）．
[50] 宋建波，张倬元，于远忠．岩体经验强度准则及其在地质工程中的应用．北京：地质出版社，2002.
[51] 孙洪泉，谢和平．岩石断裂表面的分形模拟．岩土力学，2008，29（2）．
[52] 孙钧．岩石动力学研究的若干问题．中国岩石力学与工程学会第七次学术大会论文集．北京：中国科学技术出版社，2002.
[53] 孙钧．岩土材料流变及其工程应用．北京：中国建筑工业出版社，1999.
[54] 唐春安．岩石破裂过程中的灾变．北京：煤炭工业出版社，1993.
[55] 王家来．应力波对岩体的损伤作用和爆生裂纹传播．爆炸与冲击，1995（3）．
[56] 王靖涛．加速发展岩石动力学．岩土力学，1989，10（3）．
[57] 王可钧．岩石力学与工程的几个研究热点．中国岩石力学与工程学会编．中国岩石力学与工程学会第六次学术大会论文集．北京：中国科学技术出版社，2000.
[58] 王礼立．爆炸与冲击载荷下结构和材料动态响应研究的新进展．爆炸与冲击，2001（2）．
[59] 王明洋，钱七虎．爆炸应力波通过节理裂隙带的衰减规律．岩土工程学报，1995，17（2）．
[60] 王思敬．论岩石的地质本质性及其岩石力学演绎．岩石力学与工程学

报，2009，28（3）.
[61] 王武林，刘远惠，陆以璐．RDT-10000 型高压三轴仪的研制．岩土力学，1989，10（2）.
[62] 王占江．李孝兰．戈琳，等．花岗岩中化爆的自由场应力波传播规律分析．岩石力学与工程学报，2003，22（11）.
[63] 仵彦卿，张倬元．岩体水力学导论．成都：西南交通大学出版社，1994.
[64] 席道瑛．大理岩和砂岩动态本构的实验研究．爆炸与冲击，1995（3）.
[65] 肖洪天，强天驰．三峡船闸高边坡损伤流变研究及实测分析．岩石力学与工程学报，1999，18（5）.
[66] 肖树芳，杨树碧．岩体力学．北京：地质出版社，1987.
[67] 谢和平，PARISEAU W G．岩爆的分析特征及机理．岩石力学与工程学报，1993，12（1）.
[68] 谢和平，高峰．岩石类材料损伤演化的分形特征．岩石力学与工程学报，1991，10（1）.
[69] 谢和平．岩石节理的分形描述．岩土工程学报，1995，17（1）.
[70] 谢强，姜崇喜，凌建明．岩石细观力学实验与分析．成都：西南交通大学出版社，1996.
[71] 谢卫红，钟卫平，卢爱红，等．岩石分形节理的强度和变形特性研究．西安科技学院学报，2004，24（1）.
[72] 徐超．岩土工程原位测试．上海：同济大学出版社，2005.
[73] 徐积善．强度理论及其应用．北京：水利电力出版社，1984.
[74] 徐松林，席道瑛，唐志平．岩石热冲击研究初探．岩石力学与工程学报，2007，26（1）.
[75] 徐卫亚，杨圣奇，褚卫江．岩石非线性黏弹塑性流变模型（河海模型）及其应用．岩石力学与工程学报，2006，25（3）.
[76] 许年春，赵明阶，吴德伦．节理岩体应力波反演模型研究．岩土力学，2007，28（12）.
[77] 杨春和．地质材料率性相关的内变量本构理论的研究．岩土力学，1992，13（1）.
[78] 杨军．岩石爆破分形损伤模型研究．爆炸与冲击，1996（1）.
[79] 杨圣奇，倪红梅，于世海．一种岩石非线性流变模型．河海大学学报，2007，35（4）.
[80] 杨小林．岩石爆破损伤断裂的细观机理．爆炸与冲击，2000（3）.
[81] 尹士兵，李夕兵，周子龙．粉砂岩高温后动态力学特性研究．地下空

间与工程学报，2007，3（6）.
[82] 俞茂宏．工程强度理论．北京：高等教育出版社，1999.
[83] 张继春，肖正学．含软弱夹层岩体爆破的夹层土运动特征试验研究．岩石力学与工程学报，2009，28（6）.
[84] 张清．人工智能在岩石力学与岩石工程中的应用．岩石力学与工程学报，1986，5（4）.
[85] 张永兴．岩石力学．2 版．北京：中国建筑工业出版社，2008.
[86] 章海远，梅志千．σ-τ平面上莫尔理论的修正．岩土力学，2000，21（4）.
[87] 郑永来，夏颂佑．岩石粘弹性连续损伤本构模型．岩石力学与工程学报，1996，15（增刊）.
[88] 中国岩石力学与工程学会．2009—2010 岩石力学与工程学科发展报告．北京：中国科学技术出版社，2010.
[89] 钟放庆．地下爆炸地震波的数值模拟及震源函数的研究．爆炸与冲击，2001（1）.
[90] 周德培，等．流变力学原理及其在岩土工程中的应用．成都：西南交通大学出版社，1995.
[91] 周宏伟，谢和平．岩石节理张开度的分形描述．水文地质工程地质，1991（1）.
[92] 周金枝，徐小荷．分形几何用于岩石损伤扩展过程的研究．岩土力学，1997，18（4）.
[93] 周维垣．高等岩石力学．北京：水利电力出版社，1990.

3 结构面研究方法

岩体与工程材料的重大差别在于它是由结构面纵横切割而具有一定结构的多裂隙体，岩体中的结构面对岩体的变形和破坏起着控制作用，结构面的地质和力学特性与其成因及其形成过程密切相关。结构面的强度、变形和渗流等物理力学性质对岩体力学性质及工程岩体的稳定性有重要影响，因此，结构面的研究对岩体力学理论和岩体工程的稳定性至关重要。

3.1 结构面的定量描述

1978 年国际岩石力学学会实验室和野外试验标准化委员会在对岩体中结构面定量描述所推荐的方法中，把对结构面特征的研究归纳为 10 个方面，即方位、间距、延续性、结构面的形态、结构面侧壁的抗压强度、张开度、充填情况、渗流、组数和块体大小。

3.1.1 结构面的产状

结构面的产状用罗盘仪测得，常用走向、倾向和倾角表示。结构面与最大主应力间的关系对岩体的破坏和强度有很大的影响。用包含有贯通结构面的试块做破坏试验，试验表明，结构面在岩块破坏中常起控制作用。但是否沿结构面破坏，却与结构面的产状有着密切的关系，正如图 3-1-1 所示（图中 $\sigma_3 = 0$，$c_j \approx 0$），由此可以看出不同倾角的结构面，对岩块力学性质的影响不同。

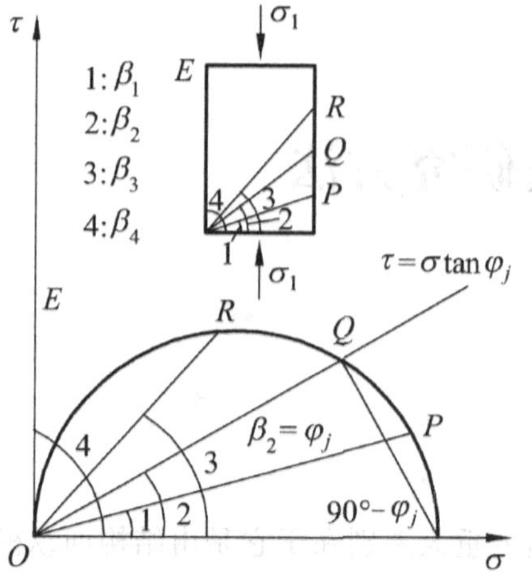

图 3-1-1　结构面的变形特征

图中$\beta_1<\varphi_j$，$\beta_2=\varphi_j$，$90°>\beta_3>\varphi_j$，$\beta_4=90°$。故由图 3-1-1 可知：倾角为β_1、β_4时，岩块处于稳定状态；倾角为β_2时，岩块处于极限平衡状态；倾角为β_3时，岩块将沿结构面发生剪切破坏。

3.1.2　结构面的密度和间距

单位岩体内发育的结构面数量称为结构面密度，可用下列方法表示。

1. 结构面的线密度

即单位长度内发育的结构面数量，常称结构面的密度。测量时，测线应与结构面法线方向一致，其公式为：

$$K_d=\frac{n}{l}(条/\mathrm{m}) \tag{3-1-1}$$

式中：K_d为结构面的线密度；n为所测长度内结构面的数量。

2. 结构面的间距

为结构面的平均间距，即结构面线密度的倒数：

$$d=\frac{1}{K_d} \tag{3-1-2}$$

式中：d为结构面的间距（m）。

3. 结构面的体积密度

是同一组结构面交切单位体积岩体的总面积，其公式为：

$$V_d = K_2 K_d \tag{3-1-3}$$

式中：K_2为面连续性系数（见 3.1.3 节）；V_d为结构面的体积密度（m^2/m^3）。

根据岩体中各组结构面的密度，可推测岩块的大小及岩体的渗透特性、强度、变形和各向异性等性质。例如，岩体内发育的结构面数量愈多，即密度愈大，其变形愈大，强度愈低。

3.1.3 结构面的延续性

结构面的延续性是指所研究岩体范围一定方向断面内开裂的结构面所占的比例。而在一定尺寸的岩体内结构面的连续性也称为贯通度。

结构面的延续性可用线连续性系数和面连续性系数表示。

1. 线连续性系数

为岩体内某一方向上（图 3-1-2）结构面各段长度和与整个测量线段长度的比值，如下式：

$$K_1 = \frac{\sum a_i}{\sum a_i + \sum b_i} \tag{3-1-4}$$

式中：$\sum a_i$为岩体内某一方向测线段上结构面各段之和；$\sum b_i$为岩体内某一方向测线段上完整岩石段之和。

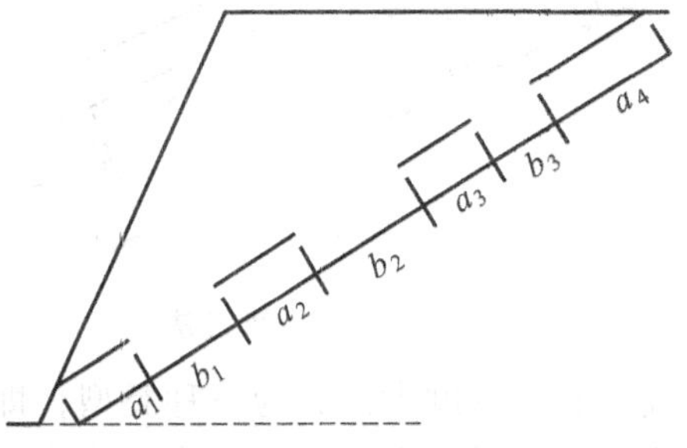

图 3-1-2 结构面的线连续性系数

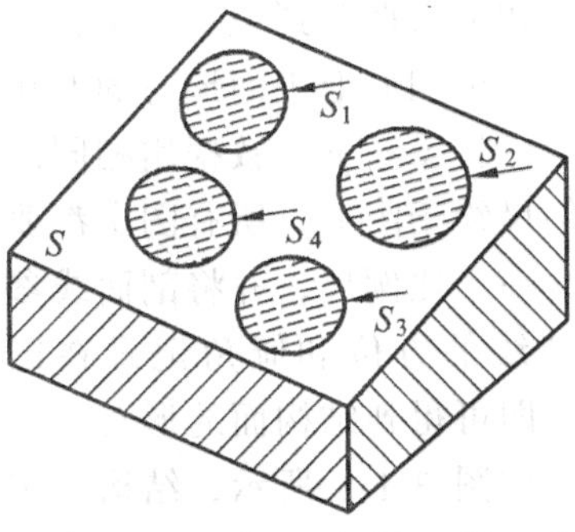

图 3-1-3 结构面的面连续性系数

2. 面连续性系数

系指研究岩体中包含结构面的测量断面内结构面总面积与整个测量断面积之比值，如图 3-1-3 所示。面连续性系数用下式表示：

$$K_2 = \frac{S_1 + S_2 + S_3 + \cdots}{S} \tag{3-1-5}$$

式中：S_1、S_2、S_3 为所测断面内各部分结构面的面积；S 为所测的整个断面积。

由上式可知，$K_2 = 0 \sim 1.0$，K_2 愈大，说明结构面连续性愈好。当 $K_2 = 1.0$ 时，表明结构面完全连续，因而该断面的抗剪强度完全取决于结构面的强度；当 $K_2 = 0$ 时，表明该断面上无结构面延伸，因而其断面上的抗剪强度完全取决于岩块的性质。

3.1.4 结构面的形态

结构面的平直、起伏形态及粗糙程度对沿结构面方向的抗剪强度影响很大。结构面形态的测试方法有很多，室内测试方法主要有光学方法（如立体显微镜、激光形态仪、近距离摄影测量）、机械触针式表面形态仪、RSP-I 型智能岩石表面形态仪等。现场测试方法主要有圆盘倾斜仪法、剖面线法、摄影测量法等，以剖面线法最常用。

剖面线法如图 3-1-4 所示，将 2 m 长的直尺放在结构面上，并取可能的滑动方向。它将与结构面上包括最高点在内的许多点接触，该直尺即为剖面线的参考基线。沿直尺（作为 x 方向）按一定采样间距逐点记录直尺到结构面的垂直距离（y）。将 x 和 y 数据并列记录下来，便得到一个剖面上表面形态的变化数据，将 x 和 y 的数据用相同的比例尺绘于图上，所有图中都要包含一个比例尺，并将剖面线参考基线的方位和倾角记录在图上，即可得到结构面的形态。

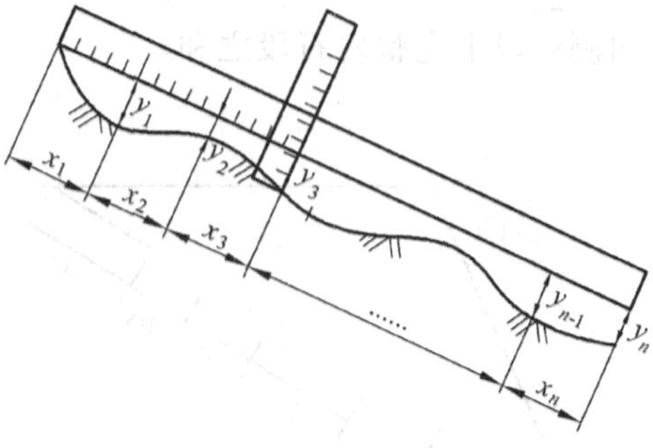

图 3-1-4 剖面线法

如图 3-1-5 所示，结构面按其平直、起伏程度大致分为三种类型，即平直形、波浪形和台阶形。平直形对沿该结构面滑移无阻抗作用或阻抗作用很小；波浪形则由于爬坡作用具有增加结构面抵抗外力的能力（图 3-1-6）；而台阶形则具有较强的阻抗作用，其阻力由结构面强度和岩体抗剪断强度两者共同组成。

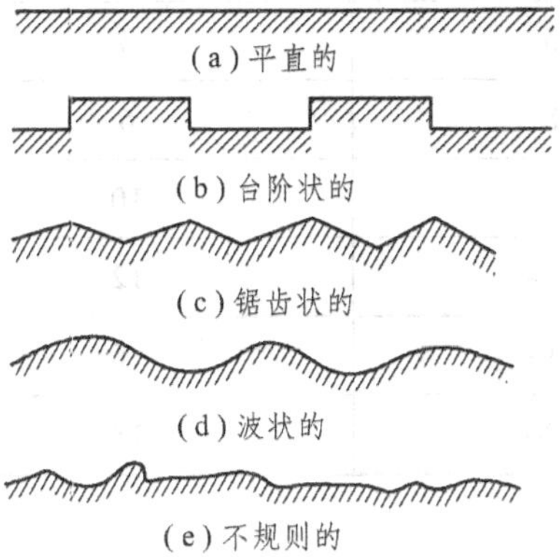

图 3-1-5 结构面的起伏形态

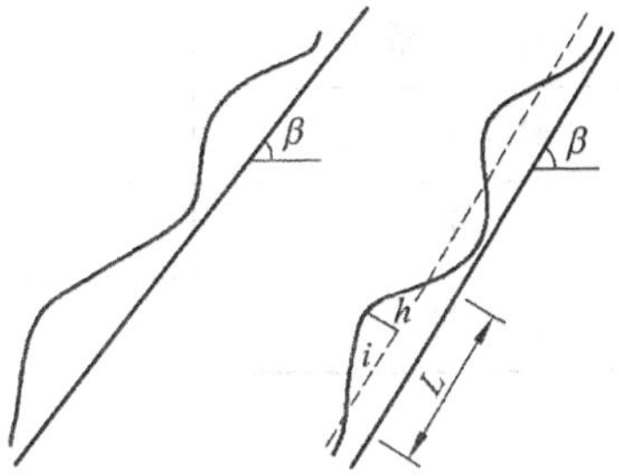

图 3-1-6 爬坡角（i）的影响

结构面粗糙度一般用节理粗糙度系数(Joint Roughness Coefficient, 简称 *JRC*）表示。Barton（1977）将结构面粗糙度系数划分为 10 级，分别对应 $JRC = 0 \sim 20$（图 3-1-7）。在实际工作中，可以用结构面纵剖面仪测出结构面剖面，然后与图 3-1-7 所示标准剖面进行对比，即可确定结构面粗糙度系数。在实际应用中，根据结构面起伏状态及粗糙程度，可按表 3.1.1 估计结构面 *JRC* 值。

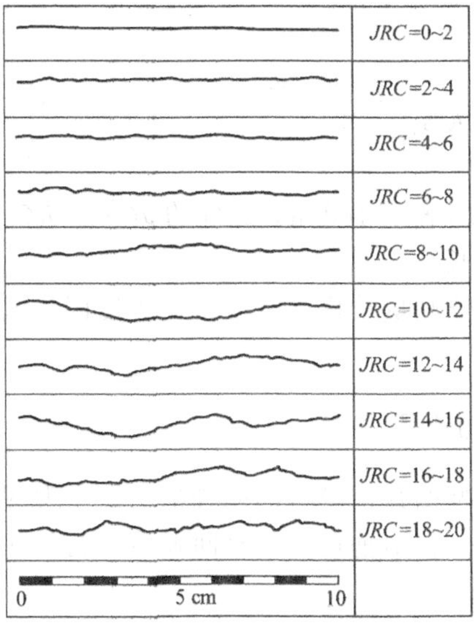

图 3-1-7 标准粗糙度剖面及其 *JRC* 值

表 3.1.1　结构面 *JRC* 经验估计（据蒋爵光，1997）

描　述	*JRC* 估计	代表值
平直光滑	0 ~ 2	2
平直平坦	2 ~ 5	4
平直粗糙	5 ~ 8	6
起伏光滑	8 ~ 11	10
起伏平坦	11 ~ 14	12
起伏粗糙	14 ~ 17	16
台阶粗糙	17 ~ 20	18

3.1.5　结构面侧壁的抗压强度

岩块沿结构面剪切时，在法向力作用下，不光滑节理表面上微凸体的抗压强度对抗剪强度有重要影响，通常用节理壁抗压强度（Joint Compression Strength，简称 *JCS*）来表征。*JCS* 取值建议方法见 ISRM（1978），Deere 和 Miller（1966）建议用施密特锤测量 *JCS*，也可以用回弹仪测量。

JCS 随结构面尺寸的增大而减小，Barton 和 Bandis（1982）建议的 *JCS* 修正关系如下：

$$JCS_n = JCS_0\left(\frac{L_n}{L_0}\right)^{-0.03JRC_0} \qquad (3\text{-}1\text{-}6)$$

式中：JCS_0、JRC_0、L_0 表示 100 mm 试样的 *JCS*、*JRC* 和长度；JCS_n 和 L_n 表示现场试样的 *JCS* 和长度。

当采用岩体回弹仪测量结构面侧壁抗压强度时，其计算公式（蒋爵光，1997）如下：

$$JCS = 10^{0.876\,2+0.020\,8R_{75}} \qquad (3\text{-}1\text{-}7)$$

式中：R_{75} 表示用 75 型回弹仪测得的回弹值，野外测量回弹值时，注意回弹仪应与结构面壁垂直，若不垂直，应对回弹值进行修正，修正方法可参考相关文献。

3.1.6 结构面的张开度

结构面的张开度是指结构面两壁面间的垂直距离，也称为隙宽。张开度通常采用塞尺进行测量。结构面两壁面一般不是紧密接触的，而是呈点接触或局部接触，接触点大部分位于起伏或锯齿状的凸起点。这种情况下，由于结构面实际接触面积减少，必然导致其凝聚力降低。当结构面张开且被外来物质充填时，其强度将主要由充填物决定。另外，结构面的张开度对岩体的渗透性有很大的影响，是岩体渗流分析中的重要参数之一。如在层流条件下，平直而两壁平行的单个结构面的渗透系数（K_f）可表达为：

$$K_f = \frac{ge^2}{12v} \tag{3-1-8}$$

式中：e 为结构面张开度（mm），它的描述术语和分级标准如表 3.1.2 所示；v 为水的运动黏滞系数（cm^2/s）；g 为重力加速度。

表 3.1.2 结构面张开度分级表

描　述	结构面张开度/mm	分　级
很紧密	<0.2	闭合结构面
紧密	0.1 ~ 0.25	
部分张开	0.25 ~ 0.5	
张开	0.5 ~ 2.5	裂开结构面
中等宽的	2.5 ~ 10	
宽的	>10	
很宽的	10 ~ 100	张开结构面
极宽的	100 ~ 1 000	
似洞穴的	>1 000	

3.1.7 结构面的结合和充填状况

按结合状况，可分胶结的和开裂的两种，它们所呈现的力学效应大不相同。结构面经过胶结，可使裂隙介质转化为整体介质，使力学性能变好。

胶结的结构面力学性能主要决定于胶结物的成分，如硅质胶结、铁质胶结、钙质胶结、泥质胶结或由岩脉充填的胶结等。胶结物的成分不同，其稳定性、力学强度不同。硅质胶结的强度高，力学性能稳定；而泥质胶结的强度很低，且很不稳定。

开裂的结构面是十分复杂的，结构面间多半充填有不等量的、不同成分的充填物。结构面内充填状况对结构面的力学性能有很大影响。

1. *无充填*

无充填结构面力学性质主要决定于结构面的粗糙度和起伏度以及结构面两壁的岩性。

2. *薄　膜*

厚度一般小于 2 mm，多为黏土质矿物，也常见有次生的蚀变矿物，如叶蜡石、滑石、蛇纹石、绿帘石、绿泥石、方解石、石膏等。这种薄膜使结构面强度大大降低，特别是含水的蚀变矿物更为显著。而方解石薄膜则例外，它常以胶结物状态出现，使结构面强度提高。

3. *夹　泥*

厚度小于结构面的起伏差，它对结构面强度有显著的减弱作用，但结构面的强度仍主要受结构面起伏差的控制。

4. *薄层夹层*

充填物略大于起伏差，结构面的强度主要由充填物强度所决定。它是岩体内重要的软弱结构面，应特别注意研究。

5. *厚　层*

厚度较大，由几十厘米至几米的断层泥、构造破碎岩所组成。实际上，它既是结构面，又是独立的力学介质单元。其破坏方式不仅沿其上、下软弱面或软弱厚层的内部滑移，且断层泥以塑性流动方式挤出，从而导致岩体产生较大的变形而使岩体破坏。同时由于它是一种独立的力学介质单元，在岩体内属于一种特殊的力学模型——软弱夹层。

除上述充填物厚度对结构面的强度影响外，充填物的物质成分和粒度成分也有密切的关系。如为细粒的黏土质充填，其力学强度显然低于粗粒的碎屑、砂质等充填物，特别是一些亲水作用强烈的黏土矿物，如高岭石、水云母、蒙脱石等。

3.1.8 结构面的组数

按照结构面的产状，可将其分组进行研究，产状相同的为一组。结构面组数的多少决定着被切割成的结构体的形状。岩体内结构面产状组数愈多，结构体形状愈复杂，有时由于结构体相互镶嵌咬合，从而使岩体的力学性质具有很大的随机性。一般来说，岩体中结构面组数愈多，岩体的强度则愈低，其变形愈大。

3.2 结构面的力学效应

工程实践表明，在一般工程荷载作用下，工程岩体的失稳破坏大部分是沿软弱结构面破坏的。如法国的马尔帕塞坝坝基岩体失稳、意大利瓦依昂水库库岸滑坡等。结构面的力学性质是评价岩体稳定性的关键。

3.2.1 结构面的变形特征

由于岩体存在着各种类型的结构面，因而使得岩体的强度比岩块的强度低，而其变形则比岩块要大。岩体的变形特征与结构面的变形特征有着直接的关系。结构面的变形包括结构面的法向变形和结构面的剪切变形。

1. 结构面的法向变形

天然结构面采集可通过钻孔法获得，在现场钻取大量的直径大于 5 cm 的岩芯，挑选包含结构面的试样进行试验，由于试样较小，受粗糙度的影响较小，只适用于无充填物的结构面或平面型结构面。为取得较大的岩芯结构面试样，可用大直径（20 cm ~ 25 cm）金刚石钻头钻取岩芯。若需要更大面积的结构面，可采用钢丝锯现场切割结构面。对于人工结构面，可采用巴西劈裂法、压模剪切法、浇模法、锯开和喷砂处理法等。

结构面闭合试验常与剪切试验同时进行，在直剪试验仪上进行剪切试验前施加预定的法向荷载，记录法向应力和法向变形即可得到结构面闭合变形曲线。有时也在材料试验机上单独进行结构面闭合试验，往往采用人工结构面。

结构面闭合试验方法如下：取圆柱体或棱柱体完整岩石试件，进行压缩变形试验，得到完整岩石的压缩变形曲线（图 3-2-1*A*），然后在试件中部形成一条与底面平行的人工结构面，形成的方法可以是锯开，再用喷砂处理以形成不同粗糙度的结构面，也可以用巴西劈裂法将试件中间劈开。将结构面耦合再加压进行闭合变形试验得到闭合变形曲线（图 3-2-1*B*），该曲线与完整岩石试件压缩曲线的差值即为结构面在耦合状态下的闭合变形曲线（图 3-2-1 *B*－*A*）。对于圆柱体试件，将上半块岩石试件旋转一角度，对于棱柱体试件，将上半块岩石试件向预定方向错开一定的位移量，即形成一条非耦合的结构面试件，对其加压进行闭合变形试验得到闭合变形曲线（图 3-2-1*C*）。

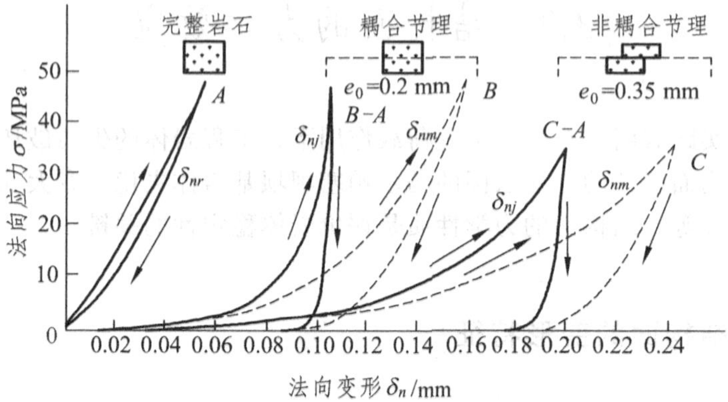

图 3-2-1　结构面的闭合试验曲线

对尺寸较大的试件，试件加工时的不平整会对结构面闭合试验结果有较大的影响，可采用夏才初等建议的测定方法（图 3-2-2），即在下半块试件的两对称侧面粘贴上两块引伸计支承片，在上半块试件的两对称侧面粘贴上两块位移传递片，支承片和位移传递片用刚度较好的角钢加工而成，试验时，用两支夹式引伸计测量二者之间的相对位移，记录位移时，求取它们的平均值，并扣除两者间完整岩石在相应应力下的变形，即为结构面的闭合变形。

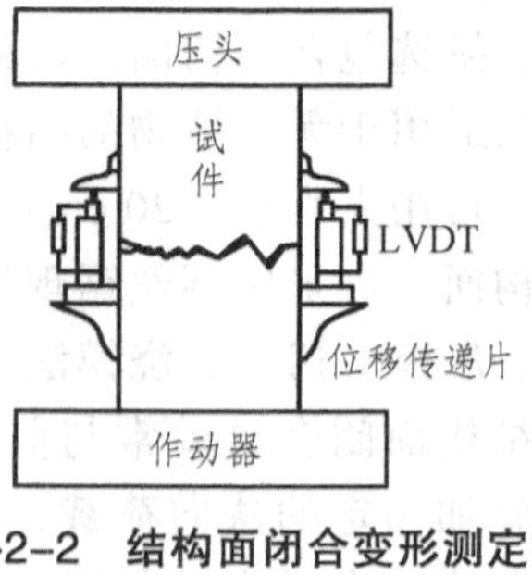

图 3-2-2　结构面闭合变形测定方法

（据夏才初，2002）

国内外已有多人进行了不同岩性的结构面闭合试验，所得到的闭合试验曲线的形状基本相同，闭合曲线具有高度的非线性且向上弯曲，即在作用应力较低时，变形较大曲线的斜率较小，随着应力的增大，斜率渐渐增大，对于耦合结构面，将趋近于一个铅直渐近值，预示着结构面将达到其最大闭合量，说明在应力较高时，耦合结构面能完全闭合，最大闭合量与应力历史有关。对于非耦合结构面，则永远达不到其最大闭合量。加卸载循环展示了滞环和永久变形，并随循环次数而快速减小，非耦合结构面比耦合结构面刚度低，滞环大。

影响结构面变形性质的因素主要有初始实际接触面积、结构面壁间开度的垂直分布和相对幅值、结构面表面形态，尤其是小尺寸的粗糙度、凸点的变形和强度及充填物的厚度、类型和物理性质。

古德曼（Goodman）把闭合曲线的大部分非线性变形归结为接触微凸体的非线性压碎和张裂，并认为卸载曲线遵循完整岩石的相同曲线。Sun（1987）认为闭合曲线的非线性仍属弹性，因为根据接触理论，当两个线弹性粗糙面受力接触变形时，变形与法向力的 5/2 次幂成正比，当其中一个面光滑时，变形与法向力的 3/2 次幂成正比，由此可见，在两个粗糙面完全弹性接触情况下，变形与法向力之间仍为非线性关系。根据对花岗岩、板岩和石英二长岩的闭合试验结果，发现其非线性变形的大部分是可以恢复的，故证实了这一论点。

对于结构面的法向变形，国内外学者用多种函数来描述。

沃尔多夫（Waldorf）根据弹性理论加以简化，认为当荷载面积为方形时，结构面的闭合变形可按下式求得：

$$\delta_0 = \frac{1.8\sigma d^2}{nhE} \tag{3-2-1}$$

式中：σ为法向应力；d 为方形荷载宽度；n 为结构面两壁接触面积个数；h 为结构面两壁接触时每个接触面的平均面积；E 为结构面岩石的弹性模量。

古德曼认为，结构面在法向荷载作用下，结构面间由点的接触因弹性变形、压碎和张裂纹等而增大接触面积，产生法向变形，因而提出了法向变形表达式及法向变形的确定方法。他规定了两个物理条件，一是结构面没有抗拉强度，一是结构面的最大可能的闭合量 V_m 必须小于结构面的“厚度”。法向压力与变形的关系式如下（图 3-2-3）：

$$\frac{\sigma-\xi}{\xi} = A\left(\frac{\Delta V}{V_m - \Delta V}\right)^t \tag{3-2-2}$$

式中：ΔV 为结构面法向变形（闭合量），$\Delta V < V_m$；σ为法向应力；ξ 为定位压力，是测量法向变形ΔV时的初始条件；A、t 为不同结构面变形曲线的常数。

当 $A = t = 1$ 时，上式可写成双曲线形式：

$$\Delta V = V_m - (\xi V_m)\frac{1}{\sigma} \quad (\sigma > \xi) \tag{3-2-3}$$

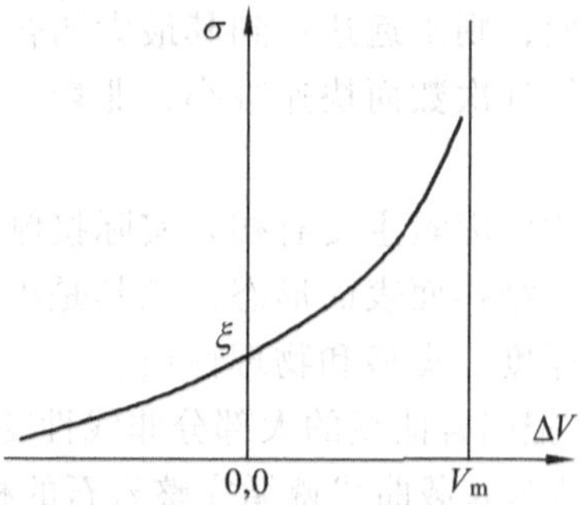

图 3-2-3 结构面的压缩

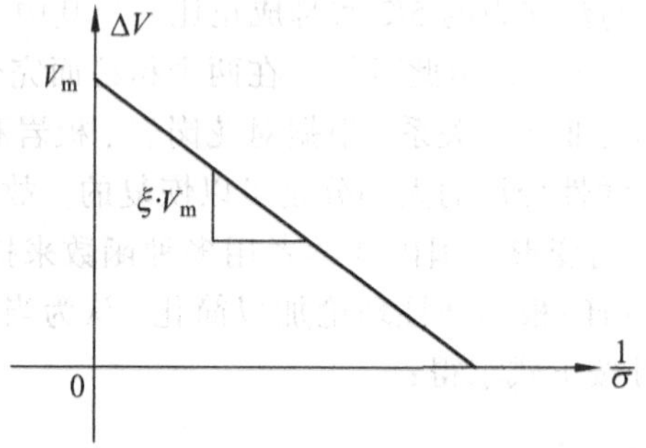

图 3-2-4 ΔV与 $1/\sigma$的关系

ΔV与 $1/\sigma$的关系式可用图 3-2-4 表示。可见此直线与ΔV轴的截距为 $V_{\rm m}$，直线的斜率为 $\xi \cdot V_{\rm m}$。在野外做压缩试验时，如果ΔV-$1/\sigma$曲线同式（3-2-3）一样，则可计算出初始法向应力值$\sigma_0 = \xi$；而当 A 与 t 不等于 1 时，则表示为各种曲线类型，可以由试验成果确定曲线方程。

古德曼通过试验研究结构面法向变形，得到一条张开结构面的压缩变形曲线如图 3-2-5 所示。从图中可以看出，结构面的法向变形有以下特征：开始时随着法向应力增加，结构面闭合变形迅速增长，$\sigma_{\rm n}$-ΔV 及$\sigma_{\rm n}$-ΔV_j 曲线均呈上凹型。当$\sigma_{\rm n}$增到一定值时，$\sigma_{\rm n}$-ΔV_t曲线变陡，并与$\sigma_{\rm n}$-ΔV_r曲线大致平行。说明结构面已基本上完全闭合，其变形主要是岩块变形贡献的。这时ΔV_j则趋于结构面最大闭合量 $V_{\rm m}$。初始压缩阶段，含结构面的岩块变形ΔV_t主要是由结构面的闭合造成的。有试验表明，当$\sigma_{\rm n}$ = 1 MPa 时，$\Delta V_t/\Delta V_r$可达 5 ~ 30，说明ΔV_t占了很大一部分。法向应力$\sigma_{\rm n}$大约从$\sigma_{\rm c}$ /3 处开始，含结构面的岩块变形由以结构面的闭合为主转为以岩块的弹性变形为主。结构面的$\sigma_{\rm n}$-ΔV_j 曲线大致为以$\Delta V_j = V_{\rm m}$ 为渐近线的非线性曲线。可用初始法向刚度及最大闭合量来确定，与结构面的类型及岩壁性质无关。结构面的最大闭合量始终小

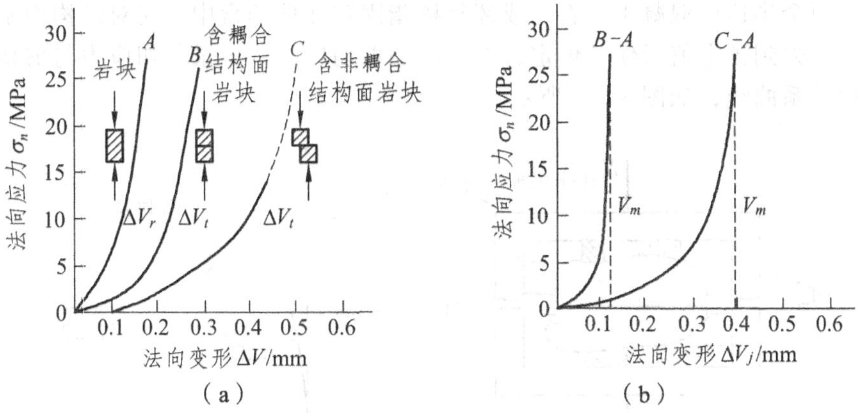

图 3-2-5　一条张开结构面的压缩变形曲线

于结构面的张开度（e）。这是因为结构面是凹凸不平的，两壁面间无论如何也不可能达到 100% 的接触。结构面的初始法向刚度是一个与结构面在地质历史时期的受力历史及初始应力（σ_i）有关的量，其定义为σ_n-V_j 曲线原点处的切线斜率，即：

$$K_{ni}=\left(\frac{\partial\sigma_n}{\partial\Delta V_j}\right)_{\Delta V_j\to 0} \qquad (3\text{-}2\text{-}4)$$

Bandis 仿照描述土和岩石在三轴压缩下的应力-应变的抛物线方程，提出了描述结构面变形的如下方程：

$$\Delta V=\frac{\sigma V_m}{K_{n0}V_m+\sigma} \qquad (3\text{-}2\text{-}5)$$

2. 结构面的剪切变形

结构面变形性质主要是通过剪切试验获得，可分为直接剪切试验和室内三轴压缩试验。直接剪切试验可以在现场进行，也可以在室内进行。一般有 3 种尺寸的结构面剪切试验，即：小型剪切试验，尺寸一般 10 cm × 10 cm ~ 15 cm × 15 cm，试件用砂浆整形，用轻便剪切仪在现场进行；中型剪切试验，尺寸一般 20 cm × 20 cm ~ 50 cm × 50 cm，在实验室剪切盒内进行，也叫剪切盒直剪试验；原位剪切试验，尺寸一般 50 cm × 50 cm ~ 100 cm × 100 cm，在原位制备，一般采用砂浆整形。

剪切盒直剪试验如图 3-2-6 所示，结构面应平行于施加荷载的方向，试件的两个半边用混凝土、石膏或环氧树脂固定在剪切盒中，先对结构面施加法向应力到预定值后使其恒定，然后施加剪切应力，记录剪切应力与剪切位移的关系曲线，如图 3-2-7 所示。

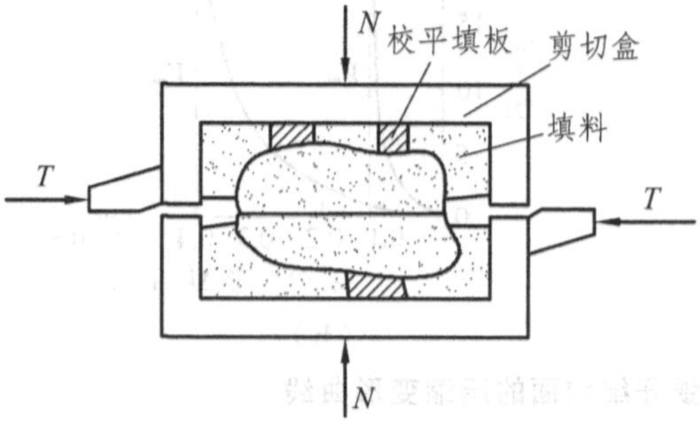

图 3-2-6　剪切盒试验

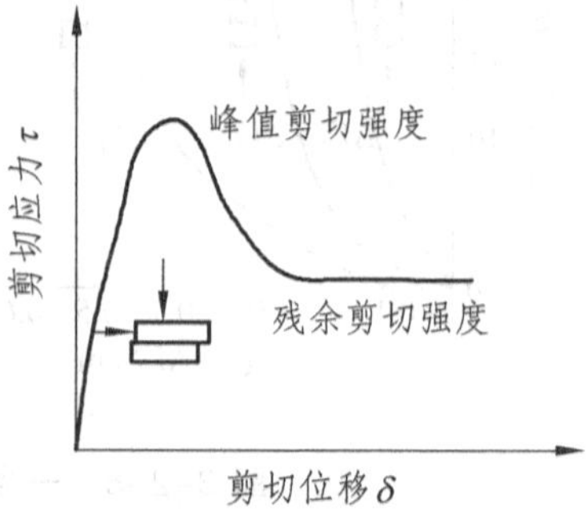

图 3-2-7　剪切试验时的剪切位移曲线

在重要工程中，对工程岩体力学性质有直接控制作用的结构面，通常需要专门掘进试验硐室进行原位直剪试验。根据现场结构面的条件，对于倾角较缓或水平的结构面，剪切试体整形成方形体，其试验原理与剪切盒内的直剪试验相同，也可得到与直剪试验类似的剪切位移曲线（图 3-2-7）。典型的原位直剪试验装置如图 3-2-8 所示。

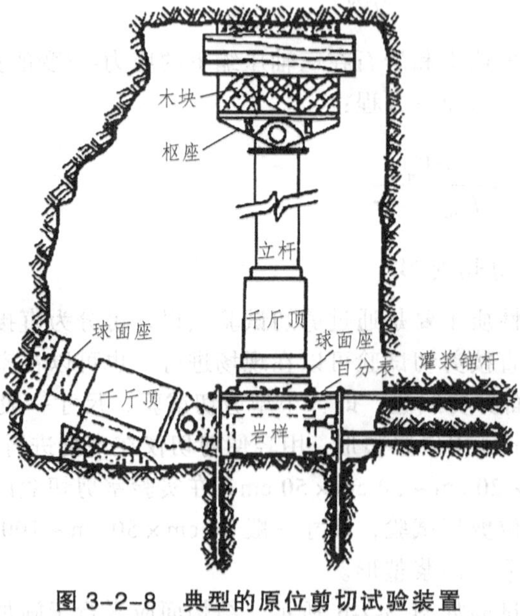

图 3-2-8　典型的原位剪切试验装置

在一定的法向压力作用下，结构面在剪力作用下产生的变形有 5 种基本形态，如图 3-2-9 所示。

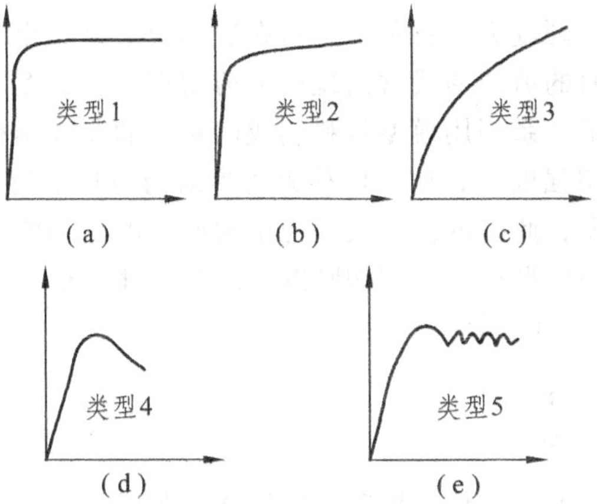

图 3-2-9　结构面剪切位移曲线形式

1）滑动型

在剪切应力未克服静摩擦力之前，基本不产生变形，一旦超过了摩擦力，就开始滑动，即随着剪切位移的不断增加，剪切应力保持不变或略有增加。岩性坚硬、层面光滑的刚性结构面常出现这种特性，如图 3-2-9（a）所示。

2）屈服剪切型

线性屈服剪切型曲线：在施加剪切应力的初期，水平位移较小，此时，有一段较好的线性段，随后曲线拐弯，达到屈服阶段，结构面开始滑动，如图 3-2-9（b）所示。

非线性屈服剪切型曲线：整个曲线是非线性的，曲线在拐弯之后，呈现结构面滑动的特性，如图 3-2-9（c）所示。

3）峰值型

一般地说，结构面不平整，咬合力强，因此，在剪切过程中产生了部分岩石微凸体的剪断，达到峰值后，结构面强度被克服，于是，剪切应力下降，如图 3-2-9（d）所示。

4）剪断滑动复合型

剪切位移曲线呈阶梯状。这是不平整的刚性或坚硬岩体中破碎结构面的特征，在破坏过程中，有一次剪断，则形成一个台阶，几个剪断就形成几个台阶，沿着起伏度的坡面滑动也能形成这样的曲线，虽然形成了台阶，但整个曲线的趋势仍符合简单剪切形式。

5）粘滑型

当剪切曲线达到最大剪切力时，剪切曲线发生周期性振荡，具有明显的粘滑振荡特性，出现这种类型的剪切曲线的结构面，一般是组成结构面的岩石中具有颗粒粗、硬度大的石英、长石在法向应力高时出现，而在法向应力低时，这种结构面的剪切曲线常出现峰值剪切现象，如图 3-2-9（e）所示。

Barton 进行了一系列用模型材料制成的粗糙的张性结构面的剪切试验，发现达到峰值剪切强度时，剪切位移大约为结构面长度的 1%，然后峰值强度下降到残余强度，此时的位移大约为结构面长度的 10%。

结构面的剪切变形也可用剪切刚度表示其规律。剪切刚度 K_s 是剪应力 τ 与剪切变形 Δu 的比值，即：

$$K_s = \frac{\tau}{\Delta u} \tag{3-2-6}$$

剪切刚度实际上是剪切变形曲线的斜率，对研究工程岩体稳定性来说，常以屈服点前的剪应力和变形曲线的斜率来表示。因为脆性破坏类型结构面的剪切刚度值一般大而且稳定，可称为常刚度型；而塑性变形类型结构面的剪切刚度值一般小而且不断变化，故其剪切变形曲线为变刚度型。图 3-2-10 所示即为两种不同的刚度类型。

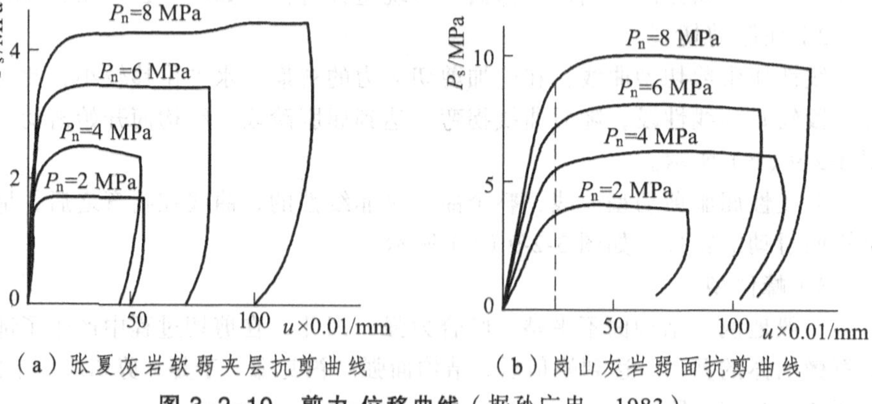

图 3-2-10 剪力-位移曲线（据孙广忠，1983）

结构面的剪切应力-剪切变形曲线一般是非线性的，通常只对剪切曲线峰值前的一段进行拟合，常用的形式如下：

$$\tau = \frac{\delta_s}{m + n\delta_s} \tag{3-2-7}$$

或

$$\delta_s = \frac{m\tau}{1 - n\tau}$$

式中：m、n 均为经验常数。

夏才初等在对试验结果的分析中发现，剪切变形曲线有一个初始刚性段，即当结构面承受一定的剪切应力后才开始剪切变形，因而采用如下形式的函数对剪切曲线进行拟合：

$$\tau = \frac{\delta_s}{m_1 + m_2\delta_s} + m_0 \quad (3\text{-}2\text{-}8)$$

或

$$\delta_s = \frac{(\tau - m_0)m_1}{1 - (\tau - m_0)m_2}$$

式中：m_1、m_2、m_0 为常数。

Hungr 则导出了一个剪切位移曲线有屈服点的剪切应力-剪切变形关系：

$$\tau = \frac{ut}{t - \delta_s} - u \ \ (t < \delta_s) \quad (3\text{-}2\text{-}9)$$

或

$$\delta_s = \frac{t\tau}{\tau + u} \ \ (t < \delta_s) \quad (3\text{-}2\text{-}10)$$

其中：

$$u = -\frac{zaf\sigma_n^2}{a\sigma_n - b}, \ t = -\frac{zfb}{a(a\sigma_n)}$$

式中：z 表示屈服应力与峰值应力之比；a 表示屈服割线剪切刚度与法向应力之比；f 为在法向应力下的峰值摩擦系数；b 表示绘制 x 轴和 y 轴的尺寸系数。

3. 结构面应变软化效应

与太沙基分析土坡的应变软化渐进性破坏类似，岩体内部剪切结构面的应变软化效应导致其抗剪强度从峰值强度渐变到残余强度，渐进的过程中包括剪应力的集中、结构面岩桥的破坏、结构面的贯通与错动，是一个最能够反映现实岩石坡体破坏的复杂力学过程（图 3-2-11）。深入研究岩石边坡的渐进性破坏能够对边坡的稳定性评价、失稳预测及防护处理做出更加合理准确的建议。

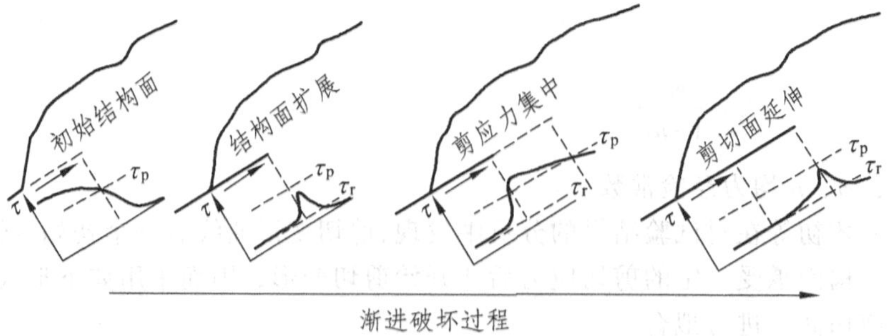

图 3-2-11　剪切结构面应变软化导致坡体的渐进性破坏

3.2.2　结构面的抗剪强度

结构面抗剪强度是岩体的一个重要力学性能，它对岩体的变形、破坏有着很大的影响。而岩体稳定分析中的一个关键性问题就是需要正确确定某些结构面，或已构成的滑移面抗剪强度。如何正确分析结构面的抗剪强度，是岩体力学研究中一个十分重要的课题。充填结构面的剪切强度主要受结构面表面形态、充填厚度和充填物性质的控制，而未充填的干净结构面的剪切强度则主要受结构面表面形态的控制。粗糙结构面的剪切强度由三部分组成：接触面上的黏结力（基本摩擦角）、由表面形态引起的爬坡角和表面凸起物被磨损或剪断引起的摩阻力。

1. *无充填结构面的抗剪强度*

研究结构面的峰值剪切强度有两个途径：其一是在大量结构面剪切试验的基础上，总结归纳出结构面峰值剪切强度的经验公式，再通过对经验公式进行分析来解释结构面峰值剪切强度的力学机理；其二是在对结构面峰值剪切强度进行理论分析的基础上，提出结构面峰值剪切强度的理论公式，然后进行实验验证，并作必要修正。

1）Patton 剪胀公式

对于光滑表面，摩擦系数 f 为常数，摩擦应力与正应力成正比，即：

$$\tau = f\sigma$$

或者

$$\tau = \sigma \tan\varphi \qquad (3\text{-}2\text{-}11)$$

式中：φ为光滑表面的摩擦角。

当结构面上有起伏角为 i 的规则锯齿状起伏度时，如果结构面的黏结强度为零，则其抗剪强度为：

$$\tau = \sigma \tan(\varphi + i) \tag{3-2-12}$$

与光滑结构面的剪切强度公式相比，规则锯齿状结构面的摩擦角中增加了起伏角 i。此时，剪切发生在与外施剪切应力成起伏角 i 的起伏面上，当发生剪切位移时，必伴随有法向位移，这意味着试件的总体积将增加，或者说发生剪胀，这种剪胀在实际岩石结构面的剪切行为中起着非常重要的作用。

2）Patton 双直线剪切强度公式

Patton 等人的研究认为：结构面在较低的有效压应力作用下的剪切，由于微凸体基本未遭破坏，剪切受爬坡效应控制，此时，摩擦定律可由式（3-2-12）表达；当正应力很高时，微凸体在剪切过程中全被剪断，此时

$$\tau = \sigma_{\mathrm{n}} \tan\varphi_{\mathrm{r}} + c \ (\sigma \geqslant \sigma_{\mathrm{T}}) \tag{3-2-13}$$

式中：φ_{r} 表示残余摩擦角；σ_{T} 表示结构面从滑动转为剪断的过渡力。

以上两种情况的剪切曲线见图 3-2-12 中的②和③。

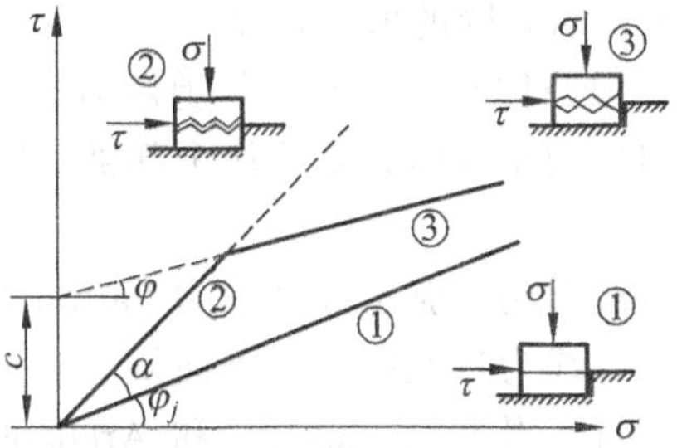

图 3-2-12　结构面的剪切和 τ-σ 关系

3）Jaeger 负指数剪切强度公式

Patton 双直线剪切强度公式所描述的是一种极端的情况。实际上，由于结构面上微凸体形态的不均匀性及导致的结构面上应力的不均匀性分布，在微凸体的最大强度应力值达到之前，早已有部分微凸体被啃断，亦即在剪切过程中，结构面上各种大小的微凸体是随法向应力的增大而累进啃断的。从低的正应力到高的正应力，剪切线呈双线型的突然变化是不符合实际情况的。这一变化应该是圆滑的曲线，Jaeger 提出了如下的经验方程（图 3-2-13）：

$$\tau_p = c_j(1 - \mathrm{e}^{-b\sigma}) + \sigma \tan\varphi_{\mathrm{r}} \tag{3-2-14}$$

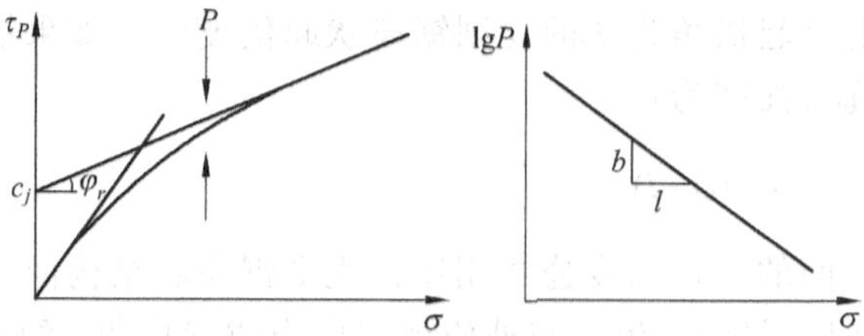

图 3-2-13　剪切强度的经验关系

在τ-σ坐标上画出最大剪切强度的渐近线，就可以确定抗剪强度指标 c_j 与φ_r以及每次试验的 P 值。$P = c_j + \tan\varphi_r - \tau_P$，$-b$ 就是对应σ画出的 P 的对数直线的斜率。

4）Ladanyi 和 Archambault 剪切强度公式

Ladanyi 和 Archambault 把摩擦力、剪胀性、黏结性和岩桥的强度对峰值剪切强度的影响综合起来，推导出一个有岩桥的结构面的峰值剪切强度公式：

$$\tau = \frac{\sigma(1-a_s)(\dot{V} + \tan\varphi_j) + a_s\tau_r}{1-(1-a_s)\dot{V}\tan\varphi_j} \qquad (3\text{-}2\text{-}15)$$

式中：a_s 表示被剪断的微凸体的面积占结构面总面积的比率；$\dot{V}$ 表示峰值剪切应力下的剪胀率；τ_r 表示岩壁的剪切强度。

当法向应力极低，微凸体几乎没有任何剪断时，$a_s \to 0$，$\dot{V} \to \tan i$，则变为 Patton 公式。当法向应力很高时，微凸体全部被剪断，$a_s \to 1$，则变为完整岩石的剪切强度公式。

Ladanyi 和 Archambault 剪切强度曲线是以 Patton 剪胀公式和完整岩石剪切强度公式这两条相交直线为过渡线的一条曲线。Jaeger 剪切强度曲线是从数学上对这两条直线进行平滑，而 Ladanyi 和 Archambault 剪切强度公式则是从结构面剪切机理出发，实现对这两条直线的光滑过渡。

5）Barton 结构面剪切强度经验公式

对于结构面的抗剪强度，凡是以库仑定律为基础的，都必须通过试验（原位的或取样进行室内的）来获取力学参数，不但要花费大量的经费和时间，并且往往由于许多因素的影响，试验结果的代表性并不理想。为了探寻一个比较简便的途径，Barton 从研究峰值抗剪角（$\arctan(\tau/\sigma_n)$）与峰值剪胀角（α_d）间的关系开始，对粗糙程度不同的裂隙进行了剪切试验，经过统计分析，得出确定结构面抗剪性能的新准则：

$$\tau = \sigma_n \tan\left[JRC \cdot \lg\left(\frac{JCS}{\sigma_n}\right) + \varphi_b\right] \qquad (3\text{-}2\text{-}16)$$

式中存在着三个参数（JRC、JCS、φ_b），如果能用简便方法确定结构面的这三个参数，那么假定任意σ_n都可计算出相应的τ值，从而即可避免前述大型或大量试验以确定结构面宏观摩擦角和凝聚力的困难。

Barton 建议利用以下方法确定上述 3 个参数：

（1）JCS 为结构面的抗压强度，可用回弹仪试验得出回弹值（R_e），代入以下经验式中求得：

$$\lg JCS = 0.008\ 63\gamma_d R_e + 1.01 \tag{3-2-17}$$

式中：γ_d为岩石的干密度（g/cm^3）。

（2）对于基本摩擦角（φ_b），可按经验数据，或者进行简单的滑动或推拉试验测得，根据大量的试验资料证明，岩石的基本摩擦角（φ_b）一般介于 25° ~ 35°。

（3）JRC 称为结构面的粗糙度系数。可以将结构面的粗糙度剖面与标准粗糙度剖面对比以确定 JRC 值，或者也可采用滑动或推拉试验测出开始滑动时的倾斜角（$\alpha = \arctan(\tau_0/\sigma_0)$，$\tau_0$和$\sigma_0$分别为试验中结构面上部岩块重量对结构面引起的剪应力和正应力），代入式（3-2-16）中反算 JRC 值，即：

$$JRC = \frac{\alpha - \varphi_b}{\lg(JCS/\sigma_0)} \tag{3-2-18}$$

Barton 利用上述准则和方法研究了 102 条裂隙，并将所得结果与常规试验的结果进行了比较，102 条裂隙的 $\arctan(\tau/\Delta\sigma_n)$值的总平均误差为 + 0.5°。这样低的误差显然是能够满足要求的。

拜尔利（Byerlee）研究并统计许多岩石摩擦性能试验的结果，提出了下列方程作为确定岩石滑动的准则：

当$\sigma_n < 2$ kPa 时

$$\tau = 0.85\sigma_n \tag{3-2-19}$$

当 2 kPa < σ_n < 10kPa 时

$$\tau = 0.5 + 0.6\sigma_n \tag{3-2-20}$$

拜尔利根据研究和统计分析认为，大多数土木工程问题中，由于法向应力较低，岩石的摩擦强度值有很大的分散性，这是因为低应力下的摩擦强度很大程度上取决于表面的粗糙度。在中等压力作用下，如采矿工程中所遇到的，以及由于高应力引起的地壳深处的断裂等问题中的岩石滑动问题，岩石表面粗糙度就几乎不对岩石的摩擦强度发生影响。他认为这些方程与岩石类型无关。

若硬性结构面并未完全贯通，如图 3-2-14 所示的非贯通性结构面。在这种情况下，沿该潜在的破坏结构面的抗剪强度，可按下式确定：

$$\tau = c_a + \sigma\tan\varphi_a \quad (3\text{-}2\text{-}21)$$

式中：c_a为潜在破坏面的视凝聚力；$c_a = (1 - K_1)c + K_1c_j$；$\varphi_a$为潜在破坏面的视摩擦角，$\tan\varphi_a = K_1\tan\varphi_j + (1 - K_1)\tan\varphi$；$c$、$c_j$和$\varphi$、$\varphi_j$分别为完整岩石和结构面的凝聚力与摩擦角；$K_1$为线连续性系数。

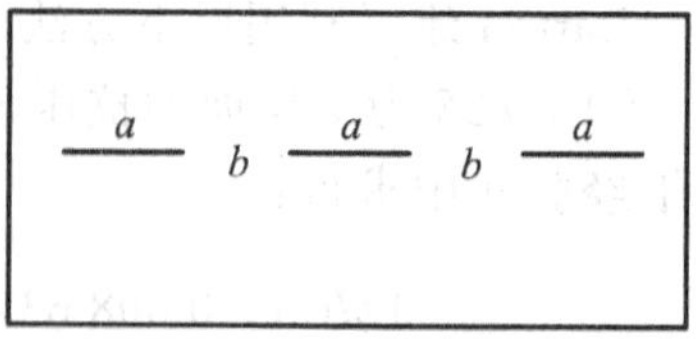

图 3-2-14　非贯通结构面示意图

6）规则起伏结构面剪切强度公式

台阶形、锯齿形和波浪形是三种常见的结构面起伏形态。孙广忠认为这三种起伏形态的结构面有四种破坏形态：台阶状结构面平直剪切滑动、台阶状结构面压切、锯齿状和波纹状结构面爬坡滑动、锯齿状和波纹状结构面啃断。

（1）台阶状结构面剪切强度。若台阶状结构面的剪切强度服从库仑剪切强度准则，则强度计算与式（3-2-21）相同。

（2）锯齿形和波浪形结构面的剪切强度。锯齿状和波浪状结构面在形态上略有区别，而在力学效应上近乎相同。这类结构面的力学效应有两种，即爬坡效应和啃断效应，有时以爬坡滑动为主，有时则以啃断效应为主。结构面剪切强度公式为：

$$\begin{cases}\tau = \dfrac{c_j}{\sin\alpha(\cos\alpha - \sin\alpha\tan\varphi_j)(\cot\alpha + \cot\beta)} + \tan(\varphi_j + \alpha) \quad (\sigma < \sigma_m) \\ \tau = c_r + \tan\varphi_r \quad (\sigma \geqslant \sigma_m)\end{cases} \quad (3\text{-}2\text{-}22)$$

式中：α表示迎剪切方向的起伏角；β表示背剪切方向的起伏角；σ_m表示过渡应力。

2. 有充填结构面的抗剪强度

对具有充填物的结构面，如果充填物在结构面中呈连续层状分布，该充填物可称为软弱夹层。这种软弱夹层，往往成为控制岩体稳定的主要因素。

关于充填物的破坏机理和抗剪特性仍处在探索阶段。古德曼通过一系列试验验证了结构面充填物的重要性，试验时在人造锯齿结构面上蒙有一层云母，其抗剪强度随充填物厚度的增加而下降。此外，从充填度分析，图 3-2-15

反映了结构面充填度与抗剪强度的关系，充填度是指结构面内充填物的厚度 t 与起伏差 h 之比。从该图中可以看出，f 值随充填度 t/h 的增加而逐渐降低：$t/h < 100$ 时，充填度对结构面强度的影响显著；当充填度大于 200，即结构面内充填物厚度 t 大于起伏差 h 两倍左右时，充填度对 f 值的影响则很小，这时，结构面强度与充填物质的强度相同，亦即结构面强度达到了最低点。

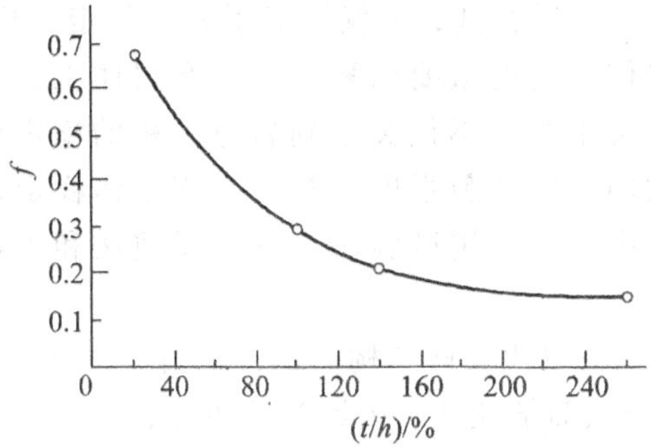

图 3-2-15　夹泥充填度对摩擦系数的影响（据孙广忠，1983）

许多试验研究还发现，软弱夹层一般可分为脆性夹层和塑性夹层。前者具有较明显的峰值和残余值，应力-变形曲线与超固结黏土相当；后者其峰值和残余值近似，应力-应变曲线与正常固结黏土相当。

3. 具有部分充填结构面的抗剪强度

在实际工程中，结构面不都是全部充填了充填物，在这种情况下，结构面的抗剪强度特性应该介于无充填和完全充填之间。已有的试验证明了上述论点。如葛洲坝工程在室内进行了一些试验，试验对象为细砂岩，充填物为泥化夹层，其主要矿物成分为蒙脱石、伊利石，岩石试件尺寸为 20 cm × 20 cm。首先求得细砂岩本身的摩擦系数为 0.79，全部充填 3 mm 厚泥化物的摩擦系数为 0.31，然后在泥化夹层分别占整个剪切面积的 20%、40%、50%、60%、80% 的情况下进行直剪试验。结果表明，平均摩擦系数 f 值随夹泥所占百分数的增大呈近似直线衰减，f 可用下式表达：

$$f = \frac{F_1 f_1 + F_2 f_2}{F_1 + F_2} \tag{3-2-23}$$

式中：f_1、F_1 表示夹层的摩擦系数和夹泥所占面积；f_2、F_2 表示岩石的摩擦系数和岩石所占面积。

抗剪强度与夹泥所占面积百分数的关系基本上和摩擦系数与夹泥所占面积百分数的关系相同。

3.2.3 软弱夹层强度参数

软弱夹层作为岩体中规模较大的结构面，由于其物理力学性质较差，强度和变形指标较坚硬岩石低，不仅构成了岩体稳定分析的重要边界条件，而且往往是控制岩体稳定的重要因素之一。在岩体工程设计中，软弱夹层强度参数的取值至关重要，不仅关系到岩体工程的稳定性，也关系到工程的投资与造价。软弱夹层抗剪强度参数是工程岩体稳定性分析评价的重要指标，在工程实际中，常采用试验法、参数反演法和工程地质类比法等综合确定。

室内实验是在现场取代表性结构面试件进行室内剪切实验，求取结构面抗剪强度参数。该方法简捷快速，边界条件明确，但试样尺寸小，代表性差，且受被测试件的扰动影响大。

原位试验是在现场进行结构面剪切试验，求取结构面抗剪强度参数。大型工程中常用原位试验求结构面的抗剪强度参数。该方法对岩体扰动小，尽可能地保持天然结构和环境状态，使测出的岩土体力学参数直观、准确，但试验设备笨重、操作复杂、工期长、费用高。

参数反演法是通过恢复已破坏斜坡的原始状态，在分析其破坏机理的基础上，建立极限平衡方程，然后反求滑动面的抗剪强度参数。

工程地质类比法是在结构面类型及地质特征基本相似的情况下，将过去已有的并在实际中成功应用的结构面剪切强度参数值（经验数据）运用到拟分析问题中。

对于软弱夹层抗剪强度参数取值，国内外学者开展了广泛的研究，特别是水利水电部门，在《岩石力学参数手册》一书中，对国内多处水电工程如葛洲坝、官厅水库、十三陵抽水蓄能电站、万家寨、小浪底、李家峡、刘家峡、龙羊峡、拉西瓦、天生桥二级水电站、乌江渡等数十个水利水电工程中遇到的软弱夹层物理力学参数进行了汇总。孙广忠（1988）研究了不同夹层结构面的抗剪强度，如泥化夹层和夹泥层、碎屑夹泥层、碎屑夹层、含铁锰质角砾碎屑夹层等。肖树芳（1987）对泥化夹层的地质特征及蠕变性质进行了较深入的研究，指出泥化夹层蠕变过程中微结构硬化与软化是不断发展的，并提出泥化夹层蠕变模型的全过程可以用开尔文模型与宾汉模型的并联代表初始和等速蠕变阶段，用变黏度的牛顿模型表达加速蠕变。胡卸文（2002）通过对某水电工程坝区软弱夹层的研究，提出对无泥型软弱夹层抗剪强度参数的选取，可采用以下两种方法：一是根据大剪试验资料，按不同类型软弱夹层作τ、σ点群分布图后，按最小二乘法和优定斜率法选取，在通过这两种方法得出各类层带强度参数基本值的基础上，再按规范最终给出不同类型软弱夹层强度参数的建议值；二是针对每一组大剪试验成果（f, c），在试点部位获取粒度成分及干密度等物理性质后，全部合并在一起，分别建立强度参数与反映其性状的特征指标 D、ρ_d 等相关关系，以指导不同类型软弱夹层强度参数的快速取值。胡启军等（2008）通过查阅文献、现场试验、反演分析等总结了鄂西长江沿岸顺层滑动面力学参数。

总的来说，软弱夹层抗剪强度随夹层成分的不同而不同。软弱夹层抗剪强度可参考下表取值。

表 3.2.1　软弱夹层抗剪强度参数（据孙广忠）

夹层成分	摩擦系数 f	凝聚力 c/kPa
泥化夹层和夹泥层	0.15 ~ 0.25	5 ~ 20
碎屑夹泥层	0.30 ~ 0.40	20 ~ 40
碎屑夹层	0.50 ~ 0.60	0 ~ 100
含铁锰质角砾碎屑夹层	0.60 ~ 0.85	30 ~ 150

3.3　结构面网络模拟技术

岩体结构面网络模拟由英国帝国理工学院 Samaniego 在 1981 年提出。为了对岩体结构面进行网络模拟，中外学者围绕结构面分布性质、采样方法、概率模型建立、误差估计等方面开展了一系列的研究工作。1984 年 Kulatilake 等提出了结构面平均迹长的估算法，1986 年又提出了结构面迹长与规模之间的关系，使根据结构面实测迹长来计算结构面真实大小成为可能；1985 年 Karzulovic 和 Goodman 提出了主要节理频率确定的方法，使依据野外观测数据通过概率统计估计结构面分布频率的方法进一步完善；Mahtab 和 Yegulalp 在 1985 年提出了岩石力学中产状分组数相似性检验方法，用概率统计学结合等面积投影的方法进行岩体均质区划分；Kulatilake 等在 1990 年提出了校正结构面产状采样偏差的矢量方法，分析了不同结构面形态与窗口交切的概率及采样偏差的来源，并提出了对采样频率校正的具体方法。

1986 年，潘别桐将结构面网络模拟技术引入中国。其后，我国其他学者在此领域开展了广泛的研究工作，如：陶振宇（1989、1993）等的节理网络模型；周维垣（1997）等提出的自协调法生成二维节理网络；赵文（1994）等利用结构面网络模拟得出与原岩体等效的结构面网络图及 RQD 图。汪小刚（1992）、贾志欣（1998）、荣冠（2004）等利用网络模拟技术计算结构面连通率。1995 年，陈剑平等出版了《随机结构面三维网络计算机模拟》，详尽论述了在计算机上实现结构面三维网络模拟的基本原理。张发明（2002）等提出了基于统计与随机模拟方法的岩体裂隙三维网络模拟方法，并在三维网络模拟的基础上，研究了裂隙连通率及随机楔体的稳定分析方法。2008 年，贾洪彪等出版了《岩体结构面三维网络模拟理论与工程应用》，详尽论述了岩体结构面三维网络模拟的原理、方法及工程应用。

早期的结构面网络模拟研究主要是二维平面网络模拟，很少涉及三维空间网络模拟。这一方面是因为网络模拟方法的研究刚刚起步，另一方面是受制于当时计算机运算能力的限制。20 世纪 80 年代末至 90 年代初，国内外都先后开展了结构面三维网络模拟理论和方法的研究，并在一定程度上开展了三维网络模拟工程应用的研究，用于解决相关的各类岩体力学问题，从而把岩体结构面网络模拟方法推向了一个更高的阶段，成为目前研究的主流方向。

与岩体结构面二维网络模拟相比，三维网络模拟有着明显的优势，主要有：

（1）很多岩体力学问题为空间课题，例如地下硐室围岩的滑移、垮落，岩质边坡的崩塌等。三维网络模拟可以很好地解决这些空间课题，而二维网络模拟则难以做到。

（2）三维网络模拟法，根据结构面规模、密度等对岩体结构意义十分重要的一些因素，能全面获得结构面在三维空间内的信息。而二维网络模拟得到的仅是平面上结构面迹线的分布，很多更整体的信息无法确定。

（3）根据二维网络模拟，不同方位网络图中同一结构面是不能一一对应的。而三维网络模拟中，每条结构面在空间中是作为一个整体得到的，在不同方位生成的平面网络图中，每一条结构面都是一一对应的，便于问题的分析。

（4）三维网络图具有空间立体感，对岩体工程问题的判断更客观、全面，这是二维网络所难以达到的。

因此，从目前的发展来看，结构面三维网络模拟将会全面取代二维网络模拟，其发展前景更广阔。

3.3.1 结构面采样

结构面采样是按照一定规则对结构面进行系统量测。它是建立结构面概率模型、进行结构面网络模拟的基础。只有遵循统计学的要求，量测到一定数量的结构面，才能够建立结构面概率模型，进行结构面网络模拟。

结构面采样的方法较多，从大的类别来看，主要有三类：基于岩体露头面量测的测线法和统计窗法；针对钻孔进行的岩芯统计法；运用摄影等技术进行的统计方法。它们各有优缺点，以测线法和统计窗法运用最为广泛。

1. 测线法

测线法是结构面野外测量的常用方法之一。测线法最早由 Robertson 和 Piteau（1970）提出，是国际岩石力学学会推荐的测量和获取岩体结构面数据最方便、最实用的方法。它是在岩石露头表面或开挖面布置一条测线，逐一量测与测线相交切结构面的几何特征参数，主要包括结构面描述体系中的产状、迹长、间距、粗糙度、张开度以及充填情况等。在实际采样中，由于露头面的局限及结构面迹线长短不一，因此，准确测量结构面迹长非常困难。一般只能量测到结构面的半迹长或删节半迹长。

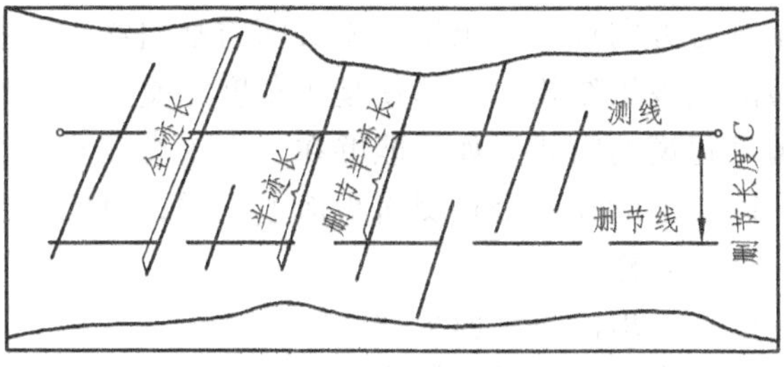

图 3-3-1 测线与迹长的关系

结构面半迹长是指结构面迹线与测线的交点到迹线端点的距离（注意：它并非真正是结构面迹长的一半）。在测线一侧适当距离布置一条与测线平行的删节线，测线到删节线之间的距离称为删节长度（图 3-3-1），结构面迹线处于测线与删节线之间的长度便称为删节半迹长。

半迹长是针对与测线相交且端点在删节线内侧的结构面；删节半迹长是

针对同时与测线和删节线相交的结构面。为了与“半迹长”、“删节半迹长”相对应，可以称结构面迹长为“全迹长”。

在一次采样中，结构面半迹长应统计布置有删节线一侧的结构面迹线长度，另一侧的则不在采样之列。

采样应依照下面的步骤进行。

1）确定采样同一结构区

为了保证采样的系统、客观、科学，应在采样前对研究区工程岩体进行结构区的划分，把岩性相同、地质年代相同、构造部位相同、岩体结构类型相同的结构区作为采样同一结构区（或称均质区）。结构面采样和模拟应在同一结构区内，不同的结构区应分别采样、分别模拟。例如，要模拟的区域中既包括皱褶的核部又包括褶皱的翼部，由于它们的结构面发育规律不同，就不能作为同一结构区进行采样，应分区采样、分区模拟。

如果一个采样点的结构面数量不足，可在同一结构区内选择其他露头点补充采样，合并这些样本统一构建结构面概率模型。但不可跨区采样、跨区合并样本。

采样同一结构区一般应根据岩体的宏观结构特征及地质条件划分。如果野外不易划分，也可根据样本观测值的统计相似性进行划分。

2）选择采样露头面

在采样中应尽量选择条件好的露头面，这样不仅采样方便，更能保证采样精度。

（1）应尽量在三个正交的露头面上采样。

结构面展布具有方向性，如果采样露头面与某组结构面平行，在这个露头面上就不容易测到该组结构面。即便是小角度相交，该组结构面出露也很有限，而不能满足建模的需要。如果能够在三个正交露头面上采样，则可以避免上述问题。即便不能在三个正交露头面上采样，也应尽量选择几个大角度相交的露头面进行采样。

（2）应尽量选择平坦的露头面采样。

在起伏不平的露头面上采样，结构面迹长、间距量测所产生的误差往往较大。但另一方面，平坦的露头面有时不利于量测结构面产状。

（3）应尽量选择新鲜、未扰动的露头面采样。

应尽量选择未曾遭受爆破、破坏、风化剥蚀和植物生长等不利因素影响的露头面，以保证采样数据的可靠性。

（4）应尽可能选择大的露头面采样，可以尽可能多地采样，保证有足够的样本。

（5）应尽量选择铅直露头面采样，铅直露头面能更好地保证结构面测量的精度。

3）对露头面进行观察、描述、记录

选定露头面后应对露头面进行细致的观察、描述和记录。

（1）描述露头面条件。

包括露头面的产状、尺寸、类型（例如，露天自然坡面、露天矿边坡台阶面、路堑边坡面、海洋悬崖面、隧硐壁面、掌子面等）、岩石类型、风化、剥蚀、爆破松动情况等。

（2）区别主要结构面与次要结构面。

由于结构面规模对岩体性质影响程度不同，通常可划分为主要结构面和次要结构面。例如，断层、剪切带、岩脉、宽大卸荷裂隙等分布少、延伸较长、规模较大，对岩体性质及稳定性影响往往比其他结构面显著，把它们称为主要结构面。对于主要结构面，既可被看做具有确定的单一特征，又可被看做具有统计上的随机特征。大多数工程岩体中仅含有少量的主要结构面，它们的几何形态、产出位置是确定的，在结构面网络中可以明确标示出来。

而那些规模相对较小、在有限空间内具有统计意义的结构面可作为次要结构面，它们数量多，主要依据它们建立结构面的概率模型。对于次要结构面，采样时还应考虑结构面的最小尺度问题。它们规模越小、迹线越短，在露头面上则越不明显，越不易被观测，并且交切测线的几率也小得多，在测量时常被忽略。因而，采样时应选择某一尺度标准，对大于这一尺度的结构面进行采样，小于这一尺度的结构面就不再作为样本采样了。

（3）对结构面进行分组。

在进行系统采样之前，应依据结构面发育规律、优势结构面方位、结构面宏观性质等初步对结构面进行分组，这是后期结构面分组的基础。

4）结构面统计

（1）布置测线。

在露头面上确定出采样区域，选定适宜的位置布置测线。测线应固定好，尽量平直。同时标出删节线，删节长度应根据露头面的具体情况和结构面规模来确定，尽可能大些，一般应选择 2 倍～3 倍的平均迹长。删节线应与测线平行，也应当固定好。记录测线的方位、删节长度等。

（2）结构面测量。

在测线上确定一个起点作为零点，从起点开始顺序编号、观测、记录与测线相交切的结构面信息（表 3.3.1）。

表 3.3.1 结构面测量记录表

项目名称　　测点位置　　露头类型
露头条件　　露头面产状　　构造部位
岩　　性　　风化程度　　岩层产状
测线编号　　测线方位　　删节长度
结构面分组

编号	位置/m	结构面产状			半迹长/m	隙宽/mm	端点类型	结构面类型	粗糙度	胶结充填状态	含水情况	回弹值										备注
		倾向	走向	倾角								1	2	3	4	5	6	7	8	9	10	
1																						
2																						
3																						
4																						
5																						
6																						
⋮																						

测量者：　　记录者：　　测量日期：

5）测试结构面壁岩强度和粗糙度

结构面壁岩强度和粗糙度对岩体抗剪强度和变形性质影响很大，尤其是对无充填结构面。由于结构面数目多、壁岩强度测试难度大，一般应有选择地测量结构面壁岩强度。每一组、每一类结构面都尽可能地选择一定数量的有代表性的结构面进行测试。壁岩强度可以用施密特锤或回弹仪来测试。

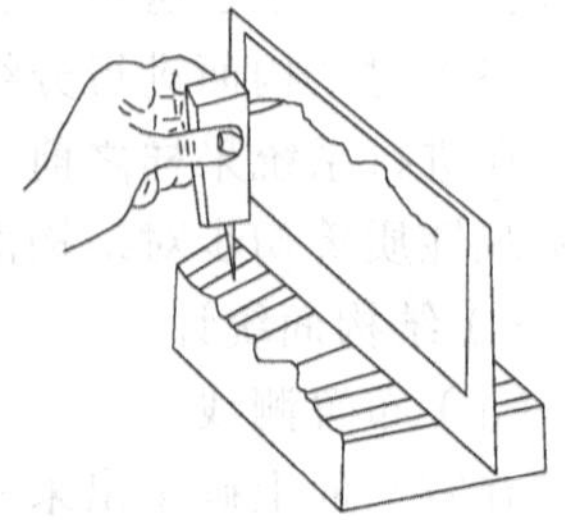

图 3-3-2　绘制粗糙度剖面

结构面粗糙度一般也应有选择地测定，可以采用线性剖面量测法（图 3-1-4）或简易纵剖仪量测（图 3-3-2）。

2. 统计窗法

统计窗法由 Kulatilake 和 Wu（1984）提出，它是在岩石露头面上划出一定宽度和高度的矩形作为结构面统计窗（图 3-3-3）。这种方法常用于地下巷道或平硐中。

根据结构面与统计窗的相对位置把结构面划分为 3 类：① 包容关系，即迹线两端点均在统计窗内（图 3-3-3 中 A）；② 相交关系，迹线只有一个端点在统计窗内（图 3-3-3 中 B）；③ 切割关系，迹线两个端点均未在统计窗内（图 3-3-3 中 C）。

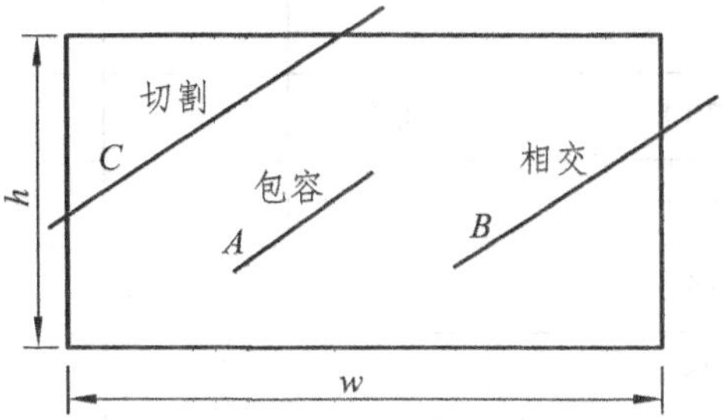

图 3-3-3　结构面与统计窗的相对关系

与测线法不同的是进入统计窗的结构面都被统计，并且不需要统计结构面的迹长，只要统计出每组结构面中 A 类、B 类、C 类结构面的数量，由结构面的数量和统计窗的大小就可以估算结构面的平均迹长。但它不能得到迹长的概率分布形式。因此，统计窗法往往不单独使用，一般作为测线法的补充。

3.3.2　结构面概率分布模型

岩体内结构面的发育具有随机性，服从统计规律，这已经为国内外的众多研究所证实（表 3.3.2）。结构面发育具有随机性，是指结构面的各几何参数具有随机性，是随机变量，因此可以用相应的概率分布来描述。同时，也正是由于它们具有随机性，才可以用以概率论和统计学理论为基础的 Monte-Carlo 随机模拟方法进行结构面网络模拟。

1. 常用的概率分布

1）均匀分布

均匀分布的一般表达式为：

$$f(x)=\frac{1}{b-a} \tag{3-3-1}$$

表 3.3.2 结构面几何参数经验概率分布形式

资料来源	产状	间距	迹长	隙宽
Fisher（1953）	均匀			
Snow（1965，1970）		负指数		对数正态
Ranalli（1980）		负指数		
Roberton（1970）			负指数	
Mardia（1970）	均匀			
Momahon（1974）			对数正态	
Steffen（1975）		对数正态	负指数	
Bridges（1976）		对数正态	对数正态	
Call（1976）	正态	负指数	负指数	负指数
Priest &Hudson（1976，1981）		负指数	负指数	
Baecher（1977，1978）		负指数	对数/负指数	
Baevlier（1978）		负指数	对数正态	
Barton（1978）		对数正态	对数正态	负指数
Cruden（1970）			负指数	
Walls & King（1980）		负指数		
Herget（1978）	正态		负指数	
Segall（1983）			双曲线	
Crossman（1985）	双正态			对数正态
潘别桐（1988）	均匀/正态	负指数	正态/对数正态	负指数

2）负指数分布

负指数分布的一般表达式为：

$$f(x)=\lambda \mathrm{e}^{-\lambda x} \tag{3-3-2}$$

式中：x 的取值范围为（0，$+\infty$），其均值与标准差均为λ。

3）正态分布

正态分布的一般表达式为：

$$f(x)=\frac{1}{\sqrt{2\pi\sigma}}e^{-\frac{1}{2\sigma^2}(x-\mu)^2} \tag{3-3-3}$$

式中：x 的取值范围为（$-\infty$，$+\infty$），其均值与标准差分别为μ和σ。

4）对数正态分布

对数正态分布的一般表达式为：

$$f(x)=\frac{1}{\sqrt{2\pi\sigma}}e^{-\frac{1}{2\sigma^2}(\ln x-\mu)^2} \tag{3-3-4}$$

式中：x 的取值范围为（0，$+\infty$），其均值与标准差分别为μ和σ。

2. 结构面产状的概率分布

在结构面几何描述中，各几何参数的概率分布形式是按结构面组来建立的。因此，在确定产状统计模型时，应按倾向、倾角进行统计，求出它们的密度函数形式及相应的均值和方差。研究表明，结构面产状往往服从均匀分布、Fisher 分布、正态分布、双正态分布和双 Fisher 分布等。其中，倾向一般多服从正态分布和对数正态分布，倾角一般多服从正态分布。

当实测指标参数不能满足已知分布时，可以通过频度统计曲线进入下一步的模拟计算。

3. 结构面规模的概率分布

结构面规模是指结构面平面大小或在空间的延展程度。若结构面为圆形，可用其半径（或直径）来反映其规模大小。但结构面半径（直径）无法直接量测，应根据可以直接量测到的结构面迹长（半迹长）来确定。

1）结构面迹长的概率分布

根据统计学的理论，结构面半迹长与全迹长的分布形式应是一致的，它们的分布形式主要有负指数、对数正态等。最常见的为负指数分布。

Priest 和 Hudson（1981）针对测线法对结构面迹长、半迹长和删节半迹长的概率分布形式进行了研究。

（1）与测线相交切结构面迹长的概率分布。

设结构面总体迹长概率密度分布函数为 $f(l)$，考虑到迹线较长的结构面将优先交切测线，测到的概率最大，那么，实际测到的迹长落在区间（l，$l+\mathrm{d}l$）内的概率 $p(l)$ 与全迹长成正比，可表达为：

$$p(l) = klf(l)\mathrm{d}l \tag{3-3-5}$$

式中：l为结构面迹长；k为待定常数。

与测线交切的样本迹长概率密度函数$g(l)$为：

$$g(l) = \frac{p(l)}{\mathrm{d}l} = klf(l) \tag{3-3-6}$$

由密度函数的性质可知：

$$\int_0^\infty g(l)\mathrm{d}l = 1 \tag{3-3-7}$$

因此

$$\int_0^\infty klf(l)\mathrm{d}l = k\int_0^\infty lf(l)\mathrm{d}l = kE(l) = 1 \tag{3-3-8}$$

则

$$k = \frac{1}{E(l)} = \frac{1}{\bar{l}} = \mu \tag{3-3-9}$$

式中：$\bar{l}$为结构面总体的平均迹长；μ为结构面迹线中心点密度，$\mu = \frac{1}{\bar{l}}$。

将式（3-3-6）代入到式（3-3-9），则有：

$$g(l) = \mu lf(l) \tag{3-3-10}$$

那么，样本迹长均值（l_g）为：

$$l_g = \frac{1}{\mu_g} = \int_0^\infty lg(l)\mathrm{d}l = \mu\int_0^\infty l^2 f(l)\mathrm{d}l = \frac{1}{\mu} + \mu\sigma^2 \tag{3-3-11}$$

式中：σ为结构面迹长总体分布的方差。

（2）与测线相交切结构面半迹长的概率分布。

进一步设半迹长交切测线的概率密度函数为$g(l)$。有一组全迹长为m的结构面，交切测线的概率密度为$g(m)$，则在区间（m，$m+\mathrm{d}m$）内的迹线交切测线的概率为$g(m)\mathrm{d}m$。由于测线与迹线交点是随机沿迹长分布的，因此测得的半迹长是均匀地分布在（0，m）范围内，其概率密度为$1/m$。因此，全迹长位于区间（m，$m+\mathrm{d}m$）内，同时半迹长位于区间（l，$l+\mathrm{d}l$）内的联合概率[p（m，l）]为：

$$p(m,l)=g(m)\mathrm{d}m\left(\frac{1}{m}\right)\mathrm{d}l \qquad (3\text{-}3\text{-}12)$$

因为结构面半迹长小于全迹长，即 $l<m$，则半迹长位于区间（l，$l+\mathrm{d}l$）内的概率为：

$$p(l)=\mathrm{d}l\int_0^{\infty}\frac{g(m)}{m}\mathrm{d}m \qquad (3\text{-}3\text{-}13)$$

所以，半迹长交切测线的概率密度函数 h（l）为：

$$h(l)=\frac{p(l)}{\mathrm{d}l}=\int_0^{\infty}\frac{g(m)}{m}\mathrm{d}m=\mu[1-\int_0^{l}f(l)\mathrm{d}l]=\mu[1-F(l)] \qquad (3\text{-}3\text{-}14)$$

则样本半迹长均值（l_h）为：

$$l_h=\frac{1}{\mu_h}=\int_0^{\infty}\mu\, l[1-F(l)]\mathrm{d}l=\frac{1}{2}\mu\int_0^{\infty}l^2 f(l)\mathrm{d}l=\frac{l_g}{2} \qquad (3\text{-}3\text{-}15)$$

上式表明，测线法得到的半迹长平均值恰好等于结构面总体全迹长平均值的一半，这为根据样本半迹长来估算全迹长提供了理论基础。

结构面迹长总体分布函数 f（l）的具体表达式不同，与测线交切的迹长分布函数 g（l）和与测线交切的半迹长分布函数 h（l）的表达式也不同。

（3）与测线相交切结构面删节半迹长的概率分布。

在用测线法进行结构面采样时，部分结构面将被删节。假设删节值为 C，结构面样本共有 n 条，其中 r 条结构面被删节，未被删节的结构面则有 $n-r$ 条。

对于半迹长和删节半迹长，除了 $l>C$ 删节半迹长概率 i（l）$=0$ 以外，所涉及的是同类迹长，因此 i（l）的分布必然与 h（l）成正比。同时，为保证 $\int_0^{\infty}i(l)\mathrm{d}l=1$，应有：

$$i(l)=\frac{h(l)}{\int_0^{C}h(l)\mathrm{d}l}=\frac{h(l)}{H(l)} \qquad (3\text{-}3\text{-}16)$$

则删节半迹长的均值（l_i）为：

$$l_i = \frac{1}{\mu_i} = \frac{\int_0^C l h(l) \mathrm{d}l}{H(C)} \tag{3-3-17}$$

当结构面总体迹长服从负指数分布时，有：

$$i(l) = \frac{\mu \mathrm{e}^{-\mu l}}{1 - \mathrm{e}^{-\mu l}} \quad (0 < l \leqslant C) \tag{3-3-18}$$

这时，删节半迹长的均值（l_i）为：

$$l_i = \frac{1}{\mu_i} = \frac{1}{\mu} - \frac{C\mathrm{e}^{-\mu C}}{1 - \mathrm{e}^{-\mu C}} \tag{3-3-19}$$

2）结构面间距的概率分布

大量实测资料和理论分析都证实，间距 d 多服从负指数分布，其分布密度函数为：

$$f(d) = \mu \mathrm{e}^{-\mu d} \tag{3-3-20}$$

3）结构面张开度的概率分布

据研究，结构面张开度（e）多服从负指数分布，有时也服从对数正态分布。

3.3.3 结构面网络模拟

结构面网络的计算机模拟过程恰好与现场实测统计过程相反。现场量测统计过程是根据岩体中存在的网络发育形式来求表征它的各种几何参数的统计分布形式的，如组数、每组产状、间距、迹长的分布函数形式及相应的平均值、方差等。而计算机结构面网络模拟过程是根据量测到的各种几何参数的概率分布函数来推求服从这些分布规律的结构网络几何图形。因此，模拟是一个实测的逆过程。实现这个逆过程采用的方法是 Monte-Carlo 方法。

Monte-Carlo 利用均匀随机数产生服从特定分布的随机变量。这一随机变量可以模拟自然岩体中节理的产状、间距或迹长，最后确定空间中特定的节理。这一过程继续进行下去的结果，就获得了一个完整的结构面网络，由此可进行岩体结构面工程特性的评价。本节主要介绍 Monte-Carlo 的原理以及结构面网络在计算上的实现步骤。

1. 随机数产生的方法

产生随机的方法有物理方法和数学方法。利用某些物理现象产生随机数是完全随机的，如以随机脉冲源为信号源用电子旋转轮产生随机数表，但物理方法产生随机数有重大缺点。数学方法产生随机数指的是由一种迭代过程即数学过程产生一系列数的方法。当然这样做的结果，就不是随机的了。但在迭代过程开始前，每一项都是不能预卜的，对这些所产生的成千上万的数，只要它们能通过一系列的局部随机性检验，就可当成随机数使用，有人把这样产生的数定名为“伪随机数”。产生随机数的数学方法有平方取中法、常数乘子法、乘法取中法、移位指令加法和乘同余法，最为常用的是乘同余法。乘同余法首先由 Lchmer 提出，计算公式为：

$$x_i = ax_{i-1}(\mathrm{mod}\, M) \tag{3-3-21}$$

式中：x_i 为随机数，整数；M 为模数，一般用大的整数；a 为整形的常数，用于控制上述关系式。

2. Monte-Carlo 法模拟原理

上述随机数产生的方法，只限于产生均匀分布的随机数。在岩体结构中，大多数随机变量均不呈均匀分布，在进行结构面模拟时，希望得出按现场实测到的那种具体分布的随机数。为此，可以先由计算机产生均匀分布随机数，然后按已知的实测分布函数，从均匀分布随机数中进行随机采样，得到所求的具体分布的随机数。

1）均匀分布随机数

均匀分布概率密度分布函数 $f(x)$ 定义为：

$$f(x) = \frac{1}{b-a} \tag{3-3-22}$$

其中 $b>a$。上式积分可得其累积概率 $F(x)$ 为：

$$F(x) = \int_a^x \frac{1}{b-a}\mathrm{d}t = \frac{x-a}{b-a} \tag{3-3-23}$$

注意连续随机变量累积概率 $F(x)$ 是服从（0，1）均匀分布的随机变量，此随机数以 r 表示，则：

$$r = \frac{x-a}{b-a} \tag{3-3-24}$$

即

$$x = r(b-a)+a \tag{3-3-25}$$

上式表明，均匀分布随机变量 x 等于随机数 r 乘以均匀分布范围加上低限值 a。

2）负指数分布随机数

负指数分布密度函数 $f(x)$ 定义为：

$$f(x) = \lambda \mathrm{e}^{-\lambda x} \tag{3-3-26}$$

式中：$\lambda = \frac{1}{\overline{x}}$。累积概率 $F(x)$ 为：

$$F(x) = \int_0^x \lambda \mathrm{e}^{-\lambda x} \mathrm{d}x = 1 - \mathrm{e}^{-\lambda x} \tag{3-3-27}$$

以 r 表示 $F(x)$，求解上式得：

$$x = -\frac{1}{\lambda}\ln(1-r) = -\overline{x}\ln(1-r) \tag{3-3-28}$$

由于（$1-r$）也是（0, 1）上均匀分布的随机数，故上式也可改为：

$$x = -\overline{x}\ln(r) \tag{3-3-29}$$

上式表明，负指数分布的随机变量 x 等于随机数 r 取自然对数再乘以负的 x 平均值。

3）正态分布随机数

正态分布密度函数 $f(x)$ 定义为：

$$f(x) = \frac{1}{\sigma\sqrt{2\pi}} \mathrm{e}^{-\frac{1}{2\sigma^2}(x-\mu)^2} \tag{3-3-30}$$

式中：μ 为 x 的期望值或平均值；σ^2 为 x 的方差。

累积概率 $F(x)$ 是非可积函数，无明显解析表达式，用上述反函数法产生随机数有困难。运用李雅普诺夫中心极限定理可导出如下近似公式：

$$x = (\sum_{i=1}^{12} r_i - 6)\sigma + \mu \tag{3-3-31}$$

其中，r_i是（0，1）中均匀分布随机数中的第 i 个元素。上式表明：产生正态分布随机变形，要取 12 个随机数，求其总和，然后减去 6，再乘以σ，加上μ。

4）对数正态分布随机数

对数正态分布密度函数 f（x）为：

$$f(x)=\frac{1}{\sigma\sqrt{2\pi}}\mathrm{e}^{-\frac{1}{2\sigma^2}(\ln x-\mu)^2} \tag{3-3-32}$$

累积概率 F（x）无明显解析表达式，由中心极限定理推得关系：

$$x=\mathrm{e}^{\mu_y+\sigma_y(\sum_{i=1}^{12}r_i-6)} \tag{3-3-33}$$

式中：$y=\ln x$；μ_y、σ_y^2为 y 的期望值与方差。

$$\mu_y=\ln\mu-\frac{1}{2}\sigma_y^2 \tag{3-3-34}$$

$$\sigma_y^2=\ln[1+(\sigma/\mu)^2] \tag{3-3-35}$$

3. 结构面网络模拟实施步骤

1）结构面聚类分析

根据野外实测结构面数据，按产状进行分组，然后分组进行统计分析。结构面的分组和优势方位的确定可以运用极点图和聚类法。

极点图法利用赤平极射投影作图法做出极点等密图后确定结构面分组。

结构面的聚类方法，很多学者如徐继先、万力、潘别桐等均已讨论过，假定野外实测结构面有 N 条，则按如下方法进行聚类分组：

（1）以每条结构面为 1 组，把结构面分为 N 组，并以结构面法向矢量方向 n 作为最大概率方向。

（2）确定每组结构面的角半径θ_i。

（3）对于每组结构面，把以最大概率方向为中心，角半径θ_i范围内的结构面都归入该组。

（4）计算每个结构面组的合矢量方向$\vec{V}$和长度 R。

$$\vec{V}=\sum_{i=1}^{N}\vec{n}_i,\quad R=\left|\vec{V}\right|=\sum_{i=1}^{N}\cos\theta_i \tag{3-3-36}$$

（5）以合矢量的长度从大到小对结构面组进行排序。

（6）去掉结构面数少于 1 的组。

（7）增大合并角半径，重复步骤（2）。

上述步骤（2）中，角半径的初值通常取 3°，每次聚类以 2°的增量增加角半径。在步骤（3）中，当某条结构面一旦归入一组，就不再归入以后合并的组内。因而聚类的结果与结构面组合并的次序有关，为了消除就需要步骤（5）。由于合矢量的长度表征了结构面的离散程度，当合矢量长度愈大，则结构面愈密集，因此，步骤（5）的目的在于保证密度大的结构面组先合并。

2）结构面几何参数概率模型

结构面分组以后，对每一组结构面的几何参数进行统计分析，这些几何参数包括：倾向、倾角、迹长、断距、间距等。获得各参数的统计直方图、密度分布函数。统计各参数概率分布形式、平均值、标准差等。根据参数的不同，其分布曲线通常为正态分布、对数正态分布、负指数分布、均匀分布几种，其中最常见的为正态和负指数分布。

3）计算机实现

利用 Monte-Carlo 法进行结构面网络模拟一般利用计算机程序实现。

（1）参数输入。

包括模型区域范围的坐标、剖面的方位、结构面组数、每组结构面几何特征参数的分布模型以及相应的统计参数。特别要注意所模拟区域的方位，因为在不同倾向的剖面上，结构面的视倾角是不一样的。

（2）生成结构面迹线。

根据结构面迹线中点分布形态（一般呈均匀分布），由 Monte-Carlo 法抽样得到该结构面迹线的起点坐标。

根据结构面倾向（走向）、倾角、迹长的概率分布函数，得到该条结构面倾向和倾角以及迹长的具体数值。

由结构面倾向、倾角以及模拟剖面的倾向经过换算得到该条结构面的倾角和投影迹长，并生成该条结构面的坐标。

重复上述过程，直到该组结构面产生完毕（在该模拟区域内）。

对其他组的结构面模拟，重复上述过程，模拟程序框图如下，具体程序可参看黄运飞《计算工程地质学》一书。

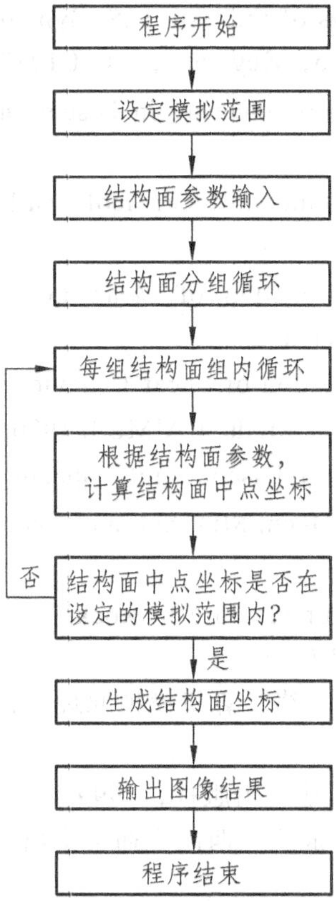

图 3-3-4　结构面网络模拟程序框图

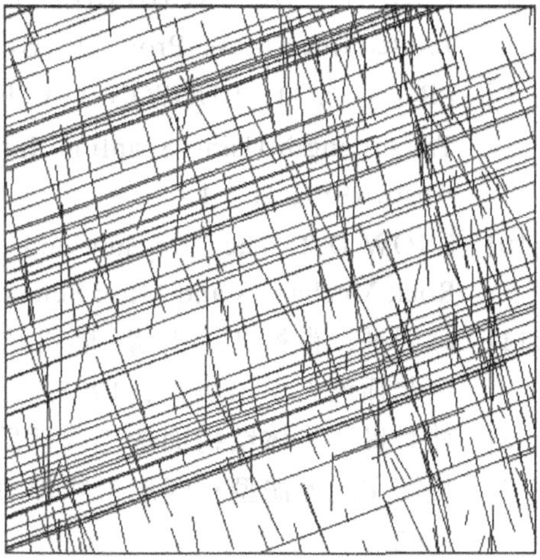

图 3-3-5　结构面网络模拟示例

参考文献

[1] BANDIS S C，LUMSDEN A C，BARTON N R. Fundamentals of Rock Joint Deformation. Int. J. Rock Mech. Min Sci & Geomech Abstr. 1983, 20.

[2] BARTON N R，BANDIS S C，BAKHTAR K. Strength Deformation and Conductivity coupling of Rock Joints. Int J Rock Mech. Min. Sci. & Geomech. Abstr. 1985, 22.

[3] BARTON N R. CHOUBEY V.: The Shear Strength of Rock joints in Theory and Practice. Rock Mechanics and Rock Engineering. 1977, 10 （1-2）.

[4] BAECHER G B，LANNEY N A，EINSTEIN H. Statistical Description of

Rock Properties and Sampling. Proceedings of the 18th U.S. Symposium on Rock Mechanics，Johnson Publishing Co，Keystone，CO（1977）.
[5] GOODMAN R E. Methods of Geological Engineering in Discontinuous Rocks. New York. 1976.
[6] JAEGER J C. The Frictional Properties of Joints in Rock. Geofisica Pura a Applicata. 1959, 43.
[7] KULATILAKE P H S W. WU T H. Estimation of Mean Length of Discontinuities. Rock Mech. Rock Eng. 1984, 17.
[8] LADANYJ B，ARCHAMHAULT G. Simulation of Shear Behaviour of a Jointed Rock Mass. Proc. 11th Symp. on Rock Meth.（AIME）. 1970, 105.
[9] PRIEST S D，HUDSON J A. Estimation of Discontinuity Spacing and Trace Length Using Scanline. Int. J. Rock Mech. Min. Sci. and Geomech. Abstr. 1981, 21（4）.
[10] SNOW D T. The Freqency and Apertures of Fracture in Rock. Int. J. of Rock Mechanics and Ming Science. 1970, 7（1）.
[11] 陈剑平，肖树芳. 王清. 随机结构面三维网络计算机模拟原理. 长春：东北师范大学出版社，1995.
[12] 杜时贵. 岩体结构面的工程性质. 北京：地震出版社，1999.
[13] 胡卸文. 无泥型软弱层带物理力学特性. 成都：西南交通大学出版社，2002.
[14] 黄运飞，冯静. 计算工程地质学. 北京：兵器工业出版社，1992.
[15] 贾洪彪，唐辉明，刘佑荣，等. 岩体结构面三维网络模拟理论与工程应用. 北京：科学出版社，2008.
[16] 蒋爵光. 铁路岩石边坡. 北京：中国铁道出版社，1997.
[17] 潘别桐，井如兰. 岩体结构概率模型和应用. 岩石力学进展. 沈阳：东北工学院出版社，1989.
[18] 潘别桐，徐光黎，唐辉明，等. 岩体结构模型与应用. 武汉：中国地质大学出版社，1993.
[19] 水利水电科学研究院. 岩石力学参数手册. 北京：水利电力出版社，1991.
[20] 陶振宇，王宏. 岩石力学中节理网络模拟. 长江科学院院报，1990（4）.
[21] 王宏，陶振宇. 边坡稳定分析的节理模拟原理及工程应用. 水利学报，1993（10）.
[22] 夏才初，孙宗颀. 工程岩体结构面力学. 上海：同济大学出版社，2002.

[23] 肖树芳．泥化夹层蠕变全过程的模型及微结构的变化．岩石力学与工程学报，1987，6（2）．
[24] 肖树芳，杨树碧．岩体力学．北京：地质出版社，1987.
[25] 张发明，何传永，贾志欣，等．基于三维裂隙网络模拟的随机楔体稳定分析．水力发电，2002（7）．
[26] 郑雨天，等，译校．国际岩石力学学会实验室和现场试验标准化委员会．岩石力学试验建议方法（上集）．北京：煤炭工业出版社，1982.
[27] 周维垣，杨若琼．三维岩体构造网络生成的自协调法及工程应用．岩石力学与工程学报，1997，16（1）．
[28] 朱文彬．节理网络模型研究及其初步应用．矿冶工程，1992，12（3）．

4 岩体变形与强度

4.1 岩体的变形

4.1.1 岩体变形特征

1. 压缩变形曲线

由于岩体中存在有不同形态、不同方位的各种裂隙，所以岩体的变形特征与岩块的变形特征差别很大，一般来说，岩体的荷载位移关系曲线大致可分为以下 4 类（图 4-1-1）：图中（a）是较完整的坚硬岩体的变形特征（直线型），（b）是较完整的软弱岩体的变形特征（下凹型），（c）是裂隙较发育的坚硬岩体的变形特征（上凸型），（d）是外荷载很大时裂隙较发育的坚硬岩体的变形特征（S 型）。但是，经常见到的岩体变形特征曲线为以下 3 种，如图 4-1-2 所示。

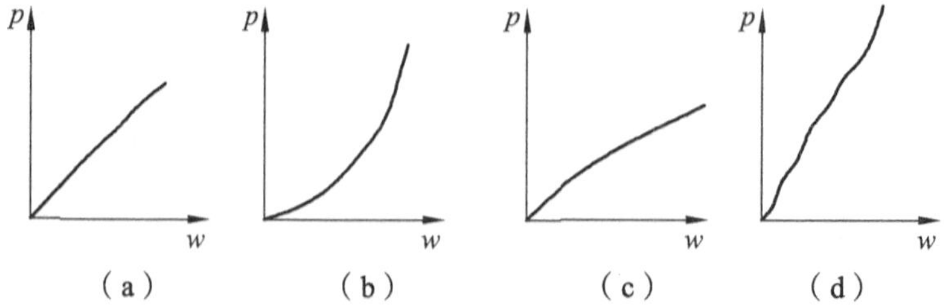

图 4-1-1　岩体变形曲线类型

对岩体来说，变形曲线的形状常与荷载大小有关。当荷载足够大时，较完整的坚硬岩体的直线型变形曲线多数可以转变成下凹型曲线；裂隙硬岩体上凸型曲线，多数可以转变成 S 型曲线。

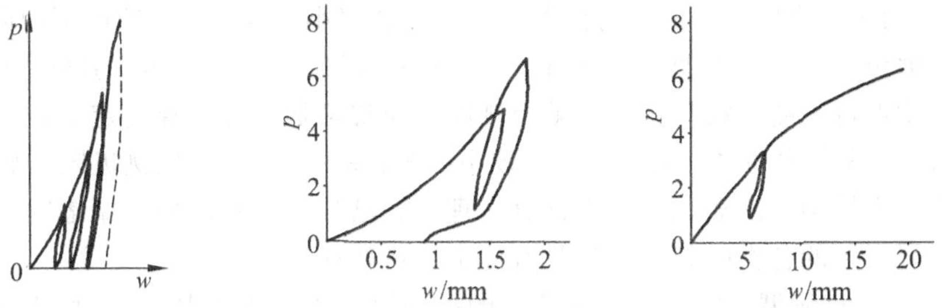

（a）裂隙硬岩体的变形曲线　（b）裂隙软岩的变形曲线　（c）完整软岩的变形曲线

图 4-1-2　常见岩体变形曲线特征

除此，岩体变形性能的另一个重要特征是往往具有显著的各向异性。特别是在层理发育的沉积岩和片理发育的变质岩中，各向异性表现得更为突出。如在原位变形试验中，若垂直于层理面、片理面等裂隙面方向加载，由于裂隙容易压密、闭合，因而岩体表现出容易变形的特性。在这种情况下，经常得到上凸型或 S 型变形曲线，测出的变形模量值一般均小于平行裂面加载时得到的数值。二者的比值多在 1.1 到 1.3 之间变化。其他方向的模量值介于二者之间。

2. 剪切变形曲线

不少研究资料说明，岩体的剪切变形曲线是十分复杂的。沿裂隙面的剪切变形曲线具有显著差别。在裂隙面中，泥化面的剪切变形特性不同于没有填充物的粗糙破裂面，在剪断岩体的剪变形曲线中，坚硬岩体的剪切变形特性，又与软弱岩体的剪切变形特征有差别。为了说明岩体剪切变形特征的一般变化规律，根据峰值应力前后曲线斜率的变化，以及残余强度τ_r与峰值强度τ_p的比值，可将岩体的剪切变形曲线大致分为重剪型、过渡型和剪断型三类，如图 4-1-3 所示。

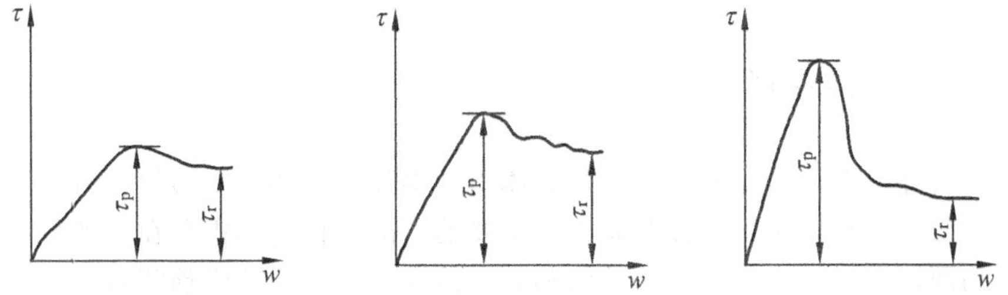

（a）重剪型　（b）过渡型　（c）剪断型

图 4-1-3　岩体剪切变形曲线的类型

1）重剪型　峰值应力前曲线的平均斜率小，多呈微下凹或下凹曲线。破坏剪位移大，一般变化为 2 mm ~ 10 mm。峰值应力后，随着剪位移的增大，强度保持不变或损失很小，就出现随剪位移增加而强度保持定值的残余强度（τ_r），该类型的峰值强度（τ_p）较小，$\tau_r/\tau_p = 0.6 \sim 1.0$，比例极限和屈服极限往往不易确定。泥化面、大部分片理面、已分离的片理面、摩擦镜面及具有岩屑充填的各类破裂面，均具有此类变形特征。

2）过渡型　峰值应力前曲线的平均斜率较重剪型大，峰值强度高。峰值应力后，随着剪位移的增大，强度有较大的损失，$\tau_r/\tau_p = 0.6 \sim 0.8$，没有充填物的粗糙破裂面、软弱岩体及剧烈风化岩体等的剪变形特征属于此类。

3）剪断型　峰值应力前剪变形曲线的平均斜率大，具有较明显的线性段和非线性段。

比例极限和屈服极限都较容易确定，并且峰值强度高，破坏剪位移小。峰值应力后，随着剪位移的增大，强度迅速下降，并在损失相当大的数值之后，才出现随着剪位移增大而保持常量的残余强度τ_r，τ_r/τ_p一般为 0.3 ~ 0.8，已经胶结的破裂面、剪断的硬岩体的变形特征多属这一类。

以上三类剪变形曲线中，第一类曲线基本上为先前已经剪断，并发生过不同程度剪位移的各种裂隙面所特有，故称为重剪型。该类型又叫塑性破坏型，因为这各类型曲线中$\tau_r/\tau_p = 1.0$或$\tau_r/\tau_p = 0.6 \sim 1.0$，及其$\varepsilon_r/\varepsilon_p = 1.0$（$\varepsilon_r$为剪位移的剩余量，$\varepsilon_p$为剪位移的最大值）。

第三类曲线是重新胶结的新胶结的各种裂面的特性，故称为剪断型。该类型又叫脆性破坏型，因为$\tau_r/\tau_p<1.0$，而$\varepsilon_r/\varepsilon_p>1.0$，在这种情况下有剪胀发生，因而当剪切强度达到峰值强度以后，岩体很快就破坏了。

第二类曲线是具有粗糙裂面的岩体的剪切变形特征。由于在法向压力作用下，咬合力较大，以及剪切过程中伴随有局部剪断现象，致使其剪变形特征介于第一类到第三类之间，而成为过渡类型。

4.1.2　岩体变形参数

岩体变形模量是非常重要的岩体力学参数，岩体的变形特性对于岩体工程分析、设计以及形态预测是十分重要的。由于在岩体中存在着各种各样的结构面以及岩石本身内在的几何和力学的统计特性，精确预测岩体的变形特性非常困难。岩体变形模量的确定可以采用经验估算法、工程类比法、室内试验法和原位试验法等。

试验法是确定岩体变形参数最基本的方法。但室内试验并不能完全代表工程岩体的力学性能，主要缺点在于试验样品小，受扰动大，代表性差。岩体的尺寸效应对变形模量的估计有较大影响，尽管早在20世纪60年代就已经开展了这方面的研究工作，但迄今为止从岩石试件的弹性模量推算岩体的变形模量仍然是非常困难，并且误差较大，研究表明 E_m/E_r 的最大值达60%。为了解决岩体力学参数的尺寸效应问题，国内外学者 Weibull、Brown、普罗多耶诺夫、孙广忠等进行了广泛的理论与试验研究，建立了岩体力学参数与岩体尺寸之间的经验关系式。李建林等通过模型试验，研究了岩体力学参数的尺寸效应。周火明等在综合考虑室内试验、现场试验、工程岩体分级、数值模拟、实测位移反分析成果的基础上，研究了岩体力学参数的尺寸效应。据 Oda（1988）的研究，只有当岩体试样大于3倍典型节理迹长时，其试验结果的相对误差方可被接受，而对于这样大的试样，在工程实践中是难以实现的。

原位试验通常受各种条件如周期长、代价昂贵等因素的限制，而且还存在着一些尚待解决的技术问题，使其不能广泛地应用于岩体变形参数的测量中，一般只用于大型或重要工程中。原位试验结果具有很大的分散性，不同的试验方法可能具有很不相同的试验结果。越来越多的学者将室内试验和现场岩体结构结合起来，通过一定的理论和实践经验作指导，进行反复的拟合修正，在此基础之上就产生了经验分析法。经验分析法是建立在大量工程实测资料的统计分析的基础上，综合考虑了影响岩体力学参数的诸多因素，并经许多工程不断验证、改进和完善。如 Kim 和 Gao. H 通过 *RQD* 来确定岩体变形模量和岩石弹性模量与岩石的单轴抗压强度、节理间距等因素之间的经验关系式。Bieniawski 建立了岩体变形模量与地质力学得分值 *RMR* 之间的关系式。Serafim 和 Pereira 建立了工程岩体质量 *RMR* 与变形模量之间的预测方程。Barton 等研究了 Q 分类系统得分值与变形模量之间的变化范围。杨贤等（2009）根据国内外工程的经验，探讨利用岩体分级指标 *RMR* 值及 *Q* 值、纵波波速等岩体物理力学参数与岩体变形模量的相关关系，通过估算的方法快速、经济地获取岩体变形模量值，用于小型工程或是试验数据不足工程岩体变形模量的确定。谭文辉将工程岩体分类的新方法——地质强度指标（*GSI*）法和广义 Hoek-Brown 法结合起来，对矿山边坡岩体力学参数进行了估计，并与其他岩体参数估计方法进行了对比研究。经验分析法具有简便、快速、经济等优点，已经得到广泛应用和推崇。

数值分析法是近年来发展起来研究岩体变形参数的方法。数值分析方法基于一定的理论基础和实践经验，结合室内试验或现场试验，根据数值分析的结果来推测岩体的变形参数的方法。如 Singh、Gerrard 等运用等效介质方法研究了层状岩体的变形参数及其特征。朱维申等根据节理几何参数模型，应用 Monte-Carlo 法模拟出不同尺寸岩体试件，应用有限元解出岩体的变形参数。

国内外特别注重建立岩体质量指标与岩体变形模量之间的关系，由此推求岩体的变形模量。

1. 由 *RQD* 估算变形模量

Deere（1966）、Hobbs（1973）、Farmer（1983）等人研究了 *RQD* 与变形模量之间的关系如图 4-1-4 所示。当 *RQD* 由 100 降至 66 时，j 值急剧下降；当 *RQD*<66 时，j 介于 0.1～0.2，平均 0.17。

2. 由 *RMR* 估算变形模量

Bieniawski （1978）得出变形模量与 *RMR* 得分值关系如下：

$$E_{\mathrm{m}} = 2RMR - 100 \quad (4\text{-}1\text{-}1)$$

该式适合于 *RMR*>55 的好岩体，Serafim 和 Pereira（1983）等研究给出全程拟合预测方程：

$$E_{\mathrm{m}} = 10^{(RMR-10)/40} \quad (4\text{-}1\text{-}2)$$

利用相关关系 $RMR = 9\ln Q + 44$，Barton（1983）利用试验结果建立了变形模量与 Q 指标之间的关系：

$$\begin{cases} (E_{\mathrm{m}})_{\max} = 40\lg Q \\ (E_{\mathrm{m}})_{\mathrm{mean}} = 25\lg Q \\ (E_{\mathrm{m}})_{\min} = 10\lg Q \end{cases} \quad (4\text{-}1\text{-}3)$$

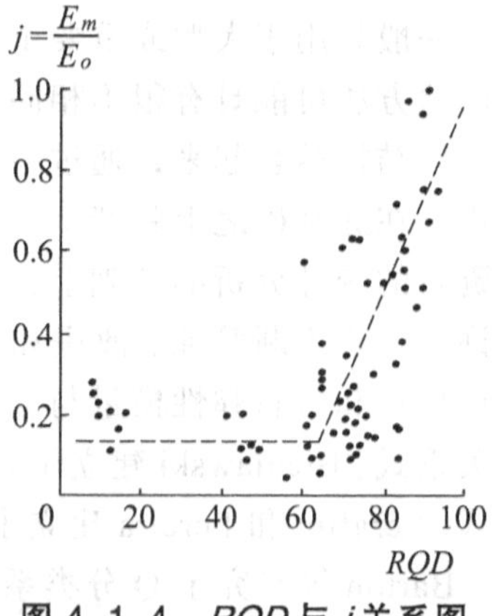

图 4-1-4　*RQD* 与 j 关系图

在实际运用中，尤其在初设阶段，采用（E_{m}）$_{\mathrm{mean}}$ 值具有足够的精度。

岩体的变形模量随深度的增加而增加，而直接建立岩体变形模量与埋深之间的关系很困难，可以通过建立波速与深度的关系，然后建立变形模量与深度之间的关系。全海（2004）通过对岩体变形模量与原位纵波速度的研究，建立了工程岩体变形模量与声速的相关关系。基于挪威、瑞典、中国等地工程项目测试数据，纵波波速 V_{p} 和岩体工程分类指标 Q 之间的关系：

$$Q = 10^{\frac{V_p - 3\ 500}{1\ 000}} \tag{4-1-4}$$

在平均情况下 $E_m = 25\lg Q$，则：

$$E_m = \frac{V_p - 3\ 500}{40} \tag{4-1-5}$$

吴兴春等认为式（4-1-5）过高地估计了岩体的变形模量值，建议采用下式计算：

$$E_m = \frac{V_p - 3\ 500}{80} \tag{4-1-6}$$

岩体中弹性波的传播速度取决于矿物成分、空隙度、相对于不连续面的量测方向以及岩体是否饱和等许多因素。由于岩体的空隙度随着深度的增加而减小，因此岩体弹性波的速度必然随着深度的增加而增大，且呈非线性关系。随着深度的增加，岩体的变形模量也随之增加。三峡永久船闸边坡花岗岩压力与波速关系如下：

$$V_p = 243.6\lg(\gamma H) + 4\ 962 \tag{4-1-7}$$

将式（4-1-7）代入式（4-1-6）：

$$E_m = \frac{V_p - 3\ 500}{80} = 3.05[1 + \lg(\gamma H)] \tag{4-1-8}$$

3. 由 *GSI* 估算变形模量

在大量现场试验数据分析的基础上，Hoek 和 Diederichs 建立了岩体变形模量和 *GSI* 的关系，即：

$$E_m = 100\ 000\left[\frac{1 - \frac{D}{2}}{1 + e^{[(75 + 25D - GSI)/11]}}\right] \tag{4-1-9}$$

式中：D 为岩体扰动参数，主要考虑爆破破坏和应力松弛对节理岩体的扰动程度，从非扰动岩体的 $D = 0$ 变化到扰动性很强岩体的 $D = 1$；*GSI* 为地质强度指标。

利用完整岩石单轴抗压强度和模数比 *MR*，建立了岩体变形模量和完整岩石变形模量的关系：

$$E_m = E_r \left[0.02 + \frac{1-\frac{D}{2}}{1+e^{[(60+15D-GSI)/11]}} \right] \quad (4\text{-}1\text{-}10)$$

$$E_r = MR \cdot \sigma_c \quad (4\text{-}1\text{-}11)$$

式中：E_r为岩石变形模量；MR为模数比；σ_c为岩石单轴抗压强度。

上述公式中，GSI及MR取值方法可参考相关文献。

表征岩体剪切变形特性的指标是剪切模量，或叫做刚性模量（G_m）。在一般岩体中，由于G_m不能按弹性力学公式来计算，并且又难以实测，所以岩体的剪切模量往往不易确定。有研究者提出以原位直剪试验获得的应力-应变关系曲线，作为确定剪切变形模量G_{im}和剪切弹性模量G_{me}的依据。剪切变形模量定义为剪应力-剪位移曲线图中第一条曲线的斜率。剪切弹性模量则由重复施加切向荷载而得到。

对于各向同性的弹性岩体来说，也可以用动力法测出岩体的纵横波速，然后按如下公式算出剪切模量G_m：

$$G_m = (V_p^2 \rho - \lambda)/2 \quad (4\text{-}1\text{-}12)$$

或

$$G_m = V_S^2 \rho \quad (4\text{-}1\text{-}13)$$

式中：G_m为岩体的剪切变形模量或剪切弹性模量；λ为拉梅常数，$\lambda = \frac{E\mu}{(1+\mu)(1-2\mu)}$。

4.2 岩体的强度特征

在工程建设中，岩体是许多工程问题所涉及的研究对象。水坝、桥梁或其他高大建筑基础下的岩石地基，地下硐室中的高大边墙以及地下开采中的矿柱等均涉及岩体的抗压强度等。

岩体中普遍包含着纵横切割的裂隙，显然，其力学强度一般均较同类岩石的岩块要低，并在外力作用下也易于变形。因此，确定岩体的力学性质和深入认识它们的强度特性有着非常实际的意义。

比起岩块来，岩体的尺寸大，本身的不均匀性、各向异性和不连续性往往更为显著；岩体所赋存的自然地质环境又比较复杂，对岩体力学强度的测定和研究，自然也比对岩块的测定和研究要困难得多；岩体的原位测试所用设备技术条件多较复杂，费用也较高。所以总的来说，对于岩体强度特征的研究远远不及对于岩块强度特征的研究，资料积累得并不多。因此对于岩体强度的许多特征和变化规律还未能有更深入的认识。

岩体单轴抗压强度采用现场试验方法，把岩体切割成平面尺寸为(0.5 ~ 1.5) m × (0.5 ~ 1.5) m 的整体岩柱，其高度不应小于平面尺寸。柱顶与试验硐室顶板之间设置垫层和千斤顶（或压力枕）。为使荷载均匀分布在试件上，在试件端面和顶板表面敷一层水泥砂浆，根据试件破坏时千斤顶（或压力枕）施加的最大荷载及试件承载面积，可算出岩体的单轴抗压强度。

根据研究的需要，也可对岩体进行三轴压缩强度试验。其原理和室内岩块的三轴压缩试验一样。除了垂直加压外，需要设置侧向加压千斤顶（或压力枕），以施加侧向压力。由于这类试验技术上比较复杂，只有在某些重要的大型工程或有关的研究中才进行。

岩体抗剪强度测定常采用斜推法直剪试验和单向反推剪切试验。斜推法直剪试验是采用双千斤顶，在平硐中进行的。在预定试验部位，切割出方柱形岩体，其底部受剪面积不小于 2 500 cm^2，最小边长不宜小于 50 cm，高度不宜小于最小边长的一半，也可以用大口径钻机钻出的圆柱形岩体。在试体顶部及周围，浇注高强度的钢筋混凝土保护罩，罩的底部要求达到预定的剪切缝上缘。剪切缝的宽度可按 0.5 cm ~ 2.0 cm 考虑，可随岩体不均一程度的增加而加大。在设备安装时要注意使水平力和垂直力的合力通过剪切面的中心，并通过剪切缝宽的一半处，为使剪切面上的应力达到均匀分布，斜向千斤顶的轴线应与预定剪切面成 15°夹角。每组试验应有 5 个以上的试样，试样地质特征应大致相同或近似（如风化情况、产状、裂隙特征等）。

试验方法与室内直剪试验相似。首先加垂直压力，变形稳定后，再逐级施加剪力，施加各级剪力时也需在前一级剪切位移达到稳定之后。破坏剪应力可根据最大剪应力或试样未安置施加水平力千斤顶一侧垂直位移出现反向来判定（图 4-2-1）。根据试验资料算出正应力、剪应力及相应的变形，然后绘制不同正应力下剪应力与剪切变形的关系曲线及各剪切阶段的剪应力和正应力的关系曲线（图 4-2-2、图 4-2-3）。

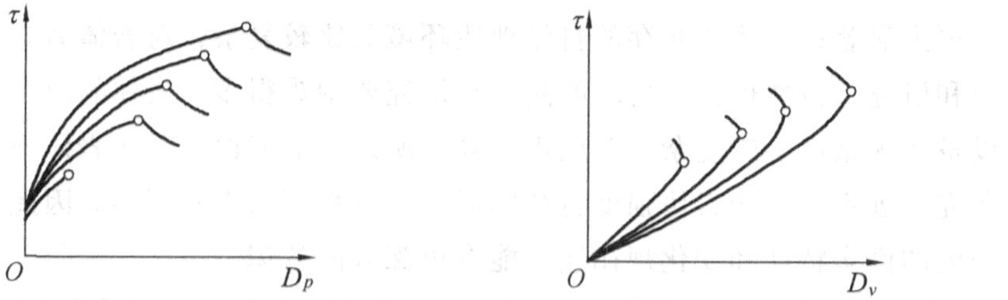

（a）剪应力τ与平行剪切方向位移 D_p 的关系曲线　（b）剪应力τ与垂直剪切方向位移 D_v 的关系曲线

图 4-2-1　剪应力与位移关系

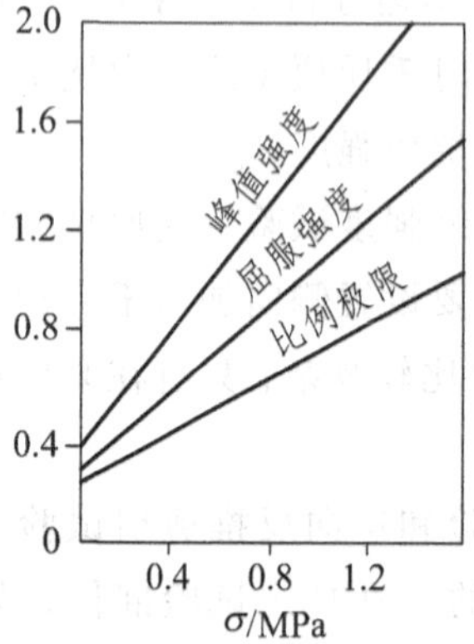

图 4-2-2　剪应力与正应力关系图

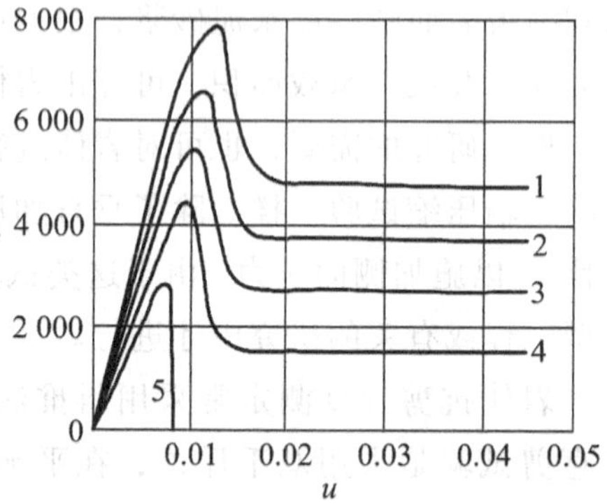

图 4-2-3　不同正应力下的剪应力与剪切变形

单向反推剪切试验在地面或平硐中均可进行。试体制作成侧面为直角三角形的楔形体，试体上部表面要与加载面垂直。为了获得剪切强度线，可以对不同试体改变加载方向与剪切面之间所夹的角度。通常对于各种软弱面可分别采用 30°和 45°，相应于每种加载方向应有 2 块以上试体，每组试验应有 4 块以上试体。一般情况下，制作试体时应使楔形体的楔尖朝上，加载面位于下方。应严格使力的作用线通过剪切面的中心。

试验时荷载分级施加，剪切面上的剪应力和法向应力采用下列公式计算：

$$\tau=\frac{P\cos\alpha-G\sin\beta}{A} \tag{4-2-1}$$

$$\sigma=\frac{P\sin\alpha+G\cos\beta}{A} \tag{4-2-2}$$

式中：τ 表示相应于各级累积荷载 P 的剪应力；σ 表示相应于各级累积荷载 P 的正应力；P 表示各级累积荷载；G 表示试体的自重；β 表示剪切面与水平面的夹角；α 表示加载方向与剪切面间所夹角度；A 表示剪切面的面积。

整理资料与斜推法直剪试验相同。这一试验方法适用于测定各种软弱面的抗剪强度。与斜推法直剪试验比较，这种方法的主要优点是不受预定剪切面倾角大小的限制，较简单易行，主要缺点是法向应力较小。

4.3 岩体的强度判据

由于岩石内部组构和应力组合的复杂性，因而基于固体力学的强度理论就应用而言，都是很受限制的。所以，在工程界，人们往往从一定的应用角度出发，建立一些经验公式来作为强度的经验判据。应该指出，经验判据并不是完全按统计方法获得的，而是基于上述各理论并有相当依据的。

4.3.1 Hoek-Brown 经验判据

在目前，岩石力学中常提到一个经验判据即 Hoek-Brown 判据。Hoek-Brown 在研究其经验判据时，以下述三点为基础：① 破坏判据应与试验的强度相吻合；② 数学表达式形式要尽量简单；③ 判据尽可能适用于节理化岩体和各向异性岩体。Hoek-Brown 从这三点出发，选择研究了大量岩石破坏包络线，总结统计并提出其经验判据。节理化岩体广义 Hoek-Brown 破坏准则定义为：

$$\sigma_1' = \sigma_3' + \sigma_c\left(m\frac{\sigma_3'}{\sigma_c} + s\right)^{\alpha} \tag{4-3-1}$$

式中：σ_1'表示破坏时最大有效主应力；σ_3'表示最小有效主应力；σ_c表示完整岩石的单轴抗压强度；m、s 系数，由几百组试验数据统计而得，按其岩体的地质特征选用，其值见相关参考书；α 取值取决于岩体特性。

从数学形式看，该包络线也是一条抛物线，对比实验表明，该经验公式描述的曲线与试验所得的实际包络线很接近。

1983 年，Priest 和 Brown 首次将 *RMR* 指标与 m、s 联系起来，并给出二者间的直接统计关系。1988 年，Hoek 对 Priest 和 Brown 得出的经验方程作了一定修改，得到了目前广泛应用的 *RMR* 指标估算经验参数 m、s 的公式。

对于扰动岩体：

$$
\begin{cases}
\dfrac{m}{m_{\mathrm{i}}} = \mathrm{e}^{\left(\frac{RMR-100}{14}\right)} \\
s = \mathrm{e}^{\left(\frac{RMR-100}{6}\right)}
\end{cases}
\tag{4-3-2}
$$

对于未扰动岩体：

$$
\begin{cases}
\dfrac{m}{m_{\mathrm{i}}} = \mathrm{e}^{\left(\frac{RMR-100}{28}\right)} \\
s = \mathrm{e}^{\left(\frac{RMR-100}{9}\right)}
\end{cases}
\tag{4-3-3}
$$

式中：m、s 为岩体的材料参数；m_{i} 为完整岩石的 m 值，可由三轴试验的结果决定。当无试验数据时，m_{i} 值可参考相关文献。

Hoek 还发现：当 $RMR>25$ 时，公式（4-3-2）、（4-3-3）比较适用；当 $RMR<25$ 时，按式（4-3-2）、（4-3-3）计算的 m、s 值则有较大出入。因此 Hoek 引入了新的指标 GSI 来确定 m、s 值，关系式如下：

$$
\frac{m}{m_{\mathrm{i}}} = \mathrm{e}^{\left(\frac{GSI-100}{28}\right)}
\tag{4-3-4}
$$

对于 $GSI>25$（未扰动岩体）：

$$
s = \mathrm{e}^{\left(\frac{GSI-100}{9}\right)}
\tag{4-3-5}
$$

对于 $GSI<25$（未扰动岩体）：

$$
s = 0.5
\tag{4-3-6}
$$

上述 GSI 与 RMR 的关系如下：

对于 $RMR>23$ 时：

$$
GSI = RMR - 5
\tag{4-3-7}
$$

对于 $RMR<23$ 时，则不能用 RMR 来估计 GSI，而用 Lein 和 Lunde 建议的 Q'来计算 GSI：

$$
\begin{cases}
Q' = \dfrac{RQD}{J_n} \times \dfrac{J_\phi}{J_c} \\
GSI = 9\lg Q' + 44
\end{cases}
\tag{4-3-8}
$$

式中：RQD 为岩芯质量指标；J_ϕ为节理粗糙度数值；J_n 为节理组数；J_c 为节理蚀变数值。

在 Hoek-Brown 强度准则 2002 年的版本中，广义强度准则的形式未变，但与岩体质量有关的 m、s、α有了很大的变化。

$$\sigma_1=\sigma_3+\sigma_c\left(m\frac{\sigma_3}{\sigma_1}+s\right)^{\alpha} \tag{4-3-9}$$

$$s=e^{\left(\frac{GSI-100}{9-3D}\right)} \tag{4-3-10}$$

$$\alpha=\frac{1}{2}+\frac{1}{6}(e^{-GSI/15}-e^{-20/3}) \tag{4-3-11}$$

上式新增了一个修正变量 D，D 的范围为 0 ~ 1，取决于外界因素对原位岩体的扰动程度，如爆破、岩体开挖、岩体卸荷等行为。

在多数岩土工程软件中，强度准则多采用莫尔-库仑准则，莫尔-库仑准则是通过凝聚力 c 和摩擦角φ表征，针对这种情况，Hoek 于 2002 年提出相应的岩体强度参数估算方法：

$$\begin{cases}\varphi=\arcsin\dfrac{6\alpha m(s+m\sigma_{3n})^{\alpha-1}}{2(1+\alpha)(2+\alpha)+6\alpha m(s+m\sigma_{3n})^{\alpha-1}}\\ c=\dfrac{\sigma_c[(1+2\alpha)s+(1+\alpha)m\sigma_{3n}](s+m\sigma_{3n})^{\alpha-1}}{(1+\alpha)(2+\alpha)\sqrt{1+[6\alpha m(s+m\sigma_{3n})^{\alpha-1}]/[(1+\alpha)(2+\alpha)]}}\end{cases} \tag{4-3-12}$$

式中：$\sigma_{3n}=\sigma_{3max}/\sigma_c$，$\sigma_c$ 为岩石单轴抗压强度。

对于σ_{3max}，Hoek 给出了经验公式，在隧道工程中使用时：

$$\frac{\sigma_{3max}}{\sigma_{cm}}=0.47\left(\frac{\sigma_{cm}}{\gamma H}\right)^{-0.94} \tag{4-3-13}$$

式中：γ为岩体重度；H 为隧道的埋深；σ_{cm} 为岩体抗压强度。

在边坡工程中使用时：

$$\frac{\sigma_{3max}}{\sigma_{cm}}=0.72\left(\frac{\sigma_{cm}}{\gamma H}\right)^{-0.91} \tag{4-3-14}$$

式中：H 为边坡的坡高。

4.3.2 Balmer 强度准则

普遍认为，对任何一个岩体的经验强度准则，其岩体强度参数不能比相对应的完整岩石的参数大。Sheorey 等人（1989）曾利用 Balmer 准则推导岩体的破坏准则，他们认为，每一个岩体强度参数都应该是由三轴试验确定的相对应的完整岩石参数的一个分数，而这个分数应依赖于一个适当的节理指数。同时，它参考了 Mogi（1966）黏弹性过渡值，其经验方程为：

$$\sigma_1 = \sigma_{cm}\sigma_c\left(1+\frac{\sigma_3}{\sigma_{tm}\sigma_c}\right)^b \qquad (4\text{-}3\text{-}15)$$

式中：σ_{cm} 表示岩体的抗压强度；σ_{tm} 表示岩体的抗拉强度；它们与 Q 体系指标有关。参数 $b=2.6\frac{J_r}{J_a}\left(\frac{\sigma_{cm}}{\sigma_{tm}}-1\right)^{-0.8}$。参数 σ_{cm}、σ_{tm} 与 Q 以及 b 与内摩擦因素之间的关系如下。

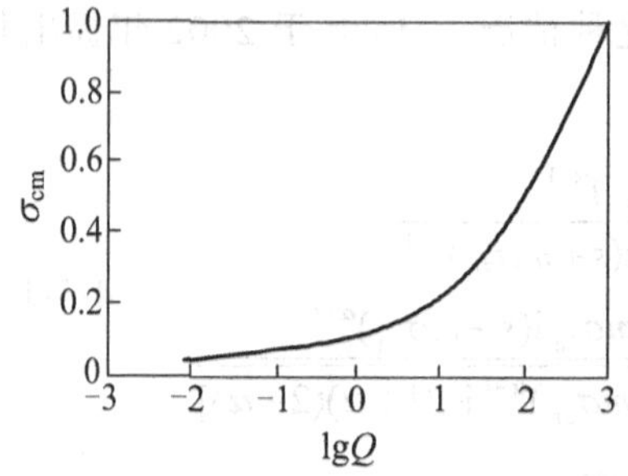

图 4-3-1 参数 σ_{cm} 随 Q 变化曲线

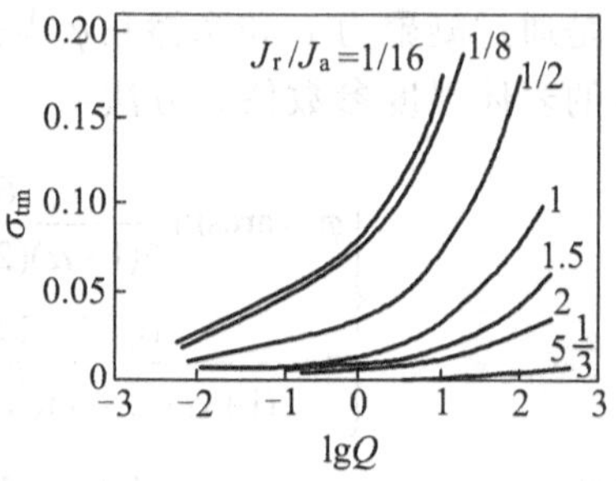

图 4-3-2 参数 σ_{tm} 随 Q 变化曲线

把岩体的强度参数看做其岩石的强度的一个分数有点过于牵强。Sheorey（1997）避开这些缺陷推导岩体强度参数表达式，他发现完整岩块的抗拉强度必须比抗压强度降落得慢。否则，随着 *RMR* 的减小，内摩擦角将有一个上升的趋势。他推荐的强度准则如下：

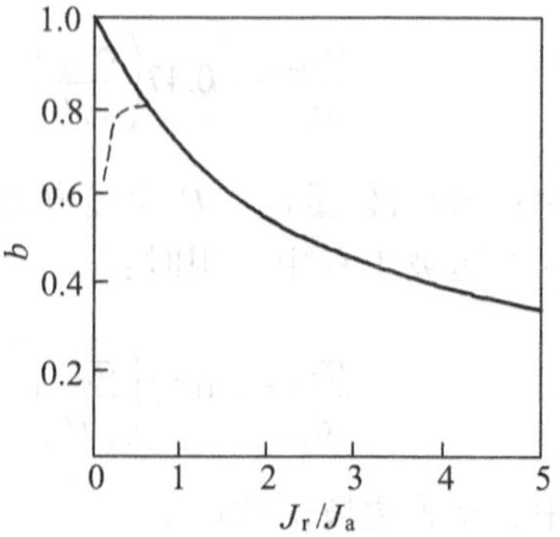

图 4-3-3 指数 b 与内摩擦角因数 J_r/J_a 关系曲线

$$\sigma_1 = \sigma_{cm}\left(1+\frac{\sigma_3}{\sigma_{tm}}\right)^{b_m} \qquad (4\text{-}3\text{-}16)$$

$$\tau = \tau_m\left(1+\frac{\sigma}{\sigma_{tm}}\right)^{c_m} \qquad (4\text{-}3\text{-}17)$$

式中：$\sigma_{cm}=\sigma_c e^{\frac{RMR-100}{20}}$；$\sigma_{tm}=\sigma_t e^{\frac{RMR-100}{27}}$；$b_m=b^{\frac{RMR}{100}}$，$b_m<0.95$；

$$\tau_m=\left(\sigma_{cm}\sigma_{tm}\frac{b_m^{b_m}}{(1+b_m)^{1+b_m}}\right)^{1/2};\quad c_m=\mu_{0m}^{0.9}\frac{\sigma_{tm}}{\tau_m};\quad \mu_{0m}=\frac{\tau_m(1+b_m)^2-\sigma_{tm}^2}{2\tau_m\sigma_{tm}(1+b_m)}$$

4.3.3 其他强度准则

很多研究者直接从岩体的结构特征出发，提出以结构影响函数为特征的经验判据，使之更适用于岩体。比如钱惠国（1994）等人提出的节理抗剪强度公式为：

$$\tau_j(\sigma)=K_{str}(\sigma)\cdot\tau_2(\sigma) \tag{4-3-18}$$

式中：$\tau_j(\sigma)$ 表示节理岩体的抗剪强度；$K_{str}(\sigma)$ 表示岩体结构的影响系数，是由密度影响函数和产状影响函数决定的；$\tau_2(\sigma)$ 表示完整岩石的抗剪强度。

其中，σ 在不同情况下，分别用节理法向应力 σ_n 和八面体面上的法向应力 σ_{oct} 来表征。

而 Jaeger 提出的单弱面理论，为研究节理对岩体强度的影响提供了有效的基础，其表述为：

$$\sigma_1-\sigma_3=\frac{2(c_j+\sigma_3\tan\varphi_j)}{(1-\tan\varphi_j\cot\beta)\sin 2\beta} \tag{4-3-19}$$

式中：c_j、φ_j 为节理的抗剪强度；β 为节理面与 σ_3 之间的夹角，如图 4-3-4 所示。对于多组节理，可由各个强度曲线的最小强度包络线表示。

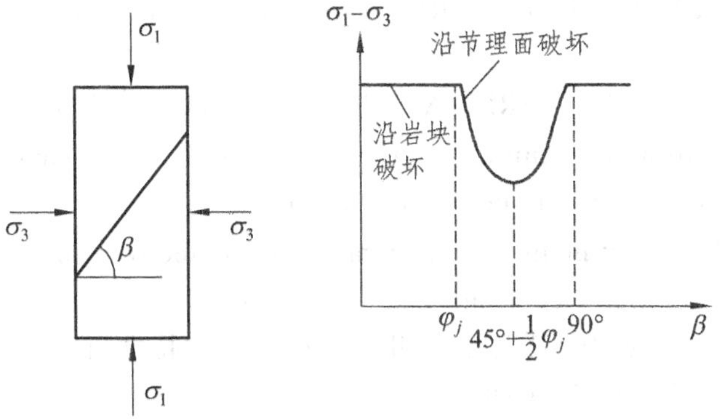

图 4-3-4 单结构面强度理论示意图

参考文献

[1] Barton N. The influence of joint properties in modeling jointed rock masses. In. Proc. 8th int. Rock Mech. Congress. Tokyo. 1995.

[2] BIENIAWSKI Z T. Engineering rock mass classification. John Wiley and Sons. New York. 1989.

[3] GERRARD C M. Equivalent elastic moduli of a rock mass consisting of orthorhombic layers. International Journal of Rock Mechanics and Mining sciences. 1982, 19（1）.

[4] HOEK E，BROWN E T. Empirical strength criterion for rockmasses. Geotech.，1980, 106（GT9）.

[5] HOEK E，BROWN E T. The Hoek-Brown Failure Criterion-a 1988 Update. Proc.15th Canadian Rock Mechanics Symposium，1988.

[6] HOEK E，MARINOS P，BENISSI M. Applicability of the geological strength index（GSI)classification for very weak and sheared rock masses. Bull Engg. Geol. Env. 1998, 57（2）.

[7] HOEK E，WOOD D，SHAH S. A Modified Hoek-Brown Failure Criterion for Jointed Rock Massed. Proc. Int. Conf. Eurock' 92. Chest. England. 1992.

[8] HOEK E. Strength of rock and rock masses. ISRM News Journal 1994, 2（2）.

[9] KIM K，GAO H. Probabilistic approaches to estimating variation in the mechanical Properties of rock masses. Int. J. Rock Mech. Min. Sci. & Geomech. Abstr. 1995, 32（2）.

[10] SHEOREY P R. Empirical Rock Failure Criteria Publish by A. A. Balkema. 1997

[11] SERAFIM J L，PEREIRA J P. Consideration of the geomechanical classification of Bieniawski. In. Proc. Int. Symp. Eng. Geol. Underground Construction. Lisbon. Portugal. 1983, 1（II）.

[12] SINGH B. Continuum characterization of jointed rock masses. Int. J. Rock Mech. Min. Sci. Geomech. Abstr. 1973, 10.

[13] 李建林，王乐华．节理岩体卸荷非线性力学特性研究．岩石力学与工程学报，2007，26（10）.

[14] 卢书强，许模．基于 GSI 系统的岩体变形模量取值及应用．岩石力学

与工程学报，2009，28（1）.
[15] 钱惠国，凌建明，蒋爵光. 非贯通裂隙岩体经验强度准则的研究. 西南交通大学学报，1994，29（1）.
[16] 全海. 岩体变形模量与声速关系初探. 第八次全国岩石力学与工程学术大会论文集. 2004.
[17] 谭文辉，周汝弟，王鹏，等. 岩体宏观力学参数取值的 GSI 和广义 Hoek-Brown 法. 有色金属，2002（7）.
[18] 王成虎，何满潮. Hoek-Brown 岩体强度估算新方法及其工程应用. 西安科技大学学报，2006，26（4）.
[19] 王亮清，胡静，章广成. 应用 RMi 法估算岩体变形模量. 水文地质工程地质，2004（增刊）.
[20] 王学滨. 单轴拉伸岩样破坏过程及尺寸效应数值模拟. 岩土力学，2005，26（增刊）.
[21] 吴兴春，王思敬. 岩体变形模量随深度的变化关系. 岩石力学与工程学报，1998，17（5）.
[22] 肖树芳，杨树碧. 岩体力学. 北京：地质出版社，1987.
[23] 徐光黎. 节理岩体强度和变形模量的经验估算方法. 四川水力发电，1993（2）.
[24] 杨贤，张晓凤. 水电工程岩体变形模量的确定方法. 西北水电，2009（5）.
[25] 张占荣，盛谦，杨艳霜，等. 基于现场试验的岩体变形模量尺寸效应研究. 岩土力学，2010，31（9）.
[26] 朱维申，王平. 节理岩体的等效连续模型与工程应用. 岩土工程学报，1992，14（2）.

5 岩体测试试验及分析

岩体力学行为的研究和岩体工程分析，必须获取岩体力学性质，并借助于已有的理论和方法，分析在各种边界条件下岩体力学性质的变化。因此岩体力学性质的测试、试验、分析是岩体力学最主要的日常工作。

岩体的测试,主要解决在现场条件下岩体的力学特征和相关的计算参数。

岩体的试验，包括现场试验和室内试验，除了取得特定状态下的岩体参数外，还要分析岩体在边界变化（如工程开挖）的条件下其力学特征的改变。

岩体分析，主要解决岩体工程的设计方案和稳定性，是岩体力学研究的出发点和服务工程建设的最终目的。

5.1 岩体参数测试

岩体中节理、裂隙、断层、层理等弱面存在，决定着岩体的力学性质。室内的岩块试验，由于它的体积小，包括的弱面少，加之取样、试件制备的扰动，岩体的自然结构形态在岩块试件上得不到反映；此外它脱离了岩体现场的地质力学环境，不能充分地反映岩体力学性能。虽然现场测试在仪器设备及操作方面耗费的时间、人力、物力等都比实验室试验大得多，但对自然条件下的岩体所施加的荷载大小、方向及其岩体中弱面存在的状况等，都能比较符合原岩体的实际状况，这是室内试验所不能代替的。所以，对某些重大工程，岩体的现场测试是不可缺少的。岩体的现场测试包括岩体的变形性能测试和岩体的强度测试两大方面。

5.1.1 岩体变形试验

测试岩体的变形参数有两类方法。一类是静力法，首先量测岩体在静荷载作用下的变形，然后用弹性理论推算岩体的变形参数。属于此类的有承压板法，狭缝法，单、双轴压缩法，径向液压枕法和水压法等 5 种。承压板法在我国，尤其是水电系统中使用得最普遍，其次是狭缝法和单、双轴压缩法。径向液压枕法和水压法相对前两种方法来说，试验费用高，试验周期长，除非设计大尺寸的和重要的有压隧硐时，一般不轻易采用。下面重点介绍前两种方法。另一类是动力法，用于量测弹性波在岩体中的传播速度、振幅、频率响应等，进而计算岩体力学性质有关参数。

1. 承压板法

1）基本原理

承压板法，系通过一定面积、一定形状的承压板，施压力于半无限空间岩体表面，测量岩体变形，并按均匀、连续、各向同性的半无限弹性体受局部荷载的布辛涅斯克（Boussniesq）公式计算岩体变形特性指标的方法。

2）参数计算公式

圆形刚性承压板：

$$E_0 = \frac{\pi}{4} \cdot \frac{(1-\mu^2)Pd}{\omega} \tag{5-1-1}$$

式中：E_0 为变形模量；ω 为岩体位移；P 为承压板压力；d 为承压板直径；μ 为岩体泊松比。

圆形柔性承压板：

$$E_0 = \frac{(1-\mu^2)Pd}{\omega} \tag{5-1-2}$$

式中：ω为承压板中心变形，其他符号同前。

环形柔性承压板：

$$E_0 = k\frac{(1-\mu^2)P}{\omega} \tag{5-1-3}$$

式中：$k = 2\,(r-r_2)$；r、r_2 为环的内、外径，其他符号同前。

2. 狭缝法

狭缝法的实质是在工程岩体的岩面上开拓一条狭槽，把压力枕埋于槽内，并用水泥砂浆浇注，使压力枕的两个面均与槽的两侧岩面严密接触，如图 5-1-1 所示。当压力枕施加压力于槽两侧岩面之后，测出其压力和岩体的变形，再利用弹性理论计算出弹性模量。

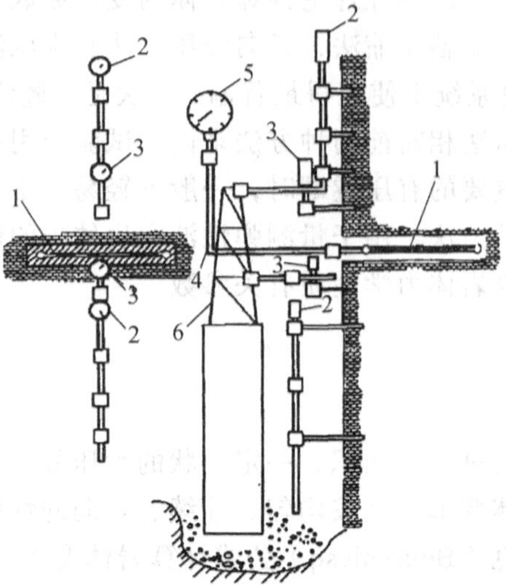

图 5-1-1　狭缝法试验

1—压力枕；2—相对变形测表；3—绝对变形测表；
4—加压管；5—压力表；6—测架

利用布辛涅斯克的弹性理论，分别按测出的绝对位移和相对位移求解，其计算公式如下。

按绝对位移计算：

$$E = \frac{Pl}{2\omega_A \rho}\left[(3+\mu) - \frac{2(1+\mu)}{1+\rho^2}\right] \tag{5-1-4}$$

式中：ω_A 为压力枕对称轴上测点 A 处的绝对位移；

$$\rho = \frac{2y + \sqrt{4y^2 + l^2}}{l} \tag{5-1-5}$$

式中：y 为测点距狭缝中心线距离。

或

$$E = \frac{Pl}{2\omega_A}\left[(1-\mu)\tan\varphi + (1+\mu)\sin 2\varphi\right] \tag{5-1-6}$$

式中φ见图 5-1-2。

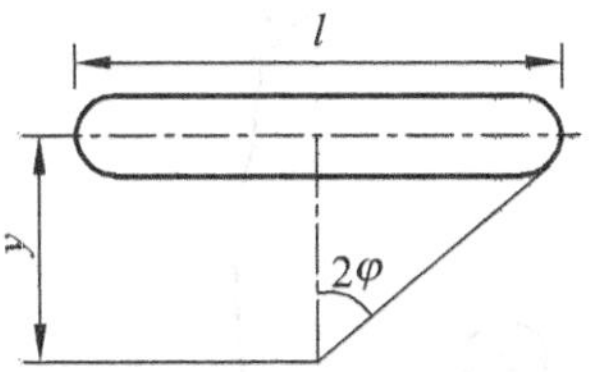

图 5-1-2　按绝对位移计算 *E* 示意图

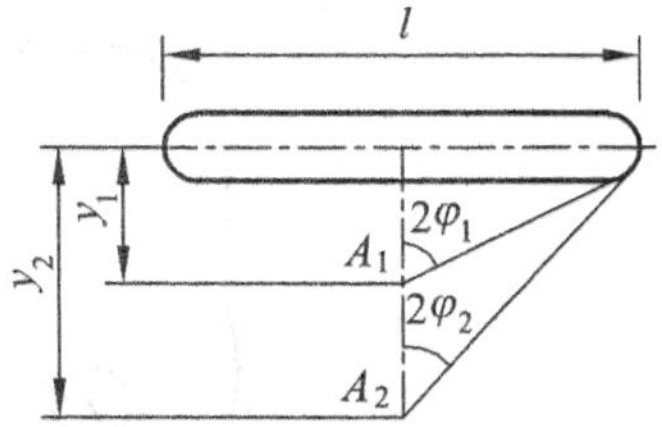

图 5-1-3　按相对位移计算 *E* 示意图

按相对位移计算：

$$E=\frac{Pl}{2\omega_R}\left[(1-\mu)(\tan\varphi_1-\tan\varphi_2)+(1+\mu)(\sin 2\varphi_1-\sin 2\varphi_2)\right] \qquad (5\text{-}1\text{-}7)$$

式中：ω_R 为 A_1、A_2 两点相对位移；φ_1、φ_2 见图 5-1-3。

5.1.2　岩体强度试验

1. 岩体抗剪强度测试

岩体工程发生剪切破坏的形式主要有：混凝土沿岩体接触面产生剪切位移；岩体沿软弱结构面产生剪切滑动；岩体本身出现剪切裂隙等三类。岩体的抗剪强度测试就是根据这三类破坏形式提出的，即混凝土与岩体的交界面、岩体中的结构面、岩体本身的抗剪强度测试。岩体的稳定性往往取决于其中的结构强度、分布及其组合状态，因此，在某些情况下，结构面的抗剪强度测试比另外两种抗剪强度测试显得更重要。

测定岩体抗剪强度有多种方法：直剪法、三轴试验法、扭转法等。国内外最多用的是直剪法（图 5-1-4）。直剪法又分为平推法直剪试验（即剪切载荷平行于剪切面施加）和斜推法直剪试验（即剪切荷载与剪切面成一定角度施加）。对于岩体或混凝土与岩体的抗剪试验，有用斜推法的趋势，而对于软弱结构面，似趋向于用平推法。岩体抗剪强度试验多在地下巷道内进行，也可在试坑内进行。

（1）计算剪切面上的正应力和剪应力。

$$\sigma=\frac{P}{F},\ \tau=\frac{Q}{F}\ \text{（平推法）} \qquad (5\text{-}1\text{-}8)$$

$$\sigma=\frac{P}{F}+\frac{Q}{F}\sin\alpha,\ \tau=\frac{Q}{F}\cos\alpha\ \text{（斜推法）} \qquad (5\text{-}1\text{-}9)$$

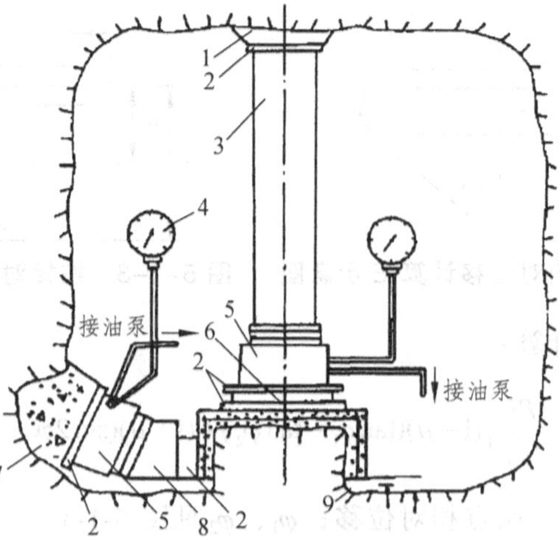

图 5-1-4　岩体抗剪强度试验

1—砂浆顶板；2—钢板；3—传力柱；4—压力表；5—液压千斤顶；6—滚轴；7—混凝土后座；8—斜垫板；9—钢筋混凝土保护罩

（2）绘制不同正应力下的剪应力与剪切变形关系曲线，如图 5-1-5 所示。从图中可求出不同正应力下的峰值抗剪强度和残余抗剪强度。

（3）绘制峰值抗剪强度和法向应力的关系曲线及残余抗剪强度和法向应力的关系曲线，由此可得岩体结构面的库仑准则线性表达式和双线性表达式及相应的参数。

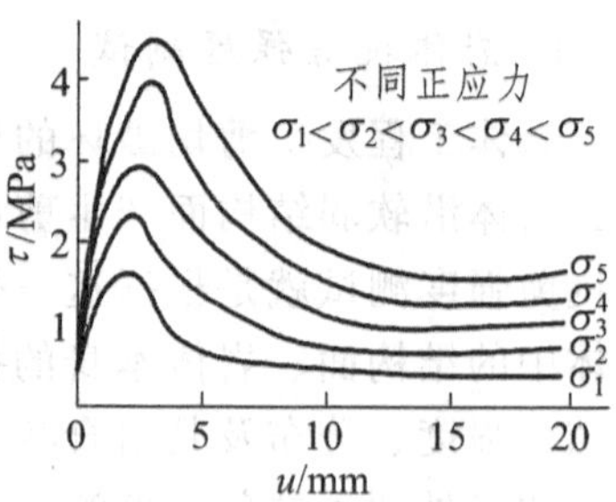

图 5-1-5　不同正应力下的剪切应力与剪切变形关系

2. *岩体抗压强度测试*

岩体抗压缩强度试验，亦可做单轴压缩和三轴压缩试验。单轴压缩试验的试体制备、试验过程可参照岩体自身抗剪试验进行，只是仅施加垂直（单轴）方向的荷载，不加水平推力。分级加载至破坏，破坏时的最大荷载除以试体的横截面积，即为岩体的单轴抗压强度。每组试验做 3 块 ~ 5 块，弃除离散点，取平均值作为被测岩体的单轴抗压强度。

地下岩体除开挖面以外多数处于三向应力场中，岩体中的节理、裂隙分布又带有一定的随机性。为了较好地模拟岩体的赋存条件进行试验，尽可能反映岩体的真实力学性质，进行现场岩体三轴压缩试验是很必要的。一个随机的节理岩体在外力作用下，总是沿着最弱的面破坏。破坏的形态可以沿着已有的平直节理裂隙面，也可以由 2 组或 3 组不同的节理方向组合而成锯齿状破坏面。破坏面可能是原先节理裂隙面，也可能是新生剪切面。岩体原位三轴试验能够测定岩体这些难于预定的破坏面的方向、形态及其强度。

岩体三轴试验的试体制备亦可参考岩体直剪试验试体制备要求和方法。试体一般为矩形块体，少数为圆柱体，制作在试硐底板或硐帮的试验位置上，经过仔细刻凿和整平而成。试体仅一边与原岩体相连，其余各边一般都脱离岩体。试体的尺寸大小根据施压的液压枕的尺寸而定，其高度（或长度）$h>2a$（a 为试体短边长），暂无统一规定。试体的轴向加压装置通常为千斤顶，侧向压力通常由液压枕施加，根据设计要求配用变形量测仪表，如图 5-1-6 所示。

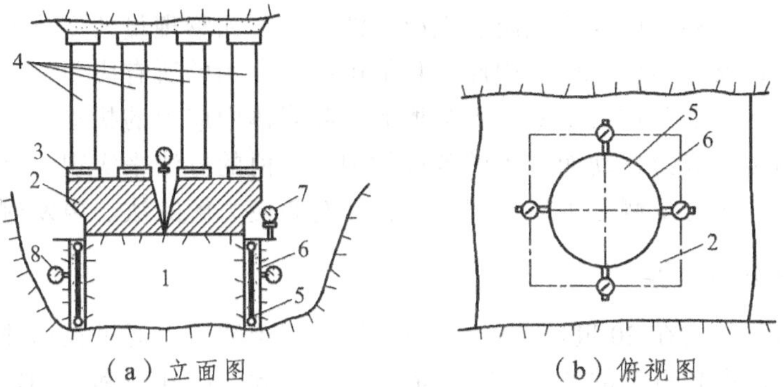

图 5-1-6　圆柱形试件三轴压缩试验

1—试件；2—混凝土承压板；3—扁千斤顶；4—反力框架；5—曲线型液压枕；6—钢质圆筒；7—垂直测表；8—水平测表

（1）三轴应力状态下的强度计算。按下式计算八面体正应力和剪应力（破坏极限值）：

$$
\begin{cases}
\sigma_0 = \dfrac{\sigma_1 + \sigma_2 + \sigma_3}{3} \\
\tau_0 = \dfrac{1}{3}\left[(\sigma_1 - \sigma_2)^2 + (\sigma_2 - \sigma_3)^2 + (\sigma_3 - \sigma_1)^2\right]
\end{cases}
\tag{5-1-10}
$$

（2）常规三轴下，求出岩体破坏面上的法向应力和剪应力关系曲线，常称岩体强度曲线。

5.2　天然应力测试

随着我国基础建设事业的迅猛发展，在道路、水电、采矿等行业中出现了很多深部岩体工程，如长大深埋隧道、深采矿巷道等。高地应力已成为广大工程技术人员所关注的问题。在重大岩体工程建设中，为了合理利用岩体中地应力状态的有利方面，克服其不利方面，合理地确定地下硐室轴线、坝轴线及人工边坡走向，较准确地预测岩体中重分布应力和岩体的变形，使设计更合理，施工更科学，常常需要进行天然地应力实测工作。

5.2.1 天然应力测试方法

由于岩体天然应力是一个非可测的物理量，它只能通过量测应力变化而引起的诸如位移、应变或电阻、电感、波速等可测物理量的变化值，然后基于某种假设反算出应力值。因此，目前国内外使用的所有应力量测方法，均是在钻孔、地下开挖或露头面上刻槽而引起岩体中应力的扰动，然后用各种探头量测由于应力扰动而产生的各种物理变化值的方法来实现。目前在国内外最常用的应力量测是水压致裂法、钻孔套心应力解除法、声发射法等。

1. *水压致裂法*

水压致裂法在 20 世纪 50 年代被广泛应用于油田，通过在钻井中制造人工的裂隙来提高石油的产量。哈伯特（M. K. Hubbert）和威利斯（D. G. Willis）在实践中发现了水压致裂裂隙和原岩应力之间的关系。这一发现又被费尔赫斯特（C. Fairhurst）和海姆森（B. C. Haimson）用于地应力测量。目前水压致裂法是国际岩石力学委员会向各国推荐的深部地应力测量方法，广泛应用于地震、地质、冶金石油和水电等行业。测量深度可达地下数千米，如美国利用水压致裂测量地应力深度达 5 105 m。2009 年中国地质科学院地质力学研究所研制的 1 000 m 深孔水压致裂地应力测量系统通过了中国地质调查局组织的专家验收。我国水压致裂测量技术用于深部岩体地应力测量深度纪录一般在 500 m～600 m，目前最深纪录是大港油田地应力测量，深度达 2 000 m。

水压致裂法是把高压水泵入到由栓塞隔开的试段中。当钻孔试段中的水压升高时，钻孔孔壁的环向压应力降低，并在某些点出现拉应力。随着泵入的水压力不断升高，钻孔孔壁的拉应力也逐渐增大。当钻孔中水压力引起的孔壁拉应力达到孔壁岩石抗拉强度 σ_t 时，就在孔壁形成拉裂隙。设形成孔壁拉裂隙时，钻孔的水压力为 p_{c1}，拉裂隙一经形成后，孔内水压力就要降低，然后达到某一稳定的压力 p_s，称为“封井压力”。这时，如人为地降低水压，孔壁拉裂隙将闭合，若再继续泵入高压水流，则拉裂隙将再次张开，这时孔内的压力为 p_{c2}（图 5-2-1）。

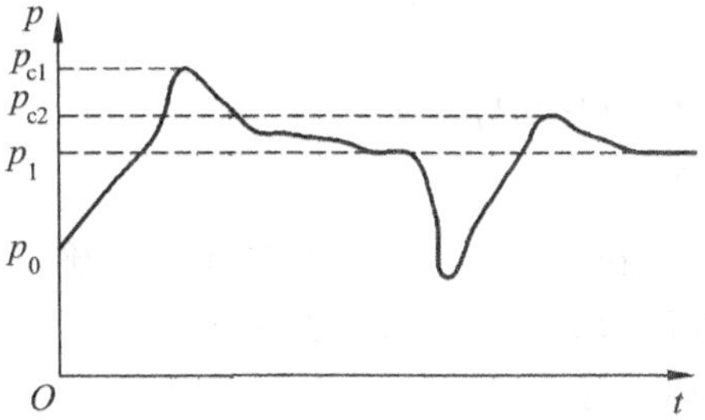

图 5-2-1 孔内压力随时间的变化曲线图

为了解释水压致裂法试验得出的资料，需要确定水压破裂引起的裂隙方向。大量的实测资料表明，水压破裂引起的裂隙是铅直的，尤其是试段深度在 800 m 以下，铅直向是水压破坏引起裂隙的最常见方向。在实际工作中，水压破裂的方向可以用井下电视来观察，但最常用的是采用胶塞印痕方法，把裂隙压印于胶塞上，然后观察胶塞印痕方向。

取与钻孔垂直的平面考虑，则钻孔孔壁上任意点 A 的应力可以由弹性力学理论中的柯西解求解。当一个位于无限体中的钻孔受到无穷远处二维应力场（σ_1，σ_2）作用时，离开钻孔端部一定距离的部位处于平面应变状态。钻孔周边任意点 A 的应力如下：

$$\begin{cases}\sigma_\theta = \sigma_1 + \sigma_2 - 2(\sigma_1 - \sigma_2)\cos 2\theta \\ \sigma_r = 0\end{cases} \tag{5-2-1}$$

式中：σ_θ、σ_r 为钻孔周边的切向应力和径向应力；θ为周边任意点 A 与σ_1 轴的夹角。

当$\theta = 0$ 时，σ_θ取得极小值，此时：

$$\sigma_{\theta A} = 3\sigma_2 - \sigma_1 \tag{5-2-2}$$

当泵入高压水时，在钻孔内壁作用有内压水 p_c，因此孔壁上每一点均受到内水压力 p_c 作用。当内水压力 p_c 超过 $3\sigma_2 - \sigma_1$ 和岩石抗拉强度之和时，在 $\theta = 0$ 处，将发生孔壁开裂。则拉裂隙形成时的破坏条件为：

$$p_{c1} = 3\sigma_2 - \sigma_1 + \sigma_t \tag{5-2-3}$$

在孔壁拉裂隙形成以后，如果要继续维持拉裂隙张开而又不进一步扩展，则水压力需满足如下条件，即：

$$p_s = \sigma_2 \tag{5-2-4}$$

联立式（5-2-3）和式（5-2-4），计算与钻孔垂直平面上的两个天然应力的公式为：

$$\begin{cases} \sigma_1 = \sigma_t + 3\sigma_2 - p_{c1} \\ \sigma_2 = p_s \end{cases} \tag{5-2-5}$$

σ_t是孔壁岩石的抗拉强度，可以由试验本身来确定。初始裂隙形成后，将水压卸除，使裂隙闭合，然后重新向封隔段加压，使裂隙再次开启，裂隙重新开启的压力为 p_{c2}，有：

$$p_{c2} = 3\sigma_2 - \sigma_1 \tag{5-2-6}$$

所以，用式（5-2-3）减去式（5-2-6），可得到孔壁岩石抗拉强度的计算公式为：

$$\sigma_t = p_{c1} - p_{c2} \tag{5-2-7}$$

因此，通过水压致裂试验，只要确定 p_{c1}、p_{c2} 和 p_s 值，就可用式（5-2-5）和式（5-2-7）计算出天然应力σ_1值和σ_2值。由天然应力分布规律可知，地下深处地应力的方向与地面水平坐标方向基本相同，可将测试得到的两个应力视为水平地应力，垂直应力按埋深推算。

但是，由于地应力场的方向不总是与地面水平坐标一致，因此，上述测试得到的水平天然应力实际上是“视水平天然应力”。为了获得实际天然主应力大小和方向，严格的测试应在不在同一直线上、延长方向交汇于一点的三个钻孔中进行并按空间关系求解。在现在的一些工程地应力测试中，该点经常被忽略。

对于水压致裂法地应力测量中的一些关键问题，如如何鉴别测量中钻孔岩壁上存在原生裂隙、精确确定压裂特征参数、垂直向应力估算、岩壁破裂准则及破裂缝方向等，很多学者在实践中进行了深入的探讨，相关的讨论见刘允芳、侯明勋等人的论文。

与其他应力量测方法相比较，钻孔水压致裂法，具有以下特点：

（1）设备简单。只需要用普通钻探方法获得钻孔，用双止水装置密封，用液压泵通过压裂装置压裂岩体，不需要复杂的测量设备如应变计、应力计或变形计等。

（2）操作方便。通过液压泵向钻孔内注液压裂岩体，观测压裂过程中泵压力、泵液量即可。

（3）测值直观。根据压裂过程中泵压的变化即可计算出地应力值，不需要复杂的换算及辅助测试，同时还可求出岩体抗拉强度。

（4）测值代表性大。所测得的地应力值及岩体抗拉强度是代表较大范围内的平均值，有较好的代表性。

（5）适用性强。该方法不需要电磁测量元件，不怕潮湿，可在干孔及有水孔中进行，施测的范围较大，且不必知道岩体的弹性参数。

传统的水压致裂法用于深部地应力测量时，遇到的瓶颈问题主要有三个：一是封隔器和水压致裂法加压系统的耐压能力低，不能承受深孔时的高应力；二是深部高应力严重影响封隔器的自动收缩，造成设备升降移位困难；三是采用双管回路，设备升降时易卡孔而导致试验失败，在特厚土层条件下尤其严重，局部缩径、胀径、塌孔和高浓度泥浆冲击等将给深部水压致裂测量造成巨大困难。此外，由于水压致裂的理论是基于围岩的张裂，对具有大变形性质的软岩是否满足理论要求，仍是值得研究的问题。

2. 应力解除法

此法的基本原理是在钻孔中安装变形或应变测量元件（位移传感器或应变计），通过量测套心应力解除前后，钻孔孔径变化或孔底应变变化或孔壁表面应变变化值来确定天然应力的大小和方向。所谓套心应力解除是用一个较测量孔径更大的岩芯钻，对测量孔进行同心套钻，把安装有传感器元件的孔段岩体与周围岩体隔离开来，以解除其天然受力状态（图 5-2-2）。

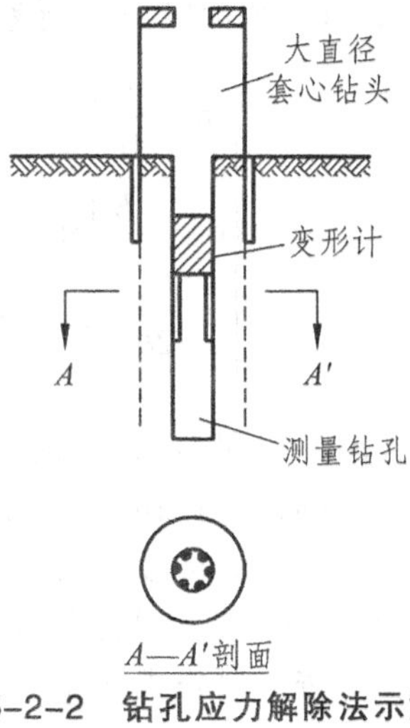

图 5-2-2　钻孔应力解除法示意图

应力解除法的具体方法很多，按测试深度可以分为表面应力解除法、浅孔应力解除法及深孔应力解除法。按测试变形或应变的方法不同，又可以分为孔径变形测试、孔壁应变测试及钻孔应力解除法等。根据传感器和测量物理量不同，可把钻孔应力解除法划分为钻孔位移法、钻孔应力法和钻孔应变法三种。

应力解除法的理论基础是弹性理论，把岩体视为一无限大的均质、连续、各向同性的线弹性体。在这种岩体中钻一个钻孔，设钻孔轴与岩体中某一天然应力相平行，那么，测量钻孔孔壁的径向位移和岩体天然主应力间的关系可据弹性理论得出。

若按平面应变问题考虑有：

$$u_\theta = \frac{R(1-\mu^2)}{E}\left[(\sigma_1+\sigma_3)+2(\sigma_1-\sigma_3)\cos 2\theta\right] \tag{5-2-8}$$

若按平面应力问题考虑，则有：

$$u_\theta = \frac{R}{E}\left[(\sigma_1+\sigma_3)+2(\sigma_1-\sigma_3)\cos 2\theta\right] \tag{5-2-9}$$

式中：u_θ是与σ_1作用方向成θ角的孔壁一点的径向位移；R为钻孔半径；E是岩体弹性模量；μ是岩体的泊松比；σ_1是垂直钻孔轴平面内岩体中最大天然主应力；σ_3是垂直钻孔轴平面内岩体中最小天然主应力；θ角是σ_1作用方向至位移测量方向的夹角，以逆时针方向为正。

由上述公式可知，为了求得σ_1、σ_3和θ值，在钻孔中必须安装 3 个互成一定角度的测量元件,分别测出应力解除后孔壁在这 3 个方向上的径向位移，然后建立 3 个联立方程，才可求解这 3 个值。目前在生产上有 2 种布置方法：一种是 3 个测量元件互成 45°；另一种为互成 60°。若 3 个测量元件之间互成 45°角，且按平面应力问题考虑时，则σ_1、σ_3和θ的计算公式为：

$$\begin{cases} \sigma_1 = \dfrac{E}{4R}\left[u_a+u_c+\dfrac{1}{\sqrt{2}}\sqrt{(u_a-u_b)^2+(u_b-u_c)^2}\right] \\ \sigma_3 = \dfrac{E}{4R}\left[u_a+u_c-\dfrac{1}{\sqrt{2}}\sqrt{(u_a-u_b)^2+(u_b-u_c)^2}\right] \\ \tan 2\theta = \dfrac{2u_b-u_a-u_c}{u_a-u_c} \end{cases} \tag{5-2-10}$$

式中：u_a、u_b和u_c是与最大主应力作用方向夹角分别为θ、$\theta+45°$、$\theta+90°$的 3 个方向上测到的孔壁径向位移值，θ是最大主应力至第一个测量元件之间的夹角；其他符号意义同前。

当 3 个测量元件之间互成 60°时，则垂直钻孔平面内天然应力的大小和方向，可按下列公式计算：

$$\begin{cases} \sigma_1 = \dfrac{E}{6R}\left[u_a+u_b+u_c+\dfrac{1}{\sqrt{2}}\sqrt{(u_a-u_b)^2+(u_b-u_c)^2+(u_c-u_a)^2}\right] \\ \sigma_3 = \dfrac{E}{6R}\left[u_a+u_b+u_c-\dfrac{1}{\sqrt{2}}\sqrt{(u_a-u_b)^2+(u_b-u_c)^2+(u_c-u_a)^2}\right] \\ \tan 2\theta = \dfrac{-\sqrt{3}(u_b-u_c)}{2u_a-(u_b+u_c)} \end{cases} \tag{5-2-11}$$

式中：u_a、u_b和 u_c是与最大主应力夹角分别为θ、$\theta+60°$、$\theta+120°$三个方向上测到的孔壁径向位移值；其他符号意义同前。

应力解除法根据钻孔深度可分为浅钻孔的应力解除法和深钻孔的应力解除法。深钻孔应力解除法是在浅钻孔应力解除法的基础上发展起来的，主要改进的问题有：能够适应深水中工作的深钻孔水下三向应变计、安装定位的触发装置、井下测定应变片方向的装置、深钻孔套钻技术、井下数据采集系统等。浅钻孔应力解除法最深的量测深度只能达 30 m，一般以测深 7 m ~ 12 m 为佳。瑞典国家电力局开发的深钻孔套孔应力法测量成套技术最大测深达 510 m。我国引进该设备后，经过重大改进和配套后，先后在长江三峡工程、广州抽水蓄能电站、杭州天荒坪抽水蓄能电站等工程中进行了大量测量。1984 年在三峡工程中，最大测深达 304 m，是国内套芯应力解除法的最高纪录。

3. *声发射法*

声发射法也称凯塞尔（Kaiser）效应等。声发射法的优点是简单易行，费用低廉，可以用较低的费用尽可能多地取得不同点的实测数据，更真实了解对不均匀分布的应力场的特征。缺点是主要技术缺乏可靠的理论支持。

声发射法是日本电力中央研究所 1977 年开发的一种通过室内试验测量岩石试件单轴压缩时发生变形或微破裂的声音确定岩体应力的测量技术。材料在受到外荷载作用时，其内部储存的应变能快速释放产生弹性波，从而发出声响，称为声发射。1950 年，德国人凯塞尔发现多晶金属的应力从其历史最高水平释放后，再重新加载，当应力未达到先前最大应力值时，很少有声发射产生，而当应力达到和超过历史最高水平后，声发射速率明显增加，这种声发射在从已经受过的应力水平转变为新的应力水平时，其特征性的增加，被称为凯塞尔效应。从很少产生声发射到大量产生声发射的转折点称为凯塞尔点，该点对应的应力即为材料先前受到的最大应力。后来国外许多学者证实了在岩石压缩试验中也存在凯塞尔效应，许多岩石如花岗岩、大理岩、石英岩、砂岩、安山岩、辉长岩、闪长岩、片麻岩、辉绿岩、灰岩、砾岩等也具有显著的凯塞尔效应，从而为应用这一技术测定岩体初始应力奠定了基础。

凯塞尔效应为测量岩石应力提供了一个途径。如果从原岩中取回定向的岩石试件，通过对加工的不同方向的岩石试件进行加载声发射试验，测定凯塞尔点，即可找出每个试件以前所受的最大应力，并进而求出取样点的原始（历史）三维应力状态。主要测试步骤如下所述。

1）试件制备

从现场钻孔提取岩石试样并确定在原环境状态下的方向。将试样加工成圆柱体试件，径高比为 1：2 ~ 1：3。为了确定测点三维应力状态，必须在该点的岩样中沿 6 个不同方向制备试件，假如该点局部坐标系为 *Oxyz*，则 3 个方向选为坐标轴方向，另 3 个方向选为 *Oxy*、*Oyz*、*Ozx* 平面内的轴角平分线方向。为了获得测试数据的统计规律，每个方向的试件为 15 块 ~ 25 块。

2）声发射测试

将试件放在单压缩试验机上加压，并同时监测加压过程中从试件中产生的声发射现象。图 5-2-3 是一组典型的监测系统框图。在该系统中，两个压电换能器（声发射接受探头）固定在试件上、下部，用以将岩石试件在受压过程中产生的弹性波转换成电信号。该信号经放大、鉴别之后送入定区检测单元，定区检测是检测两个探头之间特定区域里的声发射信号，区域外的信号被认为是噪声而不被接受。定区检测单元输出的信号送入计数控制单元，计数控制单元将规定的采样时间间隔内的声发射模拟量和数字量（事件数和振铃数）分别送到记录仪或显示器绘图、显示或打印。

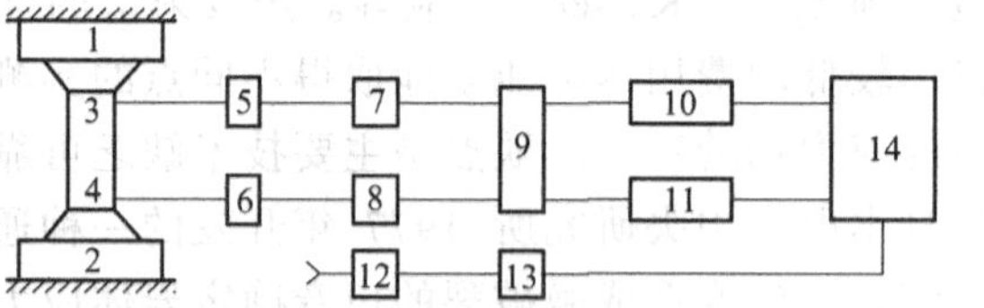

图 5-2-3　声发射监测系统框图

1—上压头；2—下压头；3—换能器 A；4—换能器 B；5—前置放大器 A；6—前置放大器 B；7—输入鉴别单元 A；8—输入鉴别单元 B；9—定区检测单元；10—计数控制单元 A；11—技术控制单元 B；12—压机油路压力传感器；13—压力电信号转换器；14—三笔函数记录仪器

3）计算地应力

由声发射监测所获得的应力-声发射事件数（速率）曲线（如图 5-2-4），即可确定每次试验的凯塞尔点，并进而确定该试件轴线方向先前受到的最大应力值。15 个 ~ 25 个试件获得一个方向的统计结果，6 个方向的应力值即可确定取样点的历史最大三维应力大小和方向。

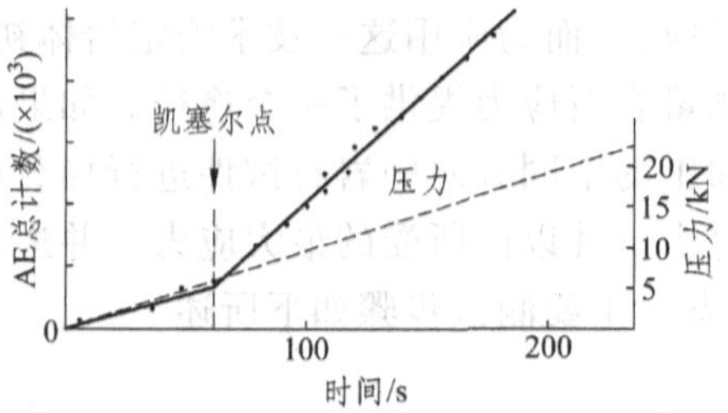

图 5-2-4　应力-声发射事件试验曲线图

根据凯塞尔效应的定义，用声发射法测得的是取样点的先存最大应力，而非现今地应力。但是也有一些人对此持相反意见，并提出了“视凯塞尔效应”的概念，认为声发射可获得两个凯塞尔点，一个对应于引起岩石饱和残余应变的应力，它与现今应力场一致，比历史最高应力值低，因此称为视凯塞尔点；在视凯塞尔点之后，还可获得另一个真正的凯塞尔点，它对应于历史最高应力。对于大多数岩石，凯塞尔点并不明显，因而给正确判断试验岩样对应的最大地应力值带来困难。为此，学者们提出通过绘出 AE 累积数对时间或外加应力的响应曲线，然后求出曲线斜率的突变点作为凯塞尔点。我国学者丁原辰通过实验发现了一种称为“抹录不净”的声发射现象，并提出了 AE 地应力估测法。薛亚东等（2000）从声发射深层机理出发，通过对声发射信号曲线特征的分析,计算声发射信号曲线的赫斯特指数(或分形维数)，确定声发射试验中的凯塞尔点。

由于声发射与弹性波传播有关，所以高强度的脆性岩石有较明显的声发射凯塞尔效应出现，而多孔隙低强度及塑性岩体的凯塞尔效应不明显，所以不能用声发射法测定比较软弱疏松岩体中的应力。

总的说来，在地应力测试中，声发射法作为一种新方法，相对于水压致裂法和应力解除法具有操作简单、成本低的优点，可以尽可能多地采集不同测点的岩样进行测试，以更多地获取地应力场变化规律，提高准确性，是其他方法很好的补充。

4. 关于地应力测试的提示

需要指出的是，传统的地应力测量和计算理论是建立在岩石为线弹性、连续、均质和各向同性的理论假设基础之上的，而一般岩体都具有程度不同的非线性、不连续性、不均质和各向异性。在由应力解除过程中获得的钻孔变形或应变值求地应力时，如忽视岩石的这些性质，必将导致计算出来的地应力与实际应力值有不同程度的差异，为提高地应力测量结果的可靠性和准确性，在进行结果计算、分析时必须考虑岩石的这些性质。下面是几种考虑和修正岩体非线性、不连续性、不均质性和各向异性的影响的主要方法：

（1）岩石非线性的影响及其正确的岩石弹性模量和泊松比确定方法。

（2）建立岩体不连续性、不均质性和各向异性模型并用相应程序计算地应力。

（3）根据岩石力学试验确定的现场岩体不连续性、不均质性和各向异性修正测量应变值。

（4）用数值分析方法修正岩石不连续性、不均质性和各向异性和非线性弹性的影响。

值得注意的是，由于地形起伏、构造分布、岩性差异、地温不均的影响，在测区内，不同地点地应力的差异可能相当大，把有限个别点测得的应力值作为区域应力值带来的误差应高度重视。

5.2.2 高地应力区岩体力学问题

地应力研究是岩体力学不可缺少的内容，岩体的本构关系、破坏准则以及岩体中应力传播规律都随地应力大小的变化而变化。在高地应力条件下，岩体的脆性表现不太明显，而塑性表现明显。结构面的存在所引起的各向异性也会明显减弱，表现出连续介质的特性，而且会呈现出高地应力的特殊现象。随着经济建设与国防建设的不断发展，地下空间开发不断走向深部，如逾千米乃至数千米的矿山（如金川镍矿和南非金矿等）、水电工程埋深逾千米的引水隧道、核废料的深层地下处置、深地下防护工程（如 700m 防护岩层下的北美防空司令部）等。地下深部岩体工程中，往往会遇到高地应力引起的工程问题，如巷道变形剧烈、采场矿压剧烈、采场失稳加剧、岩爆与冲击地压聚增、深部岩层高温等，故应加以特别重视。在高地应力区出现特殊岩体问题，给岩体工程稳定性提出了新的课题。

1. 高地应力区特征

1）岩芯饼化

钻探时取得的岩芯呈中厚边薄的片状，如大饼（图 5-2-5）。这是高地应力区的产物。且应力差越大，鼓出越明显。L. Obert 和 D. E. Stophenson（1965）用实验验证的方法获得了饼状岩芯，由此认定饼状岩芯是高地应力产物。从岩石力学破裂成因来看，岩芯饼化是剪张破裂的产物。

图 5-2-5　岩芯饼化现象

2）岩爆和剥离

在地下硐室施工过程中，岩石自发脆性破裂是高应力区的产物，多发生于坚硬脆性岩石中。岩爆是岩石被挤压到弹性限度，岩体内积聚的能量突然释放，使岩体发生急剧变形破坏和碎石抛掷，并发出剧烈声响、震动和气浪冲击的现象。

目前关于岩爆理论方面的研究主要包括强度理论、能量理论、冲击倾向理论、刚度理论和失稳理论。近年来，运用分叉理论、耗散结构理论、混沌理论等研究岩石变形的局部化问题以及岩石力学系统的稳定性问题，推动了岩爆发生条件及其岩石失稳理论在我国的发展。

3）隧道、巷道、钻孔的缩径

隧道、巷道、钻孔施工后产生缩径，也是地应力超过岩石强度的结果，但不剥离或爆炸，是软岩产生剪切流变的结果。

4）边坡、基坑错动台阶或回弹

在坚硬岩体表面开挖基坑或边坡，在开挖过程中会产生坑底突然隆起、断裂、剥离；或者在软硬相间岩石中产生错动台阶或回弹（图 5-2-6）。

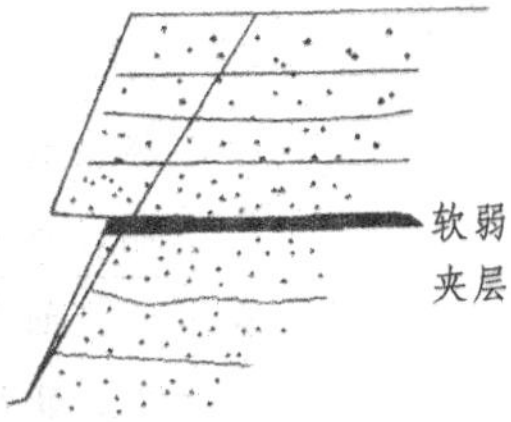

图 5-2-6　边坡错台

2. 高地应力判别准则

高地应力是一个相对的概念。由于不同岩石具有不同的弹性模量，岩石的储能性能也不同。一般来说，地区初始地应力大小与该地区岩体的变形特性有关，岩质坚硬，则储存弹性能多，地应力也大。因此高地应力是相对于围岩强度而言的。也就是说，当围岩内部的最大地应力与围岩强度 R_c 的比值达到某一水平时，才能称为高地应力或极高地应力。

目前在地下工程的设计施工中，都把围岩强度比作为判断围岩稳定性的重要指标，有的还作为围岩分级的重要指标。从这个角度讲，应该认识到埋深大不一定就存在高地应力问题，而埋深小但围岩强度很低的场合，如大变形的出现，也可能出现高地应力的问题。因此，在研究是否出现高或极高地应力问题时必须与围岩强度联系起来进行判定。

表 5.2.1 是一些以围岩强度比为指标的地应力分级标准，可以参考。

表 5.2.1　地应力分级基准（围岩强度比）

应力情况 / 分级标准	极高地应力	高地应力	一般地应力
法国隧道协会	<2	2 ~ 4	>4
日本新奥法指南（1996）	<2	4 ~ 6	>6
日本仲野分级	<2	2 ~ 4	>4
《工程岩体分级标准》	<4	4 ~ 7	>7

围岩强度比与围岩开挖后的破坏现象有关，特别是与岩爆、大变形有关。前者是在坚硬完整的岩体中可能发生的现象，后者是在软弱或土质地层中可能发生的现象。表 5.2.2 所示是在工程岩体分级基准中的有关描述，而日本学者仲野则是以是否产生塑性地压来判定的。

表 5.2.2 高初始地应力岩体在开挖中出现的主要现象

应力情况	主要现象	R_c/σ_{max}
极高应力	硬质岩：开挖过程中时有岩爆发生，有岩块弹出，硐室岩体发生剥离，新生裂缝多，成硐性差，基坑有剥离现象，成形性差。 软质岩：岩芯常有饼化现象。开挖工程中硐壁岩体有剥离，位移极为显著，甚至发生大位移，持续时间长。不易成硐，基坑发生显著隆起或剥离，不易成形	<4
高应力	硬质岩：开挖过程中可能出现岩爆，硐壁岩体有剥离和掉块现象，新生裂缝较多，成硐性较差，基坑时有剥离现象，成形性一般尚好。 软质岩：岩芯时有饼化现象。开挖工程中硐壁岩体位移显著，持续时间长，成硐性差。基坑有隆起现象，成形性较差	4 ~ 7

5.3 岩体地球物理测试方法

除了常规的岩体工程性质的测试，还有大量与工程相关的测试和监测。一般，这些测试和监测或是为工程设计进行的“勘察”，或是为验证工程安全进行的“评估”。

大体上，岩体工程测试可以分为两类，为查明岩体物质空间分布特征的“地球物理勘探”方法和为评估岩体工程安全性的特定测试方法。

为查明岩体物质空间分布特征，除了有限的钻孔勘探之外，对岩体中不同物质成分的分界面(如松散体与基岩界面)、典型的地质构造单元(如断层)、一些特殊不良地质单元 (如地下溶洞、采空区)、风化、地下水等的分布状态等，常采用地球物理勘探方法以获取较大范围内连续分布的信息。

在岩体工程中，经常采用的物探方法主要有电法 (电阻率法、高密度电阻率法、瞬变电磁等)、地震波法 (折射、反射、面波等)、弹性波 (声波)

法、层析成像法（地震 CT、电磁 CT、声波 CT 等）、地质雷达法等。各种方法的适用性要由地质条件决定。本节介绍岩体工程常用测试方法。

5.3.1 电阻率法探测技术

电阻率法探测是以研究地下岩体的电阻率差异为基础的一种地球物理方法。它是利用不同岩（矿）石与围岩之间具有某些电学性质的差异，通过对地下半空间（或全空间）人工电场或天然电场的观测与研究，达到探测岩体、找矿和解决其他地质问题的目的。电阻率法研究参数较多，测量方法及装置形式多样，因而派生出适应于不同探查目的和不同地电条件的多种方法。

根据所研究地质问题的不同，电阻率法工作方法主要可分为两大类：电剖面法和电测深法。电剖面法是保持供电电极和测量电极间距不变，沿测线方向进行视电阻率测量，根据视电阻率ρ_s的变化来推断该剖面的横向地下地质情况的电阻率法探测。电测深法是测量观测点下垂直方向上视电阻率ρ_s的变化，借以研究地下不同深度的岩层分布状况的一种电阻率方法。

电测深法用以探测比较平缓的岩层和成层地质体的垂向分布，如测定覆盖层、风化层厚度、隐伏构造、岩溶、滑坡滑面、地下水源等。电剖面法则可探查水平向地质情况的变化，如寻找断层破碎带、岩溶、洞穴、岩性界线的位置和倾向等。

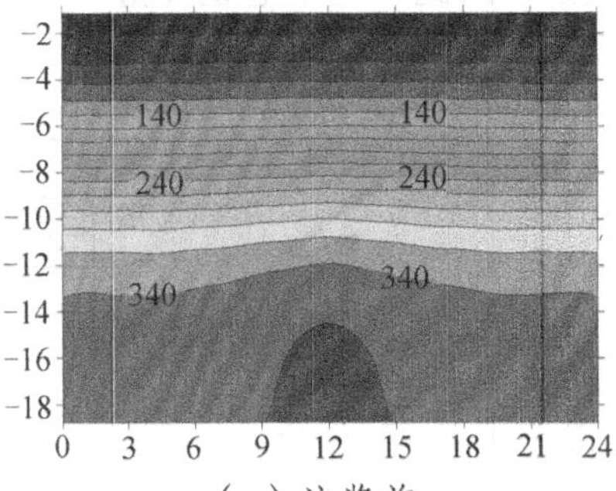

（a）注浆前

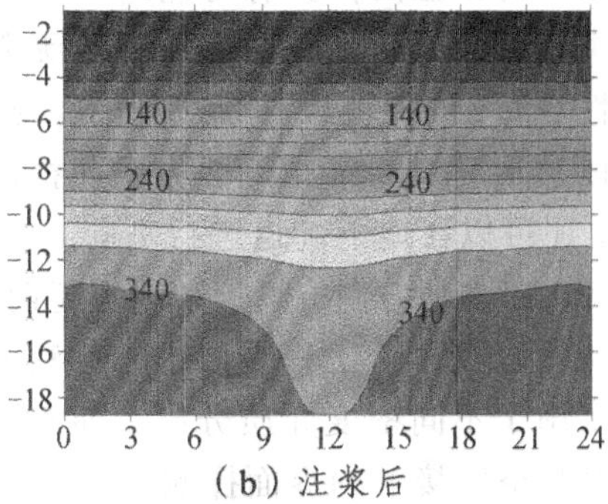

（b）注浆后

图 5-3-1　溶洞注浆前后视电阻率等值线图

图 5-3-1 表示某溶洞注浆前后视电阻率等值线。溶洞处上覆土层，层厚为 2 m，溶洞硐径 3 m，埋深 4 m。从图中可以看出，注浆前，在溶洞位置处呈现高阻异常（有空洞存在）。注浆后溶洞位置处，岩土体呈现低阻异常。定量解释结果表明，土层电阻率约为 40 Ω · m，灰岩电阻率约为 350 Ω · m，充

填入溶洞中的水泥浆电阻率约为 40 Ω · m。图中溶洞位置处视电阻率在注浆后明显下降，注浆前后差值最大为 27 Ω · m，最大变化率为 7.4%，溶洞位置整体变化率约 5%，注浆前后视电阻率存在明显变化。

5.3.2 瑞利波法探测技术

瑞利波是弹性波中表面波的一种。根据波动理论，弹性波在不同密度的介质中传播的速度是不同的。在岩体中，由于岩石类型或结构面发育程度不同，其体积密度就不同，由此，可以通过测定波速达到划分不同岩体界面的目的。弹性波探测的传统方法（反射、折射等）已经常见，本节不再赘述。

弹性波在到达物性分界面上时会产生反射、折射现象，并在一定条件下叠加产生沿界面传播的面波。1887 年，瑞利（Rayleigh）发现了瑞利面波的存在并揭示了瑞利面波在弹性半空间介质中的传播特性。随后，人们又发现了瑞利面波的频散特性，随之开始了利用瑞利波探测深部地球内部结构的研究。20 世纪 70 年代初，国外学者利用瞬态激振产生的瑞利波来研究浅部地质问题，80 年代初日本 VIC 公司研制成功稳态激振瑞利波探测仪 GR-810，我国自 80 年代末开始进行瑞利波探测技术的试验研究，主要应用于解决工程勘察、煤矿井下探测等地质问题，取得了许多可喜成果。

面波常规的探测方法是地面垂直探测。实际上，只要有空气与岩石（或土层）的接触面，就有可能进行瑞利波探测，因此，地下巷道（隧道、煤矿井下巷道）的某一面是非理想半无限弹性空间，同样可以进行瑞利波探测。所以，瑞利波除了在地面做垂向探测外，还可以在地下巷道进行垂向（顶、底板）和水平方向（侧壁和巷道超前）的探测。在实际工程应用中，瑞利波也常用于不同密度介质分层，而不仅是对与空气接触的界面探测。

由于瑞利波是一种表面波，其探测深度有一定限制。一般是震波波长的一半。常用的工程面波仪的有效探测深度一般为 25 m ~ 30 m。

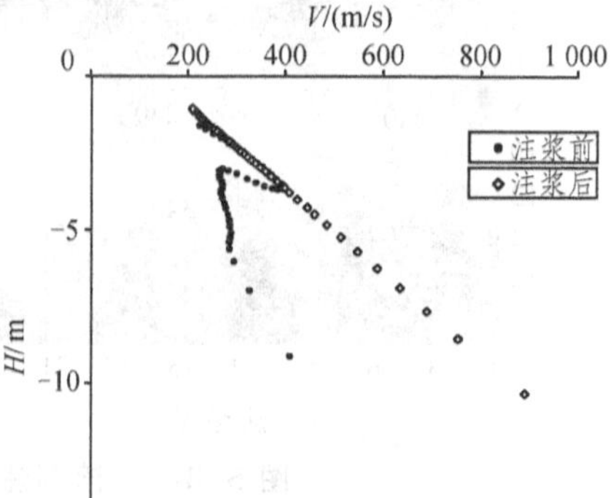

图 5-3-2　注浆前后频散曲线图

图 5-3-2 为岩溶注浆前后频散曲

线对比图，注浆前 4 m ~ 6 m 频散曲线内凹，到 6 m 时频散曲线开始变得光滑平直，因此可将溶洞范围确定为 4 m ~ 6 m。6 m 以下频散点重新集中。注浆后频散曲线形态发生显著变化，频散点相对注浆前较为集中，“之”形扭曲消失，频散点的跳跃也消失，波速值明显提高。

5.3.3 层析成像（CT）法探测技术

层析成像法是在两个钻孔或坑道中分别发射和接收不同频率的波，根据不同位置上接收的场强的大小来确定地下不同介质分布的一种地下地球物理勘察方法。由于组成岩体的物质成分和空隙率的不同，对不同频率波的吸收程度就不同，由此来探测岩体中物质组成的分布。常见的激发方式有微爆方式产生的地震波、换能器产生的超声波、高频无线发射机发射的电磁波等。不同激发方式也就分别称为地震 CT、声波 CT、电磁 CT 等。

以电磁 CT 为例，地下介质的不同物性分布对电磁波的作用主要表现在对电磁波能量的吸收。这种吸收作用与地下介质的裂隙分布、含水程度、矿物质的含量，以及不同的岩性分布等因素有关。通过两个钻孔之间电磁波扫描观测，利用层析成像反演算法，将不同岩性导致的电磁波能量上的差异分布转变成二维介质分布图像，进而推断地下的地质结构情况。

电磁波层析成像的基本思想是：在两相邻钻孔分别布置接收天线和发射天线，通过两个天线的上下移动，多次接收，可得到若干条射线（图 5-3-3）。每条射线记录了该点的电磁波场强，它能反映沿射线方向介质的电磁波吸收系数情况。当测量区域中某点附近有数条射线通过时，即可通过公式求得该点的物性参数。

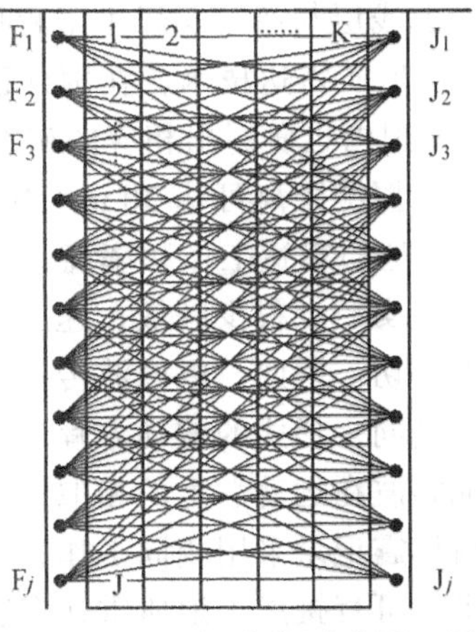

图 5-3-3 层析成像测试原理图

电磁波 CT 适用于探测钻孔间或钻孔周围的岩溶洞穴、破碎带等低阻体。图 5-3-4 为某采空区注浆处理效果电磁波 CT 图像。该剖面长 21.36 m，孔口高程分别为 549.18 m 和 547.97 m。由图可以看出：该剖面中发现的异常位于剖面底部 501 m ~ 507 m的高程范围内，异常中间高两头尖灭，与两个钻孔几乎相连，解释为两孔之间的回填碎石土和充填的水泥粉煤灰引起。

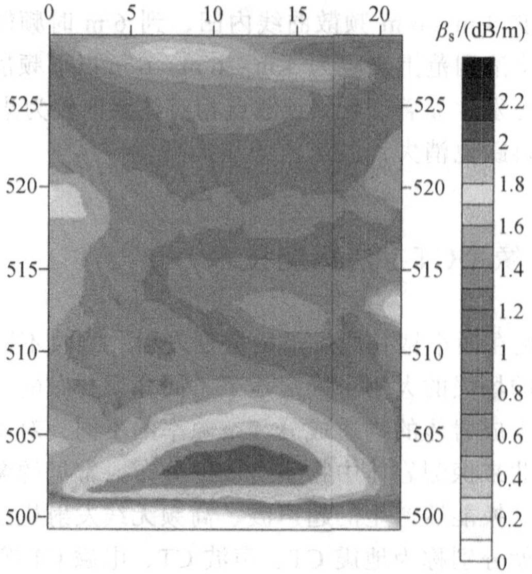

图 5-3-4　电磁波 CT 图像

5.3.4　地质雷达探测技术

地质雷达是利用超高频（10^6 Hz ~ 10^9 Hz）脉冲电磁波在不同密度的介质分界面的反射的强度差异来探测地下介质分布的一种地球物理探测方法。实践表明，它可以分辨地下 0.1 m 尺度的介质分布，因而该技术已广泛应用于坝基路面、工程地质、寻找地下埋设物及空洞，以及煤矿井下地质探测等方面的浅层与超浅层岩土工程探测工作，取得了比较理想的地质效果。

地质雷达技术，在国外已研制出电脑控制的终端处理技术和自动成图系统。国内也研制出相应的矿井地质雷达，虽然在控制处理方面尚落后于国外，但其探测距离可达 30 m ~ 40 m，并取得了一定的地质效果。

地质雷达工作频率高，在介质中以位移电流为主，高频宽频带电磁波传播，实质上很少频散，速度基本上由介质的介电性质决定，而与频率关系不太密切。因此，电磁波传播理论与弹性波的传播理论有许多类似之处，两者遵循同一形式的波动方程，只是方程中变量代表的物理意义不同。雷达波与地震波在运动学上的相似性，可以在资料处理中加以利用，当地质雷达记录与地震记录采用相同工作方式时，在地震资料处理中已经广泛使用的许多技术，可直接用于地质雷达资料处理，只须简单改变输入参数以及重新确定比例尺。

利用地质雷达进行探测时，根据探测目标和位置的不同，通常采用以下几种方法。

1. 同位发射-接收法

在同一点位设置发射天线和接收天线，同时发射脉冲信号和接收目标反射信号，根据回波信号走时来计算目标距离和位置。在井下掘进工作面超前探测时，发射点（T）和接收点（R）相距在 0.5 m～1 m 的位置上架设天线。架设天线时，要先铲平工作面岩层，将天线紧贴岩壁，并用金属网将四周围好，避免漏场。

2. 剖面法

发射天线（T）和接收天线（R）以固定间距沿测线同步移动，发射天线和接收天线同时移动一次便获得一个记录。当发-收天线同步沿测线移动时，就可以得到由多个记录组成的地质雷达时间剖面图像。横坐标为天线在地表测线上的位置，纵坐标为雷达脉冲从发射天线发出经地下界面反射回到接收天线的双程走时。这种记录能准确地反映测线下方各个反射面的起伏变化。这种方法能在地面施工、井下巷道底板探测和侧壁探测中应用。

3. 多次覆盖法

地质雷达探测来自深部界面的反射波时，由于信噪比过低，不易识别回波。这时可采用类似于地震的多次覆盖技术，应用不同天线距的发射-接收天线对同一测线进行重复测量，然后把所得的测量记录中测点位置（共深点）相同记录进行叠加处理，能增加所得记录对地下介质的分辨率。

4. 广角法

当一个天线固定在地面某点不动，而另一天线沿测线移动，记录地下各个不同层面反射波的双程走时，这种测量方法称为广角法。它主要用来求取地下介质的电磁波传播速度，在时域内研究地下构造以及反射面的深度。

5. 多天线法

这种方法是利用多天线（如 4 个天线或天线对）进行测量。每个天线道使用的频率可以相同或不同。每个天线道的参数如点位、测量时窗、增益等都可以单独设置程序。多天线测量主要使用两种方式：第一种方式是所有天线相继工作，形成多次单独扫描，多次扫描使得一次测量覆盖的面积广，从而提高工作效率，另外，也可以利用多次扫描结果进行叠加处理，有利于提高系统的信噪比；第二种是所有天线同时工作，利用时间偏移推迟各道的接收时间，可以形成一个合成雷达记录，改善系统聚焦特征即天线的方向特性。聚焦程度取决于各天线之间的间隔大小。

5.3.5 岩体波速测试

岩体声波探测是利用声波作为信息的载体，测量声波在岩体内传播的波速、振幅、频率、相位等特征，来研究岩体的物理力学性质、构造特征及应力状态的方法。声波探测具有分辨率高、简便、快速、经济，便于重复测试，并且对岩体是无损检测等突出的优点，已成为岩体工程中的一种重要测试手段。

国外早在 20 世纪 60 年代末期，已将声波测试技术用于岩体探测，以研究岩石的力学性质、岩石裂隙的状况，并且利用声全息技术，得到岩体内部的立体照片。自 20 世纪 70 年代以来，我国水电、铁路、煤炭、石油及建筑等部门的岩土工程勘测设计和施工中，越来越广泛地应用声波技术进行岩体现场测定，取得了一些重要成果。

目前岩体声波探测主要解决的问题有：岩体的工程地质分类；确定围岩松动圈的范围，为合理设计锚杆长度、喷浆或衬砌厚度提供依据；测定岩体物理力学参数，包括动弹性模量、泊松比、单轴抗压强度及密度等；工程注浆效果检测；煤柱、岩柱稳定性评价；混凝土探伤及强度检测；冻结法凿井时，冻结壁厚度的检测；断层、裂隙及溶洞等地质异常的研究；地应力测试；冲击地压、煤与瓦斯的突出及地震灾害的预报等。

5.4 岩体工程模型试验

长期以来，模型实验技术一直是解决复杂工程课题的重要手段。它采用天然或人工材料，应用相似理论，根据所模拟的实体原型制成相似模型，通过对模型上有关力学参数、变形状态的测试与分析，推断实体原型上可能出现的力学机制，为岩土工程设计提供参考。实验模拟技术主要有相似材料模型法、离心模型实验法、光测弹性法及底摩擦法等。实验模拟技术始于 20 世纪初，经过百余年的发展，已深入到越来越多的研究领域，广泛应用于坝工、水工水力学、河流泥沙、海工、结构稳定性等问题的研究中，并形成了比较成熟的理论。

5.4.1 相似模型法

相似模型实验是按照一定的相似准则采用物理模型实验的方法来了解原型结构物的受力和变形状态。它是研究工程问题失稳全过程和破坏机理的直观而有效的手段，不仅能研究结构与基础的联合作用，而且可以比较全面地模拟各种地质结构。

在计算机数值方法以前，这类方法在物理、力学和其他工程学科中应用是十分广泛的。20 世纪 60 年代以来，模型实验被我国广泛用于水利、采矿、地质、铁道以及岩土工程等部门，并取得了显著的技术成就和经济效益。如 20 世纪 80 年代，清华大学水利系就为葛洲坝水库的建设进行了相似材料模型实验。经过长期的研究，已经在理论、模型材料、实验设备与技术等方面积累了相当丰富的经验，取得了一些显著的成果。目前我国模型实验研究技术越来越成熟，仪器设备越来越先进，在测量设备方面，引进模型材料压模机、高精度电感式位移传感器、微机监控自动采集系统等。

1. 相似理论

相似模拟实验的理论根据是相似原理，亦即要求模型与实体（原型）相似，根据模型的情况反映出原型的情况。模型与原型，除了几何形状相似以外，同类物理量，比如应力、应变、位移、重度、弹性模量、摩擦系数、泊松比、各种强度等等，也必须满足一定的比例关系。这些比例必须满足各种力学条件，如弹性力学上的平衡微分方程、几何方程、边界条件等。因这些方程必须当几何特征、有关物理常数、初始条件及边界条件确定后才能解算，所以，要使模型与原型完全相似，模型的几何特征、物理常数、初始条件和边界条件都必须和原型相似。概括之，相似原理可简单表述如下：若有两个系统（模型与原型）相似，则它们的几何特征和各个对应的物理量必然互相成一定的比例关系。这样，就可以实验测定某一系统（模型）的物理量，再按一定的比例关系推求另一系统（原型）的对应物理量。相似理论的基础是三个相似定理。

1）相似第一定理

若两种现象相似，需要满足两个条件：

（1）相似现象各对应物理量之比应为常数，这个常数为相似常数。

相似力学系统之间，长度、时间、力、速度、质量等属于基本物理量，对应的物理量之间应满足以下比例关系。

几何相似：要求模型与原型的几何相似，必须将原型的尺寸按一定比例缩放，几何相似比α_l为常数，即：

$$\alpha_l = \frac{L_{\rm p}}{L_{\rm m}} \tag{5-4-1}$$

式中：α_l为几何相似比；$L_{\rm p}$为原型的尺寸；$L_{\rm m}$为模型的尺寸。

由此可推知，面积相似比$\alpha_A = \alpha_l^2$，体积相似比$\alpha_V = \alpha_l^3$。

运动相似：要求模型中与原型中所有对应点的运动情况相似，包括速度、加速度、运动时间等。以α_t表示时间相似比，那么运动要求α_t为常数，即：

$$\alpha_t = \frac{t_{\rm p}}{t_{\rm m}} \tag{5-4-2}$$

式中：α_t为时间相似比；$t_{\rm p}$为原型的时间；$t_{\rm m}$为模型的时间。

由此可推知速度相似比和加速度相似比有：

$$\alpha_v = \frac{v_{\rm p}}{v_{\rm m}} = \frac{L_{\rm p}/t_{\rm p}}{L_{\rm m}/t_{\rm m}} = \frac{\alpha_l}{\alpha_t} \tag{5-4-3}$$

$$\alpha_a = \frac{a_{\rm p}}{a_{\rm m}} = \frac{L_{\rm p}/t_{\rm p}^2}{L_{\rm m}/t_{\rm m}^2} = \frac{\alpha_l}{\alpha_t^2} \tag{5-4-4}$$

动力相似：动力相似要求模型与原型的有关作用力相似，即重力、荷载等。`在几何相似的前提下，对重力相似而言，要求模型与原型的重度比值为常数，即重度相似比：

$$\alpha_\gamma = \frac{\gamma_{\rm p}}{\gamma_{\rm m}} \tag{5-4-5}$$

则重力相似比为：

$$\alpha_P = \frac{P_{\rm p}}{P_{\rm m}} = \frac{\gamma_{\rm p} \cdot V_{\rm p}}{\gamma_{\rm m} \cdot V_{\rm m}} = \alpha_\gamma \alpha_l^3 \tag{5-4-6}$$

以上说明，要使模型与原型相似，必须满足模型与原型中各对应物理量成一定比例关系。

（2）相似现象均可用同一个基本方程式描述，因此各相似比不能任意选取，它们将受某个公共数学方程的相互制约。

如对于两个运动力学系统，应服从牛顿第二定律，对于原型 $F_p = m_p \cdot a_p$，对于模型 $F_m = m_m \cdot a_m$。于是惯性力相似比为$\alpha_F = F_p/F_m$，质量相似比$\alpha_m = m_p/m_m$，可以推导出只有$\dfrac{\alpha_m \cdot \alpha_a}{\alpha_F} = 1$时，两个系统的基本方程才相同。说明在$\alpha_F$、$\alpha_m$、$\alpha_a$三个相似常数中，如果任意选定两个以后，其余的一个常数就已经确定，而不允许再任意选取。通常称这个约束各相似常数的指标 $K = \dfrac{\alpha_m \cdot \alpha_a}{\alpha_F} = 1$为相似指标。

另外，根据相似指标有：

$$\frac{F_m \cdot m_p \cdot a_p}{F_p \cdot m_m \cdot a_m} = 1$$

于是

$$\frac{F_p}{m_p \cdot a_p} = \frac{m_m \cdot a_m}{F_m} = \Pi \tag{5-4-7}$$

式（5-4-7）说明原型与模型中各对应物理量之间保持的比例关系是相同的，都等于一个常数Π，在相似理论中称这个常数为相似判据。

于是相似第一定律又可表述为：相似现象是指具有相同的方程式与相同判据的现象群，也可简述为相似的现象，其相似指标等于 1，而相似准则的数值相同。

2）相似第二定理（Π定理）

相似第二定律认为“约束两相似现象的基本物理方程可以用量纲分析的方法转换成相似判据Π方程来表达的新方程，即转换成Π方程，且两个相似系统的Π方程必须相同”。

Π定理的基本含义如下：

设一物理系统有几个物理量，并且在这几个物理量中含有 m 个量纲，那么独立的相似判据Π值为 $n-m$ 个。

两个相似现象的物理方程可以用这些物理量的（$n-m$）个无量纲的关系式来表示，而Π_1，Π_1，…，Π_{n-m}之间的函数关系为$f(\Pi_1 \Pi_2 \Pi_3 \cdots \Pi_{n-m}) = 0$，该式称为判据关系或称Π关系式。对彼此相似的现象，在对应点和对应时刻上相似判据则都保持同值，所以它们的Π关系式也应当是相同的，那么原型和模型的Π关系式分别为：

$$\begin{cases} f(\Pi_1 \Pi_2 \Pi_3 \cdots \Pi_{n-m})_{\mathrm{p}} = 0 \\ f(\Pi_1 \Pi_2 \Pi_3 \cdots \Pi_{n-m})_{\mathrm{m}} = 0 \end{cases} \tag{5-4-8}$$

如果在所研究的现象中，没有找到描述它的方程，但该现象有决定意义的物理量是清楚的，则可通过量纲分析运用Π定理来确定相似判据，从而建立模型与原型之间的相似关系。所以相似第二定理更广泛地概括了两个系统的相似条件。

3）相似第三定理

相似第三定理认为对于同类物理现象，如果单值量相似，而且由单值量所组成的相似判据在数值上相等，现象才互相相似。

所谓单值量是指单值条件下的物理量，而单值条件是将一个个别现象从同类现象中区分开来，亦即将现象的通解变成特解的具体条件。单值条件包括几何条件、介质条件、边界条件、初始条件等。现象的各种物理量实质上都是由单值条件引出的。

相似第三定理由于直接同代表具体现象的单值条件相联系，并强调了单值量的相似，所以就显示出它科学上的严密性。

从上述三个相似定理可知，根据相似第一定理，便可在模型实验中将模型系统中得到的相似判据推广到所模拟的原型系统中；用相似第二定理则可将模型中所得到的实验结果用于与之相似的实物上；相似第三定理指出了模型实验所必须遵守的法则。

2. 相似材料

除了直接采用原介质材料外，大部分实验采用最能反映原型力学特征的材料。经试验表明，用单一的天然材料直接作为相似材料应用面较窄。根据多年的研究和实践，静力学条件下的模型材料主要由天然材料（如石膏、石灰、石英砂、河砂、黏土、金属粉、木屑等）和人工材料（水泥、石蜡、松香、树脂、黄油等）单独或混合配制而成。因此，相似材料一般是多种成分的混合物。模型材料选配是一个反复实验的过程。一般要经过初配制样—材料实验—修改配方—实验的多次反复，直到基本满足设计要求。

理想的模型材料应具备以下条件：

（1）均匀、各向同性。

（2）力学性质稳定，不易受环境条件（温度、湿度等）的影响。

（3）改变原料配比，相似材料的力学性能变化不大，这可保证材料力学性能的稳定性，利于进行重复实验。

（4）便于模型加工、制作。

（5）易于量测（如粘贴应变片、安装位移计等）。

（6）取材容易，价格低廉。

相似材料的选择，必须兼顾各个方面，应考虑到所有可能影响实验结果的因素，权衡轻重，力求把因材料性质导致的模型畸变减至最低。

对理想线弹性相似材料，材料应具有线性应力-应变关系，卸载后材料应恢复到原来的状态，具有与原型相同或接近的泊松比。

如果希望模型实验反映原型结构的破坏部位、破坏形态和破坏发展过程，则除了对线弹性材料的上述要求外，还要求相似材料与原型材料在整个极限荷载范围内应力-应变关系保持相似；材料的极限强度有相同的相似常数。对于地下工程，应首先对原型材料的物理力学性能进行全面了解，尤其是对工程地质条件，以及室内和现场原位实验的结果，都应了解清楚。这样，才能使相似材料的研究有针对性。

正确地选择相似材料往往是模型实验成功与否的关键。相似材料选取正确，模型实验的成功就有了一大半的把握。然而，如上所述，要获得一种全面、正确反映原型物理力学性能的相似材料非常困难。因此，国内外许多从事结构模型实验的研究人员，都把相似材料的研究作为最重要的内容之一。

3. 加载方式

加载方法应根据实验目的和荷载形式而定，也应考虑模型的比例及结构特点。选择加载方法的基本原则是，在满足实验要求的前提下，尽可能简单易行。

1）体力的施加

体力主要是结构或岩土体的自重，往往用分散的集中力代替体力，这种方法主要用于大体积模型实验，如边坡、坝体等。当模型用低重度材料制作，而体力的影响又不可忽略时，可用此法。将模型划分成许多部分，找出每一部分的重心，然后在每一重心处或其上竖直延伸线上适当位置，施加等于该部分模型自重的集中荷载。

2）面力的施加

主要采用油压千斤顶或液压囊加载。

油压千斤顶是模型实验中应用最广的加载方法。其主要优点是可以根据需要连续调整千斤顶的油压，满足实验要求。油压千斤顶加载系统一般由高压油泵（电动或手动）、稳压器、分油器、油压千斤顶、油压表（或液压传感器）和传压垫块组成。油压千斤顶根据其活塞直径的大小（以 mm 为单位）分为若干规格。量测压力一般用油压表，它装在分油器上。为了提高加载精度，有时也在千斤顶活塞前安装压力传感器，用静态应变仪测读千斤顶的实际出力。传压垫块可用钢板、木块或石膏块，其作用是将千斤顶施加的集中荷载转化为均布荷载。

为实现实验要求的荷载分布形式（均布、梯形等），有时需用由多组（规格不同）千斤顶或钢构件组成的荷载分配系统。

液压囊加载方法是在油压千斤顶系统中用液压囊代替千斤顶，其优点是更好地实施柔性加载而使荷载分布更趋均匀。液压囊一般用耐油橡胶制作。

3）集中荷载施加

一般用油压千斤顶直接施加在加载点上。此外，还有其他一些加载方法，如杠杆加载、拉杆加载、水银橡胶袋（主要模拟静水压力）、在模型上表面放置铅砂或其他重物等。

4）加载台架

对于平面模型而言，加载台架有卧式和立式之分。

卧式台架宜于进行平面应变实验，实验时模型平放在台架底座上，四个（组）千斤顶分别安装在模型的四个侧面，施加互相垂直的荷载（其中两个（组）模拟原型所受的竖向荷载，另两个（组）模拟原型所受的水平荷载）。采用卧式台架，模型安装比较容易，但在进行破坏实验时，因为这种实验状态忽略了重力（竖向力）的影响，破坏发展情况与实际不大相符。

立式台架是指进行实验时，模型直立于台架上，模拟竖向荷载及水平荷载的千斤顶分别置于模型的上部和两侧。比较而言，在立式台架上模型和千斤顶的安装要困难一些，但模型的受力状态却更接近实际。较长一段时间以来，立式台架主要用于平面应力实验。

4. 测试技术

实验的目的不仅要获得变形破坏的定性结果，而且要获得过程和定量数据，因此，实验量测是成果的主要体现。由于研究的目的和内容不同，测试手段也就各不相同。尽管实验类型较多，但在测试方法上，有其不同的规律，量测的基本原理大多是相同的。

随着量测技术和仪器设备的日益完善，测试技术水平得到了不断的改进和提高。使用快速多点自动巡回检测方法为大型整体结构模型实验尤其是破坏实验提供了十分有利的条件。同样，有了极小尺寸的电阻应变片，对结构局部地方的应力分布甚至应力集中就有可能较为精确地测出。数字信息处理、微处理设备的应用使量测系统更趋完善，为一些难度较大的模型实验提供了有效的手段。

相似模拟实验中，需要观测的内容主要有模型变形、模型位移、模型内应力、模型破坏现象等。量测方法主要有机械法、光测法和电测法。对于应力，通过对应变的量测并由应力应变关系即可将应变值换算为应力值。对于位移和荷载，除直接量测外，也可以通过对应变的量测，然后换算为位移或荷载。因此，应变是一个最基本的量测量。

1）机械法

机械法是一种早期广泛使用的较为直观的测量方法，主要通过百分表、千分表量测模型的变形。该方法直观，设备简单，无需电源，基本不受外界干扰，结果可靠。但由于其量测精度差、灵敏度低，不能远距离观察和自动记录，该方法在有些实验中已被电测法取代。

2）电测法

电测法主要是指用应变片、应变仪测模型各测点应变的方法。当模型受荷载作用时，贴在模型表面的应变片的电阻发生变化，应变片的电阻变化经过电阻应变仪的处理，即表现出每一测点的应变值。电测法灵敏度高，量测元件小，可同时对多点进行量测并自动记录，可远距离操作。缺点是：对测试环境、测试技术要求高，低强度材料会出现“刚化效应”。

实际上，电测法除了通过应变片直接量测模型表面的应变之外，还包括用电阻式或电感式位移传感器测位移，以及用电阻应变式压力传感器量测土压力及接触压力等。

3）光测法

光测法是应用力学和光学原理相结合的量测方法，如水准仪测量法、光弹应力分析法、激光散斑干涉法、激光全息干涉法、摄影法等。由于模型材料的不透光性，光弹应力分析法仅在某些用于表面涂层法和光弹片法的量测中使用，激光全息干涉法和散斑干涉法是一种先进的测试技术，具有精度高、稳定可靠等优点，但设备复杂，对环境要求高。因此在一般实验室条件下对整体模型实验的应用还不太多。

5.4.2 离心模型法

离心模型实验即是采用较小比例的模型，通过离心机产生的离心力来模拟结构物所受到的自重应力，使模型的应力水平与原型相同，从而达到分析原型结构物特性的目的。

最早提出离心模型实验思想的是法国工程师 Edouard Phillips，他从弹性体系的平衡微分方程的角度，推导了一些必要的相似比例关系，并提出了一系列的离心机设计原则。1931 年美国哥伦比亚大学的 Bucky 首先应用于矿山硐室的研究，与此同时，前苏联也进行了更大规模的离心模型实验研究，开创了离心模型实验研究的新时代。从此，世界各国充分认识到土工离心模拟技术的重要性，大力发展离心机，进行各个方面的研究，如边坡的稳定性、地基基础与地下硐室、振动与冲击效应，并取得了引人注目的辉煌成就，如 D. P. Adhikary 等（1997）利用人工材料离心模型实验，研究了节理岩质边坡弯曲倾倒破坏机理。

20 世纪 80 年代，我国开始进行了土工离心模拟技术的研究工作，并相继在南京水利科学研究院、长江水利水电科学研究院、北京水利水电科学研究院、长江科学院、同济大学、西南交通大学、四川大学等建设了专用的土工离心机实验室，并进行了大量的实验研究。

将模型放在如图 5-4-1 所示的离心机上，用回转产生的离心力来模拟岩体所受的自重应力场，然后利用电测设备来测量岩体中的应力、应变，用照相设备来记录破坏特征，这种方法称为离心模型法。

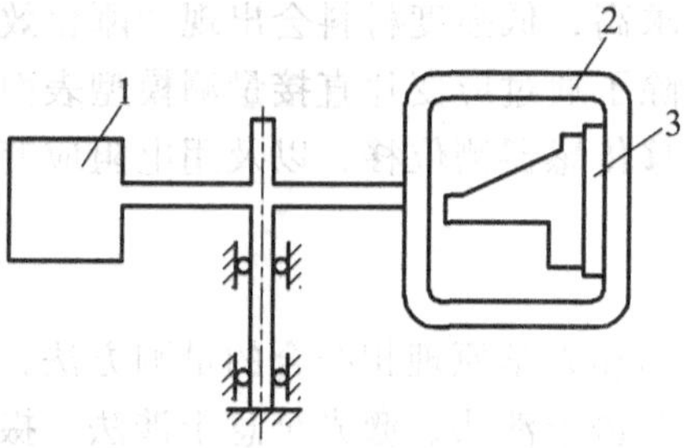

图 5-4-1　离心模型法的原理图

1—配重；2—模型箱；3—模型

由于模型内任意一点所产生的应力与模型对应点所产生的应力相同,即：

$$\sigma_p = \sigma_m \tag{5-4-9}$$

式中：σ_p 表示原型的应力；σ_m 表示模型的应力。

材料自重应力：

$$\begin{cases} \sigma_p = \gamma_p \cdot h_p \\ \sigma_m = \gamma_m \cdot h_m \end{cases} \tag{5-4-10}$$

式中：γ_p 表示原型材料的重度；γ_m 表示模型材料的重度；h_p 表示原型的高度；h_m 表示模型的高度。

将式（5-4-10）代入式（5-4-9）：

$$\gamma_{\mathrm{m}}=\frac{h_{\mathrm{p}}}{h_{\mathrm{m}}}\cdot\gamma_{\mathrm{p}} \tag{5-4-11}$$

若模型几何相似比为 N，则有：

$$\gamma_{\mathrm{m}}=N\gamma_{\mathrm{p}} \tag{5-4-12}$$

从式（5-4-12）可以看出，当模型缩小到原形的 $1/N$ 时，要保持模型与原型应力水平相同，则必须使模型的重度为原型重度的 N 倍。

若原型与模型材料密度相同，则原型材料与模型材料的重度可表示为：

$$\begin{cases}\gamma_{\mathrm{m}}=\rho a_{\mathrm{m}}\\ \gamma_{\mathrm{p}}=\rho g\end{cases} \tag{5-4-13}$$

式中：ρ表示材料密度；a_{m}表示离心加速度；g表示重力加速度。

将式（5-4-13）代入式（5-4-12）：

$$a_{\mathrm{m}}=Ng \tag{5-4-14}$$

可知，若模型为原型尺寸的 $1/N$，当离心加速度增加到 N 倍重力加速度时，模型与原型便具有相同的应力水平。

由理论力学可知：

$$a_{\mathrm{m}}=\omega^2 R \tag{5-4-15}$$

$$\omega=\frac{n\pi}{30} \tag{5-4-16}$$

将式（5-4-16）和式（5-4-15）代入式（5-4-14），有：

$$n=\frac{30}{\pi}\sqrt{\frac{g}{R}\cdot N} \tag{5-4-17}$$

式中：ω表示离心机旋转角速度；R表示离心机半径。

给定转速，即可达到所希望的离心加速度 a_{m}，因此，实验前应根据模型几何相似比 N 和离心机旋转半径 R，由式（5-4-17）计算离心机加速度来指导加载。

离心模型的物理量与原型的物理量有一定的比例关系，如果模型材料与原型相同，则通过量纲分析可推导各物理量之间的比例关系如下表。

表 5.4.1 原型与模型物理量比例关系

名称	几何尺寸	面积	体积	质量	加速度	能量	力
原型	1	1	1	1	1	1	1
模型	$1/N$	$1/N^2$	$1/N^3$	$1/N^3$	N	$1/N^3$	$1/N^2$
名称	应力	应变	质量密度	重度	频率	刚度	位移
原型	1	1	1	1	1	1	1
模型	1	1	1	N	N	$1/N^3$	$1/N$

当考虑渗透力时，原型时间为模型时间的 N^2 倍，固结历时为原型的 $1/N^2$ 倍。

离心模拟实验中，离心力分布不如岩土体重力分布均匀，因此必然导致误差的产生，离心模拟实验固有误差主要来源有径向加速度不均、离心力分布的不均匀性、离心机启动与制动和边界效应。

5.4.3 光测弹性法

光测弹性法是根据光测弹性力学的原理来研究岩土工程压力的一种模拟方法，是由物理光学和弹性力学共同组合起来的一门新兴科学。光测弹性法研究应力分析问题是在 20 世纪初才不断完善起来的。1816 年 D. Brewster 发现把承受外力的玻璃板放在产生偏光区域的起偏镜和分析镜之间，面对光源可以从分析镜中看到玻璃板上产生许多彩色条纹，他指出这些条纹与玻璃板上所受的应力有关。1854 年维尔特盖姆提出光效应和应力间的量的关系，这为光测弹性法奠定了有力的理论基础。到 1899 年由米契尔拉提出了理论根据，使光测弹性法用模型代替结构实体有了巩固的基础。20 世纪初由于在光测弹性法技术设备上的改进，这种方法成为解决应力分布问题的主要方法之一。光测弹性法在岩土工程中的研究较晚，但发展很迅速。

我国在 1955 年以后在不少高等院校和科研机构相继建立了光测弹性实验室，并开展了古应力场、岩石节理剪切力学特征、隧道围岩应力分布特征、山体压力等的相关研究。如：钱惠国等（1995）用光弹法研究了台阶型边坡应力分布规律。邓荣贵（1989）在单一材料光弹应力分析剪应力差法计算模型应力公式的基础上，得出了不同材料的层状光弹模型界面点应力初值计算式，并介绍了这些公式在构造应力场光弹实验分析中的应用。颜玉定等（1991）利用光弹实验研究了上海地区构造应力场特征。单家增等（2000）利用光测弹性法定量研究了松辽盆地北部的三肇凹陷和朝阳沟阶地白垩系泉头组扶余油层古应力场。陈庆寿等（1992）利用动光弹测试手段，研究了含两组结构面的爆炸模型中破裂发展的基本规律。关祥慧等（1999）从分形几何的观点出发，根据结构面具有统计自相似特征，用 Koch 曲线在聚碳酸酯板上加工出不同粗糙度的结构面模型。对试件做了一系列单向压缩和压剪光弹实验，应用光弹理论分析了结构面在压剪荷载作用下应力场分布变化规律。结果表明法向压力对不同粗糙度结构面上的抗剪强度有很大的影响。巫静波等（2000）利用光测弹性法研究了节理的粗糙性及其剪切力学特性。陆渝生等（2004）用动光弹法分析研究了在冲击荷载作用下界面上应力波的传播过程，利用应力波理论分析了界面上应力波的作用机理，证实了界面上存在着能量累积和阻滞能量传递的作用，并结合弹性波动理论和应力-光学定律导出了波动方程与条纹级数之间的关系式。

1. 基本原理

对于平面弹性问题，在体力为常量的情况下，决定应力分布的各方程并不包含材料的弹性常数。如果这些方程足以完全决定应力，那么在所有各向同性材料中，应力分布状态将是相同的。即任意两种不同材料的弹性体，若具有相同的边界条件，其应力分布状态完全相同。这一结论为人们开辟了一条模拟研究的道路，使人们有可能借助光学的方法，对透明材料的应力分布进行研究，并把所得结果用到别种不透明材料中，如岩石、混凝土、钢铁等。这一结论为研究岩体工程中的边坡岩体、隧道、硐室等围岩应力分布以及受力状态奠定了理论基础。

有些透明材料，如玻璃、赛珞璐、环氧树脂等，本来是光学的各向同性材料，可是这种材料在外载作用下，在材料内部产生应力和应变，形成应力场。当光线通过应力场某点时，会产生双折射现象，而且光轴方向与应力方向重合，即当一束光线垂直入射到受力的光弹性材料模型上时，光将沿着主应力σ_1和σ_2方向分解成两束偏振光，其振动方向互相垂直，但传播速度不同。卸载后应力、应变消失，而双折射现象也随之消失，这种现象称为暂时双折射，能产生暂时双折射现象的物体称为暂时性光学各向异性体，只有这种材料才能用于制作光弹性模型。

在平面应力场中，每一点有互相垂直的两个主应力σ_1和σ_2，且各点主应力的大小和方向随点的位置而变化。当平面偏振光垂直入射到平面应力模型时，产生暂时双折射现象，于是光波即沿模型入射点的应力主轴方向分解为两束平面偏振光，而且沿着一个主应力方向的传播比沿着另一个主应力方向传播为快，从而引起光程差。实验证明，暂时双折射在模型上某点所产生的光程差和该点的两个主应力之差成正比，与模型的厚度成正比，即：

$$R_t = kt(\sigma_1 - \sigma_2) \tag{5-4-18}$$

式中：k 为光学系数，其大小与材料性质、光的波长有关；t 为模型厚度。

由应力光学定律可知，暂时双折射现象与应力之间存在以下关系：

（1）光线产生双折射的方向与该点两个主应力一致，即一束光射入上述模型后，必沿着两个主应力方向分解成两束平面偏振光。

（2）每一束光的传播速度与该方向上主应力大小呈函数关系，当两个主应力值不同时，两束光的传播速度就不一样，射出模型时两束光就会产生光程差。

在式（5-4-18）中，若以波长的 n 倍来表示光程差，则：

$$R_t = n\lambda \tag{5-4-19}$$

于是式（5-4-18）可写成：

$$n = \frac{kt}{\lambda}(\sigma_1 - \sigma_2) \tag{5-4-20}$$

令 $f = \dfrac{\lambda}{2k}$，则：

$$n = \frac{t}{2f}(\sigma_1 - \sigma_2) = \frac{t}{f}\tau_{\max} \tag{5-4-21}$$

式中：f 为材料条纹值，单位为 kg /（cm · 条）。

它表示厚度为单位厘米、光程差为单位波长时的最大剪应力值。f 值越小，材料越敏感，因而这个值反映了最大剪应力 $\tau_{\max}$ 与条纹级数 n 之间的函数关系。

式（5-4-21）为应力-光学定律的数学表达式，它把光学方面的量与应力方面的量联系起来，从而为光测弹性模拟法奠定了理论基础。

2. 相似材料

光弹性模型材料的基本要求有：均质、各向同性且具有一定的透明度；光学灵敏度高，即加力小而出现的条纹较多；应力与应变呈线性关系，且比例极限较高；具有足够大的弹性模量，即使模型受力变形而性状基本上保持不变，因此要求材料具有一定的刚性；材料性能稳定，光学蠕变量小，即在恒定荷载作用下，模型内的条纹级数不应在短时间内有较大的变化，或温度稍有变化时条纹级数也保持不变；时间边缘效应小；制作与加工容易，且制作与加工过程中初应力小；材料来源广泛，价格便宜。

在岩体力学光测弹性实验中，常用的光弹模型材料有两种：一是以环氧树脂为主要原料制成的硬胶，这种材料通常用来研究承受较大荷载的模型；另一种是以明胶甘油或琼脂甘油合成的软胶。而明胶甘油多用于模拟塑性岩层，如页岩、泥岩等，琼脂甘油软胶多用于模拟脆性岩层，如石灰岩、白云岩等，两种软胶的光学灵敏度较高，因而适用于研究自重产生的应力场。

3. 加载设备

加载设备对应力分布的精确性有较大的影响，除了一些典型的光弹性实验可以在光弹仪上的加载设备以外，大部分模型需要专门设计加载设备，或者制作与标准加载设备配套的夹具装置，常用的加载装置有：

加载架：在外载比较简单时，采用加载架施加荷载是很方便的。

液压加载法：在岩石力学问题中，常见的荷载是分布力，为了保证荷载均匀分布在外边界上，最好采用液压加载法。

离心机加载法：当荷载主要是自重时，可用软胶制作光弹模型，但尺寸较大，弹性模量又太小，因此常用离心力来模拟自重，并采用冻结光弹性模型方法来做实验，模型放在离心机上的模型箱内加载。

4. 量测技术

1）材料条纹值 f 的测定

制作一简单形状的试件，测量其厚度 t，并能在加载过程中测出试件上某点的最大剪应力值和条纹级数 n 值，就能求得这种光弹性材料的材料系数值 f。

试件的形状可以任意选取，根据实践，对硬胶光弹性材料板，宜采用对径受压圆盘，圆盘直径为 30 mm ~ 40 mm，厚 3 mm ~ 10 mm；对软胶光弹性材料，宜采用立方体受纯压缩的试件，立方体尺寸为 3 cm × 3 cm × 3 cm。

2）光弹性材料弹性模量 E 和泊松比 μ 的测定

对于硬胶宜采用拉伸法，将光弹性硬胶板加工成如图 5-4-2 所示的形状，试件尺寸如图标示，在试件中粘贴纵、横向电阻应变片，测定试件受力的纵向、横向应变，计算材料弹性模量和泊松比。

$$\begin{cases} E = \dfrac{(P_1 - P_0)}{bh(\varepsilon_1 - \varepsilon_0) \times 10^{-6}} \\ \mu = \dfrac{\varepsilon_h}{\varepsilon_v} \end{cases} \tag{5-4-22}$$

式中：ε_1、ε_0 表示加载前后应变仪的读数；P_1、P_2 表示加载前后压力值；ε_h、ε_v 表示横向和纵向应变值。

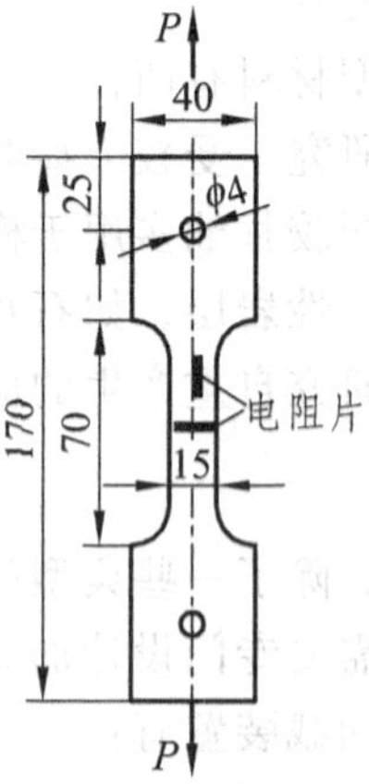

图 5-4-2　测定 E 和 μ 的硬胶板试件

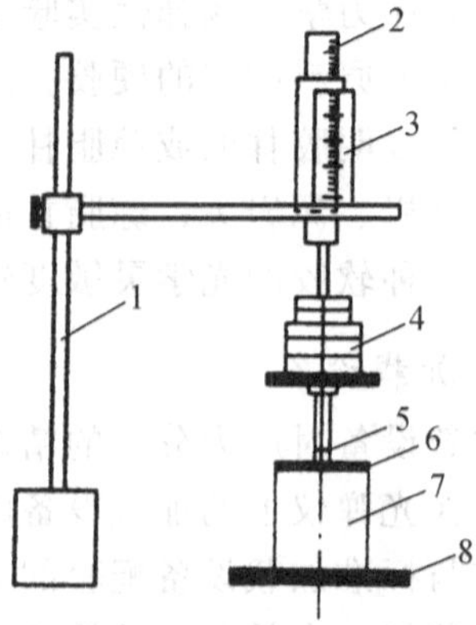

图 5-4-3　测定软胶弹性模量的装置

1—磁性支柱；2—滑动杆；3—套筒标尺；4—砝码；5—钢珠；6—承压板；7—软胶试件；8—底板

对于软胶宜采用压缩法。将立方体试件放入图 5-4-3 所示的加载装置中，在施加荷载的同时，利用游标卡尺读出试块在没有侧向约束条件下的纵向变形ΔL，即可求得弹性模量值。

$$E=\frac{PL}{A\cdot\Delta L} \tag{5-4-23}$$

式中：A 表示受压面积；L 表示试件高度。

在同样的荷载作用下，使试件在两个相对的侧面受约束，两个相对侧面自由变形，量出试件在这种荷载条件下的纵向变形$\Delta L'$，即可求得泊松比。

$$\mu=\sqrt{1-\frac{\Delta L'}{\Delta L}} \tag{5-4-24}$$

5.4.4　底摩擦法

底面摩擦法是一种简易的定性模拟法，可以作为探索机理的一个有力工具，也可为定量模拟提供设计依据。Hoek（1971）用底面摩擦模型代替相似模拟的直立模型架，使物理模拟有了新的进展。古德曼（1976）等用底面摩擦实验研究了边坡倾倒破坏。P. Egger（1979）对底摩擦模型法作了一个重要的改进，通过在模型上表面施加均匀的空气压力，使得底摩擦力大大增加，扩大了这种方法的应用范围。1982 年，日本名古屋大学的川本眺万等参照 Egger 的装置也设计了一套可以施加上覆空气压力的底摩擦模型装置，研究了圆形断面隧道埋深不同时的围岩变形。1983 年，日本九州大学的西田正利用底摩擦实验研究了开挖矩形隧硐的地表下沉规律，在此基础上，又研究了弱面对隧硐破坏的影响。近年来，底面摩擦广泛用于边坡、路基等的稳定性研究，如西南交通大学就（六盘）水—柏（果）铁路北盘江大桥岸坡在桥梁荷载作用下的变形破坏机制开展了底面摩擦实验研究；重庆交通大学利用底面摩擦法对填方路基不均匀沉降的原因与处治措施进行了研究。

底面摩擦法具有很多优点，其实验设备简单，模型材料可重复使用；实验方便简单，测试过程直观；由于模型和平面之间的运动可以随意控制，即摩擦力可随时出现或消失；能够直接连续地观察到模型的整个破坏过程。

1. 基本原理

底面摩擦法是以摩擦力在摩擦方向上的分布与重力场相似的性质，利用模型和底面之间的摩擦力来模拟模型体积力（重力），原理如下图：

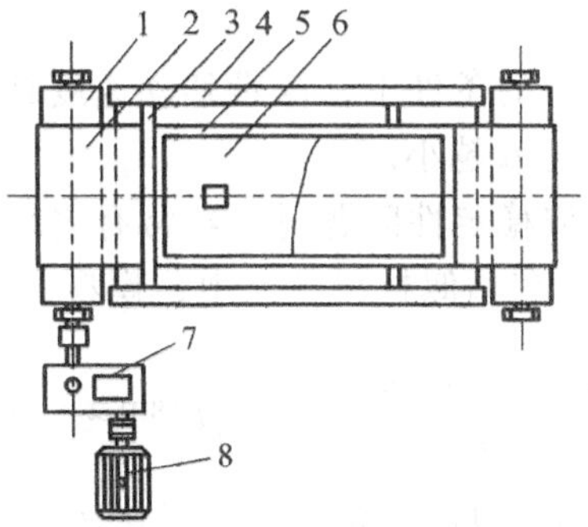

图 5-4-4　底摩擦模型装置示意图

1—滚筒；2—无接头皮带；3—档杆；4—支撑刚架；5—模型边框；6—模型；7—减速器；8—电动机

将模型放在一个活动砂纸带上面，纸带装在匣中间，用电机与减速机构带动。当砂纸带转动时，模型跟着向下移动，但由于横杠的阻挡，实际不能移动。这样就在模型底板的每一点上形成摩阻力 F。

$$F = \mu \gamma_{\mathrm{m}} t \tag{5-4-25}$$

式中：γ_{m} 为模型材料的重度；t 为模型的厚度；μ为模型底面与活动带之间的滑动摩擦系数。

根据圣维南原理，可以此 F 力来模拟自重应力。F 力作用在底面的各点上，重力作用在模型的中面上，因此模型厚度不能过大，以免产生严重的失真。

在以重力为主的相似模型中，最基本的是落体运动方程式。在这种模型中，一个自由落体在 t 时间内跌落的距离为：

$$S=\frac{1}{2}gt^2 \tag{5-4-26}$$

而在底摩擦模型中，设底带的移动速度为 v 和一个自由落体行进 S 距离的时间为 t_b，则有：

$$S=vt_b \tag{5-4-27}$$

如要用底摩擦模型来代替自重作用的相似模型，则应满足：

$$vt_b=\frac{1}{2}gt^2 \tag{5-4-28}$$

即

$$t_b=\frac{gt^2}{2v} \tag{5-4-29}$$

上式说明：在 t 已定的条件下，底带移动速度越大，在底摩擦模型中完成相同落体运动所需时间 t_b 越小。

在模拟节理岩体边坡稳定性问题时，经常有岩块沿着结构面滑移的力学现象。由图 5-4-5 可知，在相似材料模型中，模型直立，滑块的位移为：

$$S=\frac{W(\sin\alpha-\cos\alpha\tan\varphi)}{2m}t^2=\frac{1}{2}g(\sin\alpha-\cos\alpha\tan\varphi)t^2 \tag{5-4-30}$$

式中：W 为滑块重量；α为斜面倾角；m 为滑块质量。

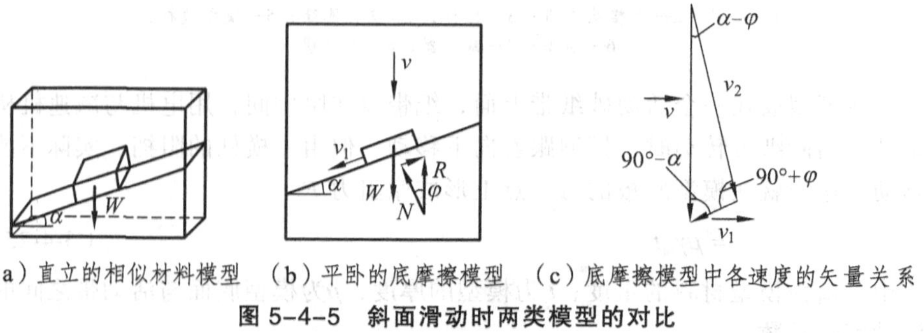

（a）直立的相似材料模型　（b）平卧的底摩擦模型　（c）底摩擦模型中各速度的矢量关系

图 5-4-5　斜面滑动时两类模型的对比

在底面摩擦模型中，模型平放（图 5-4-5（b））。当底部移动带以 v 速度前进时，滑块沿着倾角为α的斜面向下滑动。假设阻挡滑块下滑的摩擦系数为 $\tan\varphi$，下滑速度为 v_1，则由速度矢量做出的三角形中（图 5-4-5（c））可得出滑块实际位移方向为 v_2，并由此可建立如下关系：

$$\frac{v}{\sin(90^\circ+\varphi)}=\frac{v_1}{\sin(\alpha-\varphi)}\Rightarrow v_1=v(\sin\alpha-\cos\alpha\tan\varphi) \tag{5-4-31}$$

于是滑块沿斜面的下滑距离为：

$$S=v_1t_b=v(\sin\alpha-\cos\alpha\tan\varphi)t_b \tag{5-4-32}$$

因此在两种模型方法之间亦可建立如下关系，即：

$$t_b=\frac{gt^2}{2v} \tag{5-4-33}$$

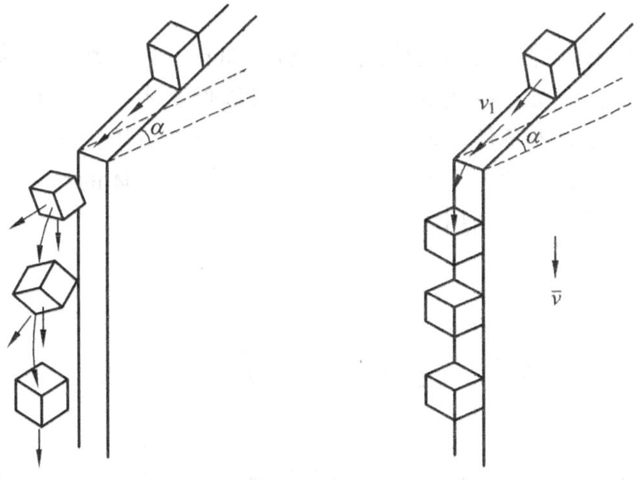

（a）直立的相似材料模型　　（b）平卧的底摩擦模型

图 5-4-6　块体转动的相似问题

在相似材料模型中，岩块从坡脚向下滑落时，由于冲力作用，将脱离边坡并发生移动，如图 5-4-6 所示。但在底摩擦模型中不可能模拟这种现象，因为由图 5-4-6（b）可知，在这种模型方法中，使岩块下滑的唯一动力是底面摩擦力，其方向始终垂直于模型的下边界。在斜坡上之所以产生速度 v_1 是由于存在坡角的缘故。一旦脱离坡面，滑块的实际位移方向就立即转到 $\bar{V}$ 方向，即垂直模型下边界方向，这说明底面摩擦法不能完全用来替代其他的模型方法。

2. 相似材料

底摩擦模型材料在满足相似条件的情况下，模型材料应能反复利用，同时要求材料来源广，价格低廉。底摩擦模型材料常用两种，即可塑性材料和硬质材料。

1）可塑性材料

可塑性材料可细分为成品可塑性材料和混合可塑性材料。

成品可塑性材料如油泥子、橡皮泥和泡沫塑料等。油泥子、橡皮泥可模拟塑性岩石、断层泥；泡沫塑料可模拟采空区充填材料。

混合可塑性材料如重晶石粉、石英砂、石膏、油泥子、液体石蜡等以不同配方和配比混合制成。根据混合材料的可塑性模型不同力学性质的岩层。如成都理工大学用重晶石粉、石英砂和液体石蜡以不同配比制成混合可塑性材料，其凝聚力 c 范围为 4 kPa ~ 16 kPa，内摩擦角范围为 30° ~ 33°。重庆交通学院也曾用重晶石粉、石英砂和液体石蜡配制模拟路堤填筑材料。

2）硬质材料

硬质材料系各种硬质的块体成型材料，如石膏预制块、木块、软木块、塑料块、瓷砖、砖块、石块等。这类材料可以像积木一样任意配置成不同的岩体结构系统与边界条件，而且材料可在很广泛的范围内选取，从而可更好地模拟各种岩体的物理力学性质与破坏的机理。但块体的尺寸一旦选定，便只能在一定范围内重复利用。

5.5 岩体力学分析方法

目前，常用的岩体工程分析方法主要分为理论计算、数值模拟、物理模型试验和现场测试分析。对岩体结构特征清楚、岩体运动模式单一的，可用理论计算。一般情况下，可采用数值模拟。某些边界条件复杂、工程重大、影响因素不清楚的，可采用现场测试分析。物理模型试验也常用于边界条件简单但力学行为不清楚的岩体工程问题研究。

5.5.1 理论公式法

岩体具有非均匀、不连续、各向异性以及复杂的加卸载条件和边界条件，这使得岩石力学问题通常无法通过解析方法简单求解。但对于一些特殊问题，在适当的假设条件下，可以利用弹性力学方法和极限平衡方法进行求解。如在节理岩体分析中，基于简单边界和简单力学行为的对象，常采用理论公式计算。即便在实际复杂多因素分析中，理论公式仍然是综合分析的组成部分。对统计均匀的岩体，或是对了解典型岩体工程的应力分布特征，可以用基于弹性理论的解析式和基于土力学理论的一些理论公式。

1. 地下硐室围岩应力弹塑性理论解

对于坚硬致密的块状岩体，当天然应力大约等于或小于其单轴抗压强度的一半时，地下硐室开挖后围岩将呈弹性变形状态。这类围岩可近似视为各向同性、连续、均质的线弹性体，其围岩重分布可用弹性力学方法计算。

1）静水压力状态圆形硐室围岩应力

静水压力状态下圆形硐室围岩应力可按弹性力学中厚壁圆筒受均匀压力求解（图 5-5-1）：

$$\begin{cases} \sigma_r = \sigma_0\left(1-\dfrac{a^2}{r^2}\right)+q_i\dfrac{a^2}{r^2} \\ \sigma_\theta = \sigma_0\left(1+\dfrac{a^2}{r^2}\right)-q_i\dfrac{a^2}{r^2} \end{cases} \tag{5-5-1}$$

式中：σ_r 表示径向应力；σ_θ表示环向应力；a 表示硐室半径；q_i 表示硐室内压力；r 表示向径。

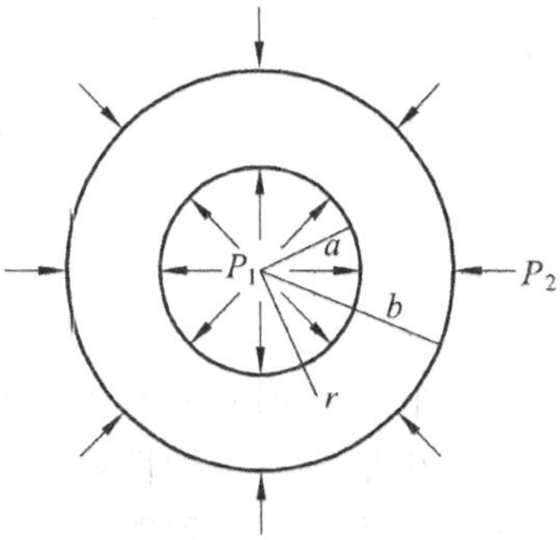

图 5-5-1　厚壁圆筒受力计算简图

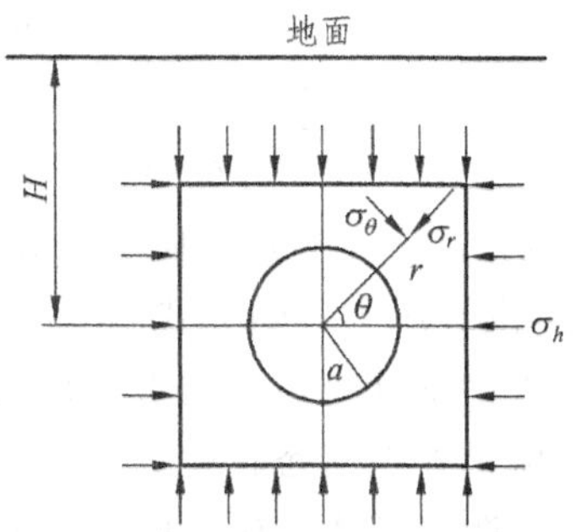

图 5-5-2　非静水压力状态下圆形硐室围岩应力计算简图

2）非静水压力状态圆形硐室围岩应力

深埋于弹性岩体中的水平圆形硐室，围岩重分布应力可以用柯西（Kirsh，

1898）课题求解（图 5-5-2）。如果硐室半径相对于硐长很小，可按平面应变问题考虑。则可将该问题概化为两侧受均布压力的薄板中心小圆孔周边应力分布的计算问题，围岩应力计算公式如下：

$$\begin{cases}\sigma_r=\dfrac{\sigma_h+\sigma_v}{2}\left(1-\dfrac{a^2}{r^2}\right)+\dfrac{\sigma_h-\sigma_v}{2}\left(1+\dfrac{3a^4}{r^4}-\dfrac{4a^2}{r^2}\right)\cos 2\theta\\ \sigma_\theta=\dfrac{\sigma_h+\sigma_v}{2}\left(1+\dfrac{a^2}{r^2}\right)-\dfrac{\sigma_h-\sigma_v}{2}\left(1+\dfrac{3a^4}{r^4}\right)\cos 2\theta\\ \tau_{r\theta}=-\dfrac{\sigma_h-\sigma_v}{2}\left(1-\dfrac{3a^4}{r^4}+\dfrac{2a^2}{r^2}\right)\sin 2\theta\end{cases} \tag{5-5-2}$$

式中：σ_r 表示径向应力；σ_θ表示环向应力；$\tau_{r\theta}$表示剪应力；σ_h 表示水平应力；σ_v 表示竖直应力；θ 表示计算点向径与σ_h 方向的夹角；a 表示硐室半径；r 表示向径。

3）水平椭圆形硐室围岩应力

在弹性岩体中开挖水平椭圆形硐室，如图 5-5-3 所示，其中 a、b 表示硐室的椭圆长、短半轴，σ_h、σ_v 表示初始地应力的水平应力和竖直应力。当硐室埋深 H 超过 $6b$ 时，可以认为硐室顶、底围岩初始地应力的竖向分量σ_v是相同的，且$\sigma_v=\gamma H$。硐室左、右岩体中初始地应力的水平分量$\sigma_h=K_0\sigma_v$。根据弹性力学原理，可以计算水平椭圆硐室围岩中各点的重分布应力。由于围岩中最大切向力存在于硐壁上，其表示形式如下：

$$\sigma_\theta=\frac{\sigma_v[m(m+2)\cos^2\alpha-\sin^2\alpha]+\sigma_h[(1+2m)\sin^2\alpha-m^2\cos^2\alpha]}{m^2\cos^2\alpha+\sin^2\alpha}-\frac{\tau_{xy}[2(1+m)^2\sin\alpha\cos\alpha]}{m^2\cos^2\alpha+\sin^2\alpha} \tag{5-5-3}$$

式中：$m=b/a$；α表示椭圆偏心角。

4）围岩压力芬纳公式

地下硐室开挖后，硐壁的应力集中最大，当它超过围岩屈服极限时，硐壁围岩就由弹性状态转化为塑性状态，并在围岩中形成一个塑性松动圈。随着距硐壁距离增大，径向应力 σ_r 由零逐渐增大，应力状态由硐壁的单向应力状态逐渐转化为双向应力状态，围岩也就由塑性状态逐渐转化为弹性状态。围岩中出现塑性圈和弹性圈（图 5-5-4）。塑性松动圈的出现，使圈内一定范围内的应力因释放而明显降低，而最大应力集中由原来的硐壁移至塑、弹圈交界处，使弹性区的应力明显升高。

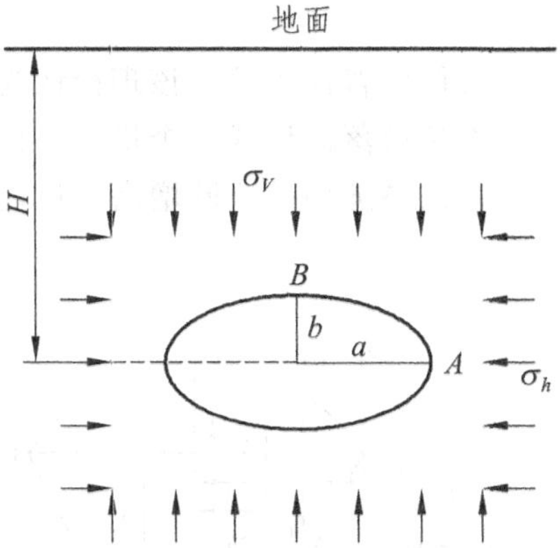

图 5-5-3　水平椭圆形硐室围岩应力计算简图

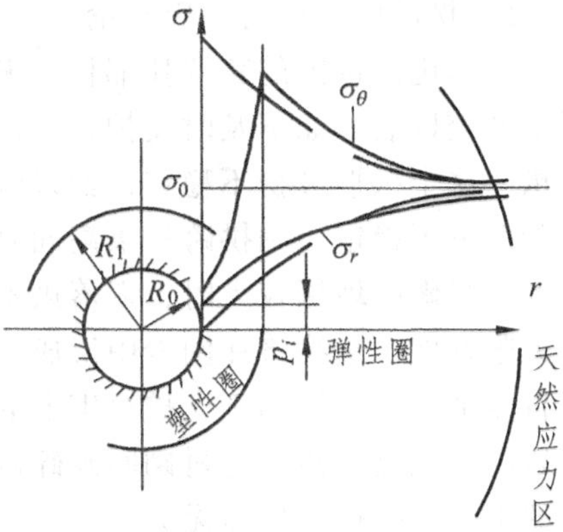

图 5-5-4　围岩应力分布

假设在均质、各向同性、连续的岩体中开挖一半径为 R_0 的水平圆形硐室，开挖后形成的塑性松动圈半径为 R_1，岩体中的天然应力为 $\sigma_h = \sigma_v = \sigma_0$，圈内岩体强度服从莫尔直线强度条件，塑性圈以外围岩体仍处于弹性状态。根据弹塑性理论，塑性圈任意点重分布应力如下：

$$\begin{cases} \sigma_r = (p_i + c\cdot\cot\varphi)\left(\dfrac{r}{R_0}\right)^{\frac{2\sin\varphi}{1-\sin\varphi}} - c\cdot\cot\varphi \\ \sigma_\theta = (p_i + c\cdot\cot\varphi)\dfrac{1+\sin\varphi}{1-\sin\varphi}\left(\dfrac{r}{R_0}\right)^{\frac{2\sin\varphi}{1-\sin\varphi}} - c\cdot\cot\varphi \end{cases} \tag{5-5-4}$$

可见，塑性圈内围岩重分布应力与岩体天然应力（σ_0）无关，而取决于支护力（p_i）和岩体强度（c，φ）值。

当 $r = R_0$ 时，求得的 σ_r 即为维持硐室岩石在以半径为 R_1 的范围内达到塑性平衡所需要施加在硐壁上的径向压力的大小，即：

$$p_i = [(\sigma_0 + c\cdot\cot\varphi)(1-\sin\varphi)]\left(\frac{R_0}{R_1}\right)^{\frac{2\sin\varphi}{1-\sin\varphi}} - c\cdot\cot\varphi \tag{5-5-5}$$

或者可以表示为：

$$R_1 = R_0\left[\frac{\sigma_0(1-\sin\varphi) + c\cdot\cot\varphi}{p_i + c\cdot\cot\varphi}\right]^{\frac{1-\sin\varphi}{2\sin\varphi}} \tag{5-5-6}$$

5）松散围岩压力普氏理论

该理论由俄国的普罗托耶科诺夫提出，又称为普氏理论。该理论认为：硐室开挖以后，如不及时支护，硐顶岩体将不断垮落而形成一个拱形，称塌落拱。这个拱形最初不稳定，如果侧壁稳定，拱高随塌落不断增高；反之，如侧壁也不稳定，则拱跨和拱高同时增大。当硐的埋深较大时，塌落拱不会无限发展，最终将在围岩中形成一个自然平衡拱。作用于支护衬砌上的围岩压力就是平衡拱与衬砌间破碎岩体的重量，与拱外岩体无关。

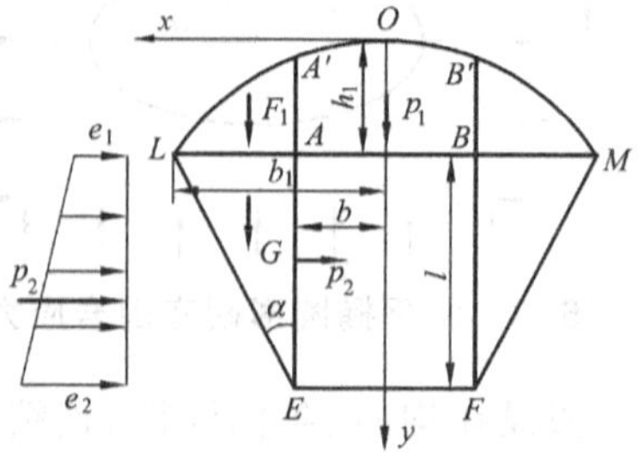

图 5-5-5　普氏松散围岩压力计算图

如图 5-5-5 所示，在求得平衡拱曲线方程后，硐侧壁稳定时硐顶的松动围岩压力为 *LOM* 弧线以下岩体的重量，即：

$$p_1 = \rho g\int_{-b}^{b}(h-y)\mathrm{d}x = \rho g\int_{-b}^{b}\left(h_1 - \frac{x^2}{fb}\right)\mathrm{d}x = \frac{4\rho g b^2}{3f} \qquad (5\text{-}5\text{-}7)$$

式中：ρ为岩体的密度；b 为拱跨之半；f 为普氏系数，对于松软岩体来说，$f=\tan\varphi + c/\sigma$，对于坚硬岩体来说，$f=\sigma_c/10$，c、φ为岩体凝聚力和内摩擦角，σ_c为岩石单轴抗压强度。

若硐室侧壁也不稳定，则硐的半跨将由 b 扩大至 b_1，侧壁岩体将沿 *LE* 面和 *MF* 面滑动，滑面与垂直硐壁的夹角为$\alpha = 45°-\varphi/2$，有：

$$\begin{cases} b_1 = b + l\tan\left(45° - \dfrac{\varphi}{2}\right) \\ h_1 = \dfrac{b_1}{f} = \dfrac{b}{f} + \dfrac{l\tan(45° - \varphi/2)}{f} \end{cases} \qquad (5\text{-}5\text{-}8)$$

硐顶的松动围岩压力 p_1 为 *AA′B′B* 块体的重量：

$$p_1 = \rho g\int_{-b}^{b}(h_1 - y)\mathrm{d}x = \rho g\int_{-b}^{b}\left(\frac{b_1}{f} - \frac{x^2}{fb_1}\right)\mathrm{d}x = \frac{2\rho g b}{3fb_1}(3b_1^2 - b^2) \qquad (5\text{-}5\text{-}9)$$

侧壁围岩压力为滑移块体 *A′EL* 或 *B′MF* 的自重在水平方向上的投影。按土压力理论计算：

$$\begin{cases} e_1 = \rho g h_1 \tan^2(45° - \varphi/2) \\ e_2 = \rho g(h_1 + l)\tan^2(45° - \varphi/2) \end{cases} \qquad (5\text{-}5\text{-}10)$$

侧壁围岩压力：

$$p_2 = \frac{1}{2}(e_1 + e_2)l = \frac{\rho gl}{2}(2h_1 + l)\tan^2\left(45° - \frac{\varphi}{2}\right) \tag{5-5-11}$$

实践证明，平衡拱理论只适用散体结构岩体。硐室上覆岩体需有一定的厚度（埋深 $H > 5b_1$），才能形成平衡拱。

2. 边坡稳定性极限平衡法

对于受结构面控制的边坡稳定性计算，块体极限平衡法是比较简单而且效果较好的一种方法。

1）赤平投影

赤平投影是一种作图的投影方法。最早应用于天文学上，表示星体在太空中的位置和它们之间角度大小。后来在航海学和地图学中也普遍采用。目前在晶体矿物学和构造地质学中，已获得广泛发展。20 世纪 60 年代，该方法被引进工程地质学，起初主要用于岩质边坡的稳定性分析。后来在工程地质测绘和勘探资料分析、岩体结构分析、地下硐室围岩稳定分析、坝基岩体和地下硐室围岩稳定分析等方面，都逐步得到应用。王思敬在《赤平极射投影方法及其应用》一文中，曾就其主要内容做过概要的论述。Hoek 和 Bray 等人在边坡稳定性分析中都普遍应用了赤平投影方法。

赤平投影主要用来表示线、面的方位，及其相互之间的角距关系和运动轨迹，把物体三维空间的几何要素（面、线）投影到平面上来进行研究，是一种简便、直观、形象的综合图解方法。在工程地质上，用来表示优势结构面或某些重要结构面的产状及其空间组合关系；在分析岩体稳定性时，还可利用其来表示临空面、边坡面、工程作用力、岩体阻抗力及岩体变形滑移方向等。关于赤平投影方法的作图原理，读者可参考孙玉科等的著作《赤平极射投影在岩体工程地质力学中的应用》。

当岩体边坡的稳定由一组软弱结构面控制时，根据赤平投影图，可对边坡稳定性条件进行初步判断如下：

不稳定条件　层面与边坡面的倾向相同，并且层面的倾角 β 比边坡面的倾角 α 缓（$\beta<\alpha$），如图 5-5-6（a）所示。边坡处于不稳定状态，剖面图上画线条的部分 *ABC* 有可能沿层面 *AB* 滑动。若只有一个结构面的条件，如图 5-5-6（a）中的 *EF*，虽然其倾角较边坡角缓，但它未在边坡面上出露而插入坡下，由于产生了一定的支撑，边坡岩体的稳定条件将获得不同程度的改进。

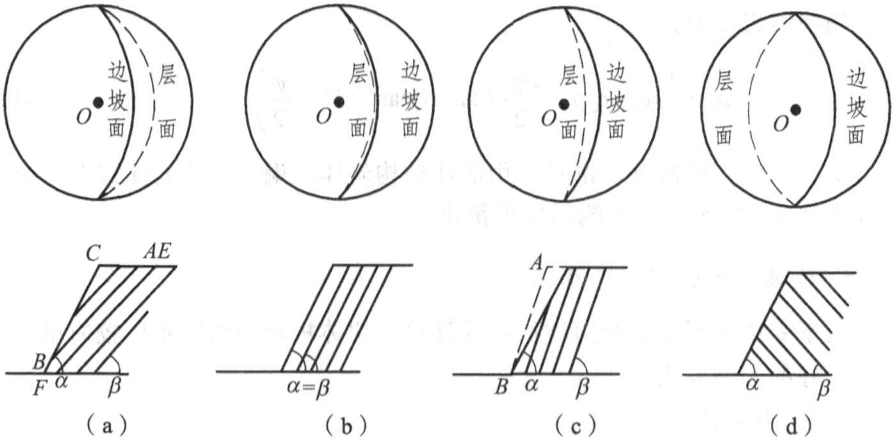

图 5-5-6　受一组结构面控制的边坡稳定条件

基本稳定条件　如图 5-5-6(b)所示，层面的倾角等于边坡坡角($\beta=\alpha$)，沿层面不易出现滑动现象，边坡稳定。这种情况下的边坡角，就是从岩体结构分析的观点推断得到的稳定边坡角。

稳定条件　如图 5-5-6(c)所示，层面的倾角大于边坡角($\beta>\alpha$)，边坡处于更稳定状态。这种情况下，边坡角可以提高到图上虚线 *AB* 的位置，使 $\alpha=\beta$，才是比较经济合理的边坡角。

最稳定条件　如图 5-5-6(d)所示，当层面与边坡面的倾向相反，即层面倾向坡内时，不管层面的倾角陡与缓，对于滑动破坏而言，边坡都处于最稳定状态。但从变形观点来看，反倾向边坡也可能发生变形，只不过是没有统一的滑动面。

当岩体边坡的稳定由两组软弱结构面控制时，根据赤平投影图，可对边坡稳定性条件进行初步判断如下：

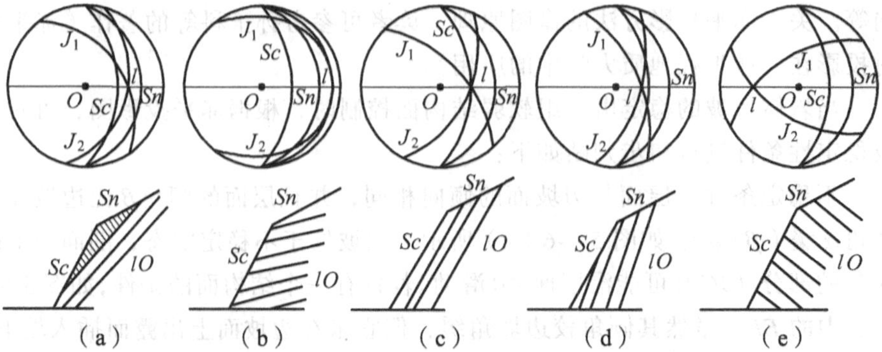

图 5-5-7　受两组结构面控制的边坡稳定条件

不稳定条件　如图 5-5-7（a）所示，两结构面 J_1 和 J_2 的投影大圆的交点 l，位于开挖边坡面 S_c 的投影大圆与自然边坡面 S_n 的投影大圆之间，也就是两结构面的组合交线的倾角比开挖边坡面的倾角缓，而比自然边坡面的倾角陡。如果组合交线 lO 在边坡面和坡顶面上都有出露，边坡处于不稳定状态。如图 5-5-7（a）的剖面图所示。画斜线的阴影部分为可能不稳定体。但在某些结构面组合条件下，例如结构面的组合交线在坡顶面上的出露点距开挖边坡面很远，以致组合交线未在开挖边坡面上出露而插入坡下时，则属于较稳定条件。

较不稳定条件　如图 5-5-7（b）所示，两结构面 J_1 和 J_2 的投影大圆的交点 l 位于自然边坡面 S_n 的投影大圆的外侧，说明两结构面的组合交线虽然较开挖边坡面平缓，也比自然坡面缓，但它在坡顶面上没有出露点。因此，在坡顶面上没有纵向切割面的情况下，边坡能处于稳定状态。如果存在纵向切割面，则边坡易于产生滑动。

基本稳定条件　如图 5-5-7（c）所示，两结构面 J_1 和 J_2 的投影大圆的交点 l 位于开挖边坡面 S_c 的投影大圆上，说明两结构面的组合交线 lO 的倾角等于开挖边坡面的倾角，边坡处于基本稳定状态。这时的开挖边坡角，就是根据岩体结构分析推断的稳定边坡角。

稳定条件　如图 5-5-7（d）所示，两结构面 J_1 和 J_2 的投影大圆的交点 l 位于开挖边坡面 S_c 的投影大圆的内侧，因而两结构面组合交线 lO 的倾角比开挖边坡面的倾角陡，边坡处于更稳定状态。

最稳定条件　如图 5-5-7（e）所示，两结构面 J_1 和 J_2 的投影大圆的交点 l 位于与开挖边坡面 S_c 的投影大圆相对的半圆内，说明两结构面的组合交线 lO 倾向坡内，边坡处于最稳定状态。

2）单平面滑动稳定性分析

设坡面的倾向与结构面的倾向的夹角为 ω，坡角为 α，结构面倾角为 β，则当边坡坡向与结构面倾向差值 $\omega<30°$，且 $\beta<\alpha$ 时，可能产生平面滑动破坏（图 5-5-8），单平面滑动稳定性计算式如下：

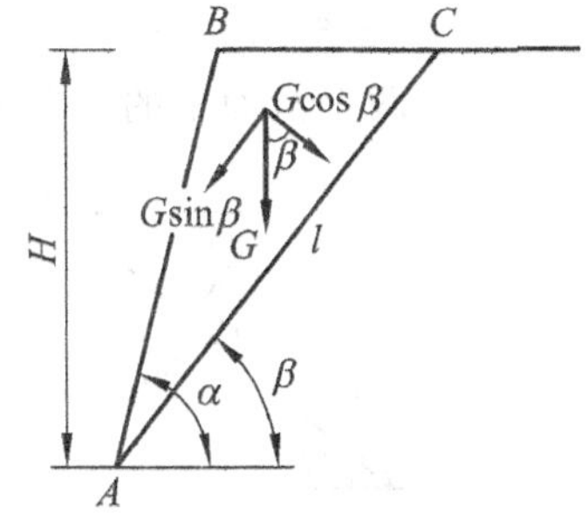

图 5-5-8　单平面滑动稳定性计算简图

$$K=\frac{G\cos\beta\tan\varphi+cl}{G\sin\beta}=\frac{\tan\varphi}{\tan\beta}+\frac{cl}{G\sin\beta} \tag{5-5-12}$$

式中：G 为滑体重力；c 为滑面凝聚力；φ为滑面内摩擦角。

3）楔形体滑动

楔形体滑动是常见的边坡破坏类型之一，这类滑动的滑动面由两个倾向相反且其交线倾向与坡面倾向相同、倾角小于边坡角的软弱结构面组成。如图 5-5-9 所示，可能滑动体 $ABCD$ 实际上是一个以△ABC 为底面的倒置三棱锥体。假定坡顶面为一水平面，△ABD 和△BCD 为两个可能滑动面，倾向相反，倾角分别为β_1 和β_2，它们的交线 BD 的倾伏角为β，边坡角为α，坡高为 H。

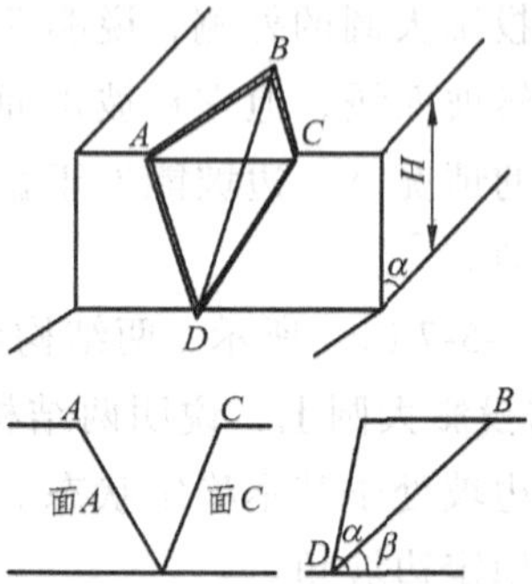

图 5-5-9　楔形体滑动模型及稳定性计算图

假设可能滑动体将沿交线 BD 滑动，滑出点为 D。在仅考虑滑动岩体自重 G 的作用时，边坡稳定性系数 K 计算的基本思路是这样的：首先将滑体自重 G 分解为垂直交线 BD 的分量 N 和平行交线的分量（即滑动力 $G\sin\beta$），然后将垂直分量 N 投影到两个滑动面的法线方向，求得作用于滑动面上的法向力 N_1 和 N_2，最后求得抗滑力及稳定性系数。

根据以上基本思路，则可能滑动体的滑动力为 $G\sin\beta$，垂直交线的分量为 $N=G\cos\beta$（图 5-5-10（a））。将 $G\cos\beta$ 投影到△ABD 和△BCD 面的法线方向上，得作用于两个滑面上的法向力（图 5-5-10（b））为：

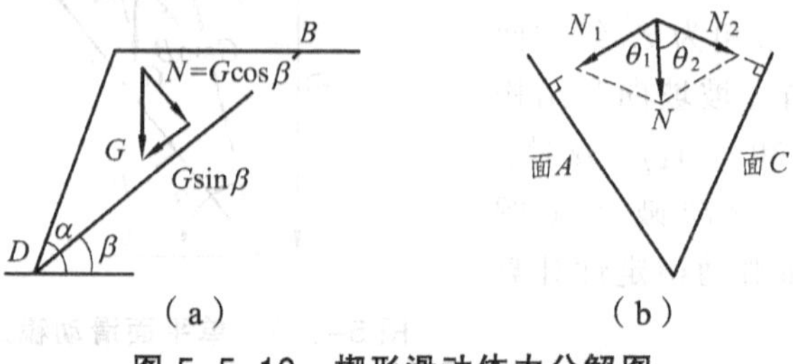

图 5-5-10　楔形滑动体力分解图

$$
\begin{cases}
N_1 = \dfrac{N\sin\theta_2}{\sin(\theta_1+\theta_2)} = \dfrac{G\cos\beta\sin\theta_2}{\sin(\theta_1+\theta_2)} \\
N_2 = \dfrac{N\sin\theta_1}{\sin(\theta_1+\theta_2)} = \dfrac{G\cos\beta\sin\theta_1}{\sin(\theta_1+\theta_2)}
\end{cases}
\tag{5-5-13}
$$

式中：θ_1、θ_2分别为N与二滑面法线的夹角。

设c_1、c_2及φ_1、φ_2分别为滑面$\triangle ABD$和$\triangle BCD$的凝聚力和摩擦角，则边坡的稳定性系数为：

$$
K = \frac{N_1\tan\varphi_1 + N_2\tan\varphi_2 + c_1 S_{\Delta ABD} + c_2 S_{\Delta BCD}}{G\sin\beta}
\tag{5-5-14}
$$

式中：$S_{\triangle ABD}$和$S_{\triangle BCD}$分别为滑面$\triangle ABD$和$\triangle BCD$的面积。

在以上计算中，如何求得滑动面的交线倾角β及滑动面法线与N的夹角θ_1和θ_2等参数是很关键的。而这几个参数通常可通过赤平投影及实体比例投影等图解法或用三角几何方法求得，读者可参考有关文献。

4）滑坡稳定性计算（不平衡推力法）

不平衡推力法亦称传递系数法或剩余推力法，它是我国工程技术人员创造的一种实用滑坡稳定分析方法。由于该法计算简单，并且能够为滑坡治理提供设计推力，因此在水利部门、铁路部门得到广泛应用，在国家规范和行业规范中都将其列为推荐方法在使用。

假定条间力的作用方向与上一条块的滑面方向平行，根据图5-5-11所示的简图可导出下面的计算公式：

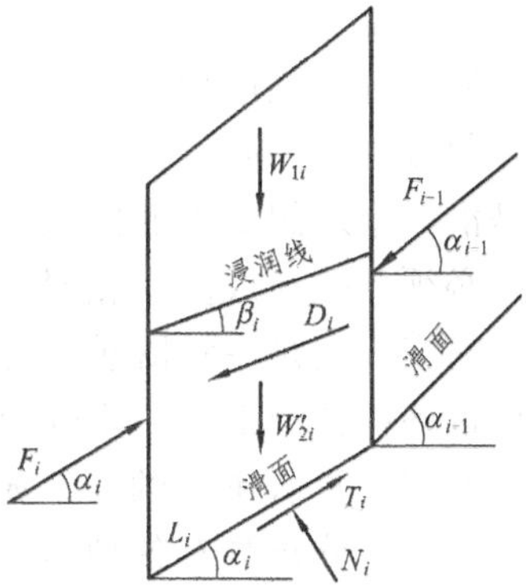

图 5-5-11　不平衡推力法计算简图

$$
F_i = T_i - R_i / F_s + F_{i-1}\psi_{i-1}
\tag{5-5-15}
$$

其中
$$\psi_{i-1} = \cos(\alpha_{i-1}-\alpha_i) - \sin(\alpha_{i-1}-\alpha_i)\tan\varphi_i / F_s$$

$$R_i = c_i L_i + [(W_{1i}+W'_{2i})\cos\alpha_i - D_i\sin(\alpha_i-\beta_i)]\tan\varphi_i$$

$$T_i = (W_{1i}+W'_{2i})\sin\alpha_i + D_i\cos(\alpha_i-\beta_i)$$

对于上面的计算公式，通常可用两种解法，即隐式解法和显式解法。

隐式解法也称迭代法，通过不断折减抗剪强度，使坡体达到极限平衡状态，以此来求稳定系数。求解过程是假定处于滑体顶端第 1 条块右侧的 $F_0 = 0$，根据式（5-5-15）逐条计算条间力，直至处于坡趾的第 n 条块，要求 $F_n = 0$。如果 $F_n = 0$ 不成立，则需调整 F_s 值，直到 $F_n = 0$ 成立为止，此时的 F_s 即为所求的稳定系数。

对于显式解法，为了简化计算步骤，将式（5-5-15）改写为：

$$F_i' = F_s T_i - R_i + F_{i-1}' \psi_{i-1}' \tag{5-5-16}$$

其中 $$\psi_{i-1}' = \cos(\alpha_{i-1} - \alpha_i) - \sin(\alpha_{i-1} - \alpha_i)\tan\varphi_i$$

按此式逐条计算条间力，仍要求 $F_n = 0$，经简化处理，F_s 仅包含在一个线性方程中，经过推导可以得到下面的显式计算公式：

$$F_s = \frac{\sum_{i=1}^{n-1}(R_i \prod_{j=1}^{n-1} \psi_j) + R_n}{\sum_{i=1}^{n-1}(T_i \prod_{j=1}^{n-1} \psi_j) + T_n} \tag{5-5-17}$$

5）Sarma 法

该方法是 1979 年 Sarma 博士在《边坡和堤坝稳定性分析》一文中提出的，其后得到广泛应用，它是目前国内外考虑因素较全较正确的一种边坡稳定性评价方法，Hoek 在 1981 年将其程序化。它的基本思想是：边坡岩土体除非是沿一个理想的平面圆弧而滑动，才可能作为一个完整刚体运动。否则，岩土体必须先破坏成多块相对滑动的块体才可能滑动，亦即在滑体内部发生剪切。它实际上是一种既满足力的平衡又满足力矩平衡的分析方法。它可以用来评价各种类型滑坡稳定性；计算时考虑滑体底面和侧面的抗剪强度参数，而且各滑坡可具有不同的 c、φ 值；滑坡两侧可以任意倾斜，并不限于竖直边界，因而能分析具有各种结构特征的滑坡稳定性；由于引入了临界水平加速度判据，因此该方法还可以用来分析地震力对斜坡稳定性的影响。该方法比较全面客观地反映了斜坡的实际情况，计算结果较符合客观实际。

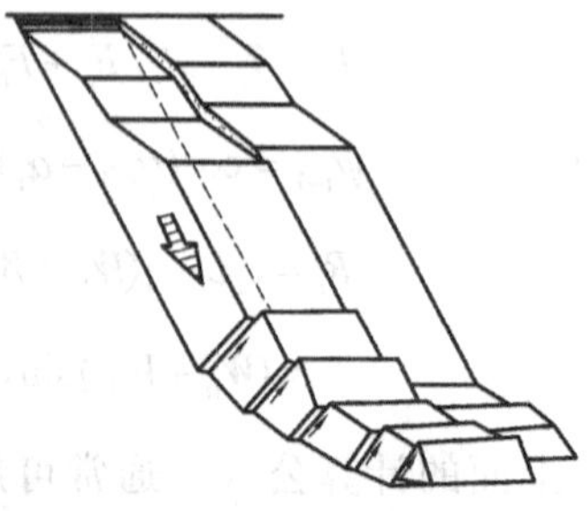

图 5-5-12　Sarma 滑动模式

Sarma 提出的滑体破坏形式如图 5-5-12 所示，力学模型如图 5-5-13 所示。图中：W_i 为第 i 条块重量；KW_i 为由于动荷载加速度在第 i 条块上产生的力；PW_i、PW_{i+1} 分别为作用于第 i 和第 $i+1$ 侧面的水压力；U_i 为作用于第 i 条块底面上的水压力；E_i、E_{i+1} 分别为作用于第 i 侧面和第 $i+1$ 侧面的正压力；X_i、X_{i+1} 分别为作用于第 i 侧面和第 $i+1$ 侧面的剪力；N_i 为作用于第 i 条块底面的法向力；T_i 为作用于第 $i+1$ 条块底面的剪力；γ 为动荷载加速度向量与垂直方向夹角；F_i 为作用于第 i 条块上的面状均布荷载。

Sarma 法几何模型如图 5-5-14 所示。图中：XT_i、YT_i 和 XT_{i+1}、YT_{i+1} 为第 i 条块顶面坐标；XW_i、YW_i 和 XW_{i+1}、YW_{i+1} 为水位面与第 i 侧滑面交点坐标；XB_i、YB_i 和 XB_{i+1}、YB_{i+1} 为第 i 条块底面坐标；d_i、d_{i+1} 为第 i 侧滑面与第 $i+1$ 侧滑面长度；b_i 为第 i 条块底面宽度；α_i 为第 i 条块底面与水平方向夹角；δ_i、δ_{i+1} 为条块侧面与垂直方向夹角；ZW_i、ZW_{i+1} 为水位面与块底面之间距离。

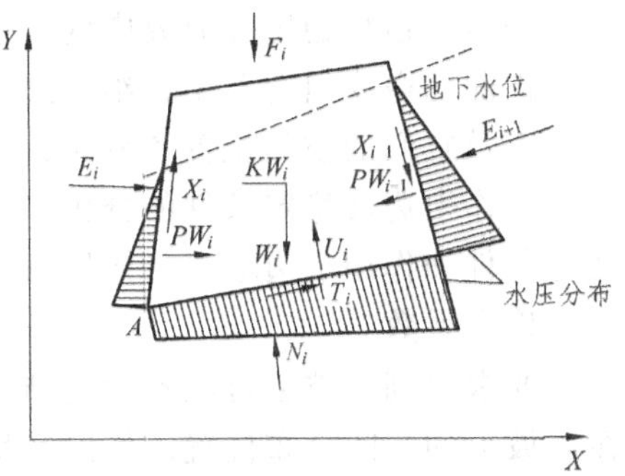

图 5-5-13　作用在第 i 条块上的力

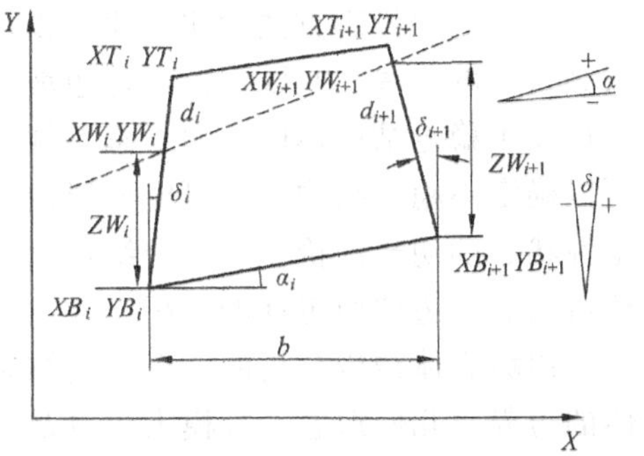

图 5-5-14　第 i 条块几何模型(E. Hoek, 1982)

根据刚体力学中的极限平衡原理，注意边界条件 E_i 和 E_{n+1} 都等于零，可推导出极限平衡条件如下：

$$K=\frac{a_1e_2e_3\cdots e_n+a_2e_3e_4\cdots e_n+\cdots+a_{n-1}e_n+a_n}{P_1e_2e_3\cdots e_n+P_2e_3e_4\cdots e_n+\cdots+P_{n-1}e_n+P_n} \tag{5-5-18}$$

其中

$$a_i=Q_i[W_i\sin(\varphi_{B_i}-\alpha_i)+R_i\cos\varphi_{B_i}+S_{i+1}\cdot\sin(\varphi_{B_i}-\alpha_i-\delta_{i+1})-$$
$$S_i\cdot\sin(\varphi_{B_i}-\alpha_i-\delta_i)]$$

$$e_i=Q_i[\cos(\varphi_{B_i}-\alpha_i+\varphi_{B_i}-\delta_i)\sec\varphi_{S_i}$$

$$P_i=Q_i\cdot W_i\cdot\cos(\varphi_{B_i}-\alpha_i)$$

$$Q_i=\sec(\varphi_{B_i}-\alpha_i+\varphi_{S_{i+1}}-\delta_{i+1})\cos\varphi_{S_{i+1}}$$

$$R_i = C_{B_i} \cdot d_i \cdot \sec\alpha_i - U_i \cdot \tan\varphi_{B_i}$$

$$S_i = C_{S_i} \cdot d_i - PW_i \cdot \tan\varphi_{S_i}$$

式中隐含着大量的几何参量、水压和剪切强度的计算工作。在计算稳定性系数时，通过公式中隐含的 K 和 F 之间关系进行迭代求解，导出各种不同条件下的边坡稳定系数值。

2005 年，朱大勇等对 Sarma 法采用更简明的过程推导出安全系数 F_s 的隐式表达式、临界震动影响系数 K_c 及临界加固力系数 K_p 的显式表达式。2006 年，朱大勇对 Sarma 法改进算法作进一步的补充，给出保证安全系数稳定收敛的迭代程式，即两步平均迭代法。

3. 边坡岩体实体比例投影分析

赤平极射投影方法和实体比例投影方法是岩质边坡稳定性研究中的一个极其重要的方法。它既可以确定边坡上的结构面的空间组合关系，给出边坡上可能不稳定结构体的几何形态、规模大小以及它们的空间位置和分布，也可以确定不稳定结构体的可能变形位移方向，作出边坡稳定条件的分析和稳定性状态的初步评价。若结合结构面的强度条件和作用于边坡上的作用力，还可以进行边坡稳定性的分析计算，求出其稳定系数。

边坡岩体结构分析的一个主要结果，是要求得到边坡上可能不稳定结构体的边界、几何形态、规模大小以及它在边坡上的空间分布位置，作出其稳定性的初步判断等。并进一步确定可能不稳定结构体的体积、重量、滑动方向、倾角以及滑动面的面积等参数，供稳定分析计算。

对于层状结构边坡，由于结构比较简单，其几何形态参数并不难求出。对于被两组或两组以上的结构面切割的边坡，其可能不稳定结构体的几何形态参数则要通过作边坡岩体的实体比例投影的方法来确定。斜顶边坡是一种坡顶面为倾斜平面的边坡。总的边坡分为下部的人工边坡和上部的自然边坡两部分，它代表了大部分在自然边坡上进行开挖的人工边坡剖面。

斜顶边坡的实体比例投影图的作图方法如下所述。

1）作赤平极射投影图

图 5-5-15（a）为边坡面、坡顶面和两个结构面的赤平极射投影图，$DKND$ 大圆为边坡面，其倾角为 α。DN_1K_1D 大圆为坡顶面，它的倾角为 β。AN_1MNA 大圆为结构面 AA，BK_1MKB 大圆为结构面 BB，它们的倾角分别为 α_A 和 α_B，它们的组合交线为 MO。KO 和 NO 为两结构面与边坡面的交线，K_1O 和 N_1O 为两结构面与坡顶面的交线。

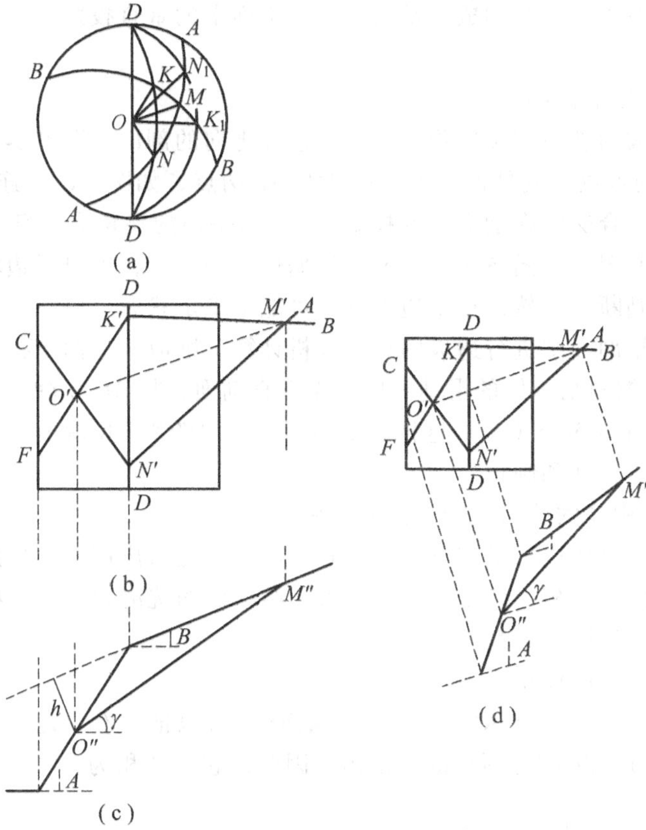

图 5-5-15 实体比例投影

2）作实体比例投影图

首先，作边坡在水平面上的垂直投影，如图 5-5-15（b）所示。图上中间的一条直线 *DD* 代表边坡面与坡顶面的交线，左半部代表边坡面，右半部代表坡顶面。直线 *CF* 与 *DD* 的距离按作图比例尺等于坡脚线与坡顶线的实际水平距离。

然后，作两结构面的组合交线和结构面与边坡面和坡顶面的交线在水平面上的垂直投影。设边坡脚上 *C*、*F* 两点分别为结构面 *AA* 和 *BB* 的实测出露位置，在边坡面的一侧，过 *C* 点作一直线平行于图 5-5-15（a）中的 *NO*，它与 *DD* 线相交于 *N′*点。过 *F* 点作一直线平行于图（a）中的 *KO*，它与 *DD* 线相交于 *K′*点，并与 *CN′*相交于 *O′*点。在坡顶面一侧，过 *N′*和 *K′*两点分别作图 5-5-15（a）中 N_1O 和 K_1O 的平行线，两直线相交于 *M′*点。连 *M′O′*，为两结构面的组合交线在水平面上的垂直投影。*M′N′O′K′*即为由结构面 *AA*、*BB*

和边坡面、坡顶面组合构成的结构体在水平面上的垂直投影，即该结构体的实体比例投影。

3）作边坡剖面图

根据边坡的坡角和高度作一垂直于边坡走向的剖面，将图 5-5-15（b）中的 M'和 O'两点投影到剖面图上，得 M''、O''两点，如图（c），连 $M''O''$，为两结构面的组合交线在剖面上的投影，它与水平面的夹角为γ。于是得出了边坡的侧视剖面图，如图 5-5-15（c）。根据这个剖面图，可以对边坡的稳定条件作出初步判断。显然，这个边坡处于可能不稳定状态。

若要根据剖面图进行边坡的稳定分析计算，则应通过两结构面的组合交线 $M'O'$（它控制结构体的滑动方向）作垂直剖面，将 M'和 O'两点投影到该剖面上，如图 5-5-15（d）。这样，剖面图上的 $M''O''$才反映的是两结构面组合交线的真实长度和倾角。

4）求结构体的体积和滑动面的面积

在对边坡岩体进行稳定分析计算时，需要首先求出可能不稳定结构体的体积和滑动面的面积，以便求得滑动力和结构面的抗滑力等。这些数据，在边坡实体比例投影图上都不难获得。

（1）结构体的体积。

图 5-5-15 中结构体 $K'M'N'O'$为一四面体，可以把它看成是一个以三角形 $K'M'N'$为底面，以 O'为顶点的倒锥体。因此，它的体积为：

$$V=\frac{1}{3}h\cdot\triangle K'M'N'/\cos\beta \tag{5-5-19}$$

式中：$\triangle K'M'N'$表示结构体底面投影三角形 $K'M'N'$的面积，可根据作图比例尺由图上直接量出；h 表示结构体顶点 O'至底面的高度，在图 5-5-15（c）中，过 O''点作坡顶线的垂线，其长度即为 h；β表示坡顶面的倾角。

（2）滑动面面积。

图 5-5-15 中的结构体 $K'M'N'O'$，在自重作用下为一双滑面块体，滑落时将同时沿结构面 AA 和 BB 滑动。在实体比例投影图上，滑动面为三角形 $N'M'O'$ 和三角形 $K'M'O'$，它们的实际面积$\triangle NMO$ 和$\triangle KMO$，可以根据其投影面积$\triangle N'M'O'$和$\triangle K'M'O'$求出。

$$\begin{cases}\triangle NMO=\triangle N'M'O'/\cos\alpha_A\\ \triangle KMO=\triangle K'M'O'/\cos\alpha_B\end{cases} \tag{5-5-20}$$

式中：α_A 表示结构 AA 的倾角；α_B 表示结构 BB 的倾角。

5.5.2 数值分析法

数值分析方法在岩体力学问题研究中具有较广泛的适用性，它不仅能模拟岩体的复杂力学与结构特性，也可方便地分析各种边值问题和施工过程，并对工程进行预测和预报。数值模拟都是建立在力学理论之上的，本质上只有有理论解的问题，才能用数值模拟。数值模拟和理论公式的解析计算最主要的区别在于它是理论公式的一种近似解。可以解决解析计算中不能处理的复杂本构模型和边界条件。

目前应用较为广泛的数值分析方法有：有限单元法、边界单元法、离散单元法、有限差分法、刚体元法、流形方法等。数值分析的实现一般都以大型软件的形式出现，如 ANSYS、FLAC、UDEC 等。但从理论基础上分，主要是基于连续介质理论的有限元和基于块体运动的离散元。

不论有限元还是离散元，看待其计算结果首先是确认一种趋势，其次才是“值”。因此，学习计算工作之前要有扎实的理论基础，才能判断计算成果的正确与否。如果计算结果的趋势（或叫分布规律、运动模式）不符合理论成果的一般规律，需要对计算模型进行仔细分析和认真检查，确保计算结果的趋势是正确的。其次数值计算的“值”依赖于计算参数，计算参数不仅仅是“精确”就可以得到正确结果的，只有融入了工程实践经验的参数值才是有用的。所以，数值分析的结果更像一张画满等高线却没有高程的地图，需要通过其他办法确定其中某些点的高程，则其他任一点的高程便可知了。确定某些点的“高程”（计算数据）的方法主要由现场实测、物理模型试验、专家的经验等来得到。

因此，数值分析不是一个简单的“运算”过程，而是包含着从野外工程地质调查到室内试验研究、地质力学模型抽取、计算模拟和野外验证的全过程，它的可靠性和准确性在很大程度上取决于对地质原型认识的正确性。

1. 有限单元法

有限单元法自上个世纪 50 年代发展至今,已成为求解复杂工程问题的有力工具，并在岩土工程领域广泛使用。该方法首先被用于飞机结构的应力分析，继而扩大到造船、机械、土木、水利电力等工程。有限单元法把一个实际的结构物或连续体用一种彼此相联系的单元体所组成的近似等价物理模型来代替。通过结构及连续体力学的基本原理及单元的物理特性建立起表征力和位移关系的方程组，求解方程组得其基本未知物理量，并由此求得各单元的应力、应变以及其他辅助量值。有限元法按其所选未知量的类型，即以节点位移作为基本未知量，还是以节点力作为基本未知量，或二者皆有，可分为位移型、平衡型和混合型有限元法。由于位移型有限元法在计算机上更易实现复杂问题的系统化，且便于计算求解，更易推广到非线性和动力效应等其他方面。所以，位移型有限元法比其他类型的有限元法应用更为广泛。

最基本的有限单元法基本步骤如下。

（1）单元离散化。

将问题域的连续体离散为单元与节点的组合，连续体内各部分的应力及位移通过节点传递，每个单元可以具有不同的物理特性，这样，便可得到在物理意义上与原来连续体相近似的模型。

（2）选择位移模式。

若采用节点位移为基本未知量，则需要用节点位移表示单元体的位移。因此必须对单元中位移分布作出一定的假定，一般假定位移是坐标的某种简单函数，这种函数为位移模式或位移函数。

根据所选定的位移模式，即可导出节点位移表示单元内任意一点位移的关系式，矩阵形式为：

$$\{f\}=[N]\{U\}^{\mathrm{T}} \tag{5-5-21}$$

式中：$\{f\}$为单元内任一点的位移列阵；$\{U\}^{\mathrm{T}}$为单元节点的位移列阵；$[N]$为形函数矩阵，其元素是位置坐标的函数。

（3）单元分析。

以位移法为基本方法，根据所采用的单元类型，建立单元的位移-应变关系、应力-应变关系、力-位移关系，建立单元的刚度矩阵。

① 利用应力应变本构方程得：

$$\{\sigma\}=[D]\{\varepsilon\} \tag{5-5-22}$$

② 利用几何方程得：

$$\{\varepsilon\}=[B]\{\delta\}^{\mathrm{e}} \tag{5-5-23}$$

因此

$$\{\sigma\}=[D][B]\{\delta\}^{\mathrm{e}} \tag{5-5-24}$$

③ 利用单元平衡方程得：

$$\{F\}^{\mathrm{e}}=[k]^{\mathrm{e}}\{\delta\}^{\mathrm{e}} \tag{5-5-25}$$

以上各式中：$\{\sigma\}$表示单元内任一点的应力列阵；$\{\varepsilon\}$表示单元内任一点的应

变列阵；[D]表示与材料有关的弹性矩阵；[B]表示单元应变矩阵；$[k]^{e}$表示单元刚度矩阵。

由上述式子可以看出，导出单元刚度矩阵$[k]^{e}$是有限元计算的核心内容。

根据弹性理论推导有：

$$[k]^{e}=\begin{bmatrix} k_{ii} & k_{ij} & k_{im} \\ k_{ji} & k_{jj} & k_{jm} \\ k_{mi} & k_{mj} & k_{mm} \end{bmatrix} \tag{5-5-26}$$

其中，根据计算时采用的本构关系的不同，单元刚度矩阵$[k]^{e}$有不同的计算式。

（4）集合所有单元的平衡方程，建立整个结构的平衡方程。一是将各个单元的刚度矩阵集合成整个结构的整体刚度矩阵；二是将作用于各个单元的等效结点力列阵集合成总的载荷列阵。

（5）结点力计算。

将材料自重分配到单元节点上，并将边界点上的荷载（如果有）分配到边界节点上。结点力分配时，采用叠加的原则。

（6）引入边界条件并求解。

引入计算模型的边界条件，求解方程组，求得节点位移。进而求出各单元的应变、应力等其他未知量。

有限单元法在岩体力学与工程中应用主要用于分析岩体应力特征。为了使数值分析模型更接近真实状况，国内外学者将强度折减理论、随机模型、弹塑性与黏弹及黏塑性模型、固液相耦合模型、接触原理等引入有限元中，大大丰富了有限元的分析领域和分析手段。

2. 离散单元法

离散单元法一般认为是 Cundall 于 1971 年提出来的。该法适用于研究在准静力或动力条件下的节理系统或块体集合的力学问题，最初用来分析岩石边坡的运动。到 1974 年，二维的离散单元法程序趋于成熟。Lorig 于 1984 年开发了包括前处理和后处理的离散单元与边界单元法耦合程序。Cundall 与 Itasca 公司于 1986 年开发了三维离散单元法程序（3DEC）。

离散单元法由王泳嘉教授于 1986 年引入中国，此后，离散单元法在中国的研究发展非常迅速。目前已在我国采矿工程、岩土工程、水利水电工程等科研与设计中得到广泛的应用。

离散单元法的单元，从性质上分，可以是刚性的，也可以是非刚性的；

几何形状上可以是任意多边形，也可以是圆形。本节以刚性块体模型为例介绍离散单元法的基本原理。

1）基本方程

在解决连续介质力学问题时，除了边界条件外，还有 3 个方程必须满足，即平衡方程、变形协调方程和本构方程。变形协调方程保证介质的变形连续；本构方程即物理方程，它表征介质应力和应变间的物理关系。对于离散单元法而言，由于介质一开始就假定为离散块体的集合（图 5-5-16（a）），故块与块之间没有变形协调的约束，但平衡方程需要满足。例如对于某个块体 B（图 5-5-16），其上有邻接块体通过边、角作用于它的一组力（图 5-5-16（b））F_{xi}、F_{yi}（$i=1$，…，5），如果考虑重力，则还要加上自重。这一组力对块体的重心会产生合力 F 和合力矩 M。如果合力和合力矩不等于零，则不平衡力和不平衡力矩使块体根据牛顿第二定律 $F=ma$ 和 $M=I\theta$的规律运动。块体的运动不是自由的，它会遇到邻接块体的阻力。这种位移和力的作用规律就相当于物理方程，它可以是线性的，也可以是非线性的。计算按照时步迭代并遍历整个块体集合，直到对每一个块体都不再出现不平衡力和不平衡力矩为止。

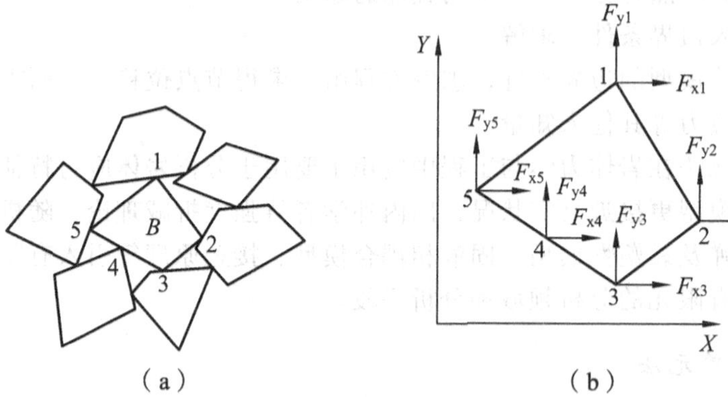

图 5-5-16　块体的集合及作用于个别块体上的力

（1）物理方程。假定块体之间的法向力 F_n 正比于它们之间的法向“叠合”u_n，即：

$$F_n=k_n u_n \tag{5-5-27}$$

式中：k_n 为法向刚度系数。

这里所谓的“叠合”是计算时假定的一个量，将它乘上一个比例系数作为法向力的一种度量。例如可以增大 k_n 值而将 u_n 取得很小仍然能够表示相等的法向力。

如果两个离散单元的边界相互“叠合”（图 5-5-17（b）），则有两个角点与界面接触，可用界面两端的作用力来代替该界面上的力。当然，实际的界面接触情况要远比这种两个角点接触模式复杂，但无法确定究竟哪些点相接触，所以还是采用最为简单的两个角点相接触的“界面叠合”模式。

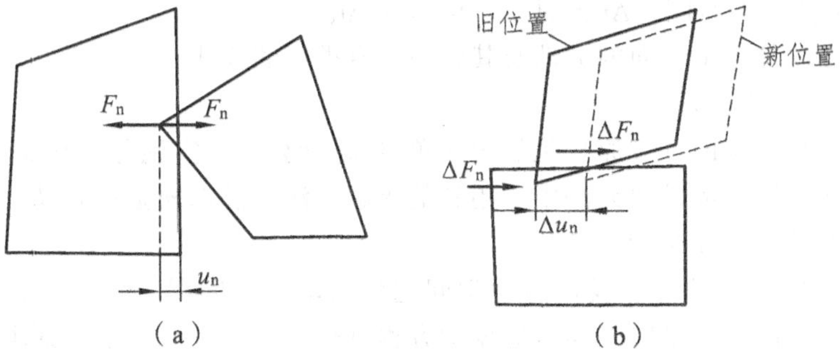

图 5-5-17　离散单元之间的作用力

由于块体所受的剪切力与块体运动和加载的历史或途径有关，所以对于剪切力要用增量ΔF_s来表示。设两块体之间的相对位移为Δu_s，则：

$$\Delta F_s = k_s \Delta u_s \tag{5-5-28}$$

式中：k_s为节理的剪切刚度系数。

式（5-5-16）和式（5-5-17）所表示的力与位移关系为弹性情况，但在某些情况下弹性关系是不成立的，需要考虑破坏条件。例如，当岩块受到张力分离时，作用在岩块表面上的法向力和剪切力随即消失。对于塑性剪切破坏的情况，需要在每次迭代时检查剪切力 F_n，是否超过 $c + F_n\tan\varphi$，这里 c 为黏结力，φ为内摩擦角。如果超过，则表示块体之间产生滑动，此时剪切力取极限值 $c + F_n\tan\varphi$，这就是所谓的莫尔-库仑准则。

（2）运动方程。根据岩块的几何形状及其与邻近岩块的关系，可以利用上面讲述的原理，计算出作用在某一特定岩块上的一组力，由这一组力不难计算出它们的合力和合力矩，并可以根据牛顿第二运动定律确定块体质心的加速度和角加速度，进而可以确定在时步Δt内的速度和角速度以及位移和转动量。

例如，对于 x 方向有加速度：

$$u_x = \frac{F_x}{m} \tag{5-5-29}$$

式中：F_x为 x 方向的合力；m 为岩块的质量。

对式（5-5-29）用向前差分格式进行数值积分，可以得到岩块质心沿 x 方向的速度和位移。

$$\begin{cases}\dot{u}_x(t_1)=\dot{u}_x(t_0)+\ddot{u}_x\Delta t\\ u_x(t_1)=u_x(t_0)+\dot{u}_x\Delta t\end{cases}\tag{5-5-30}$$

式中：t_0 为起始时间；Δt 为时步；$t_1=t_0+\Delta t$。

对于块体沿 y 方向的运动及其转动，有类似的算式。

2）计算机实现

离散单元法的计算原理虽然很简单,但在计算机上实施起来却非常复杂，涉及很多问题。离散单元法中所用到的求解方法有静态松弛法和动态松弛法两种，本节主要介绍动态松弛法。

动态松弛法是把非线性静力学问题化为动力学问题求解的一种数值方法。该方法的实质是对临界阻尼振动方程进行逐步积分。为了保证求得准静解，一般采用质量阻尼和刚度阻尼来吸收系统的动能，当阻尼系数取值稍小于某一临界值时，系统的振动将以尽可能快的速度消失，同时函数收敛于静态值。这种带有阻尼项的动态平衡方程，利用有限差分法按时步在计算机上迭代求解就是所谓的动态松弛法。由于被求解方程是时间的线性函数，整个计算过程只需要直接代换，即利用前一迭代的函数值计算新的函数值，因此，对于非线性问题也能加以考虑，这是动态松弛法的最大优点。其具体求解方法可以通过下面的简单例子来说明。

离散单元法的基本运动方程为：

$$m\ddot{u}(t)+c\dot{u}(t)+ku(t)=f(t)\tag{5-5-31}$$

式中：m 是单元的质量；u 是位移；t 是时间；c 是黏性阻尼系数；k 是刚度系数；f 是单元所受的外荷载。

式（5-5-31）的动态松弛解法就是假定 $t+\Delta t$ 时刻以前的变量 $f(t)$、$u(t-\Delta t)$、$\dot{u}(t-\Delta t)$ 以及 $u(t-\Delta t)$ 等已知，利用中心差分法，式（5-5-31）可以变成：

$$\frac{m[u(t+\Delta t)-2u(t)+u(t-\Delta t)]}{(\Delta t)^2}+\frac{c[u(t+\Delta t)-u(t-\Delta t)]}{2\Delta t}+ku(t)=f(t)\tag{5-5-32}$$

式中：Δt 是计算时步。

由式（5-5-32）可以解出：

$$u(t+\Delta t)=\frac{(\Delta t)^2 f(t)+\left(\dfrac{c}{2}\Delta t-m\right)u(t-\Delta t)+\left[2m-k(\Delta t)^2\right]u(t)}{m+\dfrac{c}{2}\Delta t}\tag{5-5-33}$$

由于上式中右边的量都是已知的，因此可以求出左边的量 $u(t+\Delta t)$，再将 $u(t+\Delta t)$ 代入下面两式中，就可以得到单元在 t 时刻的速度 $\dot{u}(t)$ 和加速度 $\ddot{u}(t)$：

$$\begin{cases}\dot{u}(t)=\dfrac{u(t+\Delta t)-u(t-\Delta t)}{2\Delta t}\\[2ex]\ddot{u}(t)=\dfrac{u(t+\Delta t)-2u(t)+u(t-\Delta t)}{(\Delta t)^2}\end{cases}\tag{5-5-34}$$

上述可知，离散单元法利用中心差分法进行动态松弛求解，是一种显式解法。它不需要解大型矩阵，计算比较简单，也节省计算时间，并且允许单元发生很大的平移和转动，因此克服了以往有限单元法和边界单元法的小变形假设，可以用来求解一些非线性问题。但是离散单元法也有其不足的地方，如计算时步 Δt 需要很小，以及需要合理地确定阻尼系数等。

离散元基于块体系统中各刚性块体的协调运动，对分析节理岩体的运动模式和变形破坏规律、范围具有很大优势。由于块体接触是个很复杂的问题，而基于接触来计算应力就很难了，因此，一般认为离散元的应力计算是较少参考价值的。

DEM 最初是为了分析岩石力学行为，后来又被应用到土体的研究中，可以模拟大位移，离散块体的旋转，包括完全的分离以及对新接触的自动识别。常用的离散元软件有 UDEC 和 PFC（颗粒流）。UDEC 可以计算任意多边形块体组成的岩体的运动（破坏模式），PFC 主要用于计算圆球状（颗粒）单元组成的岩体的运动模式。PFC 通过 DEM 模拟颗粒的运动以及颗粒与颗粒之间应力的交互作用，在颗粒离散元中，颗粒之间的交互作用是一种动态平衡的发展过程，无论何时其内部力处于一种平衡状态。通过跟踪单个颗粒的运动轨迹可以得到颗粒集合体中的接触力和位移。PFC 能模拟任意大小圆形粒子集合体的动态力学行为。粒子间接触性质由下列单元组成：线性弹簧或简化的 Hertz-Mindlin 准则、库仑滑块、黏结类型、黏结接触可承受拉力、黏结存在有限的抗拉和抗剪强度。和 UDEC 相比，PFC 甚至允许颗粒膨胀，这对计算膨胀岩土是十分有用的。

颗粒离散元的计算在应用颗粒体的牛顿第二定律和接触力与位移关系的交替中进行。牛顿第二定律用来决定每一个颗粒的运动和旋转行为，这些行为产生于接触力，及外力与体力的作用。而力与位移的关系是用来更新由每一对接触产生的接触力。因此颗粒流方法在计算循环中，交替应用牛顿第二定律与力–位移定律，其计算循环过程如图 5-5-18 所示。

基于连续性假设的传统数值方法，如有限元法、边界元法等，适合于解决连续介质问题，而离散单元法适合于非连续介质问题或连续体到非连续体转化的材料损伤破坏问题。因此，如果将它们耦合应用，便能扬长避短，改善精度，提高计算效率，极大地扩大该数值方法的应用范围。离散单元法与有限单元法耦合计算的方法比较容易实现，只要使交界面上的有限单元的节点与离散单元的角点重合，并保证它们的位移和力连续，就可通过节点力和位移的相互传递将离散单元与有限单元耦合起来。此外，多相介质、多场耦合离散元，将是解决深部复杂节理岩体力学问题的有效工具。

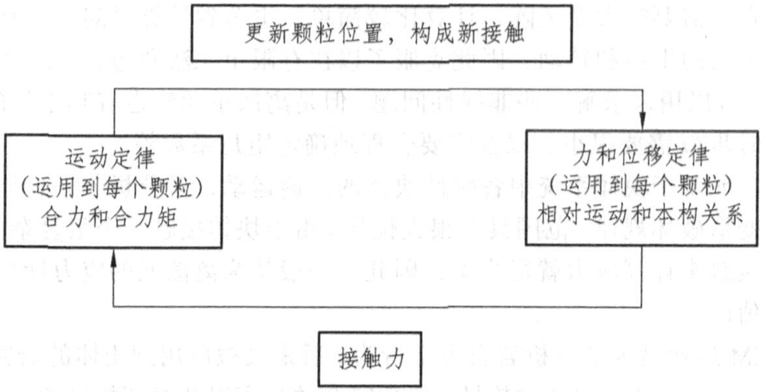

图 5-5-18　PFC 的计算循环过程

3. 快速拉格朗日法

连续介质快速拉格朗日差分法（Fast Lagrangian Analysis of Continua，简称 FLAC）是近年来逐步发展并成熟起来的一种新型数值分析方法，已在岩土工程中得到越来越广泛的应用。FLAC 克服了离散元法的缺陷，吸取了有限元法适用于各种材料模型及边界条件的非规则区域连续问题解的优点。对于给定的单元形函数，快速拉格朗日法求解的代数方程实际上和有限元法相同，所以这种方法也具有与有限元法相同的优点。FLAC 可以模拟线性、非线性等多种材料模型，可以模拟实际工况分期开挖、回填、锚杆、混凝土衬砌等支护手段。其最大优点在于网格能随单元变形而更新，这使得它能方便地处理大变形问题，在概念上类似于动态松弛法，能够适应任意的网格形状。

FLAC 商用软件针对岩土工程开发，对岩体特有的剪切模式、固结、渗流、软化等大变形大位移问题较为适当。包含了 10 种弹塑性材料本构模型，有静力、动力、蠕变、渗流、温度五种计算模式，各种模式间可以互相耦合，可以模拟多种结构形式，如岩体、土体或其他材料实体，梁、锚元、桩、壳以及人工结构如支护、衬砌、锚索、岩栓、土工织物、摩擦桩、板桩、界面单元等，可以模拟复杂的岩土工程或力学问题。

1）有限差分方程

对于一个有限区域，其差分方程为：

$$\frac{\partial F}{\partial X_i}=\lim_{A\to 0}\left(\frac{1}{A}\int_s F_{n_i}\mathrm{d}S\right) \tag{5-5-35}$$

式中：F 为任意标量、向量或张量；X_i 为位移向量分量；A 为积分面积；$\mathrm{d}S$ 为增量弧长；n_i 为 $\mathrm{d}S$ 的单位外法线的分量。

若用有限多边形图 5-5-19（b）表示图 5-5-19（a）所示区域，则式（5-5-35）可近似表示为：

$$\frac{\partial F}{\partial X_i}=\frac{1}{A}\sum_{n=1}^{n}F^n e_{in}\Delta X_i^n \tag{5-5-36}$$

式中：n 为多边形的边数；F^n 为函数 F 在 n 条边上的平均值；ΔX_i^n 为第 n 条边的长度向量分量；e_{in} 为变换张量。

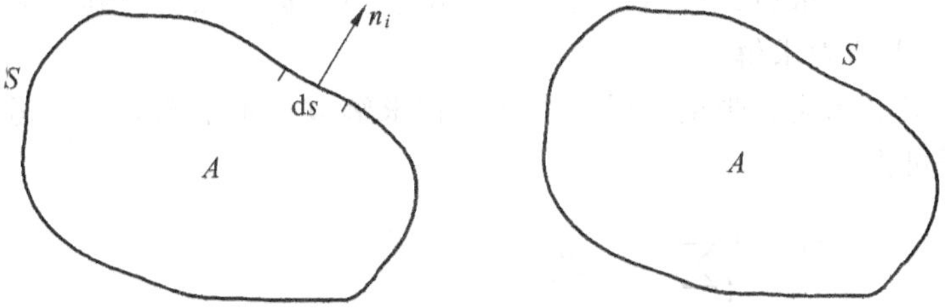

（a）有限区域　　（b）有限多边形

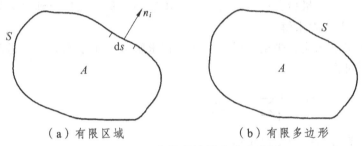

图 5-5-19　有限区域及有限多边形

2）运动方程和位移计算

运动方程为：

$$\rho\frac{\partial \dot{u}}{\partial t}=\frac{\partial \sigma_{ij}}{\partial X_i}+\rho g_i \tag{5-5-37}$$

式中：ρ为密度；$\dot{u}$ 为速度；t 为时间；X_i 为坐标分量；g_i 为重力加速度分量；σ_{ij} 为应力张量分量。

根据牛顿第二运动定律，对于受随时间变化的力 $F(t)$ 作用，质量为 m 的物体，有：

$$\frac{\partial \dot{u}}{\partial t}=\frac{F(t)}{m} \tag{5-5-38}$$

$$\frac{\partial\dot{u}}{\partial t}=\frac{\dot{u}^{\left(t+\frac{\Delta t}{2}\right)}-\dot{u}^{\left(t-\frac{\Delta t}{2}\right)}}{\Delta t} \tag{5-5-39}$$

将式（5-5-38）代入式（5-5-39）有：

$$\dot{u}^{\left(t+\frac{\Delta t}{2}\right)}=\dot{u}^{\left(t-\frac{\Delta t}{2}\right)}+\frac{F(t)}{m}\Delta t \tag{5-5-40}$$

对式（5-5-40）进行积分可得节点的位移：

$$u^{(t+\Delta t)}=u^{(t)}+\dot{u}^{\left(t+\frac{\Delta t}{2}\right)}\Delta t \tag{5-5-41}$$

3）应变、应力求解

快速拉格朗日法由速率求得某一时步的单元应变增量，即：

$$\Delta e_{ij}=\frac{1}{2}\left(\frac{\partial\dot{u}_i}{\partial X_j}+\frac{\partial\dot{u}_j}{\partial X_i}\right)\Delta t \tag{5-5-42}$$

求得应变增量后，可由本构方程求出应力增量，然后得到总应力。

4）不平衡力求解

在确定单元应力张量之后，FLAC 将求解节点不平衡力，由运动方程和差分方程可得：

$$\rho\frac{\partial\dot{u}}{\partial t}=\frac{1}{A}\sum\sigma_{ij}e_{jk}\Delta X_k+\rho g_i \tag{5-5-43}$$

上式等号两边同除以ρ有：

$$\frac{\partial\dot{u}}{\partial t}=\frac{F_i}{m}+g_i \tag{5-5-44}$$

式中：$F_i=\sum\sigma_{ij}e_{jk}\Delta X_k$；$m=\rho A$。

F_i的求和路径如图 5-5-20 所示，m 为图中求和闭合路径所围面积的质量。

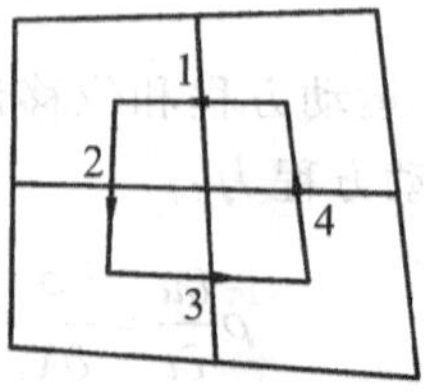

图 5-5-20　F_i的求和闭合路径

4. 非连续变形理论

裂隙岩体是含有节理、断裂等的一种非连续体。它的变形主要是由岩体沿方向各异的众多裂隙结构面发生滑动、开裂等引起的，具有非线性特性，岩石本身变形很小。目前在岩体工程中普遍采用有限元方法，这是建立在连续介质微变形理论基础上的一种数值方法。把它用到裂隙岩体时，不得不把岩体的非连续介质等效地作为连续介质。把岩体中具体的微观裂隙均化到岩体介质中去。把不连续岩体简化成连续岩体，这在宏观尺度上体现了材料的非线性特性。但其几何的非连续特性还是难以得到反映，而不连续变形分析方法能具体反映岩体的微观非连续特性。

非连续变形理论（简称 DDA）主要用于解决裂隙岩体的大变形和大位移问题，能够考虑单元体本身的弹性变形，但是单元与单元均当成初始不相重叠的非连续块体对待，从而相当于将两块体间的接触界面当成不连续面处理，在这个系统中块体是通过裂隙结构面的接触连成整体的。因此，这就从有限元协调模式中单元间位移连续条件跳跃到块体间位移受控于静力学上的无拉力与运动学上的无嵌入两个约束条件的非连续关系。这种方法的计算网格与岩体的物理网格相一致，每一个计算网格搜盖一块被裂隙切割的块体，各块体相互独立，计算上是不连续的。但块体之间在力学上的连续性则取决于裂隙的变形条件：当裂隙滑动（剪切破坏）或开裂（拉力破坏）时为不连续；当裂隙未错位或闭合时为连续。因此，用这种方法来模拟岩体可以反映岩体的连续或不连续的具体部位。

不连续变形分析方法特点之一是变形的不连续，另一特点是在计算中引入了时间因素，即考虑变形有一时间过程，因此它是动态的。对动力作用问题，荷载（爆炸、冲击、振动等）与时间有关，位移也和时间有关（位移、速度和加速度）。对静力作用问题，荷载和时间无关（为常数），位移和时间有关。因此不管是动力作用问题还是静力作用问题，都可以用动力方法计算。只有当小位移情况且岩体很稳定时，静力作用问题才可忽略时间因素，用静力方法计算。

同其他方法一样，DDA 也有其适用范围。岩体实际上是包括岩石和结构面在内的复杂结构体。DDA 模型将岩体完全离散化，这与实际岩体的情况不十分相符。将 DDA 模型与连续介质力学数值模型结合起来，如将 DDA 模型与有限元数值方法相结合，应该是 DDA 模型工程应用研究的发展方向。这应从岩土问题的力学分析、物理模型与工程简化上相互匹配，正确地理解与把握实际问题的物理本质与合理地引入及吸收工程力学中的严密体系与数学方法才是计算岩土力学的持续发展道路。

块体系统非连续特性主要表现为块体间接触面是非连续的，通过接触面的相互约束建立整个系统的力的平衡。该方法与一般连续介质分析方法不同之处，是引入了非连续接触和惯性力条件，以位移作基本未知量，按结构矩阵分析的方式求解平衡方程，用运动学方法求解非连续的静力作用问题和动力作用问题。为便于对该方法有基本了解，现简述如下。

1）位移模式

考虑块体内某点（x_n，y_n）沿 x、y 方向上的刚体位移（u_0，v_0）、块体绕点（x_0，y_0）的转动角（γ_0）、块体的正应变（ε_x，ε_y）和剪应变（γ_{xy}）的情况下，取块体系统的全一阶位移模式，块体内任一点（x，y）处的位移可由变形变量$[D_i]$表示为：

$$[D_i]=(u_0,v_0,\gamma_0,\varepsilon_x,\varepsilon_y,\gamma_{xy})^{\mathrm{T}} \tag{5-5-45}$$

$$\begin{pmatrix} u \\ v \end{pmatrix}=[T_i][D_i] \tag{5-5-46}$$

其中，i 表示系统中的第 i 个块体，且块体 i 的位移转换矩阵$[T_i]$为：

$$[T_i]=\begin{bmatrix} 1 & 0 & -(y-y_0) & (x-x_0) & 0 & \dfrac{(y-y_0)}{2} \\ 0 & 1 & (x-x_0) & 0 & (y-y_0) & \dfrac{(x-x_0)}{2} \end{bmatrix} \tag{5-5-47}$$

2）联立方程组的建立和求解

块体系统的总势能包括块体单元的应变能、初始应力的势能、点荷载和线荷载作用下的势能、体荷载势能、锚杆连接的势能、惯性力势能和黏性力势能等。由最小势能原理，在势能泛函取最小值时系统达到平衡。

块体系统的总势能可写成一般形式：

$$\prod=\frac{1}{2}[D]^{\mathrm{T}}[K][D]-[D]^{\mathrm{T}}\{F\} \tag{5-5-48}$$

Π取极值的条件为$\dfrac{\partial\Pi}{\partial[D]}=0$（$\dfrac{\partial\Pi}{\partial[D]}$表示对$[D]$内的每一分量分别求偏导），即得支配方程：

$$[K][D]=\{F\} \tag{5-5-49}$$

如果系统包括 n 个块体，则可写成：

$$\begin{bmatrix} K_{11} & K_{12} & K_{13} & \cdots & K_{1n} \\ K_{21} & K_{22} & K_{23} & \cdots & K_{2n} \\ \vdots & \vdots & \vdots & & \vdots \\ K_{n1} & K_{n2} & K_{n3} & \cdots & K_{nn} \end{bmatrix}\begin{bmatrix} D_1 \\ D_2 \\ \vdots \\ D_n \end{bmatrix}=\begin{bmatrix} F_1 \\ F_2 \\ F_3 \\ F_4 \end{bmatrix} \tag{5-5-50}$$

引入边界条件和块体系统的运动学条件，即可对上述方向求解，得到每一个块体的位移与变形状态。

3）运动学条件

块体系统变形时，块体之间应满足无拉伸和无浸入的条件。块体如果在接触处发生了侵入，则施加刚度很大的弹簧将其原路推回；如果两块体间有了接触拉力，则撤销弹簧的作用。这一过程决定了 DDA 的分析计算是一反复的迭代过程。

块体之间的接触有两类：角与角（包括凸角与凹角接触、凸角与凸角接触），角与边（凸角与边接触），如图 5-5-21 所示。角与角接触时要判断其角尖之间的距离是否很小又接近零时为接触）及当两个角无转动地移近时有无嵌入。角与边接触时也要作出同样的判断。块体系统运动时所有块体的接触，必须保证没有相互嵌入。如果角点越过了进入线，则认为发生了侵入。块体之间的弹性接触虚设弹簧元件模拟,块体之间的剪切滑动虚设摩擦元件模拟。

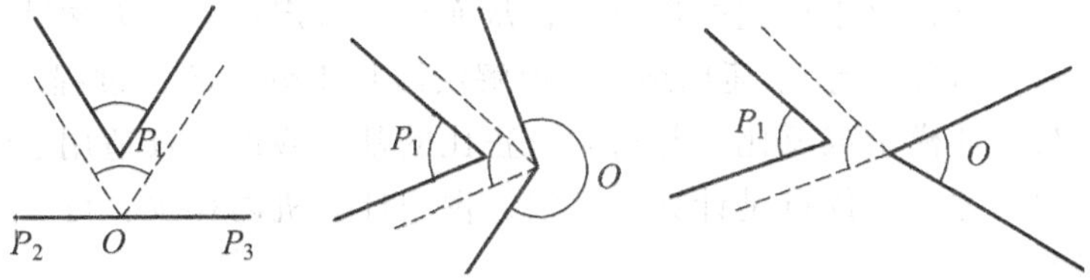

图 5-5-21　块体接触的种类

由于 DDA 计算过程中实现侵入和拉伸控制的判断是一个反复迭代过程，因此，其收敛与否及其判断的实现，是一个复杂的过程，需要经验与技巧。而时步和时步系数的选取对于计算结果有很大的影响。一般情况下，时步取得越大，计算结果越趋于稳定，但客观的问题（或目标）是不允许的。

实际上，DDA 的算法与离散元的算法原理基本一致。离散元法取的是一个离散块体系统，变形是完全不连续的；DDA 取的是一个块体系数，块体之间在满足无侵入和无拉伸的条件下，其变形也是完全不连续的，而且相互间允许产生较大的滑移或张开等变形。其解题方法可用直解法，也可用迭代法。因变形的不连续，计算网格节点上的位移是不共容的，计算时自行离散成若干点，且因变形的动态过程，使计算量和计算难度增加。这一方法的优点是采用了以图论为基础的非零储存方法，大大减小了计算储存星，使能在微机上方便运算及进行图像显示，而且它可融静力和动力、正算和反算及大、小位移于一体，分析岩体某一裂隙从破坏前到破坏后的整个非连续变形的动态过程，可视为当前计算方法的创新。当然，DDA 与离散元算法也有各自的优缺点，对于不同的工程实际情况，可以采用不同的算法，也可综合运用进行对比。

5. 反分析法

反分析（或逆问题）是指利用容易观测到的外观资料来确定物体的内在状态的方法。20 世纪 70 年代中后期，反分析法由 Kirstan 提出，后经 Gioda、Sakurai、Maier 和 Cividini 等学者的发展，基于实测位移反求岩体力学参数和初始地应力的位移反分析是逆向思维在岩石力学研究中的一次成功应用，开辟了岩体参数和初始地应力研究的新途径，受到了普遍的关注，并且由于反分析得到的参数作为在同一模型下正分析的输入参数大大提高了分析结果的可靠性而受到工程界的欢迎。尤其是计算机技术和先进的计算方法的发展完善，将反分析研究推到了一个新的阶段。

1）逆解法

逆解法是依据矩阵求逆原理建立的反演分析计算法。它是直接利用量测位移由正分析方程反推得到的逆方程，从而得到待定参数（力学特性参数和初始地应力分布参数等）。简单地说，逆解法即是正分析的逆过程。此法基于各点位移与弹性模量成反比，与荷载成正比的基本假设，仅适用于线弹性等比较简单的问题。其优点是计算速度快，占用计算机内存少，可一次解出所有的待定参数。

在逆解法的研究和应用方面，日本学者 Sakurai（1983）提出了反算隧硐围岩地应力及岩体弹性模量的逆解法，该方法基于有限元分析的逆过程，只进行逆分析一次便可得到参数的最佳估计，因此在实际工程中得到广泛应用。随着岩土工程的发展，其结构设计正由传统的确定性方法转向概率方法，相应地其分析手段也转变为概率手段。因此在分析时，需事先知道岩土介质特性参数的概率分布及其数字特征，如均值、方差及高阶矩。对于岩土介质这一本身具有随机不确定特性的系统，进行其特性参数的不确定性反分析研究具有更重要的理论价值。孙钧等（1996）采用 Sakurai 的逆反分析思路，推导了随机有限元的逆过程，提出了基于量测位移的随机逆反分析方法，并基于特征函数法得到了函数的方差和高阶矩。然而，目前的随机逆反分析研究还只能就弹性有限元来进行，深入到弹塑性、黏弹塑性等复杂非线性计算模型的随机逆反分析则有待进一步研究。

2）直接法

直接法又称直接逼近法，也可称为优化反演法。这种方法是把参数反演问题转化为一个目标函数的寻优问题，直接利用正分析的过程和格式，通过迭代最小误差函数，逐次修正未知参数的试算值，直至获得“最佳值”。其中优化迭代过程常用的方法有：单纯形法、复合形法、变量替换法、共轭梯度法、罚函数法、Powell 法等。Gioda 等（1987）总结了适用于岩土工程反分析的四种优化法，即单纯形法、Rosenbrok 法、拟梯度法和 Powell 法。这些方法各有其优点和不足。总的来说，这类方法的特点是可用于线性及各类非线性问题的反分析，具有很宽的适用范围。其缺点是通常需给出待定参数的试探值或分布区间等，计算工作量大，解的稳定性差，特别是待定参数的数目较多时，费时、费工，收敛速度缓慢。

3）图谱法

图谱法是杨志法（1988）提出的一种位移图解实用反分析方法。该法以预先通过有限元计算得到的对应于各种不同弹性模量和初始地应力与位移的关系曲线，建立简便的图谱和图表。根据相似原理，由现场量测位移通过图谱和图表的图解反推初始地应力和弹性模量。目前，这一方法已发展为用计算机自动检索，使用时只需输入实际工程的尺寸与荷载相似比，即可得到所需的地层参数，方法简便实用，对于线弹性反分析更方便实用，具有较好的精度。

4）智能反演法

逆解法、优化法和图谱法作为反演确定岩土工程介质本构模型及物性参数的主要方法，自 20 世纪 70 年代初至今得到了快速发展，并且在工程中得到广泛应用。但实际工程中发现，传统优化方法存在结果依赖于初值的选取，难以进行多参数优化及优化结果易陷入局部极值等缺点。近年来，一种源于自然进化的全局搜索优化算法——遗传算法和具有模拟人类大脑部分形象思维能力的人工神经网络方法，以其良好的性能引起了人们的重视，并被引入岩土工程研究中。遗传算法（Genetic Algorithm，简称 GA）是美国著名学者 J. H. Holland 于 20 世纪 70 年代中期首先提出来的。它是建立于遗传学及自然选择基础上的一种随机搜索算法。利用基于遗传算法的智能反演方法可以同时反演岩体的模型参数或多个物性参数，其全局收敛性质和很强的鲁棒性可以保证反分析结果的可靠性。虽然实践证明遗传算法是一种高效、可信的反分析方法，但它也存在严重依赖经验知识、计算量较大等问题，这是本方法有待解决的问题。人工神经网络（Artificial Neural Network，简称 ANN）是一个高度复杂、非线性的动态分析系统，具有良好的模式辨识能力，几乎可模拟任何复杂的非线性系统，因而用神经网络模型模拟复杂的岩土工程问题无疑可收到好的效果。它特别适用于参数变量和目标函数之间无数学表达式的复杂工程问题，在岩土工程中也得到广泛的应用。

5.5.3 经验公式法

引进现代数学发展成果，对长期工程实践获得的经验建立统计关系，是岩体工程分析最重要的一环。经验公式的建立既要依据理论成果，更要认真分析甄别成功的经验，并运用一定的数学工具将成果以数学公式的形式表达出来方便应用。一般，经验公式的建立所需要的步骤是：样本调查—甄别分类—因素分析—因素数量化（参数）—建立模型—验证模型—应用。

以铁路岩石边坡坡度设计经验公式为例，介绍经验公式的建立过程。

1. 影响岩石边坡坡度各因素的分析

岩石边坡是一种多因素相互影响、共同作用的产物。对大量边坡的分析、研究结果表明，影响岩石边坡坡度的各因素中，按其重要性依次是岩体块度、岩石回弹值、结构面长度、结构面 *JRC* 等。产状和地下水的影响因难以直接与坡度关联或难以量化而未排序。研究表明，边坡的稳定是由它的物质特征和岩体结构特征所控制的。在影响边坡稳定的各因素中，岩石回弹值反映岩块的强度，岩体的块度反映岩体的破碎程度，它们的综合特征反映了岩体的力学性质和强度特征。根据边坡应力分析结果，岩体的强度将决定坡度的陡缓。地下水的作用之一是将会降低边坡物质的力学强度，因此，地下水也直接影响边坡坡度。

岩体结构面的特征反映边坡岩体的切割特征。如果被结构面切割出的块体在边坡面出露，在某种外界因素（重力、水流、地震、工程荷载、人类活动等）的作用下，这些块体就可能从边坡上滑落下来，造成边坡的局部破坏。如果结构面贯通边坡，造成大规模的块体移动，边坡可能产生整体破坏。岩体结构面的特征虽然影响边坡的破坏，但随边坡空间位置的改变，它们的影响也随之变化，因此岩体结构面的特征与边坡坡度是间接的关系。

综上所述：岩石回弹值、岩体块度和地下水代表岩体的物质特征，直接决定边坡坡度;岩体结构面特征影响边坡的稳定性，这种影响随坡面产状的变化而变化。这些因素量化后可作为岩石边坡坡度的确定和稳定性分析的定量参数。

2. 统计样本的选取

岩石边坡坡度与决定岩体结构的各因素（参数）有关，从既有边坡的统计分析中获得坡度与各参数之间的关系是边坡设计研究的关键。

通过野外调查已经获得了不同状态的铁路和公路岩石边坡 199 个。但是，这些边坡并不能不加区别地用于坡度设计的研究之中。这些边坡大致分为三种类型：一类是不稳定的破坏边坡，一类是设计过于保守的不合理边坡，还有一类是设计合理的稳定边坡。只有设计合理的稳定边坡才能作为坡度合理设计研究的对象。

为此，坡度设计研究的第一步就是对调查得到的大量边坡进行分类。由于边坡设计的目标就是确定稳定的边坡角，因此，边坡的分类是按稳定性状态划分的。根据道路工程实践，分类标准依据设计、施工和维护时边坡的破坏程度和边坡防护的工程量与工程措施的大小决定。据对岩石边坡破坏类型的调查，道路岩石边坡按稳定程度分为三类：稳定边坡、基本稳定边坡、不稳定边坡。

用于研究合理的坡度设计的边坡必须是稳定和基本稳定的边坡，而且，这些边坡中数据不全，或设计过于偏缓、明显不合理的边坡还应该剔除。由此，在 199 个原始样本中选出了 166 个有效样本。

3. 坡度计算关系式的建立

前面分析指出，岩石回弹值、岩体块度和地下水的作用是表征边坡材料性质的主要因素。统计分析表明，岩石回弹值和岩体块度与坡度关系最重要、相关性最好，能够比较全面地反映岩体特征对坡度的影响。回弹值和块度大小表达岩体强度和完整性特征，这种特征可用岩体质量 RQ 来表述。软而破碎岩体质量很差，硬而完整岩体质量很好。实践证明，质量很差的岩体和质量很好的岩体之间的差别极大，是几何级数的关系。用回弹值和块度来定量描述岩体质量时，回弹值与块度乘积正好反映了不同强度和块度组合时的岩体质量，以此作为岩体质量的定量描述指标。统计曲线显示，块度呈对数正态分布，为了使数据在定义域内较为均匀，便于计算分析，将块度用它的自然对数表示，于是岩体质量 RQ 可定义为：

$$RQ = R\lg D \tag{5-5-51}$$

式中：R 为 HT 75 型回弹仪测得的回弹值；D 为岩体块度（cm），计算式为：

$$D = \sqrt[n]{\prod_n d} \tag{5-5-52}$$

将野外调查获得的 166 个稳定和基本稳定边坡的回弹值和块度计算出岩体质量 RQ，并将 RQ 与坡度的对应关系点绘于图 5-5-23。图中实线是 RQ 分段统计的均值连线，用以指示α随 RQ 的变化趋势。分析图 5-5-23 可以发现，RQ 与坡度呈带状对应关系，坡度随 RQ 的增加而增加，实际结果验证了岩体的物质特征与坡度相关的理论分析，用 RQ 建立坡度计算的定量关系式是可行的。

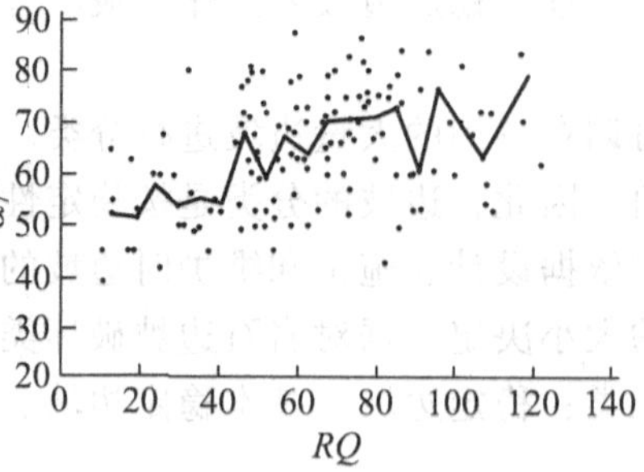

图5-5-22 RQ与坡度的散点图

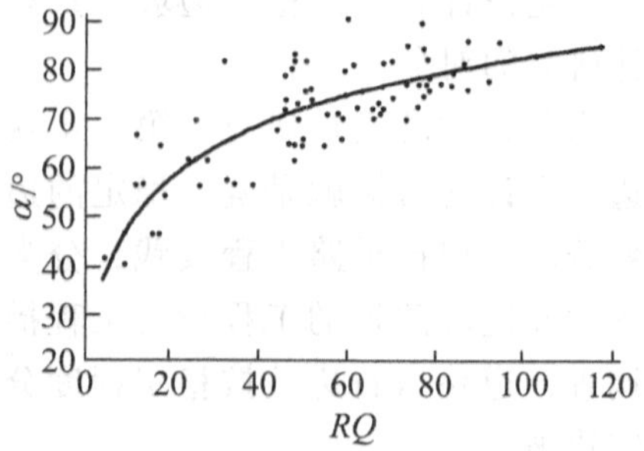

图5-5-23 RQ与样本边坡坡度关系拟合曲线

图 5-5-22 反映了 RQ 与坡度之间的相关关系。由于数据离散性较大，从这个散点带难以建立起明确的坡度计算式。图中可见，相同的 RQ 值对应的坡度相差可达 20° ~ 30°，显然既不合理，又难以应用。依据对坡度设计的理论研究和 RQ 的物理意义，如果先不考虑由于边坡岩体结构不稳定引起的坡度降低，则同一 RQ 下比较合理的坡度应该是在实践中已经稳定的较陡的坡度，在图中就是散点图上包络带所代表的坡度。因此，对散点图上包络带以下的边坡逐个进行甄别，剔除了 67 个设计不合理而坡度偏低的边坡。筛选后的样本边坡 RQ 与坡度关系的散点图见图 5-5-23。

为了建立 RQ 与坡度的定量计算式，首先应分析两者之间的理论关系。根据 RQ 的计算式表示的物理意义，当 RQ 值较小时，随 RQ 的增加坡度相应增加；当 RQ 值超过一定值后，随 RQ 的增加，坡度的增加趋于平缓。因此，RQ 与坡度的统计关系拟合曲线应是指数型或对数型的。观察图 5-5-23 散点变化趋势，证明以上分析是正确的。

对图 5-5-24 用各种函数曲线进行拟合，按复相关系数进行拟合效果的比较。结果表明对数曲线拟合的复相关系数最大，因此，确定 RQ 与坡度的计算式为：

$$\alpha = 14.7\ln(R\lg D) + 13 \qquad (5\text{-}5\text{-}53)$$

该式拟合的复相关系数为 0.803 9。

然而，式（5-5-53）还不完整。分析指出，除了回弹值与块度，地下水通过软化作用而影响边坡坡度，因此，坡度设计必须考虑水的影响。但遗憾的是，迄今为止，对地下水的作用仍难以作有效的量化，仍沿用工程中实用的折减系数的方法处理地下水的作用问题。

根据有关研究（李秉生，1991），地下水的作用由四个描述性指标表示。这四个描述指标是：干燥、湿润、滴水、流水。根据铁路岩石边坡多年设计和修建的实践，当有地下水作用时，设计坡度可以降低 4° ~ 8°。地下水作用的折减系数如表 5.5.1 所示。

表 5.5.1 地下水作用的折减系数

地下水状态	干燥	湿润	滴水	流水
折减系数 γ_w	1.00	0.85	0.70	0.60

地下水的作用导致岩体质量降低，因此它的折减对象是 *RQ*。于是按 *RQ* 计算坡度的定量关系式就变成：

$$\alpha = 14.7\ln(\gamma_w R\lg D) + 13 \tag{5-5-54}$$

式（5-5-54）是建立在坡高低于 35 m 边坡样本基础之上的，因此，它不能直接用于计算确定岩石高边坡的坡度。在边坡坡度表中，坡高超过 35 m 的岩石边坡，也没有给出经验数据，坡度由设计人员根据实际岩体地质条件来确定。根据研究，除了明显受结构面产状控制的边坡，其坡度要根据危险结构面的产状由稳定性计算决定外，一般的岩石高边坡可依据坡高按折减坡度的方法确定其坡度。综合应力比较法、经验统计法和典型理论模型分析法，坡高对坡度的折减如表 5.5.2 所示。

表 5.5.2 坡高分段的坡度折减率

坡高/m	20 ~ 30	30 ~ 40	40 ~ 50	50 ~ 60	60 ~ 80	80 ~ 100	>100
坡度折减率	1.00	0.96	0.90	0.86	0.83	0.80	0.80

应用上述经验公式时，在野外主要需要获取的参数是岩块回弹值和岩体块度，比较易得，经验公式也较简单，便于应用。稳定性分析由于需要计算，西南交通大学已开发 DARS 软件，该软件由数据库系统支持，现为第 4 版。

5.5.4 现代数学方法的应用

工程岩体的稳定性是受多种因素控制的。很多情况下，各因素如何影响岩体的稳定性，其作用有多大，在各因素间的牵连和相互影响程度如何，在目前的认识水平上，是难以得到理论解答的。因此，从工程实用性出发，利用现代数学成果，通过综合分析，得到工程精度内的解答是必要和现实的。

以岩质边坡稳定性分析为例。岩质边坡是一个受多因素影响的、非线性的、不确定的动态系统。针对影响边坡稳定性的诸多因素的不完整性和不确定性，近年来很多研究者利用现代数学方法，先后提出了很多稳定性评价方法，如模糊综合评价方法、灰色聚类评价、可靠度评价、系统聚类评价、神经网络评价以及范例推理方法等。这些方法的共同点是对大量的、稳定性状况已被研究清楚的边坡实例在边坡稳定性评价中的比较和应用。本节以采用范例推理对铁路岩质边坡进行稳定性评价为例，介绍现代数学方法在岩体工程分析中的应用。

1. 范例推理机理

范例推理方法是近年来发展起来的边坡稳定性分析方法。范例推理（Case-Based Reasoning，简称 CBR）是由 Shank 在 1982 年提出的。在 CBR 中，把当前所面临的问题或情况称为目标范例，而把记忆的问题称为源范例。粗略地说，CBR 就是由目标范例的提示而获得记忆中的源范例，并由源范例来指导目标范例求解的一种策略。

利用 CBR 方法对边坡的稳定性作出评价，第一步是要把已有的知识或者经验表示成一个案例库，CBR 才能在此基础上发挥作用。对于边坡稳定性分析来说，首先要把稳定性状况已明确的边坡作为源范例，建立源范例库。然后把目标范例与源范例进行比较，两者的比较是通过相似性来进行的，找出与源范例中最为相似的一个边坡，由该边坡的稳定性状况可对目标边坡作出稳定性评价。在范例推理方法中，范例的检索是实现范例推理的关键，不同的检索方法其工作机制和适用范围是不同的。通常采用欧氏距离、曼哈顿距离、模糊相似优先等方法计算目标范例与源范例的相似性，对于受多种因素影响的边坡来说，采用模糊相似优先方法更加有效。

2. 结构型岩体边坡范例库的建立

结构型岩体边坡稳定性主要与结构面在边坡面上的出露特征及结构面的抗剪强度有关，而边坡的破坏程度则主要与结构体的规模有关。采用全国铁路 18 条主要干线近 200 个岩石边坡数据，提取其中属于结构型的 154 个岩石边坡作为源范例库。将影响结构型岩石边坡稳定性的因素归结为块体稳定性系数 k、可动块体类型数 n、结构面综合长度 l、岩体块度 D、岩体回弹值 R 等，对其中的数据进行统计分析。结果表明，对结构型岩石边坡稳定性影响最大的因素分别为块体稳定性系数 k、可动块体类型数 n 及结构面综合长度 l，这三个因素包含了坡高、坡度、坡向、层理、结构面（包括间距、延长、粗糙度、张开度、充填情况等）、地下水情况等众多因素。边坡稳定情况分三类：稳定、基本稳定和不稳定。

3. 属性权重的计算

权重用来衡量各影响因素的相对重要性。基于案例推理的模型是利用权重来反映属性对于分类判别作用大小的。若某属性对于分类判别作用不大，则其权重应变小；若某属性对于分类判别作用很大，则其权重应变大。边坡模糊综合评价方法多采用定权的方法，即当边坡稳定性因素确定以后，通过反算分析或专家评定法来确定各因素的权重。通常在不同的决策环境下相同的影响因素对决策输出会有不同的影响，即权重会对环境敏感。为了考虑这一影响，基于范例推理的边坡稳定性评价方法采用变权来反映属性对于分类判别的作用，根据变权的概念提出的属性权重的计算方法。具体计算公式如下：

$$\omega_j=\sum_{h=1}^{m}\left[\frac{N_j(S_0,C_h)}{\sum_{i=1}^{m}N_j(S_0,C_i)}\right]^2 \tag{5-5-55}$$

式中：ω_j表示边坡第 j 个影响因素的属性权重；m 为边坡稳定性分类等级；S_0表示边坡的目标范例；C_h、C_i分别表示边坡源范例的第 h、i 个稳定性评价类别（h，$i=1$，2，…，m）；N_j（S_0，C_i）表示边坡第 j 个影响因素在 C_i类别中与 S_0相关的记录个数。

$$N_j(S_0,C_i)=\mathrm{Num}(\{r|r\in C_i \text{and } (V_r(j)=V_0(j) \text{ or } V_r(j)\in[L,U])\}) \tag{5-5-56}$$

式中：V_r（j）表示边坡源范例 r 在第 j 个影响因素下的值；V_0（j）表示边坡目标范例 S_0在第 j 个影响因素下的值；$[L, U]$为边坡的目标范例在第 j 个影响因素下的值域，具体为：

$$\begin{cases} L=\inf\left[\bigcap_{h=1}^{m}\mathrm{dom}_h(j)\right], V_0(j)\in\mathrm{dom}_h(j) \\ U=\sup\left[\bigcap_{h=1}^{m}\mathrm{dom}_h(j)\right], V_0(j)\in\mathrm{dom}_h(j) \end{cases} \tag{5-5-57}$$

式中：$\mathrm{dom}_h(j)$表示边坡稳定性评价类别 C_h 在第 j 个影响因素下的值域；L 表示包括 $V_0(j)$的所有 $\mathrm{dom}_h(j)(h=1, 2, \cdots, m)$的交集的下确界；$U$ 表示包含 $V_0(j)$

的 $\mathrm{dom}_h(j)(h=1, 2, \cdots, m)$的交集的上确界。

上述的计算说明，N_j（S_0，C_h）对分类 C_h 中的某些记录进行计数，那些记录应满足条件：其第 j 个属性的值应与目标范例第 j 个属性的值相等或者在其值域之内。这就是说，N_j（S_0，C_h）度量了边坡的目标范例 S_0 在第 j 个属性下属于分类 C_h 的频率大小，$\sum N_j$（S_0，C_i）表示目标范例 S_0 在第 j 个属性下属于所有分类的频率总和，N_j（S_0，C_h）/ $\sum N_j$（S_0，C_i）则为目标范例 S_0 在第 j 个属性下归于评价类别 C_h 的概率。为使权重能够反映相应属性在分类中的差别作用，采用频率的平方和来计算权重，使对分类判别作用不大的属性权重得以降低，而对分类判别作用较大的属性权重得以提高。计算的属性权重范围为$[1/m, 1]$，m 为分类个数。当 $\omega_j=1.0$ 时，说明此因素是某分类的重要特征，权值达到最大；当 $\omega_j=1/m$ 时，说明此因素在每一分类中均等发生，权值达到最小。变权的计算考虑了边坡的目标范例 S_0 变量的取值，使结果与当前的评价环境有关，体现了权重对环境的敏感性。

4. 基于模糊相似优先相似性计算

1）模糊相似优先比

模糊相似优先比是模糊数学中模糊度量的一种形式，它是以成对的样本与一个固定的样本作比较，以确定哪一个与固定样本更相似，从而选择与固定样本相似程度较大者。

设给定集合 $X=\{x_1, x_2, \cdots, x_n\}$，再给定固定样本 x_0，令任意 x_i，$x_j \in X$ 和 x_0 作比较 $(i, j=1, 2, \cdots, n)$，得到模糊相似优先关系 $R=(r_{ij})$，$r_{ij}\in[0, 1]$ $(i, j=1, 2, \cdots, n)$，且 r_{ij} 满足以下条件：

$$\begin{cases} r_{ij}=0 \quad (i=1,2,\cdots,n) \\ r_{ij}+r_{ji}=1 \quad (i\neq j,\ \ i,j=1,2,\cdots,n) \end{cases} \tag{5-5-58}$$

2）模糊相似优先关系构造

设 $B=B(1)\times B(2)\times\cdots\times B(j)\times\cdots\times B(m)$ 为一离散 m 维因素空间，$B(j)(j=1, 2, \cdots, m)$ 为一实数有穷集合，则一个边坡范例可定义为 $S=(b(1), b(2), \cdots, b(j), \cdots, b(m))$，$b(j)\in B(j)(j=1, 2, \cdots, m)$，$b(j)$ 表示边坡稳定性的影响因素。把大量稳定性状况研究清楚的边坡建立边坡源范例数据库，设边坡源范例库为 $RS=\{S_1, S_2, \cdots, S_n\}$，$S_n\in RS$，$S_n$ 表示边坡源范例，则边坡目标范例表示为 $S_0=(b_0(1), b_0(2), \cdots, b_0(j), \cdots, b_0(m))$，$b_0(j)(j=1, 2, \cdots, m)$ 表示边坡目标范例的影响因素。设边坡源范例库中任意两个边坡 S_u、S_v，边坡范例表示如下：

$$\begin{cases} S_u = (b_u(1), b_u(2), \cdots, b_u(j), \cdots, b_u(m)) \\ S_v = (b_v(1), b_v(2), \cdots, b_v(j), \cdots, b_v(m)) \\ S_0 = (b_0(1), b_0(2), \cdots, b_0(j), \cdots, b_0(m)) \end{cases} \tag{5-5-59}$$

要比较边坡 S_u、S_v 与边坡目标范例 S_0 的相似程度时，可先计算边坡 S_u、S_v 在各影响因素下与边坡 S_0 对应影响因素下的海明距离。如在第（j）个影响因素下，边坡 S_u、S_v 与边坡 S_0 的海明距离分别为：

S_u：第 j 个因素与 S_0 第 j 个因素之间语义距离，$D\left(S_u(j), S_0(j)\right) = \left|b_u(j) - b_0(j)\right|$

S_v：第 j 个因素与 S_0 第 j 个因素之间语义距离，$D\left(S_v(j), S_0(j)\right) = \left|b_v(j) - b_0(j)\right|$

然后建立相似优先比 r_{uv} 如下：

$$r_{uv} = \frac{D(S_v(j), S_0(j))}{D(S_u(j), S_0(j)) + D(S_v(j), S_0(j))} \tag{5-5-60}$$

3）模糊相似优先比矩阵的构造

对应于第 j 个因素，令 $u=1$，$v=2$，3，…，n，可求得 $r_{12}^{(j)}$，$r_{13}^{(j)}$，…，$r_{1n}^{(j)}$；同样，令 $v=2$，$u=1$，3，…，n，可得 $r_{21}^{(j)}$，$r_{23}^{(j)}$，…，$r_{2n}^{(j)}$，依次取 $u, v = 1, 2, \cdots, n$，同时令 $u=v$ 时，有 $r_{uv}^{(j)} = 0$，由此形成如下矩阵：

$$R(j) = \begin{vmatrix} 0 & r_{12}^{(j)} & \cdots & r_{1n}^{(j)} \\ r_{21}^{(j)} & 0 & \cdots & r_{2n}^{(j)} \\ \vdots & \vdots & & \vdots \\ r_{n1}^{(j)} & r_{n2}^{(j)} & \cdots & 0 \end{vmatrix} \quad (j = 1, 2, \cdots, m) \tag{5-5-61}$$

该矩阵称为第 j 个因素的边坡稳定性评价的模糊相似优先关系。依次取 $j = 1, 2, \cdots, m$，可求出对应于 m 个因素的模糊相似优先关系共计 m 个。

4）影响因素的相似程度顺序号

有了矩阵 R（j）后，对矩阵 R（j）按由大到小的顺序选取λ（$\lambda \in [0，1]$）值，以首先达到除对角线外全行为 1 的λ截矩阵所对应的边坡与目标范例边坡最相似，并记以序号“1”。然后删除该边坡的影响，亦即删去该行及所对应的列，再降低λ值，依次求取相似边坡，并分别记以序列号“2”，“3”，…在对矩阵 R（j）取λ截矩阵的过程中，若对应一个λ值可同时得到两行甚至更多行除对角线外全行为 1 的λ截矩阵，则这些对应的边坡与目标范例边坡在第 j 个影响因素下都是最相似的，对应的这些边坡序列号也应记为相同值。然后删除这些边坡的影响，亦即删去这些行及所对应的列，再降低λ值，依次求取相似边坡。

则 n 个边坡源范例第 j 个影响因素的顺序号可组成如下序号集：

$$T(j)=(t_1^{(1)}(j),t_2^{(2)}(j),\cdots,t_p^{(n)}(j)) \tag{5-5-62}$$

式中：$T(j)$ 表示 n 个源范例边坡第 j 个影响因素的顺序序号集；$t_p^{(n)}(j)$ 表示源范例第 n 个边坡第 j 个影响因素下的相似序列号。

对应于 m 个因素就形成 m 个序列号集：

$$\begin{cases} T_1=(t_1^{(1)}(1),t_2^{(2)}(1),\cdots,t_p^{(n)}(1)) \\ T_2=(t_1^{(1)}(2),t_2^{(2)}(2),\cdots,t_p^{(n)}(2)) \\ \quad\vdots \\ T_m=(t_1^{(1)}(m),t_2^{(2)}(m),\cdots,t_p^{(n)}(m)) \end{cases} \tag{5-5-63}$$

式中：T_m 表示第 m 个因素的序列号集；$t_p^{(n)}(m)$ 表示第 n 个边坡第 m 个因素的顺序号。

5）边坡源范例与目标范例相似距离

边坡 S_i 范例在源范例库中与 S_0 的相似距离为 $d_{i0}=\sum_{j=1}^{m}\omega_j\times t_p^{(i)}(j)$ ，其中 d_{i0} 表示源范例边坡 S_i 与目标范例边坡 S_0 的相似距离；ω_j 表示第 j 个因素的权重；$t_p^{(i)}(j)$ 表示源范例边坡 S_i 第 j 个影响因素下的相似序列号；m 表示边坡稳定性影响因素的个数。

取 $i=1，2，\cdots，n$，利用式 $d_{i0}=\sum_{j=1}^{m}\omega_j\times t_p^{(i)}(j)$ 即得到 n 个源范例边坡与目标范例边坡的相似距离，d_{i0} 越小，S_i 与 S_0 越相似。从相似距离 d_{i0} 中找出最小值，d_{i0} 最小值所对应的边坡与目标范例边坡最相似，由最相似边坡的稳定状况对目标范例边坡的稳定性状况作出评判。同时也可以对相似距离由小到大排序，根据相似距离较小的前几个边坡的稳定性状况对目标范例边坡的稳定性状况作出综合判断，以排除个别源范例数据不全或有误引起的误差。

通过计算机编程，利用基于模糊相似优先的范例推理方法对源范例中的154个边坡进行回判，回判符合率达 85.71%。从回判的结果看，结果偏于安全。误判结果大多是将稳定边坡判为基本稳定边坡或将基本稳定边坡判为不稳定边坡。没有将稳定边坡误判为不稳定边坡的保守评价，也没有将不稳定性边坡误判为稳定边坡的危险评价。以上结果表明，利用基于模糊相似优先的范例推理方法能够用于结构型岩石边坡的稳定性评价。

参考文献

[1] ADHIKARY D P, DYSKIN A V, JEWELL R J. A study of the mechanism of flexural toppling failure of rock slopes. Rock Mech. Rock Engng. 1997, 30（2）.

[2] FENG JING, YANG ZHIFA. Tupu ~ Displacement back analysis method and its application. In. Proc Int Cong. on Progress and Innovation in Tunneling, Toronto Ontario, Canada, 1989.

[3] GIODA G, PANDOLFI A, CIVIDINI A. A comparative evaluation of some back analysis algorithms and their application to in situ load tests, In Proc. 2nd Int. Symp. on Field Measurement in Geom, Kobe, 1987.

[4] GOODMAN R E. Subaudible noise during compression of rock. Geological Society of America Bulletin. 1963, 74.

[5] KOLODNER J. An introduction to case-based reasoning. Artificial Intelligence Review. 1992, 6（1）.

[6] SAKURAI S, TAKEUCHI K. Back analysis of measured displacement of tunnel. Rock Mech. and Rock Eng., 1983, 16（3）.

[7] 蔡美峰. 地应力测量原理和方法的评述. 岩石力学与工程学报. 1993, 12（3）.

[8] 徐文龙. 陕西北秦岭中段构造应力场的初步研究. 地震地质，1991, 13（2）.

[9] 陈强，朱宝龙，胡厚田. 岩石 Kaiser 效应测定地应力场的试验研究. 岩石力学与工程学报，25（7）.

[10] 陈庆寿，何思为，郭声远，等. 含两组结构面的动光弹模型试验研究. 地球科学——中国地质大学学报，1992，17（4）.

[11] 陈群策，安美建，李方全. 水压致裂法三维地应力测量的理论探讨. 地质力学学报，1998，4（1）.

[12] 程久龙，于师建. 岩体测试与探测. 北京：地震出版社，2000.

[13] 单家增，王捷，王秉海，等. 光弹物理模拟实验法在古应力场研究中的应用. 石油大学学报：自然科学版，2000，24（4）.

[14] 邓荣贵. 变弹模光弹分析中界面点应力初值计算式及其应用. 成都地质学院学报，1989，16（3）.

[15] 冯夏庭，张治强，杨成祥. 位移反分析的进化神经网络方法研究. 岩石力学与工程学报，1999，18（5）.

[16] 冯夏庭，林韵梅．岩石力学与工程专家系统．沈阳：辽宁科学技术出版社，1993.
[17] 关祥慧，谢卫红，用 Koch 曲线模拟岩石结构面粗糙度的光弹试验．岩石力学与工程学报，1999，18（4）.
[18] 何满潮，霍起元．萨尔码方法及其应用．长春地质学院学报，1986（1）.
[19] 侯明勋，葛修润，王水林．水力压裂法地应力测量中的几个问题．岩土力学，2003，24（5）.
[20] 蒋爵光．铁路岩石边坡．北京：中国铁道出版社，1997.
[21] 李立新，王建党，李造鼎．神经网络模型在非线性位移反分析中的应用．岩土力学，1997（2）.
[22] 李晓红，卢义玉，康勇，等．岩石力学实验模拟技术．北京：科学出版社，2007.
[23] 李娅．基于范例推理方法在道路岩石边坡稳定性分析中的应用．西南交通大学，2004.
[24] 李造鼎，宋纳新，秦四清．应用岩石声发射凯塞效应测定地应力．东北大学学报，1994，15（3）.
[25] 李造鼎．岩体测试技术．北京：冶金工业出版社，1993.
[26] 刘沐宇，冯夏庭．基于神经网络范例推理的边坡稳定性评价方法．岩土力学，2005，26（2）.
[27] 刘沐宇，朱瑞赓．基于模糊相似优先的边坡稳定性评价范例推理方法．岩石力学与工程学报，2002，21（8）.
[28] 刘维宁．岩土工程反分析方法的信息论研究．岩石力学与工程学报，1993，12（3）.
[29] 刘佑荣．唐辉明．岩体力学．武汉：中国地质大学出版社，1999.
[30] 刘允芳，刘元坤．水压致裂法地应力测量若干问题的探讨．地震研究，1999，22（3）.
[31] 石林，张旭东，金衍，等．深层地应力测量新方法．岩石力学与工程学报，2004，23（14）.
[32] 孙钧，蒋树屏，袁勇，等．岩土力学反演问题的随机理论与方法．汕头：汕头大学出版社，1996.
[33] 孙玉科，古迅．赤平极射投影在岩体工程地质力学中的应用．北京：科学出版社，1980.
[34] 唐辉明．工程地质数值模拟的理论与方法．武汉：中国地质大学出版社，2002.

[35] 王建军. 压磁套芯解除法地应力测量技术研究进展. 岩土工程学报，1999，21（3）.
[36] 王连捷. 地应力测量及其在工程中的应用. 北京：地质出版社，1991.
[37] 王泳嘉，邢纪波. 离散单元法及其在岩土力学中的应用. 沈阳：东北工学院出版社，1991.
[38] 魏群. 散体单元法的基本原理数值方法及程序. 北京：科学出版社，1991.
[39] 巫静波，谢和平，高峰. 岩石节理剪切力学特性的光弹实验研究. 中国矿业大学学报，2000，29（6）.
[40] 夏元友，李梅. 边坡稳定性评价方法研究及发展趋势. 岩石力学与工程学报，2002，21（7）.
[41] 谢强. 道路岩石边坡坡度确定方法的研究. 公路工程学报，2001（2）.
[42] 薛亚东，高德利. 声发射地应力测量中凯塞点的确定. 石油大学学报：自然科学版，2000，24（5）.
[43] 杨林德. 岩土工程问题的反演理论与工程实践. 北京：科学出版社，1996.
[44] 杨志法，王思敬，冯紫良，等. 岩土工程反分析原理及应用. 北京：地震出版社，2002.
[45] 袁文忠. 相似理论与静力学模型实验. 成都：西南交通大学出版社，1993.
[46] 赵新铭，刘宁，张剑. 岩土力学反分析的数值反演方法. 水利水电科技进展，2003（2）.
[47] 中国科学技术协会. 岩石力学与岩石工程学科发展报告. 北京：中国科学技术出版社，2010.
[48] 朱大勇，范鹏贤，郭志昆. 关于 Sarma 法改进算法的补充. 岩石力学与工程学报，2006，25（11）.
[49] 左东启. 模型实验的理论和方法. 北京：水利电力出版社，1984.

6 岩体工程设计方法

当岩体工程开挖不能满足自然稳定或使用时的高安全性要求时，需要采用人工材料或人工构件对岩体进行加强加固，也就是通常所说的岩体工程设计。

6.1 边坡支挡工程

边坡是自然或人工形成的斜坡，是人类工程活动中最基本的地质环境之一，也是工程建设中的最常见的工程形式。根据其本身特征和不同工程用途，边坡分类方式和设计形态多种多样，且边坡是否稳定受多种因素影响。一个边坡的失稳往往是多种因素的共同作用结果，因此应根据边坡实际情况选择适合的处治措施和相关设计方法。边坡处治的常用措施有：

（1）修建支挡结构，如挡墙、抗滑桩等。对于不稳定的边坡岩体，使用支挡结构是一种较为可靠的处治手段，其优点是可从根本上解决边坡稳定性问题，达到根治目的。

（2）对边坡进行加固，常用的加固方法有锚杆、锚索等。对于软质岩石边坡可以向坡体内打入一定数量的锚杆（索），对边坡进行加固，其机理相当于螺栓的作用。

（3）修建防护工程，如植被防护等。

（4）设置截排水设施，如截水沟、坡内排水沟等。

边坡工程设计所要解决的根本问题是在边坡的稳定与经济之间选择一种合理的平衡，因此边坡处治措施的选取和设计原则是，力求以最经济的途径使服务于工程建筑的边坡满足稳定性和可靠性要求。

6.1.1 挡土墙

挡土墙属于重型支挡结构，适用于碎裂结构的岩体边坡的支护。挡土墙设计应计算出滑动推力、查明滑动面位置，其基础必须设置在一定深度的稳定岩层上，墙后设排水沟，以消除对挡土墙的水压力。对于不同类型的挡土墙应根据边坡性质、类型、自然地质条件和当地材料供应情况综合分析确定，并按照库仑理论计算推力。具体计算方法可参看土力学有关书籍。挡土墙从结构类型上一般分为以下几类：

（1）重力（衡重）式挡土墙。重力式挡土墙是以墙体自重或以墙体自重和填土重力共同抵抗压力的支挡结构（图 6-1-1（a））。重力式挡土墙墙身材料通常采用石砌体、片石混凝土或混凝土，形式简单，对基础要求也较高，但其占用面积较大，修建高度有限。

（2）锚杆式挡土墙。锚杆式挡土墙属于轻型挡土墙，主要依靠埋置岩体中锚杆的抗拉力拉住立柱来保证岩体稳定，由预制的钢筋混凝土立柱和挡板构成墙面，与水平或倾斜的锚杆联合作用支挡土体（图 6-1-1（b））。相比重力式挡墙，锚杆式挡墙占地较少，高度更高。

（3）薄壁式挡土墙。薄壁式挡土墙是钢筋混凝土结构，包括悬臂式和扶壁式两种主要形式。悬臂式挡土墙由立壁和底板组成，而当墙身较高时，可沿墙长一定距离立肋板（即扶壁）联结立壁板与踵板，从而形成扶壁式挡墙（图 6-1-1（c））。薄壁式挡墙可整体灌注，也可采用拼装，但拼装式扶壁挡土墙不宜在地质不良地段和地震烈度大于等于Ⅷ度的地区使用。

（4）其他挡土墙。包括柱板式挡土墙、桩板式挡土墙和垛式挡土墙等。柱板式挡土墙常在沿河路堤及基坑开挖中使用，桩板式挡土墙常在基坑开挖及抗洪中使用。

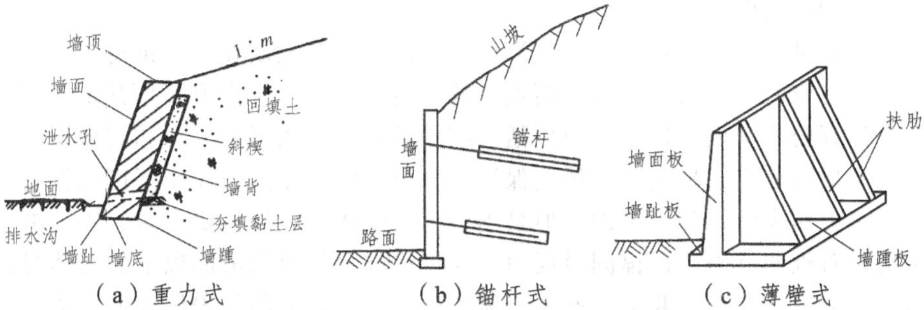

图 6-1-1 各类挡土墙示意图

6.1.2 抗滑桩

抗滑桩是近几十多年来发展最快的抗滑结构，常用于重大工程的滑坡治理中，可用于稳定滑坡、加固山体及加固其他特殊路基。在边坡处治工程中抗滑桩通过桩身将上部承受的推力传给桩下部的侧向岩土体，依靠桩下部的侧向阻力来承担滑坡推力，使边坡保持稳定，见图 6-1-2。

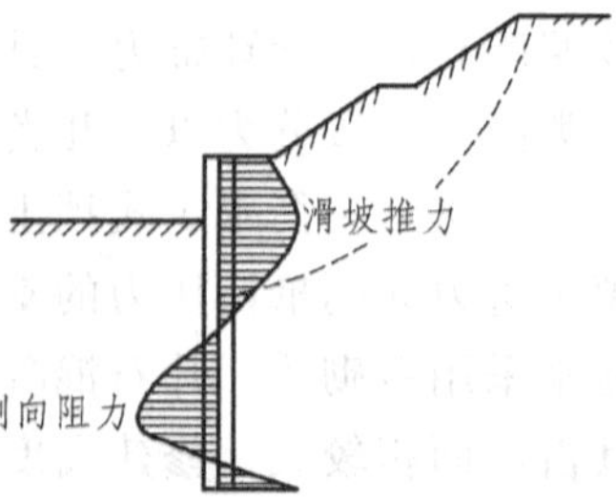

图 6-1-2 抗滑桩工作原理示意图

单桩是抗滑桩的基本形式，也是常用的结构形式，其特点是简单，受力和作用明确。单桩的规模有时候很大，以提供较大的抗滑能力。但是在边坡推力较大，用单桩不足以承受其推力或使用单桩不经济时，可以采用排桩。排桩的特点是转动惯量大，抗弯能力强，桩壁阻力较小，在软弱地层有明显的优越性。当抗滑桩在横向或纵向有两排以上，形成组合的抗滑结构时，则称之为抗滑桩群，它能承受更大的推力，可用于特殊的滑坡治理工程或特殊的边坡工程。

桩材料多为钢筋混凝土，有时也有钢桩和木桩，横断面可为方形、矩形或圆形，平面上多沿垂直滑动方向成排布置。抗滑桩长度宜小于 35 m，间距宜为 5 m ~ 10 m，抗滑桩下部嵌入滑床中的长度应不小于全桩长的 1/3 ~ 2/5，为防止滑体从中间挤出，可在桩间设置拱形挡板，在重要地区还应用钢筋混凝土联系梁连接，以增强整体稳定性。

抗滑桩的设计内容一般为先确定抗滑桩的平面布置，拟定桩型、埋深及其结构尺寸，然后根据拟定的结构确定作用在抗滑桩上的力系，接着选定地基反力系数，进行桩的受力和变形计算，最后按照计算结果进行桩截面的配筋计算和构造设计。

抗滑桩上的力系包括抗滑桩滑面以上的推力和地基反力。抗滑桩滑面以上的推力方向假定与桩穿过滑面点处的切线方向平行，推力根据其不同边坡相关计算公式求出。地基反力包括桩前土反力、桩锚固段反力和其他反力。桩前土反力是指由桩前岩土体能保持自身稳定时，在推力作用下可以把它产生的抗力作为已知外力考虑，但是当桩前岩土体不能保持稳定时，则不考虑桩前土对桩的反力。桩锚固段反力是在桩将推力传递给滑面以下的岩体时，岩体受力发生变形，并由此产生岩体的反力，反力大小与岩体变形有关，且应当按照岩体分别所处于弹、塑性阶段使用不同的方法计算。其他反力包括桩与地基岩体间的摩擦阻力、黏着力、桩变形产生的竖向压力等，这些力对桩安全有利，通常都略去不计。

地基反力系数是地基承受的侧压力与桩在该位置处产生的侧向位移的比值，即单位岩体在弹性限度内产生单位压缩变化时所需施加于单位面积上的力。通常有三种假设方法：① 假设地基系数不随深度变化为一常数的 K 法；② 假定地基系数随深度呈直线变化的 m 法；③ 地基反力系数沿深度按凸抛物线增大的 C 法。

抗滑桩的稳定性与嵌固段长度、桩间距、桩截面宽度，以及滑床岩土体强度有关，可用围岩允许侧压力公式判定。

完整岩体：

$$\sigma_{\max} \leqslant \rho_1 R \tag{6-1-1}$$

式中：$\sigma_{\max}$为嵌固段围岩最大侧向压力；ρ_1为折减系数，一般为 0.1 ~ 0.5；R为岩石单轴抗压极限强度。

严重风化破碎岩层：

$$\sigma_{\max} \leqslant \rho_2(\sigma_p - \sigma_a) \tag{6-1-2}$$

式中：$\sigma_{\max}$为嵌固段围岩最大侧向压力；ρ_2为折减系数；σ_p为桩前岩体作用于桩身的被动土压应力；σ_a为桩后岩体作用于桩身的主动土压应力。

抗滑桩嵌固段的极限承载能力与桩的弹性模量、截面惯性矩和地基系数相关。在进行内力计算时，应判定抗滑桩属刚性桩还是弹性桩，以选取适当的内力计算公式，判定方法如下：

按 K 法计算：当$\beta h \leqslant 1.0$，属刚性桩；当$\beta h > 1.0$，属弹性桩。

按 m 法计算：当$\alpha h \leqslant 2.5$，属刚性桩；当$\alpha h > 2.5$，属弹性桩。

$$\beta = \left(\frac{K_H B_P}{4EI}\right)^{\frac{1}{4}} \tag{6-1-3}$$

$$\alpha = \left(\frac{m_H B_P}{EI}\right)^{\frac{1}{5}} \tag{6-1-4}$$

其中：β、α为桩的变形系数；h为桩滑动面下锚固段长度；K_H为 K 法的侧向地基系数；m_H为 m 法的地基系数的比例系数；B_P为桩的正面计算宽度；E、I为桩的弹性模量和截面惯性矩。

刚性桩的计算是把滑面以上受荷载段上的所有力均当成外力，桩前的滑体抗力按其大小从外荷载中减去，对滑面以下的桩段取脱离体，滑面以上的外荷载对滑面处桩截面产生弯矩和剪力。滑面下桩周围的侧向应力和土的抗力可由脱离体的平衡求得，并进行桩内力的计算。

弹性桩滑面以上部分所受荷载，可以将其对滑面以下桩进行简化，根据桩周围土体的性质确定弹性抗力系数、剪力挠曲微分方程，通过数学方式求解任意截面的变位和内力计算的表达式，最后根据桩底边界条件计算出滑面处的位移和转角，再计算出桩身任意深度处变位和内力。

通过 m 法建立桩顶受水平荷载的挠曲微分方程为：

$$EI\frac{d^4\gamma}{dx^4}+B_p m_h x\gamma=0 \tag{6-1-5}$$

通过 K 法建立桩锚固段的挠曲微分方程为：

$$EI\frac{d^4\gamma}{dx^4}+B_p K_h\gamma=0 \tag{6-1-6}$$

式中：EI 为桩的抗弯刚度；γ 为桩身位移；x 为下部桩转动轴心距滑面的距离。通过幂级数的解法整理后，可得出 m 法和 K 法计算桩的一般表达式，能够通过一般表达式计算桩任意位置处的位移、转角、弯矩和剪力。最后经过计算得出桩身最大弯矩和剪力位置，并对桩及地基强度进行验算。

在边坡抗滑桩施工中应当先设桩后开挖。抗滑桩的桩身混凝土应考虑到地下水侵蚀性问题，抗滑桩井口应设置锁口，桩井位于土层和风化破碎的岩层时宜设置护壁。抗滑桩内不宜设置斜筋，可采用调整箍筋的直径、间距和桩身截面尺寸等措施满足斜截面的抗剪强度。抗滑桩的两侧和受压边，应适当配置纵向构造钢筋，桩的受压边两侧应配置架立钢筋。当桩身较长时，纵向构造钢筋和架立钢筋的直径应加粗。

6.1.3 锚杆（索）

锚杆（索）是一种受拉结构体系，是近二十多年发展起来的新型抗滑加固工程，可显著提高边坡岩体的整体性和稳定性。锚杆材料可以根据锚固工程性质、锚固部位和工程规模等因素，选择高强度、低松弛的普通钢筋、高强冷轧螺纹钢筋、预应力钢丝或钢绞线（图 6-1-3）。

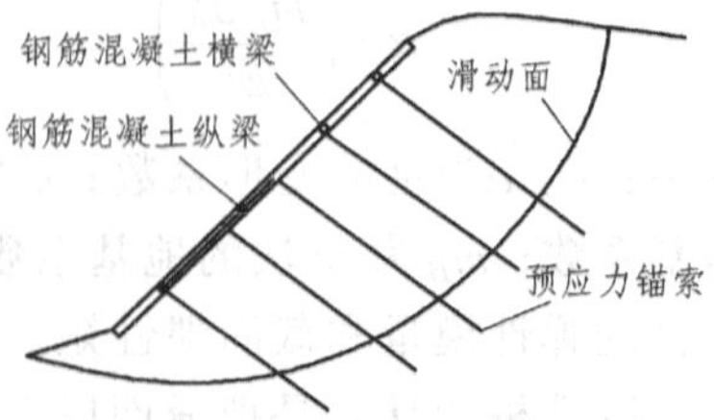

图 6-1-3 钢筋混凝土格架式锚杆支护

对边坡锚杆（索）加固设计首先必须

进行边坡工程地质调查，在掌握地质情况的基础上对边坡破坏形式进行判断，并分析采用锚杆方案的可行性和经济性。设计计算时先计算边坡作用在支挡结构物上的侧压力，根据侧压力的大小和边坡实际情况选择合理的锚杆形式，并确定锚杆数量、布置形式、承载力设计、锚筋截面、锚筋数量和锚筋材料等，在确定锚筋后，按照锚筋承载力设计值进行锚固设计。最后进行防腐构造设计、施工建议和监测要求。

锚杆的布置与安装原则上应根据实际地层情况及锚杆与其他支挡结构联合使用的具体情况确定，一般要求为锚杆上覆地层厚度不小于 4 m，锚杆水平与垂直间距宜大于 2.5 m，锚杆的安设角度要考虑邻近状况和施工方法。此外，理论分析表明锚索倾角的最经济公式为：

$$\beta=\theta-\left(45^{\circ}+\frac{\varphi}{2}\right) \tag{6-1-7}$$

式中：β为锚索倾角；θ为滑面倾角；φ为滑面内摩擦角。

锚杆锚固设计荷载的确定应根据边坡推力大小和支护结构类型综合考虑，先计算边坡推力或侧压力，然后根据支挡结构形式计算边坡达到稳定需要锚固提供的支撑力，根据支撑力大小、锚杆数量和布置情况就可确定出锚杆锚固荷载大小，再通过该荷载大小进行锚筋截面和锚固体设计计算。

锚筋截面设计先是根据锚杆设计荷载计算锚杆的锚筋截面，然后按照规范标准选择合理的钢筋和钢绞线配置锚筋，最后在配置后根据实际面积和锚筋抗拉强度计算锚杆承载力设计值。

锚杆锚筋截面积计算：

$$A_{\mathrm{g}}=\frac{kN}{f_{\mathrm{ptk}}} \tag{6-1-8}$$

按照实际锚筋截面计算锚杆承载力设计值：

$$N_{\mathrm{g}}=\frac{A_{\mathrm{g}}f_{\mathrm{ptk}}}{k}\geqslant N \tag{6-1-9}$$

式中：N 为锚杆轴向设计荷载；A_{g} 为 N 计算出的锚筋截面；k 为安全系数；f_{ptk} 为锚筋抗拉强度设计值；N_{g} 为实际锚筋配置情况下锚杆的承载力设计值。

设计好锚筋后，继续进行锚杆体和锚固体的设计计算。锚杆的极限锚固力是指锚杆锚筋沿握裹砂浆或砂浆沿孔壁产生滑移破坏时所能承受的最大临界拉拔力。在设计时，锚杆的设计荷载必须小于锚固力设计值。

（1）圆柱形锚杆锚固力与锚固长度计算：

$$P_u = \pi L d q_s \tag{6-1-10}$$

$$L \geqslant \frac{kN_g}{\pi d q_s} \tag{6-1-11}$$

式中：L 为锚固体长度；d 为锚固体直径；q_s 为锚固体与岩石之间的极限黏结强度；P_u 为极限锚固力；N_g 为锚杆锚固力设计值；k 为安全系数，一般临时锚杆取 1.6 ~ 1.8，永久锚杆取 2.2 ~ 2.4。

（2）端部扩大头型锚杆的极限锚固力和锚固长度计算：

$$kN_g \leqslant \pi d L_1 q_s + \pi D L_2 q_s + \frac{1}{4}\pi(D^2 - d^2)\beta_c h\gamma \tag{6-1-12}$$

式中：β_c 为锚固力因素，与 h/D 呈正比例增加；h、γ 为扩大头上覆盖层的厚度和重度； L_1、L_2、D、d 为锚固体相关结构尺寸；N_g 为锚杆锚固力设计值。

（3）锚筋与锚固砂浆间的最小握裹长度计算：

$$P_u = \pi L n d q_s \tag{6-1-13}$$

$$L \geqslant \frac{kN_g}{\pi n d q_s} \tag{6-1-14}$$

式中：n 为钢筋数量。

在锚杆（索）施工时，肋柱为就地灌注则必须将锚杆钢筋伸入肋柱内，其锚固长度应满足钢筋混凝土结构规范的要求，锚杆需进行防锈处理，锚杆与肋柱连接的外露金属部分需用砂浆包裹加以保护。锚杆螺栓与肋柱连接部位无法包裹时，应压注水泥砂浆或用沥青水泥砂浆充填其周围并用沥青麻筋塞缝。锚杆在地层中一般都沿水平向下倾斜一定的角度，通常为 10° ~ 45°。具体倾斜度应根据施工机具、岩层稳定情况、肋柱受力条件及挡土墙要求而定。

6.1.4 防护网

边坡防护网，又叫做 SNS 边坡防护网、柔性边坡防护网或钢丝绳防护网。主要分为主动边坡防护网和被动边坡防护网两种（图 6-1-4），此外还有环形防护网。

主动防护网是以钢丝绳网为主的各类柔性网覆盖包裹在所需防护斜坡或岩石上，能将工程对环境的影响降到最低点，其防护区域可以充分地保护土体、岩石的稳固，便于人工绿化，有利于环境保护。主动防护网限制坡面岩石土体的风化剥落或破坏以及危岩崩塌，或将落石控制于一定范围内运动，主动网适用于较稳定大块岩体边坡的防风化、防崩塌处理。

（a）主动网

（b）被动网

图 6-1-4 现场防护网

被动防护网是由钢丝绳网、环形网、固定系统减压环和钢柱四个主要部分构成。钢柱和钢丝绳网连接组合构成一个整体，对所防护的区域形成面防护，从而阻止崩塌岩石土体的下坠，起到边坡防护作用。被动防护网适用于岩块较小、较散碎的岩体边坡防护，并应根据落石弹跳轨迹设计计算被动网的位置、高度和动能大小，其轨迹可以根据运动学进行理论计算，工程上经常使用现场落石坑调查和现场落石试验确定。

环型防护网是被动防护系统的一个特殊的分支，它具有比普通被动防护系统强度更高的特点。同样适用于建筑设施旁有缓冲地带的高山峻岭，把岩崩、飞石、雪崩、泥石流拦截在建筑设施之外，避开灾害对建筑设施的毁坏。

6.1.5 格构锚固

格构锚固是利用浆砌块石、现浇钢筋混凝土或预制预应力混凝土进行坡面防护，并利用锚杆或锚索固定的一种滑坡综合防治措施（图 6-1-5）。格构

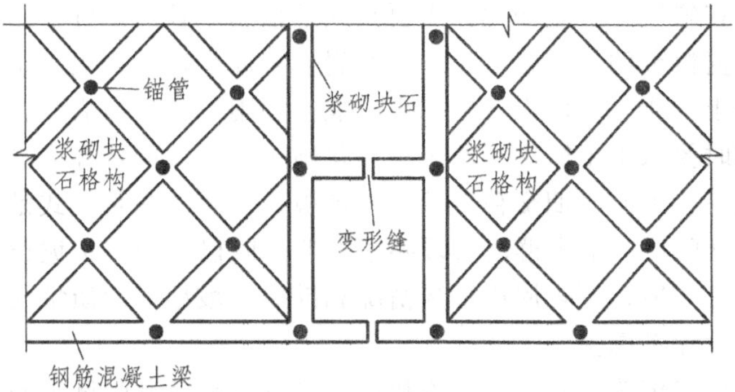

图 6-1-5 菱形格构锚固示意图

锚固技术应与美化环境结合，利用框格护坡，并在框格之间种植花草，达到美化环境的目的。同时应与市政规划、建设相结合，在防护工程中预留管网通道，使得工程建筑与自然环境和谐共存。

格构锚固应根据边坡结构特征，选定不同的护坡材料。当边坡稳定性好，但前缘表层开挖失稳时，可采用浆砌块石格构护坡，用锚杆固定；当边坡稳定性差，滑体厚度不大时，宜采用现浇钢筋混凝土加锚杆进行防护；当滑坡稳定性差，滑体较厚时，应采用混凝土格构加预应力锚索进行防护。

格构锚固应按照边坡具体情况分别进行分类设计。对于稳定性好，并满足安全设计要求的边坡采用浆砌块石格构护坡，采用经验类比法进行设计，前缘坡度不宜大于 35º，当边坡高度超过 30 m 时，应设马道放坡，马道宽 2 m ~ 3 m；对于边坡整体稳定性好，但前缘出现溜滑或坍滑，或坡度大于 35º 时，可采用现浇钢筋混凝土格构护坡，并用锚杆进行固定，使用经验内壁和极限平衡法相结合的方法经行设计；对于边坡稳定性差，滑坡推力过大，且前沿边坡面应防护时，采用预应力钢筋混凝土与锚索进行防护。采用与预应力锚索相同的锚固力公式确定锚固荷载，并推荐单束锚索设计吨位。若格构梁承受较大滑坡推力时，宜按照“倒梁法”进行设计，预应力格构与滑体的接触压应力要小于地基承载力的特征。

6.1.6 植被防护

植被护坡是利用植被涵水固土的原理稳定岩土边坡，它可以解决边坡工程建设与生态环境破坏的矛盾，实现人类活动与自然环境的和谐共处。植被护坡稳定岩土边坡的同时美化了生态环境，是集岩土工程、恢复生态学、植物学、土壤肥料学等多种学科于一体的综合工程技术。岩体表面植被难以生长，特别是在斜坡上更是如此，主要是缺乏植物生长的条件，创造条件让植物生长是恢复植被的关键技术。目前在岩体表面创造植物生长条件的方法主要是移植客土，研究使用人工生态土，能牢固附着于岩体表面，又能满足植物生长，同时要求施工简单，便于机械化施工。植被的选择应当遵循植物群落的演替理论，不同时期交替生长不同植被，一般的演替模式是地衣群落阶段→苔藓群落阶段→草本群落阶段→木本群落阶段。植被护坡设计一般应当观察当地地区环境、调查周边植物情况和勘察边坡地形地质情况，综合各方面情况进行设计考虑。

植被护坡与传统土木工程措施相比，虽然材料及其强度不同，但在功能方面仍然有许多相同之处，一般工程加固措施，随着时间的推移、混凝土的老化、钢筋的腐蚀，加固效果越来越差，而植被护坡则相反，开始作用虚弱，但随着植被的繁殖，强度越来越高。植被护坡也有局限性：如植被根系的延伸使土体产生裂隙，增加了土体的渗透率；又如植物的深根锚固仍然无法控制边坡更深层的滑动。因此植被护坡技术应该与工程措施结合，发挥二者各自的优点，有效解决边坡工程防护与生态环境破坏的矛盾，既保证了边坡的稳定，又实现了坡面植被的快速恢复，达到人类活动与自然环境的和谐共处。

6.2 围岩支护工程

6.2.1 喷　锚

喷锚支护指的是借高压喷射水泥混凝土或钢纤维混凝土等材料和打入岩层中的锚杆的联合作用（根据地质情况也可分别单独采用）加固岩层。喷锚支护是使锚杆、混凝土喷层和围岩形成共同作用的体系，防止岩体松动，把一定厚度的围岩转变成自承拱，有效地稳定围岩（图 6-2-1）。喷锚支护可分为临时性支护结构和永久性支护结构。当岩体比较破碎时，还可以利用丝网拉挡锚杆之间的小岩块，增强混凝土喷层，辅助喷锚支护。

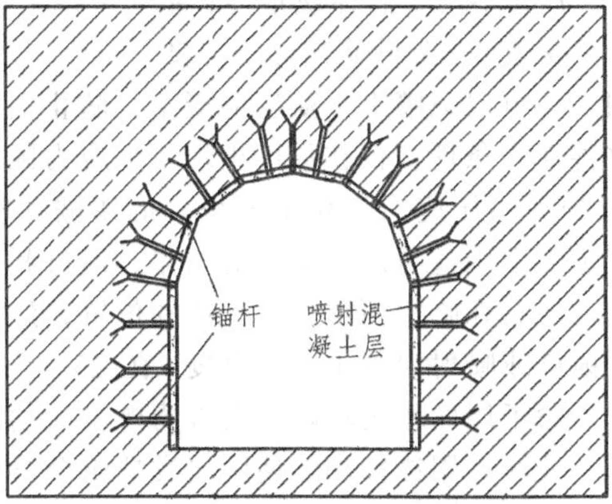

图 6-2-1　喷锚支护示意图

喷锚支护与围岩密贴，柔性好，有良好的物理力学性能。它能侵入围岩裂隙，封闭节理，加固结构面和层面，提高围岩的整体性和自承能力，抑制变形的发展。在支护与围岩的共同工作中，有效地控制和调整围岩应力的重分布，避免围岩松动和坍塌，加强围岩的稳定性。

目前，对喷锚支护作用原理的研究还不完善，有待进一步探索和改进，目前应用最为广泛的方法是工程类比法，它是根据已经修建的类似工程的经验直接给出喷锚支护的设计参数。设计中的喷锚支护类型和参数通常根据相关喷锚支护规范查得，设计原则是先根据岩体的产状，将围岩按大类分为整体、块状、层状和软弱松散等几类。不同结构类型的围岩，硐室开挖后力学形态的变化过程及其破坏机理各不相同，设计原则也有差别。

对于个别危石的锚杆进行强度计算时，对局部布置的锚杆需保证不稳定岩块与稳定岩块之间的固接，通常采用“悬吊理论”计算，一般情况下，只考虑岩块重力作用的影响，通常用下式确定锚杆间距和锚入稳定岩体的深度。

锚固间距：

$$D \leqslant \frac{d}{2}\sqrt{\frac{\pi R_{at} A}{KP}} \tag{6-2-1}$$

锚入稳定岩体的深度：

$$l \geqslant \frac{d}{4} \cdot \frac{R_{at}}{\tau} \tag{6-2-2}$$

式中：D 为矩形布置的锚杆间距；d 为锚杆钢筋直径；R_{at} 为锚杆钢筋设计强度；K 为安全系数；P 为不稳定岩体块重力；A 为不稳定岩体块出露面积；l 为锚杆锚入稳定岩体深度；τ 为砂浆的黏结强度。

对于整体状围岩，可以只喷上一薄层混凝土，防止围岩表面风化和消除表面凹凸不平以改善受力条件，仅在局部出现较大应力区时才加设锚杆。在块状围岩中必须充分利用压应力作用下岩块间的镶嵌和咬合产生的自承作用，喷锚支护能防止因个别危石崩落引起的坍塌，通过利用全空间赤平投影的方法，查找不稳定岩石在临空面出现的规律和位置，然后逐个验算在危石塌落时的力作用下锚杆或喷射混凝土的安全度。在层状围岩中，硐室开挖后，围岩的变形和破坏，除了层面倾角较陡时表现为顺层滑动外，主要表现为在垂直层面方向的弯曲破坏，用锚杆加固使围岩发挥组合梁的作用。软弱围岩近似于连续介质中的弹塑性体，采用喷锚支护时，宜将硐室挖成曲墙式，必要时加固底部，使喷层成为封闭环，用锚杆使周围一定厚度范围内的岩体形成“承载环”，以提高围岩自承能力。

6.2.2 帷幕注浆

帷幕注浆是指在砂砾土或强风化基岩等不稳定地层开挖地下硐室前，先进行压注水泥浆或其他化学浆液，充填围岩空隙，在硐室周围形成一个具有一定强度的壳体，以增强围岩的自稳能力的预加固方法。主要分为小导管超前注浆（图 6-2-2）和开挖面深孔注浆两种。

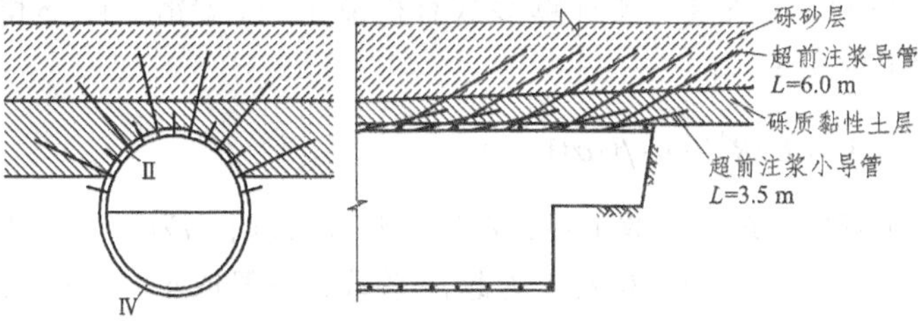

图 6-2-2 小导管超前注浆示意图

（1）小导管超前注浆是指在开挖前采用导管进行注浆，形成注浆帷幕对围岩进行预加固。注浆导管采用直径 38 mm ~ 50 mm 的焊缝钢管制成，沿上半断面周围轮廓呈一定仰角布置，注浆的材料、配合比及注浆压力应根据地质条件和施工要求通过现场实验确定。小导管超前注浆常用于地铁隧道的开挖施工中。

（2）开挖面深孔注浆是当开挖硐室处于含水层、软塑或流塑状黏土、淤泥质地层中，由于小导管加固范围有限，掌子面地层不稳，则一般采用开挖面深孔注浆，一般一次注浆的长度为 10 m ~ 15 m，注浆孔距 0.5 m ~ 1 m，注浆压力和水泥浆的配合比通过现场实验确定。围岩注浆厚度可以根据围岩松动圈确定，在松动圈内注浆后的承载力应大于作用于其上的压力，即：

$$R_G = \sqrt{\frac{a^2\sigma_G}{\sigma_G - 2q_G}} \tag{6-2-3}$$

式中：R_G 为注浆加固半径；a 为硐室半径；σ_G 为注浆加固岩石的强度；q_G 为加固岩石环的承载能力。

6.3 地基加固工程

6.3.1 注浆加固

注浆法是将胶结材料配制成浆液并注入地基中使其固化的施工方法。浆液凝结硬化后，起到胶结和堵塞的作用，使地层稳固并隔断水源，以保证顺利施工。该方法适用于含裂隙的岩层、溶洞和破碎带的地基加固。常用的注浆方法有水泥注浆法、硅化法、碱液法和高分子化学注浆法。

注浆设计应参考当地类似工程的经验确定施工参数。注浆孔孔距和深度应以能使被加固范围的地下洞穴被充填满，并在平面和深度范围内形成一个整体为设置依据。注浆量按所需充填岩溶孔隙的体积或封闭的覆盖土层的孔隙体积进行控制，注浆量主要计算参数有扩散半径、岩溶裂隙率和损耗系数，一般采用下式估算：

$$V = K\pi R^2 L\cdot\mu\cdot\beta\cdot\alpha(1-\gamma) \tag{6-3-1}$$

式中：V 为注浆量；R 为扩散半径；L 为压浆段长度；μ为岩溶裂隙率；β为有效充填系数，一般 $\beta = 0.8 \sim 0.9$；α为超注系数，一般取$\alpha = 1.2$；γ 为扣除稀疏填充物的孔隙率后的岩溶裂隙充填率；K 为土石界面下基岩的实际充填系数。

6.3.2 强 夯

强夯法是从重锤夯实法延伸而来的一种地基加固方法，对达不到沉降变形要求的软岩地基，可以采用强夯加固。1969 年法国人梅耶首先用于加固地基，我国 1978 年引进这项技术，很快在建筑、铁路、交通、水利等行业得到推广。强夯法是以 80 kN ~ 400 kN 重锤，从 8 m ~ 40 m 高度自由落下，重锤下落时的巨大的冲击能量，产生强烈的振动和应力，从而提高地基的强度并降低其压缩性。强夯法虽然已得到普遍推广与应用，但对其机理研究尚不完善，目前还没有一套很成熟、完善的设计计算理论和方法，主要靠经验和典型试验确定施工参数。

（1）强夯法加固地基的有效深度与夯击能量 E 有关：

$$E = mh \tag{6-3-2}$$

式中：m 为锤重（kN）；h 为落距（m）。

（2）加固深度可按下式估计：

$$z = \alpha\sqrt{mh/10} \tag{6-3-3}$$

式中：α 为修正系数。

强夯单位夯击能量和夯点的夯击次数应根据现场地基类别、结构类型、荷载大小和要求处理深度综合考虑，并通过现场试夯确定。强夯处理范围应大于建筑物基，夯击点位置可根据建筑结构类型，采用等边三角形、等腰三角形或正方形布置。

6.3.3 复合地基

复合地基是指天然地基在地基处理过程中部分软岩地基得到增强，或在天然地基中设置加筋材料,加固区是由基体和增强体两部分组成的人工地基。在荷载作用下，基体和增强体共同承担荷载的作用。在破碎岩层和软岩地基中常用的复合地基处理方式有水泥粉煤灰碎石桩、钢桩、钢管桩等。

水泥粉煤灰碎石桩又称为 CFG 桩，是由碎石、石屑、砂、粉煤灰掺水泥加水拌和，用各种成桩机械制成的可变强度桩。通过调整水泥掺量及配比，其强度等级在 C5 ~ C25 之间变化，是介于刚性桩与柔性桩之间的一种桩型。CFG 桩一般不用计算配筋，并且还可利用工业废料粉煤灰和石屑作掺和料，进一步降低了工程造价。CFG 桩的设计应根据设计要求的工程地质条件、复合地基承载力、容许沉降及施工工艺等确定，固化剂宜选用强度等级为 42.5 级及以上的普通硅酸盐水泥，桩距宜取 3 倍 ~ 5 倍桩径，桩顶宜设置桩帽和垫层，垫层厚度宜取 300 mm ~ 500 mm，复合地基承载力宜通过现场复合地基荷载试验确定，初步设计时也可按下式估算：

$$\sigma_{\mathrm{sp}} = m \times \frac{P}{A_{\mathrm{p}}} + \beta(1-m)\sigma_{\mathrm{s}} \tag{6-3-4}$$

式中：P 为单桩容许承载力；σ_{sp} 为复合地基承载力；m 为面积置换率；A_{p} 为桩的截面面积；β为桩间土承载力折减系数；σ_{s} 为处理后桩间土承载力特征值。

参考文献

[1] 郝哲，王来贵，刘斌. 岩体注浆理论与应用. 北京：地质出版社，2006.
[2] 李隽蓬，谢强. 土木工程地质. 2 版. 成都：西南交通大学出版社，2009.
[3] 闫莫明，徐祯祥，苏自约. 岩土锚固技术手册. 北京：人民交通出版社，2004.
[4] 赵明阶，何光春，王多垠. 边坡工程处治技术. 北京：人民交通出版社，2004.
[5] 朱永全，宋玉香. 地下铁道. 北京：中国铁道出版社，2006.
[6] 周德培，张俊云. 植被护坡工程技术. 北京：人民交通出版社，2003.

7 岩体工程问题

岩体工程问题是在岩体中进行开挖引起的与工程设计和施工运行安全有关的问题。由于岩体的自然属性复杂多变，因此，任何一类岩体工程都可能带来特殊的问题。本章针对近年来大规模岩体工程建设中遇到的一些特殊问题，结合一些研究成果作一初步探讨，而对一般岩体工程不再讨论。本章所描述的内容和结论并不完善，仅供参考。

7.1 顺层边坡

7.1.1 概 述

我国是一个多山的国家，在山区筑路，顺层边坡灾害时有发生，已建成的渝怀铁路，尽管在勘测选线时尽量避开顺层，但沿线仍有顺层边坡工点 249 个，占路基工程总线长的 15%。内昆线水富至大关段，沿线顺层地段长约 20.57 km，占路基工程总线长 41.5%。已修建好的万梁高速公路，在施工期间发生的顺层边坡多达 50 余次。宜万铁路全长 378 km，由于线路不可绕避地沿长大构造线方向穿越沟谷两岸，顺层路堑多达 60 余处，长约 15 km，大部分为陡倾顺层堑坡，部分为坡长大于 100 m 的顺层堑坡。

顺层边坡是指坡面走向和倾向与岩层走向和倾向一致或接近一致的层状结构岩体斜坡，包括自然顺层斜坡和人工开挖顺层边坡。实际工程中，常将走向与岩层走向夹角小于 20°、层面倾向与边坡倾向接近的边坡视为顺层边坡。斜坡岩体沿岩层层面、软弱夹层面或层间错动面剪切滑移而形成顺层滑坡是其主要的变形破坏方式。

实际现象表明，很多顺层边坡破坏并不完全是沿某个层面呈整体性滑动破坏，而多数是沿岩层中一些间断的节理面拉开，由下而上逐渐滑动破坏。当坡脚不再开挖或不再受到扰动时，失稳滑动到一定程度也就不再往上发展（图 7-1-1）。坡长较大的顺层边坡并不是一次滑移到坡顶的，可能只发生一次滑移边坡就稳定了，也可能发生多次滑移边坡才稳定，这就决定了对坡长较大的顺层边坡进行加固设计时，没有必要把整个边坡来加固，只对局部将会滑移的岩体进行加固。目前国内外顺层边坡稳定性分析主要采用极限平衡分析方法、岩体结构分析法、地质构造力学分析法、反演分析法、有限元法等进行分析计算。现在铁路部门和公路部门对顺层边坡的稳定性进行计算多采用剩余推力法，用此方法对顺层边坡进行计算，其滑移范围均是一坡到顶。对于长大顺层边坡，按这种方法计算的下滑力大，一般支挡建筑物很难满足结构要求。现有的加固设计方法均没有考虑局部滑移现象，用现有的设计方法进行局部加固存在困难，主要是不知道这类顺层边坡的加固设计长度。如何确定长大顺层边坡滑移影响范围及物理力学参数，选择合理加固措施，是顺层边坡研究中的新课题。

地层岩性是滑坡产生的物质基础。由黏土、泥岩、页岩、泥灰岩以及它们的变质岩如片岩、板岩、千枚岩组成的岩体，或由上述软岩与一些硬岩互层组成的岩体，或由某些岩性软弱、易风化的岩浆岩（如凝灰岩）组成的岩体，它们往往抗风化性差，风化产物中含有较多的黏性泥质颗粒，具有很高的亲水性、膨胀性、崩解性等特征；这些地层的软岩及其风化产物一般抗剪性能差，遇水湿润后即产生表层软化和泥化，形成很薄的黏粒层，抗剪强度极低。岩性、颗粒成分和矿物成分的差异，导致水文地质条件的差异。细颗粒的泥质、黏土质软层既是吸水层，又是相对的隔水层，在干湿交替的情况下，黏土成分的高收缩性使岩土体中裂隙迅速发生并扩大，各种地表水很容易渗入坡体。这些特点容易导致滑坡的发育，通常把这类很容易发生滑坡的地层称为“易滑地层”。

此外，顺层边坡破坏往往沿软弱夹层滑动。这些软弱夹层在数量上虽然只占岩体中很小的百分比，但却是岩体中最薄弱的部位，常常是工程中的隐患。岩体中的软弱夹层是在各种不同的条件下生成的，与成岩条件、构造作用和风化影响有密切的关系。沉积岩在成岩过程中，沉积间断的层面上常用软弱物质积累，如薄层页岩、泥岩和黏土岩常夹在各种砂岩之间，而石灰岩中也可能有钙质页岩、泥灰岩等软弱夹层；在火成岩中，由于侵入体与围岩接触带常形成蚀变，改变了原岩性质，形成软弱夹层，其产状、厚度及性质变化很大，规律性较难掌握；在变质岩中，常有绢云母等的富集带，相应的夹层发育规律也较复杂，夹层的性质、产状及连续性等常难以确定。

图 7-1-1　峨眉水泥厂西采区顺层滑动全貌

图 7-1-2　层间泥化夹层

岩体在构造作用下常常形成层间错动，因而顺层面发育成软弱夹层或被挤压破碎而形成构造夹层，例如断层泥、糜棱岩、压碎岩、片理带、泥化错动带、劈理带、节理密集带，它们具有不同性质和产状条件。层间泥化夹层见图 7-1-2。

风化作用所形成的软弱夹层受母岩矿物稳定性所控制。如长石、方解石、绿泥石、云母等铁镁硅酸盐矿物，经过物理、化学风化作用生成含水铝硅酸盐新矿物——高岭石、伊利石（水云母）和蒙脱石，其中次生填充的夹泥层则取决于裂隙的产状和分布规律，而沉积过程形成的软弱夹层与沉积过程有密切联系，常常具有岩相变化显著、呈尖灭或互层、在岩性上也互相递变和混杂等特点。

7.1.2　顺层边坡工程力学特性

1. 顺层边坡结构面摩擦机理

结构面在一定的法向应力作用下，当逐渐作用剪切应力时，发生剪切变形，当剪切应力达到结构面的峰值强度时，结构面开始滑动。从运动学的角度讲，这时剪切力克服结构面的摩擦力开始滑动，剪切应力与法向应力的比值即为结构面的静摩擦系数。结构面随后的滑动就须克服其动摩擦阻力。结构面的摩擦根据其滑动后的状态可分为稳滑和粘滑。结构面的稳定摩擦滑动根据摩擦机理的不同可分为平面型摩擦、楔效应摩擦、转动摩擦和滚动摩擦。

1）平面型摩擦机理

设两个平面接触的物体的视面积为 A，法向正压力 W 与使其滑动所需的

剪力 F 之间的关系可以写成：

$$F = \mu W \tag{7-1-1}$$

式中：μ为摩擦系数。

μ取决于材料特性、表面粗糙度以及接触表面的状态，μ与 A 和 W 近乎无关，这就是著名的 Amonton 定律，以 A 除上式，即变成：

$$\tau = \mu\sigma \tag{7-1-2}$$

式中：σ为接触面的法向应力；τ为剪应力。

Jaeger 使用下述线性定律：

$$\tau = s_0 + \mu\sigma \tag{7-1-3}$$

式中：s_0、μ是常数。

Bylee 通过大量试验结果的总结，建议在应力较低时采用 Amonton 定律；在应力较高时采用 Jaeger 线性定律，对于 weber 砂岩，剪应力与法向应力的关系如下：

$$\begin{cases} \tau = 0.85\sigma & (0 < \sigma < 200\ \text{MPa}) \\ \tau = 0.5 + 0.6\sigma & (\sigma \geqslant 200\ \text{MPa}) \end{cases} \tag{7-1-4}$$

在低应力情况下，Jaeger 通过多组岩石结构面的试验得到法向正应力与静摩擦系数的关系如图 7-1-3 所示。

2）楔效应摩擦机理

在规则锯齿节理面上，当受到剪力作用时，滑动是沿齿面进行的，在该情况下，节理面的破坏不发生于沿平行剪力 T 的平面，而是沿着与此平面有一定的角度 β 的平面发生滑移，其 β 称为剪胀角，则总摩擦角为：

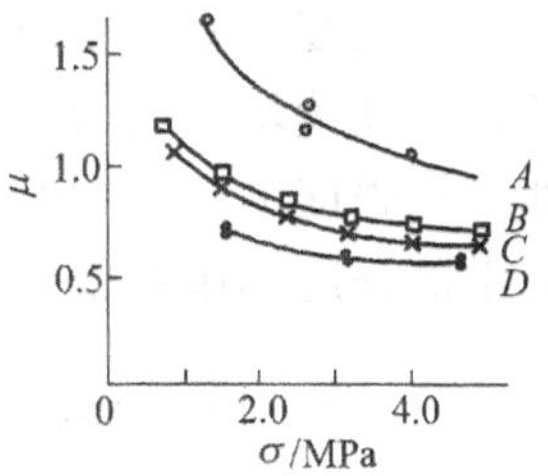

图 7-1-3　同一试验σ与μ的关系

$$\varphi_t = \varphi_s \pm \beta \tag{7-1-5}$$

当剪力与剪胀角为相反方向时，取负号。

滑动开始前为静摩擦状态，摩擦角的峰值为：

$$\varphi_p = \varphi_s \pm \beta \tag{7-1-6}$$

滑动开始后，则该角相当于残余摩擦角：

$$\varphi_r = \varphi_k \pm \beta \tag{7-1-7}$$

式中：φ_k 为动摩擦角。

节理面上包含着众多大小不一的起伏度和粗糙度，而并非都是理想的规则锯齿状，此时的剪胀角可用表面坡角的均方根替代，但在大多数情况下，它又与法向应力、节理壁力学性质等因素有关。

2. 软弱夹层力学参数特征

1）软弱夹层的弹塑性特征

在应力较小时，软弱夹层处于弹性状态，随着应力的增大，软弱夹层材料达到塑性屈服后，屈服的标准要发生变化。主要决定于应力状态，对于复杂受力情况，当应力分量的某种函数组合达到一定值后，材料塑性屈服，用如下式子表示：

$$f(\sigma_{ij})=k \tag{7-1-8}$$

式中：$f(\sigma_{ij})$ 为材料的屈服函数；k 为与应力历史有关的常数。

当材料达到塑性屈服后，k 有三种变化，如图 7-1-4 所示：

k 增加，意味着材料变硬，为应变硬化；k 减小，意味着材料变软，为应变软化；k 保持不变，为理想弹塑性变形。

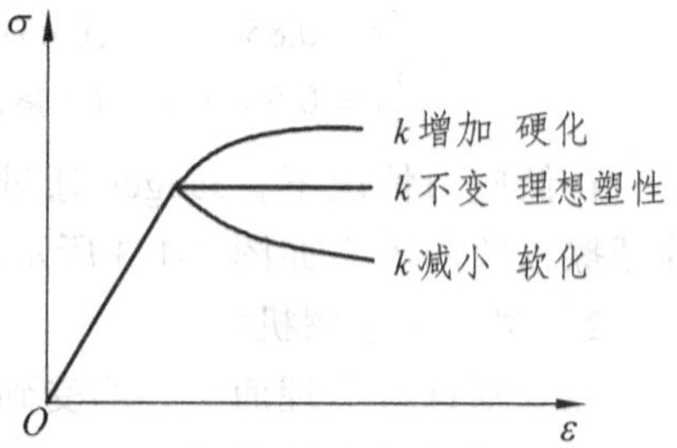

图 7–1–4　夹层材料的塑性分类示意图

2）软弱夹层的峰残强度特征

软弱夹层材料达到塑性后，只产生了不可恢复的塑性变形，但并没破坏，若断续增大应力，是否达到破坏可用强度准则来判断。现在岩体力学的强度准则有很多，常用的为莫尔-库仑强度准则，如下式所示：

$$\tau=c+\sigma\tan\varphi \tag{7-1-9}$$

式中：c 为软弱夹层凝聚力；φ为软弱夹层的内摩擦角。

当软弱夹层应力值不满足强度准则，夹层材料会产生剪切破坏面，出现破坏，破坏后的软弱夹层的应力会重新调整，只是当剪切位移不断增大，其破坏体的强度参数会产生变化，其变化规律如图 7-1-5 所示。从图中可以看出，主要有两种材料，材料 a 具有明显的峰值强度与残余强度，材料 b 只有峰值强度。材料 a 达到峰值强度破坏后，随着剪切位移的不断增大，其强度逐渐降低，最后到达残余强度。材料 b 达峰值强度破坏后，随着剪切位移的不断增大，其强度一直保持不变。

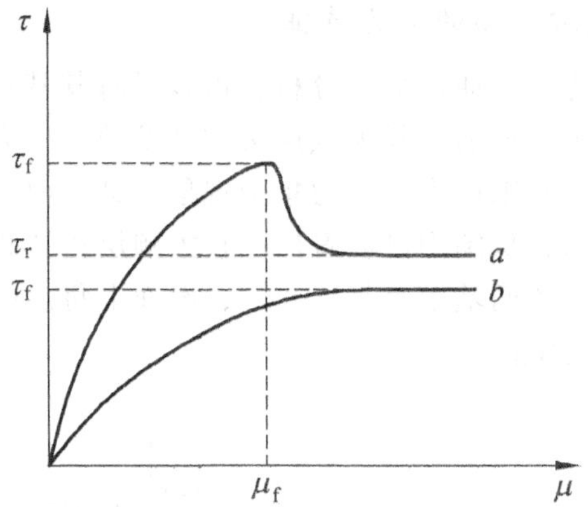

图 7-1-5　沿破坏面的剪切位移变形分布曲线

τ_f表示材料的峰值剪切强度；τ_r表示材料的残余剪切强度

从上面对软弱夹层本构特征及强度特征分析可知，软弱夹层本构特征主要有硬化、理想塑性、软化三种；强度特征有峰值强度大于残余强度与峰值强度等于残余强度两种，现实中基本上都是残余强度小于峰值强度，只是小的多少问题，且滑坡中滑带土强度参数的取值一般按残余强度取值。综上所述，不管软弱夹层的本构特征如何，只要应力组合不断增大，软弱夹层最终将达到破坏，如应力组合持续增大，其夹层强度最终达到残余强度，可见边坡是否失稳是由其滑面的应力特征决定。

3. 层间力学参数取值

通过查阅大量的顺层边坡稳定性计算时滑带确定方法的资料，得出顺层边坡滑带参数及参数的确定方法主要有：工程地质类比法，室内试验统计分析法，现场剪切试验，反演分析法，专家经验法等。一般为几种方法同时运用来综合确定滑带参数。通过查阅文献，常见岩层或结构面的力学参数如表 7.1.1。

表 7.1.1　顺层层面力学参数

层面类型	内摩擦角 φ/°	凝聚力 c/MPa
泥岩或泥化夹层	8.5 ~ 25.2	0.015 ~ 0.029
泥岩结构面	20 ~ 28	0.2 ~ 0.4
炭质页岩	13 ~ 20	0.005 ~ 1.4
炭质页岩结构面	18 ~ 20	0.1 ~ 0.25
砂岩剪切带	30 ~ 40	
花岗岩剪切带	30 ~ 40	0.3 ~ 0.6
灰岩剪切带	16.7 ~ 40	0.05 ~ 0.2

4. 长大顺层边坡滑面的应力特征

对于长大顺层边坡，通过数值分析，可以了解其基本力学特征。

在边坡临空面未形成前，长大顺层边坡开挖前剪应力如图 7-1-6 所示，在将产生临空面附近并未产生剪应力集中现象。其滑面上的正应力与剪应力分布如图 7-1-7 所示，从图中可以看出，长大顺层边坡临空面未形成前滑面的正应力与剪应力沿滑面基本上是均布的，滑面上每点的正应力与剪应力的大小均保持一个稳定常值。

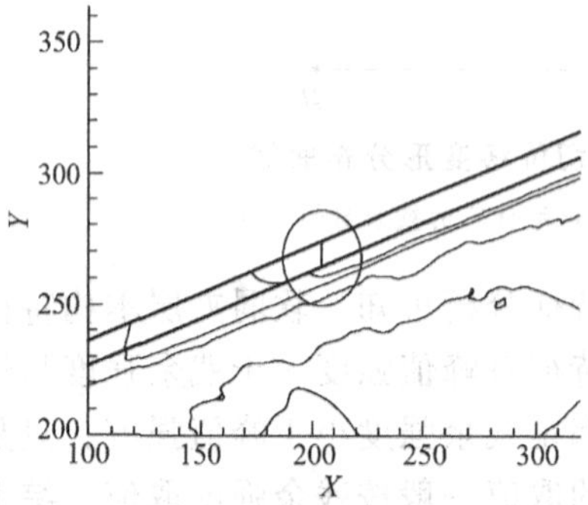

图 7-1-6　长大顺层边坡临空面形成前剪应力图（圆圈内为拟产生临空面）

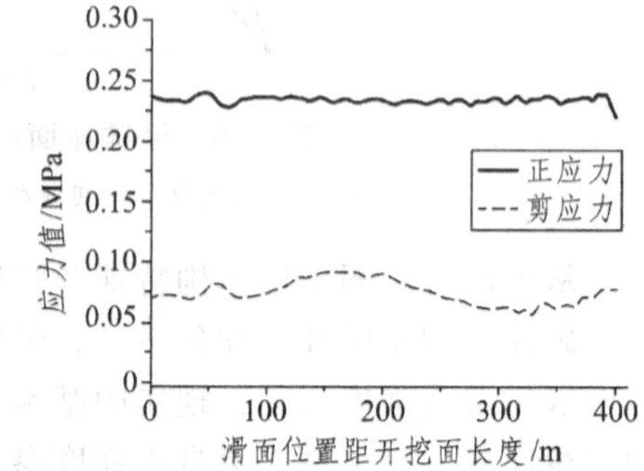

图 7-1-7　长大顺层边坡临空面形成前滑面应力沿滑面分布图

长大顺层边坡前端出现临空面后，经计算，长大顺层边坡临空面处剪应力如图 7-1-8 所示，在临空面附近产生明显的剪应力集中现象。

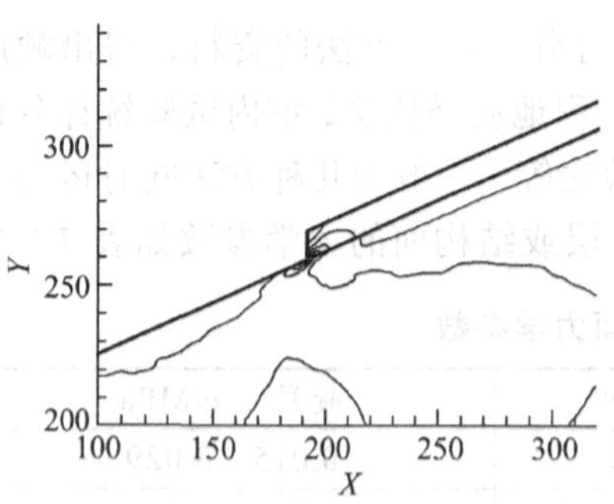

图7-1-8　长大顺层边坡临空面处剪应力图

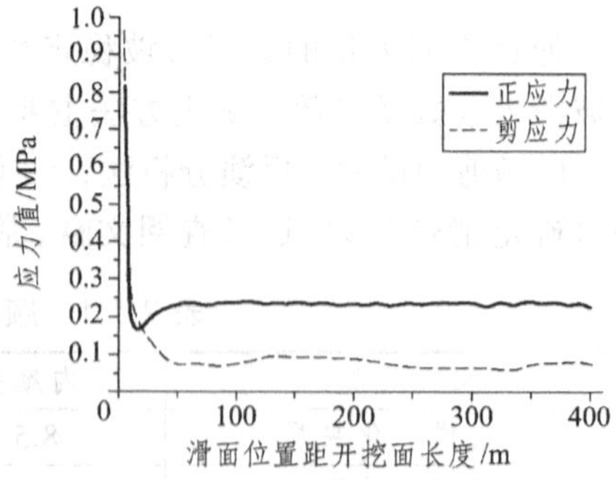

图7-1-9　长大顺层边坡滑面应力沿滑面分布图

长大顺层边坡滑面的应力分布特征如图 7-1-9 所示。在临空面附近，正应力和剪应力都很大，随着滑面离临空面越远，正应力和剪应力逐渐减少，最后保持一个稳定常值。临空面从上面可以看出，临空面对滑面应力有重要影响，临近临空面的滑面应力高度集中，其最大应力值远大于没有受其影响的滑面的应力值，且影响具有一定的范围，在离临空面较远的滑面应力不受其影响。

综上所述，长大顺层边坡无论是开挖边坡或是天然边坡，长大顺层边坡的应力特征为：长大顺层边坡临空面形成前，滑面的正应力与剪应力沿滑面是均布的，滑面上每点的正应力与剪应力的大小均保持一个稳定常值；长大顺层边坡临空面形成后，滑面应力在临空面附近高度集中，且有一定的应力集中范围，滑面正应力集中段与剪应力集中段的长度大致相等；在临空面处的滑面剪应力与正应力均最大，随着滑面离临空面越远，剪应力与正应力均逐渐减少，最后保持一个稳定常值；临空面附近滑面应力的最大值远大于没有受其影响的滑面的应力值。

7.1.3 顺层边坡稳定性分析方法

对于顺层边坡的稳定性研究，主要分为三大类方法：一是定性分析方法，如自然历史分析法、工程地质比拟法、地质力学方法、赤平投影等；二是定量分析方法，如极限平衡法、有限单元法、离散单元法、FLAC 法、块体理论、不连续变形分析等；三是非确定性分析方法，它是近年来发展起来的一些新的边坡稳定性分析方法，如可靠性分析方法、模糊分级评判法、灰色系统理论、突变理论、神经元方法、分叉与混沌理论等。

当考虑地下水的影响时，地下水对边坡的作用主要为结构面强度的软化、水压力（静水压力、动水压力、渗透力、浮托力等）影响。岩质边坡考虑渗透力的稳定性分析方法主要有两种：一是运用建立边坡渗流场与应力场、变形耦合模型，求解边坡岩体内的应力分布，用应力分析法评价边坡岩体的稳定性；二是计算边坡岩体稳定系数方法评价边坡岩体的稳定性。用稳定性系数法计算边坡的稳定性时，地下水位以下的岩体一般取浮容重。水对结构面抗剪强度参数中 c、φ 值有不同程度的弱化作用，通常水对凝聚力 c 的弱化作用更明显。降雨形成的暂态水位对边坡的稳定性有重要影响。

下面是一些常用的顺层边坡稳定性分析方法。

1. 极限平衡法

该方法是工程实践中应用最早也是目前最普遍使用的一种定量分析方法。极限平衡法目前已经形成了一套完整的理论体系，陈祖煜对极限平衡进行了完整的总结。目前已有了多种极限平衡分析方法，如：Fellenius 法、Bishop

法、Janbu 法、Morgenstern Prince 法、余推力法、Sarma 法、楔形体极限平衡分析法等等。其中 Sarma 法既可用于滑面呈圆弧形的滑体，同时也可用于滑面呈一般折线形滑面的滑体极限平衡分析；楔形体极限平衡分析则主要用于岩质边坡中由不连续面切割的各种形状楔形体的极限平衡分析。近年来，人们都已经把这些方法程序化了，目前最流行的极限平衡法分析程序有 GEOSLOPE、SLIDE 以及陈祖煜开发的 STABLE。有的还把有限元方法引入到极限平衡分析法中，先通过有限元方法计算出可能滑面上各点的应力，然后再利用极限平衡原理计算滑面上各点的安全系数及沿整个滑面滑动破坏的安全系数。与其他方法相比，极限平衡法的缺点是在力学上作了一些简化假设。该方法抓住了问题的主要方面，且简易直观，并有多年的实用经验，若使用得当，将得到比较满意的结果。它是目前应用最广泛的一种分析方法。

根据《铁路工程不良地质勘察规程》（TB 10027—2001），顺层边坡稳定性按下列公式评价：

$$K_s=\frac{\sum_{i=1}^{n-1}(R_i\prod_{j=i}^{n-1}\psi_j)+R_n}{\sum_{i=1}^{n-1}(T_i\prod_{j=i}^{n-1}\psi_j)+T_n} \tag{7-1-10}$$

$$N_i=W_i\cos\theta_i,\quad T_i=W_i\sin\theta_i$$

$$\psi_j=\cos(\theta_i-\theta_{i+1})-\sin(\theta_i-\theta_{i+1})\tan\varphi_{i+1}$$

$$\prod_{j=i}^{n-1}\psi_j=\psi_i\cdot\psi_{i+1}\cdot\psi_{i+2}\cdots\psi_{n-1}$$

$$R_i=N_i\tan\varphi_i+c_iL_i$$

式中：N_i 为作用于第 i 块段滑动面上的法向分力（kN/m）；T_i 为第 i 块段的滑体的下滑力（kN/m）；T_n 为第 n 块段的滑体的下滑力（kN/m）；W_i 为第 i 块段的滑体重力（kN/m）；R_i 为第 i 块段的滑体的抗滑力（kN/m）；R_n 为第 n 块段的滑体的抗滑力（kN/m）；θ_i 为计算段的滑面倾角（°）；φ_i 为计算段滑带土的内摩擦角（°）；c_i 为计算段滑带土的凝聚力（kPa）；L_i 为计算段滑面的长度（m）；ψ_i 为第 i 块段滑体的剩余下滑动力传递至第 $i+1$ 块段滑体时的传递系数（$j=i$）。

2. 数值分析法

1）有限元法

有限元法的优点是部分地考虑了边坡岩体的非均质和不连续性，可以给出岩体的应力、应变大小与分布，避免了极限平衡分析法中将滑体视为刚体而过于简化的缺点,能使我们近似地从应力应变去分析边坡的变形破坏机制，分析最先、最容易发生屈服破坏的部位和需要首先进行加固的部位等。特别是对尚未滑动的顺层边坡的应力应变分析是可行的。但是有限元方法还不能很好地求解大变形和位移不连续等问题，对于无限域、应力集中问题等的求解还不理想。

2）有限差分法

FLAC 分析能更好地考虑岩土体的不连续性和大变形特征，求解速度较快。近年来 FLAC 法广泛用于岩土工程分析领域，取得了可喜的成就。

3）离散元法

离散元法在进行计算时，首先将边坡岩体划分为若干刚性块体（目前已可以考虑块体的弹性、塑性、黏性变形），以牛顿第二运动定律为基础，它允许块体间发生平动、转动，甚至脱离母体下落，结合不同本构关系，考虑块体受力后的运动及由此导致的受力状态和块体运动随时间的变化，从而获得岩体运动破坏模式。

4）块体理论（BT）与不连续变形分析（DDA）

BT 方法实际上是一种几何学的方法，它利用拓扑学和群论的原理，以赤平投影和解析计算为基础，来分析三维不连续岩体稳定性。在计算时，它根据岩体中实际存在的结构面倾角及其方位，利用块体间的相互作用条件找出具有移动可能的块体及其位置，故也常被称为关键块（KB）理论。DDA 法用一种类似于离散元的块体元来模拟被结构面切割成的块体系统。DDA 通过不连续面间的相互约束建立整个系统的力学平衡条件，但与一般的连续介质法不同，它引入了非连续接触和惯性力，采用运动学方法来解决非连续的静力和动力问题，其特点是考虑了变形的不连续性和引入了时间因素，既可以计算静力问题，又可以计算动力问题。它可以计算破坏前的小位移，也可以计算破坏后的大位移，如滑动、崩塌、爆破及贯入等，特别适合于极限状态的设计计算。

7.1.4 顺层边坡临界滑动范围确定

顺层边坡失稳与破坏机理一般为滑移拉裂破坏与溃屈破坏，滑移拉裂破坏一般常见于开挖的人工边坡，而溃屈破坏一般发生在自然边坡中。

1. 溃屈破坏型顺层边坡

对于倾角较大的顺层边坡，其破坏形式往往是溃屈破坏，雅砻江下游霸王山边坡破坏就是溃屈破坏岩质顺层边坡的典型代表。任光明利用物理模拟方法再现顺层坡滑坡的形成机制；通过能量平衡法，导出了顺层坡发生溃屈破坏的临界坡长、隆起端位置等力学模型。李树森等在溃屈型滑坡滑动面顺层和切层段强度参数关联性研究的基础上，进一步研究发现，切层段滑动面的长度、角度变化，对滑坡稳定性 K 有明显的影响。李云鹏等根据岩体顺层边坡破坏主要表现为剪切滑动和溃屈破坏等形式，而溃屈破坏常具有以板或梁的形式发生屈曲破坏的特征，其是否发生屈曲破坏与岩体力学性态有很大的关系。在已有研究成果的基础上，针对岩体拉压特性不同的特点，探讨了顺层边坡岩体结构的屈曲稳定性态，并对岩梁模型进行了合理修正，给出了顺层边坡岩体结构稳定性位移判据。王芝银等视顺层边坡岩层为岩梁结构，讨论了岩梁变形的前屈曲状态和后屈曲稳定状态的分叉特性，建立了岩层结构发生灾变的判据。张慧梅等利用梁板屈曲理论，讨论了岩梁变形的前屈曲状态和后屈曲状态的分叉特性，建立了岩层结构发生灾变的判据。自孙广忠应用力学手段和观点解释顺层岩质边坡失稳机理以来，岩体结构力学成为顺层边坡研究中的重要手段。刘钧等人认为层状结构顺层岩质边坡失稳机理的力学模型可简化为梁模型，研究的热点就集中在梁挠曲线微分方程的求解以及顺层岩体极限破坏长度（临界坡长）等方面。

1）力学模型

设顺层边坡坡角为β，坡长为 L，如图 7-1-10 示。岩层可分为 AB 和 BC 两段，其中 AB 为溃屈隆起段，长为 l，BC 为下滑段，其长度为 $L-l$，对 AB 有推动作用，推力为 P。岩层厚度为 b，重度为γ，取单位宽度建立模型，AB 段简化为梁或杆，底端固定。

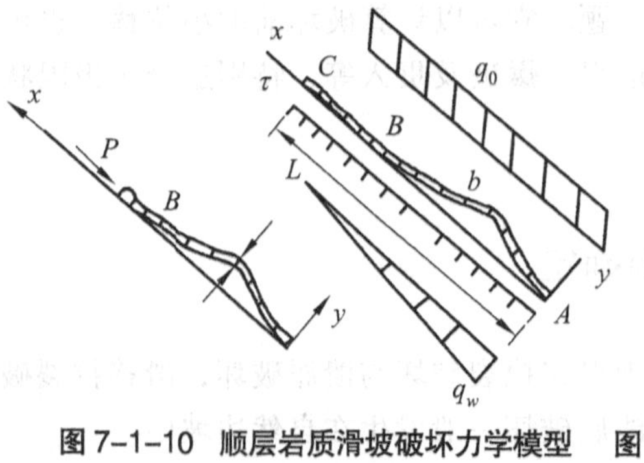

图 7-1-10 顺层岩质滑坡破坏力学模型

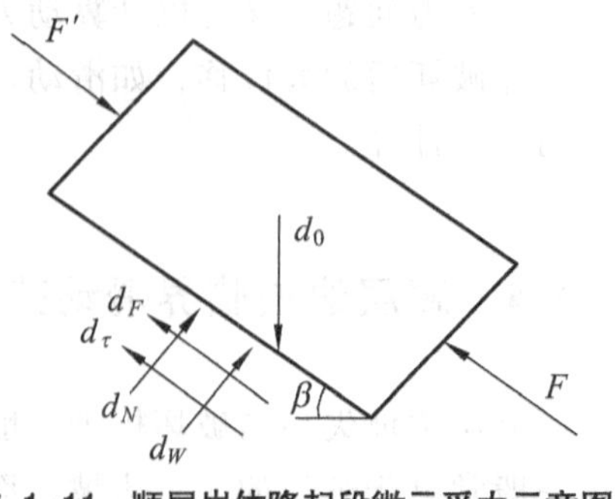

图 7-1-11 顺层岩体隆起段微元受力示意图

在 AB 梁上取一微段，受力分析如图 7-1-11，其中坡体自重 $d_G=\gamma b\mathrm{d}x$，静水压力 $d_w=\frac{1}{2}\gamma x\cos\beta\mathrm{d}x$，层面上的法向作用力 N 包括重力及静水压力，则 $d_N=\cos\beta\, d_G-d_w$。顺坡方向上除受到上、下微元对其的作用力 F' 及 F 外，由于各板状结构岩体间存在层间错动，故可得层间的摩阻力 $d_F=\tan\varphi d_N$ 及凝聚力 $\mathrm{d}\tau=c\mathrm{d}x$。

2）挠曲线微分方程求解

x 处截面上所受的顺坡向荷载为：

$$\int_0^x[\sin\beta d_G-(f+\tau)]=(R-T)x+\frac{1}{2}\gamma_{\mathrm{w}}x^2\sin\beta\tan\varphi \tag{7-1-11}$$

式中：R 为坡体的下滑力；$R=\gamma b\sin\beta$；T 为不考虑静水压力作用时的抗滑力，$T=\gamma b\cos\beta\tan\varphi+c$。

由于摩阻力和凝聚力是作用在板梁的底面上的，可等效为轴心力所引起的附加弯矩 M'：

$$M'=\frac{b}{2}(T_x-\frac{1}{2}\gamma_{\mathrm{w}}x^2\sin\beta\tan\varphi) \tag{7-1-12}$$

由于静水压力引起的 x 处截面的弯矩为：

$$M''=\frac{1}{6}\gamma_{\mathrm{w}}\sin\beta x \tag{7-1-13}$$

故 x 处截面上所受的弯矩 $M=M'+M''$，则 x 处截面的弹性曲线近似微分方程为：

$$\frac{\mathrm{d}^2y}{\mathrm{d}x^2}=-\frac{bT}{2EI}x+\frac{b\gamma_{\mathrm{w}}\sin\beta\tan\varphi}{4EI}x^2-\frac{\gamma_{\mathrm{w}}\sin\beta}{6EI}x^3 \tag{7-1-14}$$

由边界条件

$$\begin{cases}x=0\\y=0\end{cases};\quad\begin{cases}x=L\\y=0\end{cases} \tag{7-1-15}$$

解此微分方程得：

$$y=\frac{1}{20}Cx^5+\frac{1}{12}Bx^4+\frac{1}{6}Ax^3-\left(\frac{1}{20}CL^4+\frac{1}{12}BL^3+\frac{1}{6}AL^2\right)x \tag{7-1-16}$$

式中 $A=-\frac{bT}{2EI}$；$B=\frac{b\gamma_{\mathrm{w}}\sin\beta\tan\varphi}{4EI}$；$C=-\frac{\gamma_{\mathrm{w}}\sin\beta}{6EI}$

3）顺层岩质边坡临界坡长求解

当层状边坡的坡长大于某一特定长度时，边坡就会发生溃屈失稳，该长度称为临界坡长度 L_{cr}，可利用能量定理求解。根据能量原理，该岩体的总势能为：

$$\Pi = U + V \tag{7-1-17}$$

式中：岩体的变形能 $V=\int_0^{L_{cr}}\frac{1}{2}EI(y'')\mathrm{d}x$；外力对岩体做功 $U=U_F+U_N+U_M$。

其中，$U_F=\int_0^{L_{cr}}F\frac{1}{2}(y')^2\mathrm{d}x$，表示顺坡向力 F 所做的功；$U_N=-\int_0^{L_{cr}}Ny\mathrm{d}x$，表示坡面法向力 N 所做的功；$U_M=-\int_0^{L_{cr}}My'\mathrm{d}x$，表示附加弯矩 M 所做的功。

当岩体发生溃屈时，总势能达到最大值，即 $\delta\Pi=0$，即可得到发生破坏 L_{cr}，并求导：

$$\Pi'=(U+V)'=\frac{1}{2}EI(y'')+\frac{1}{2}F(y')^2-Ny-My'=0 \tag{7-1-18}$$

实际求解过程中，考虑到变分的复杂性，可凭工程经验对 L_{cr} 进行预估，求解其 $\delta\Pi$ 值，通过调整 L_{cr} 值，校核其 $\delta\Pi$ 是否为零，最终求得 L_{cr}。

临界坡长受岩体弹性模量、层间滑动面强度、岩层厚度及岩层倾角等影响较大。随着岩石弹性模量的增大，其临界坡长也相应增大；随着滑动面的凝聚力以及内摩擦角增大，临界坡长先线性地平缓增大，到一定临界状态后，突然快速增大。由于地下水对层面间的凝聚力及内摩擦角的弱化作用较大，故在坡体中要注意有效地排水，临界坡长随岩层厚度增大有增大的趋势，而随着层面倾角增加而减小。

2. 滑移拉裂破坏型顺层边坡

西南交通大学结合重庆至怀化铁路的论证设计，建立了顺层边坡岩体失稳破坏长度计算式。通过对开挖边坡失稳滑动调查发现，顺层边坡失稳多数是从自然边坡表层坡缘开始，沿层面滑动，并向自然边坡上部发展。边坡失稳破坏的形式和过程，取决于岩层倾角、层面强度参数、岩体抗拉强度等。当自然边坡坡度与岩层倾角相同时，可建立如下分析模型（图7-1-12）：

设第 i 层顶面、底面与开挖边坡面交点的 x、y 坐标值分别为（x_{i-1}，y_{i-1}）和（x_i，y_i），开挖边坡坡顶的 x、y 坐标值为（x_0，y_0），则有：

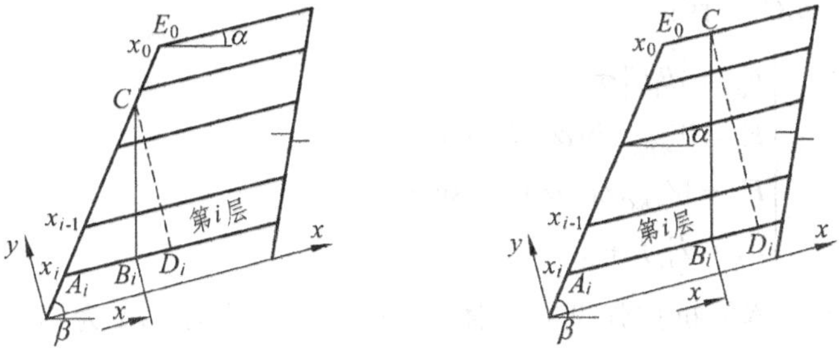

（a）开挖坡段　　（b）自然坡段

图 7-1-12　自然坡角与岩层倾角相同的边坡

$$\begin{cases} x_i = \sum\limits_{j=i+1}^{n} h_j \cot(\beta - \alpha), \quad y_i = \sum\limits_{j=i+1}^{n} h_j \\ x_0 = \sum\limits_{j=1}^{n} h_j \cot(\beta - \alpha), \quad y_0 = \sum\limits_{j=1}^{n} h_j \end{cases} \tag{7-1-19}$$

边坡开挖后，假设边坡岩体沿第 i 层岩体底层面滑动时，坡体内沿节理和节理间的“岩桥”拉裂，节理面和“岩桥”的等效抗拉强度为σ_t。因卸荷及风化影响，岩体等效抗拉强度σ_t和层面抗剪强度参数（f_i及 c_i）都会随卸荷及风化程度而降低，因此，设f_i、c_i和σ_t与分析点到坡面距离（$x-x_i$）的变化为：

$$\begin{cases} f_i = a_f(x - x_i) + f_{0i} \\ c_i = a_c(x - x_i) \\ \sigma_t = a_\sigma(x - x_i) \end{cases} \tag{7-1-20}$$

式中：a_f、a_c、a_σ和 f_{0i} 为系数，由边坡岩体结构野外调查结果和层面及岩体强度的室内外测试结果或类比确定。非扰动段，f_i、c_i和σ_t取层面和岩体天然新鲜状态下的相应值。

1）开挖边坡段岩层失稳长度

开挖边坡段（$x_i \leqslant x \leqslant x_0 - \tan\alpha \sum\limits_{j=i+1}^{n} h_j$），图 7-1-12（a）中各参数有下列关系：

$$\begin{cases} |A_iB_i| = x - x_i \\ |B_iC| = \dfrac{\sin(\beta-\alpha)}{\cos\beta}(x - x_i) \\ |D_iC| = |B_iC|\cos\alpha \\ W_{A_iB_iC} = \dfrac{1}{2}\gamma|A_iB_i| \cdot |D_iC| \end{cases} \tag{7-1-21}$$

式中：$W_{A_iB_iC}$ 为边坡三角块体 A_iB_iC 的重力。

拉裂面 B_iC 上有：

$$\begin{cases} F_{\sigma_{ti}} = |B_iC|\sigma_t \\ F_{ti} = W_{A_iB_iC}\sin\alpha - F_{\sigma_{ti}}\cos\alpha \\ F_{ni} = W_{A_iB_iC}\cos\alpha + F_{\sigma_{ti}}\sin\alpha \\ F_{f_i} = F_{ni}f_i + (x - x_i)c_i \end{cases} \tag{7-1-22}$$

式中：$F_{\sigma_{ti}}$ 为岩体的抗拉强度对块体 A_iB_iC 产生的拉力；F_{ti} 为第 i 层岩体底面上的下滑力；F_{ni} 为滑动层面上的法向力；F_{fi} 为滑动层面上的抗滑力。当 $F_{f_i} - F_{ti} = 0$ 时，边坡岩块 A_iB_iC 处于极限状态，计算出顺层边坡失稳破坏岩层极限长度 l_{ci} 为：

$$l_{ci} = (6A_1 - 6A_2 f_{0i} - 3a_c)/(4A_2) \tag{7-1-23}$$

式中：

$$\begin{cases} A_1 = \dfrac{\sin(\beta-\alpha)\cos\alpha\left(\dfrac{1}{2}\gamma\sin\alpha - a_\sigma\right)}{\cos\beta} \\ A_2 = \dfrac{\sin(\beta-\alpha)\left(\dfrac{1}{2}\gamma\cos^2\alpha - a_\sigma\sin\alpha\right)}{a_f\cos\beta} \end{cases}$$

当开挖边坡坡角 β 等于岩层倾角 α，或者 α 等于 90°，或者 $\tan\alpha = f_i$ 时，l_{ci} 趋于无穷大。此时，边坡开挖时不会将岩层挖断，边坡的稳定已是岩层弯曲变形稳定问题，或者是整体滑动问题。

2）自然边坡段岩层失稳长度

自然边坡段（ $x > x_0 - \tan\alpha\sum\limits_{j=i+1}^{n} h_j$ ），图 7-1-12（b）中各参数之间有下列关系：

$$\begin{cases} |A_iB_i| = x - x_i \\ |D_iC| = \sum\limits_{j=1}^{i} h_j \\ |B_iC| = |D_iC|/\cos\alpha \\ W_{A_iB_iCE_0} = \gamma\sum\limits_{j=1}^{i} h_j(x - x_i) + \gamma\sum\limits_{j=1}^{i} h_j\left[\tan\alpha\sum\limits_{j=1}^{i} h_j - \dfrac{x_0}{2}\right] \end{cases} \tag{7-1-24}$$

式中：$W_{A_iB_iCE_0}$ 为失稳块体 $A_iB_iCE_0$ 的重力。将式（7-1-20）、（7-1-24）代入式（7-1-23），计算出不稳定岩层的临界长度 l_{ci} 为：

$$l_{ci} = (x - x_i) = \frac{a_1 - a_4}{2a_3} + \sqrt{\left[\frac{a_4 - a_1}{2a_3}\right]^2 + \frac{a_2}{a_3}} \qquad (7\text{-}1\text{-}25)$$

其中：

$$\begin{cases} a_1 = \sum_{j=1}^{i} h_j(\gamma \sin\alpha - a_\sigma) \\ a_2 = \gamma \sin\alpha \sum_{j=1}^{i} h_j \left(\tan\alpha \sum_{j=1}^{i} h_j - \frac{x_0}{2}\right) \\ a_3 = \frac{1}{2}\left[a_f \sum_{j=1}^{i} h_j(\gamma \sin\alpha + a_\sigma \tan\alpha) + a_c\right] \\ a_4 = f_{0i} \sum_{j=1}^{i} h_j(\gamma \cos\alpha + a_\sigma \tan\alpha) \end{cases}$$

式（7-1-25）中，l_{ci}若为负，表明在$x > x_0 - \tan\alpha \sum_{j=i+1}^{n} h_j$范围内不会滑动，否则在该范围内会滑动。

3. 长大顺层边坡开挖影响范围

长大顺层边坡滑面材料的峰残强度特征、动静摩擦系数，均与滑面的应力特征有关，边坡形成临空面后，只在临空面有限的范围内产生应力集中，对其他处的滑面应力没有影响。也就是说在临空面处的应力集中段，滑面因应力改变，滑面材料有可能由静摩擦转为动摩擦，由峰值强度进入残余强度，最大可能首先失稳的就是边坡坡面附近的这一段应力集中段的滑面，该应力集中段长度即为首次可能失稳的最大长度。

1）长大顺层开挖边坡失稳模型

设边坡走向与岩层走向一致，边坡可简化为平面应变问题，坡体前端开挖形成的模型如图 7-1-13 所示。设边坡的坡度与岩层倾角相等均为 α，边坡坡长为 L，开挖面最底端软弱层面为滑移面，滑移面上各岩层的综合重度为γ，开挖深度为 h，同时设滑移面的摩擦系数为f，凝聚力为 c，滑移面上单位岩体的等效抗拉强度为 S。边坡开挖后，岩体沿滑移面滑动，坡体内沿节理和节理间的“岩桥”拉裂，在长大顺层坡体中形成第一次滑移。

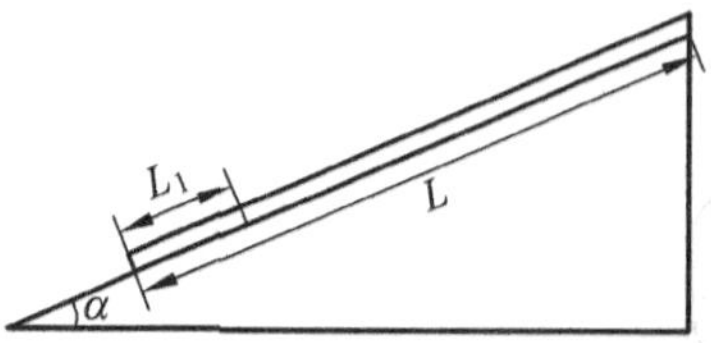

图 7-1-13　长大顺层边坡失稳模型

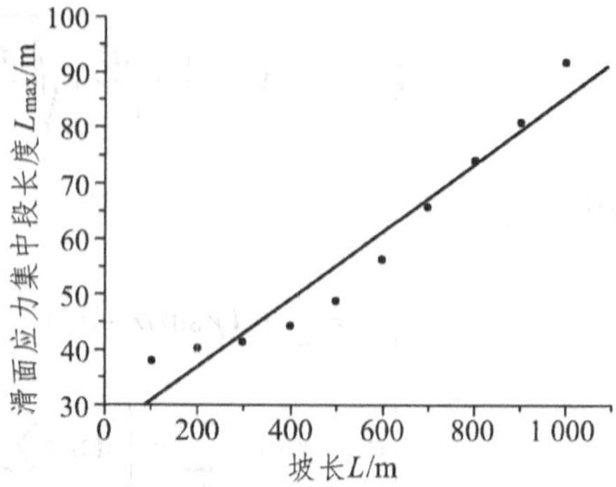

图 7-1-14　L_{max} 与 L 的关系

2）软弱夹层应力集中段长度 L_{max} 与坡长 L 关系

坡长的计算范围 100 m≤L≤1 000 m。经计算，滑面应力集中段长度 L_{max} 与坡长的关系如图 7-1-14 所示。在边坡只考虑重力作用下，坡长的大小影响着坡体的初始应力与变形值大小，在其余参数不变的情况下，坡长越大，其临空面处滑面的初始应力值也就越大，临空面处边坡的变形值也越大。坡长对滑面应力集中段长度有较大影响，且坡长与滑面应力集中段长度基本上呈线性关系，即随着坡长的增大，滑面应力集中段长度逐渐增大。对 L_{max} 与 L 进行线性拟合，复相关系数为 0.987，表明 L_{max} 与 L 高度线性相关，L_{max} 与 L 的关系式为：

$$L_{max}=0.060\,8L+24.6 \quad (100\text{ m}\leqslant L\leqslant 1\,000\text{ m}) \tag{7-1-26}$$

3）L_{max} 与临空面高度 H 的关系

1965 年徐邦栋提出了按滑体厚度将边坡划分为三种：深层边坡（厚度 >20 m）、中层边坡（6 m ~ 20 m）和浅层（<6 m）边坡。作为道路工程中的长大顺层边坡，当滑体厚度太大时，加固治理费用比较大，从经济的角度考虑一般采用绕避或以隧道通过，故研究的长大顺层边坡滑体厚度小于 40 m。经计算，滑面应力集中段长度与滑体厚度的关系如图 7-1-15 所示。由图可知，随着滑体厚度的增大，滑面应力集中段的长度逐渐增大，且呈线性关系，同样也说明当其余参数不变时，滑体厚度大的比厚度小的边坡具有更大推力及更易失稳的趋势。即同一模型下，滑体厚度越大，滑面应力集中段长度越大。利用直线进行对 L_{max} 与 H 进行拟合，复相关系数为 0.99，表明 L_{max} 与 H 高度线性相关，L_{max} 与 H 的关系式为：

$$L_{max}=1.593\,4H+28.52 \quad (H\leqslant 40\text{ m}) \tag{7-1-27}$$

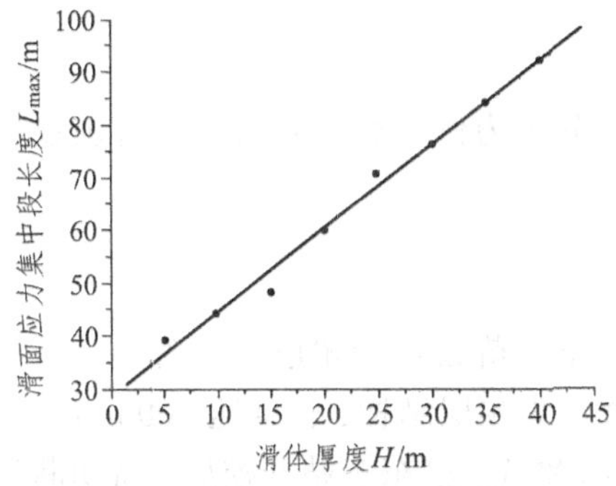

图 7-1-15　L_{max}与 H的关系

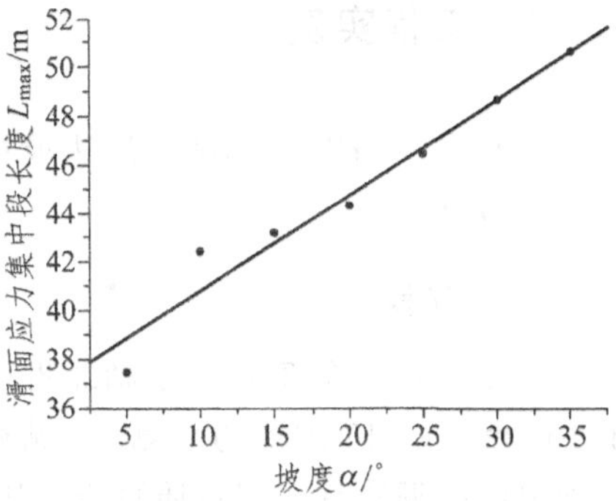

图 7-1-16　L_{max}与α的关系

4）L_{max}与坡度α的关系

据文献资料，当α<5° 时的边坡几乎没有发生顺层滑动的现象，因此，α <5° 时顺层边坡可以作为普通边坡考虑；当岩层倾角α = 5° ~ 15° 时，总体来讲，边坡属于稳定类边坡，仅当岩层中有强烈层间错动存在和强地下水作用时，边坡才可能出现顺层失稳破坏。当岩层倾角α >15° 时，多数边坡都发生了顺层滑动；当α >35° 时，一般设计的开挖坡角等于岩层倾角。长大顺层边坡也可参照此顺层边坡分类方法，对于坡度（岩层倾角）>35° 的长大顺层边坡因设计时建议采用削坡或绕避方法，故不作研究。长大顺层边坡坡角（岩层倾角）5°≤ α≤ 35° 的坡体。滑面应力集中段长度与坡角（岩层倾角）关系如图7-1-16。由图可知，随着坡度的增大，滑面应力集中段长度逐渐增大，呈线性关系，同样也说明当其余参数固定时，坡角大的比坡角小的边坡更具有较大推力及更易失稳的趋势。即同一模型下，滑体厚度越大，滑面应力集中段长度越大。利用直线进行对 L_{max}与α进行拟合，复相关系数为 0.98，表明 L_{max}与α高度线性相关，L_{max}与α的关系式为：

$$L_{max} = 0.393\,8\alpha + 36.89 \quad (\alpha \leqslant 35^\circ) \tag{7-1-28}$$

5）L_{max}与 L、H、α 的拟合关系

L_{max}与坡长 L、滑体厚度 H 和坡度α高度线性相关，对 L_{max}与坡长 L、临空面高度 H 和坡度α 的关系进行多元线性回归，有：

$$L_{max} = 0.393\,8\alpha + 0.064\,3L + 1.505\,6H - 2.18 \quad (\alpha \leqslant 35^\circ, H \leqslant 40\text{ m}, 100\text{ m} \leqslant L \leqslant 1\,000\text{ m}) \tag{7-1-29}$$

从上式可知，其滑面的应力集中长度可由坡长 L、临空面高度 H 和坡度α共同确定。

7.1.5 工程实例

以宜万铁路巴东车站顺层边坡稳定性分析为例，介绍长大顺层边坡稳定性分析过程。

1. 工程概况

宜万铁路巴东车站位于湖北省恩施土家族苗族自治州巴东县野三关镇以东 13 km，在 318 国道的北侧。车站后侧坡体为顺层结构，长度达 300 m 以上。开挖边坡坡脚处有一层炭质页岩，其力学参数低。巴东车站开挖后，将切断岩体，使长大顺层坡体前端岩体临空，后面的顺层坡体存在顺层滑动的可能。

2. 巴东车站长大顺层边坡加固设计

1）首段滑移长度

根据式（7-1-29）计算得到巴东车站长大顺层边坡的首段滑移长度，以此段滑移长度作为加固设计推力计算的长度，岩层倾角为 17°，边坡长度 300 m，开挖深度为 10 m。代入式（7-1-29）可得到巴东车站的加固长度为：

$$L_{\max} = 0.393\,8\times17+0.064\,3\times300+1.505\,6\times10-2.18=38.9\ \text{m}$$

2）加固设计

根据确定的首段滑移长度，计算顺层滑动的推力，利用抗滑桩进行加固。

3. 现场监测

按上文提供的设计原则设计了抗滑桩，但该方法是否合理，需要实践验证。基于此，对巴东车站长大顺层边坡工点进行现场监测，在抗滑桩与边坡结合面埋设土压力盒，实测岩土体压力；在抗滑桩中埋设了钢筋计，实测钢筋应力；在抗滑桩及坡体中埋设了测斜管，监测坡体的位移变化。通过施工期间变形测试结果的分析，分析研究坡体的开挖变形规律，研究所采取的支挡加固措施能否有效控制坡体的开挖大变形。通过应力测试结果的分析，分析研究坡体的开挖应力变化规律，与理论计算的应力变化规律比较是否相符。最终得到巴东车站长大顺层边坡的坡体变形长度，验证上文提供的加固设计长度的合理性。本段共设计两个监测断面，以 DK115 + 700 断面为例进行分析，限于篇幅，仅对位移进行分析。

在断面 DK115 + 700 第 15 号抗滑桩桩顶中心起向线路右侧（上坡方向）布置 7 个监测点以及 7 根测斜管，其位置从抗滑桩桩顶中心向上坡方向起依次为 10 m、20 m、30 m、45 m、60 m、80 m、100 m，如图 7-1-17 所示。

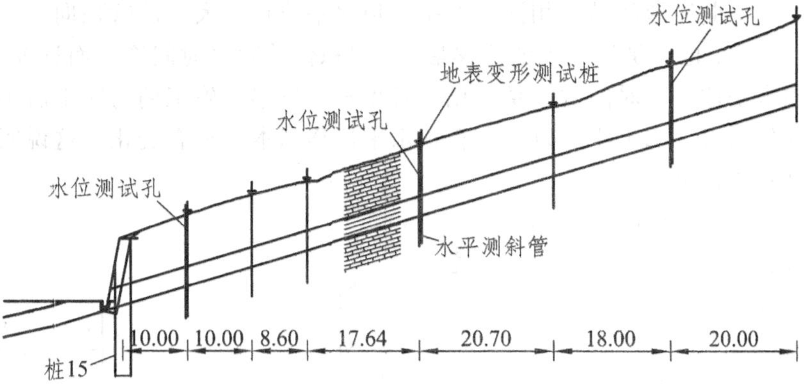

图 7-1-17　巴东站 DK115 + 700 处监测仪器布置横断面图

1）桩体水平位移

设计的抗滑桩属于悬臂桩，在桩前爆破开挖，施工期间及开挖完成后的一年内，桩体的实测变形点随时间的变化关系见图 7-1-18、图 7-1-19 所示。该段抗滑桩桩长 20 m，锚固段为 10 m，从累积水平位移与深度曲线可以看出，整个桩的水平位移随着时间逐渐增大，悬臂段水平位移明显大于锚固段的水平位移，且桩顶处的水平位移最大。从桩顶的水平位移与时间的曲线可见，抗滑桩的水平位移在施工期与工后半年期这段时间变化较大，工后半年以后，抗滑桩变形基本上已稳定。

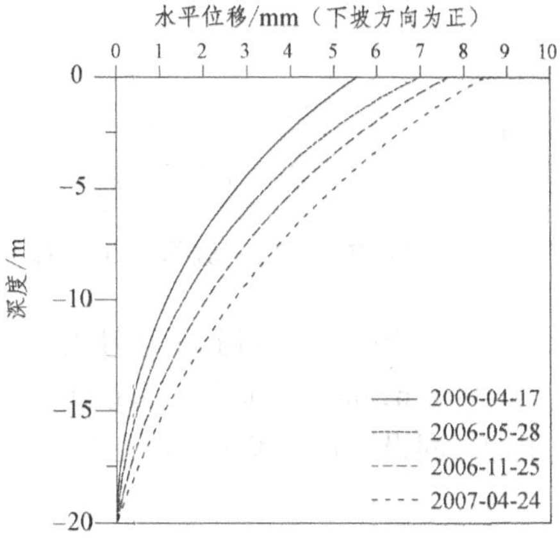

图 7-1-18　15 号桩累积水平位移-深度曲线

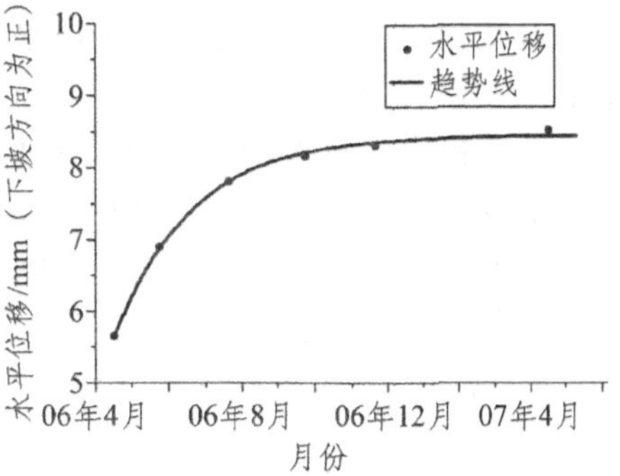

图 7-1-19　15 号桩桩顶水平位移-时间曲线

2）坡体水平位移

图 7-1-20 表示第 1 号测斜管累积水平位移-深度曲线，图 7-1-21 表示第 1 号测斜管管顶水平位移-时间曲线。从累积水平位移与深度的曲线可见，测斜

管水平变形曲线形状基本相同，都是管顶水平位移最大，从管顶向下水平位移渐渐变小，也就是说地表的位移最大。累积位移随着时间增大而逐渐增大，从管顶水平位移与时间的关系可见，管顶水平位移在施工期与完工后半年时间内变化较大，完工半年以后，管顶水平位移基本上没有变化，这说明此时坡体已基本稳定。

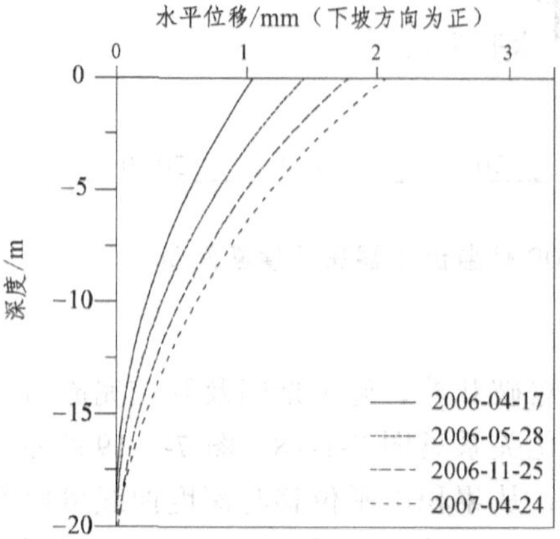

图 7-1-20　S1-1 累积水平位移-深度曲线

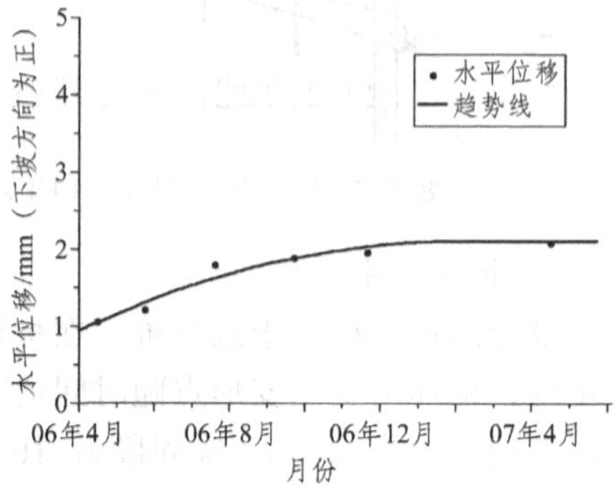

图 7-1-21　S1-1 管顶水平位移-时间曲线

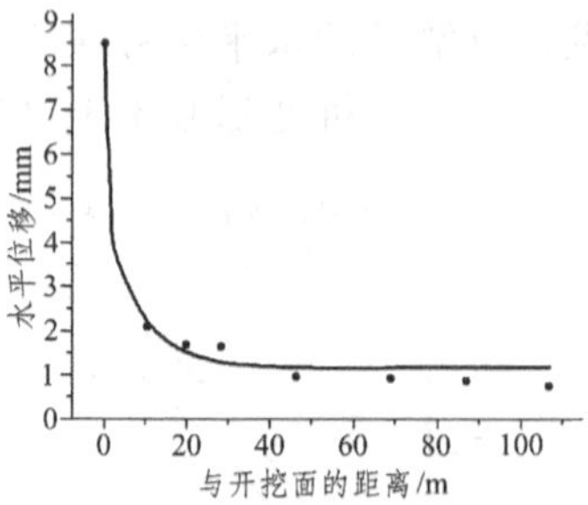

图 7-1-22　坡体水平位移

图 7-1-22 表示 DK115 + 700 断面坡体水平位移，从图中可以看出，抗滑桩的顶部水平位移约 8 mm，沿上坡方向表层水平位移逐渐减小，直至为零，排除仪器系统误差和人为因素，可以认为工后半年期坡体开挖影响由开挖面向上坡方向逐渐变小，坡后 30 m 之后基本没有变形。

上文提出的首段滑移长度其实是根据应力集中段长度来确定的，根据应力与应变一一对应的关系，应力集中段也是变形集中段。通过现场监测，得到了边坡的变形段的长度为 30 m，小于上文计算得到的 $L_{max} = 38.9$ m，应该是加固工程改善了滑动长度，基本验证了理论计算，说明上文提出的加固设计长度确定方法是合理的。

7.2　桥基荷载作用下的峡谷岸坡

近年来，山区高速铁路公路建设迅猛发展。由于提高了道路建设标准，出现了越来越多的跨越峡谷的大跨度桥梁。如宜（昌）—万（州）铁路，全长 378 km，线路穿越鄂西、渝东的崇山峻岭，所经之处地形险峻，河谷深切，地质条件十分复杂。线路中桥梁共计 183 座 43 991 m，占线路长度的 11.64%。其中高桥、特高桥约 80 余座，跨越峡谷的桥梁 20 余座，如马水河大桥、野三河大桥、混水河大桥等，这些大桥桥跨多在 100 m 以上，边坡高度达 100 m ~ 300 m，自然坡度 50° ~ 90°。跨越高深峡谷的大桥通常是一条线路的重点工程，有的还是决定线路方案的关键工程，比如贵州境内的（六盘）水—柏（果）铁路北盘江大桥，在 305 m 高的陡崖上以 236 m 的跨度一跨而过。桥跨的大小是由陡崖上的桥基位置及陡崖岩体边坡的稳定性决定的。如果该桥位下边坡不稳定，主墩台位置的变化导致桥跨增加，带来的桥梁造价的变化也是相当可观的。

作为大桥地基的高陡边坡，不仅要满足承载力的要求，而且要考虑桥基荷载作用下边坡岩体剪切破坏的可能性。由于没有适合于高陡边坡稳定性的计算方法，一些工程师采用土力学中边坡稳定性分析方法进行分析。由于土力学中的边坡分析是基于破裂面的极限平衡法，这种方法用于存在大量不连续面的高陡岩体边坡的稳定性分析，在理论上存在明显不足，在实践中也难以应用。对于高陡边坡桥基位置的确定，设计人员往往依靠经验，或者类比自然稳定高陡边坡，采用稳定坡角法，利用土力学的方法进行稳定性检算。对于特别重大的高陡边坡桥基工程，设计单位往往依托科研单位，对高边坡的稳定性及桥基位置的可行性进行论证。

7.2.1 荷载作用下高陡边坡岩体力学特征

1. 均质高边坡

1）荷载对边坡岩体应力的影响

桥梁荷载作用下，必定引起边坡岩体原始应力状态的改变，桥梁荷载对边坡岩体应力的影响以应力影响系数η表示，应力影响系数η定义如下：

$$\eta = \frac{\sigma_q}{\sigma_0} \tag{7-2-1}$$

式中：σ_q 表示由桥基荷载产生的附加应力；σ_0 表示由岩体自重产生的应力，即岩体的初始应力。

图 7-2-1 表示荷载对边坡岩体应力的影响，从图中可以看出，荷载对基

底岩体应力的影响最大，对远离荷载作用点的岩体应力影响较小。基底应力影响系数等值线非常密集，表明基底岩体应力影响系数很大，这是因为基底岩体埋深小，岩体初始应力小，而由荷载产生的附加应力却很大，因此应力影响系数值很大。荷载对边坡岩体的应力影响范围均大于相同荷载条件下半无限地基中的应力影响范围，表明坡面边界的存在对岩体应力影响范围的影响很大。

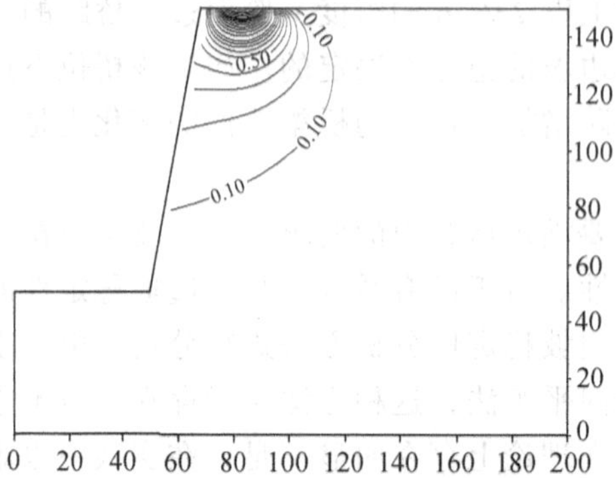

图7-2-1　应力影响系数等值线

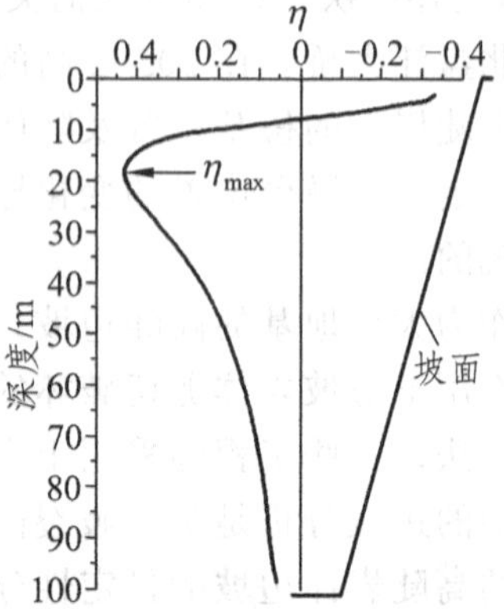

图7-2-2　应力影响系数随坡面深度的变化

2）荷载对边坡坡面岩体应力的影响

图 7-2-2 表示坡面岩体应力影响系数随坡面位置深度的变化曲线。从图中可以看出，坡面上从坡顶到坡脚，随着坡面位置深度的增加，应力影响系数逐渐增加至最大值η_{max}后，又逐渐减小并趋于零。图中坡顶点至坡面下一定深度应力影响系数为负值，表明荷载在该区域产生的附加最大主应力为拉应力，但应力影响系数未达到－1，则总应力仍为压应力。坡面上总有一点应力影响系数为零，即荷载对该点应力无影响，该点的位置深度与桥基水平距离等因素有关。该点以下的坡面，岩体最大主应力受荷载的影响而增加，影响最大点的位置深度同样与桥基水平距离等因素有关。荷载对桥基附近的坡面岩体应力的影响较大，远离桥基的坡面上，对坡面岩体应力的影响深度的增加而减小。

2. 层状高边坡

荷载对边坡岩体应力的影响如下所述。

以最大主应力为研究对象，研究荷载作用对边坡岩体初始应力状态的影响。荷载作用引起边坡岩体初始应力状态的改变，同样以应力影响系数表征荷载对初始应力的影响，不同层面角度时边坡岩体应力影响系数等值线如图 7-2-3 所示。

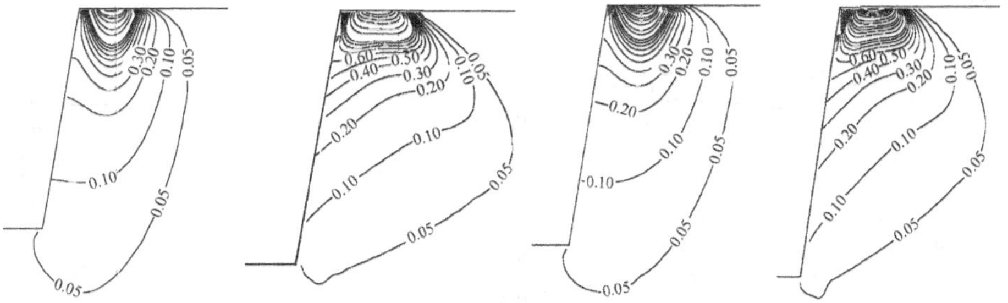

图 7-2-3 不同层面角度边坡岩体应力影响系数等值线

从图 7-2-3 中可以看出，荷载主要影响荷载作用点下方一定范围内的岩体的应力状态。层面角度不同时，荷载对边坡岩体应力的影响程度是不同的，相比之下，荷载对水平或者垂直岩层岩体应力的影响深度较大，而对倾斜岩层岩体应力的影响宽度较大。

荷载作用是否影响到坡面岩体，可以粗略了解是否会引起边坡整体破坏，因此对坡面岩体应力的研究非常重要。图 7-2-4 表示不同层面角度时坡面岩体应力影响系数在坡面上的变化，坡面各点的位置以深度表示。与均质边坡一样，荷载对坡面岩体应力的影响随坡面位置深度的增加先增加至最大值，后逐渐减小。表明荷载对坡面岩体应力影响最大的点同样在坡面一定深度上，该位置随层面角度而变，且不同层面角度时荷载对坡面岩体应力的影响也不一样，荷载对倾斜岩层边坡坡面岩体应力的影响比对水平或者垂直岩层边坡坡面岩体应力的影响大。倾斜岩层受荷载的影响大于水平或者垂直岩层，而顺倾岩层受荷载的影响大于反倾岩层，垂直岩层的影响大于水平岩层。

坡面应力影响系数最大值随层面角度的变化规律如图 7-2-5 所示。从图中可以看出，层面角度对坡面应力有明显的影响。层面角度的变化范围是 0°至 180°，在与坡面的交切关系上，0°至 90°表示层面顺倾，90°至 180°表示层面反倾。随着层面角度的变化，坡面应力影响系数最大值将出现两个极大值和两个极小值，两个极大值之间相差 90°，两个极小值之间也相差 90°。坡面岩体应力影响系数越大，表示荷载对坡面岩体的影响越大，则对坡面岩体的稳定越不利；反之，坡面岩体应力影响系数越小，对坡面岩体的稳定越有利。当层面角度在 0°至 90°变化时，坡面应力影响系数最大值出现一个极大值和极小值，当层面角度在 90°至 180°时，坡面应力影响系数最大值同样出现一个极大值和极小值，但此时的极大值和极小值均小于层面角度在 0°至 90°时的极大值和极小值，这一点表明层面反倾时荷载对坡面岩体应力的影响小于层面顺倾的情况。

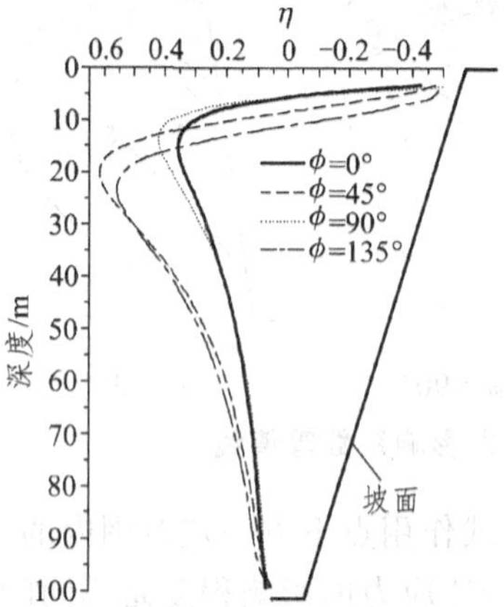

图 7-2-4　坡面岩体应力影响系数图

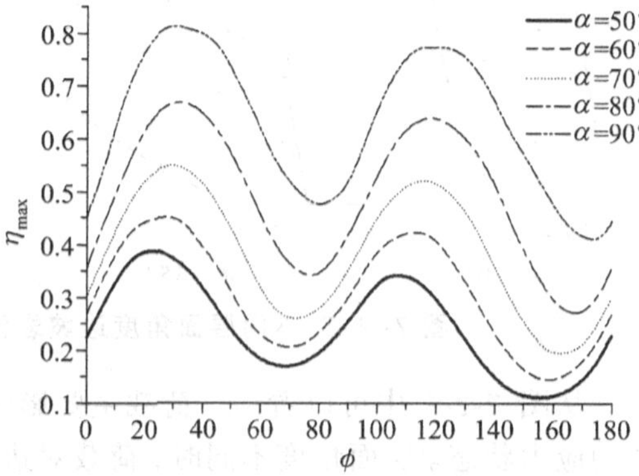

图 7-2-5　不同α时η_{max}随ϕ的变化曲线

受坡面边界的影响，层面水平并非对坡面的稳定最有利，从图 7-2-5 中还可以看出，对于坡度为 80°的边坡，坡面应力影响系数最大值在ϕ= 30°时最大，在ϕ= 170°时最小，最大值与最小值相差 2.4 倍左右。表明ϕ= 30°时对坡面岩体的稳定最不利，ϕ= 170°时对坡面岩体的稳定最有利，最有利和最不利层面角度还与坡度有关。当坡度从 90°左右变化到 50°左右时，对坡面岩体应力影响最大的层面角度从 30°左右变化到 20°左右，影响最小的层面角度从 175°左右变化到 155°左右。道路岩石高陡边坡坡度一般较陡，可取其平均值，即对边坡稳定最不利的层面角度是 25°左右，而对边坡稳定最有利的层面角度是 165°左右。

3. *存在卸荷裂隙高边坡*

荷载作用下卸荷裂隙边坡应力状态如图 7-2-6 所示。从图 7-2-6（a）中可以看出，除坡脚和基底产生高度应力集中区外，卸荷裂隙附近同样出现了高度的应力集中现象，特别是卸荷裂隙的底部尖端位置，如图 7-2-6（b）中所示。在天然状态下，由于卸荷裂隙一般处于张开状态，卸荷裂隙相当于一条次生的临空边界，边界上的应力为零。当受到桥基传递下来的荷载作用后，基底及卸荷裂隙附近局部区域岩体应力显著增大。岩体能否满足强度要求，需要进行强度校核。荷载作用可引起卸荷裂隙尖端高度应力集中，这对桥梁边坡工程来说，是相当危险的。

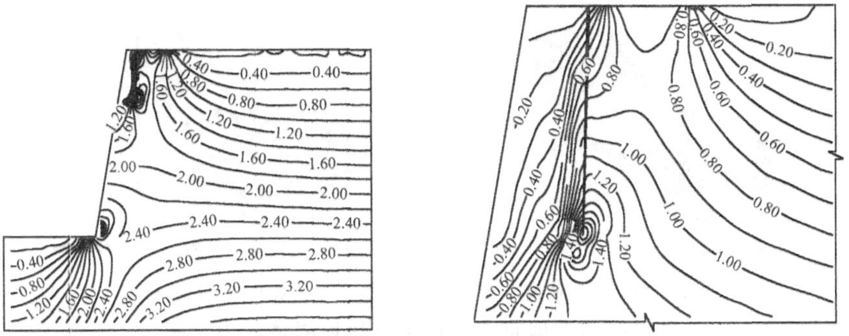

（a）整个边坡　　　　（b）卸荷裂隙附近局部

图 7-2-6　卸荷裂隙边坡岩体σ_1等值线图

4. 特殊坡形高边坡

高陡峡谷边坡设桥时，往往选择在峡谷最窄处，而此时桥基所处岸坡坡面形状可能呈角型，此时不能将岸坡简化成二维问题分析。对于这种特殊坡形的边坡，应进行三维应力分析，其基本力学行为特征如下。

图 7-2-7 为竖直荷载作用下特殊均质高边坡岩体应力特征云图。图 7-2-7 中可看出，特殊均质高边坡应力分布特征与一般均质高边坡大致相同，即基底及坡脚出现应力集中现象，边坡内部最大主应力随深度的增加而增加。双临空面导致特殊高边坡 *xy*、*yz* 向剪应力分布特征发生变化，在坡脚出也明显出现应力集中。

取各应力云图基础中心下方的横、纵剖面，如图 7-2-8 所示。最大主应力和最小主应力纵剖面云图特征与一般边坡相同。二者横剖面云图在基底及坡脚处均有应力集中现象，最小主应力等值线向上凸起。纵剖面剪应力分布特征与一般高边坡大致相同，数值上坡脚处剪应力明显减小；受双坡面影响，横剖面剪应力与一般高边坡明显不同，除基底附近外，在两侧坡脚处应力明显集中，呈对称分布。

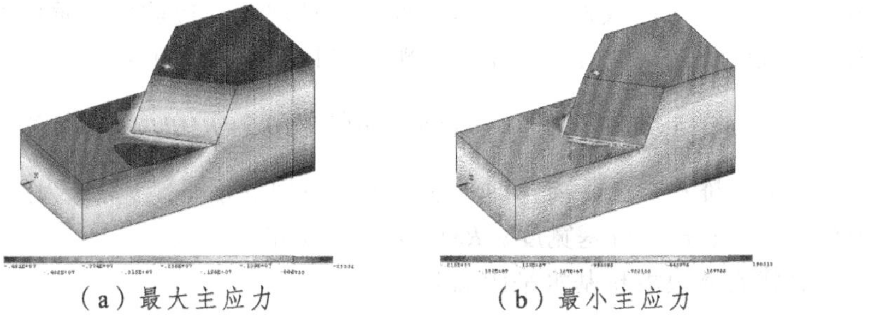

（a）最大主应力　　　　（b）最小主应力

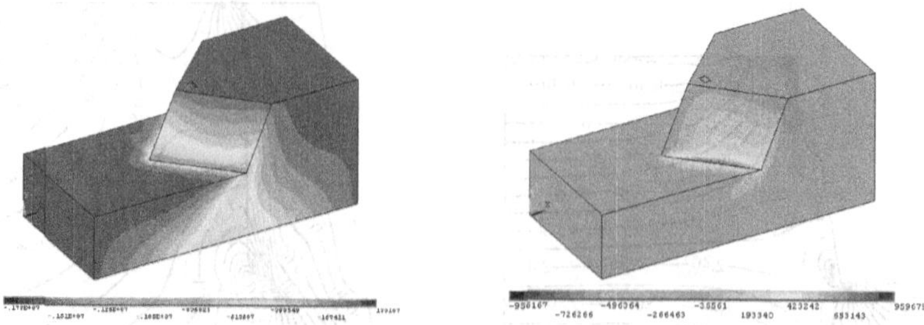

（c）*xy* 向剪应力　　　　（d）*yz* 向剪应力

图 7-2-7　竖直荷载作用下边坡岩体应力云图

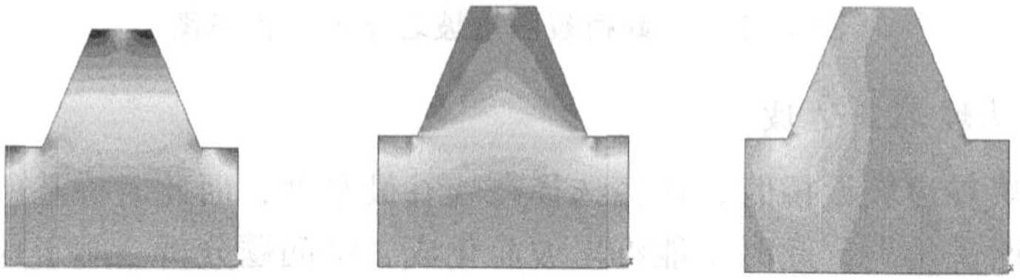

（a）最大主应力　　（b）最小主应力　　（c）剪应力

图 7-2-8　应力横剖面图

7.2.2　高陡边坡桥基安全距离确定方法

通过大量的数值分析结果表明，桥基荷载作用下，边坡是否会产生整体破坏主要看荷载对边坡坡面岩体应力的影响。荷载作用产生的附加应力在高陡边坡中有一定的影响范围，基于应力影响范围确定桥基位置基本观点为：如果岩体应力影响范围未到达边坡坡面，则边坡坡面岩体应力不受荷载影响，坡面岩体保持原始稳定状态，边坡不会产生整体破坏，桥基位置是可行的；如果应力影响范围到达坡面，认为荷载对坡面岩体产生了明显的影响，坡面岩体可能不稳定，这种情况桥基的位置不合理。研究表明，荷载作用的应力影响范围主要与荷载强度、桥基宽度、边坡坡度、边坡岩体质量等有关。西南交通大学通过研究提出桥基安全距离可以用下式表示：

$$S_f = 0.03\alpha^{1.48}[(1-0.865\ 5^{B})q]^{0.696\ 5}(0.5+RMR/200)^{-0.696\ 5} \qquad (7\text{-}2\text{-}2)$$

式中：S_f 为桥基安全距离，即桥基外缘与坡面的水平距离；α 为边坡坡度；q 为荷载强度；B 为桥基宽度；RMR 为岩体质量。

层状岩体边坡桥基水平距离公式如下：

$$S_f = 0.03\alpha^{1.48}[(1-0.865\,5^{B})q]^{0.696\,5}(0.5+RMR/200)^{0.696\,5}k_{\phi}^{0.696\,5} \quad (7\text{-}2\text{-}3)$$

式中：k_{ϕ}为岩体应力层面角度影响系数，取值可参考图 7-2-9。

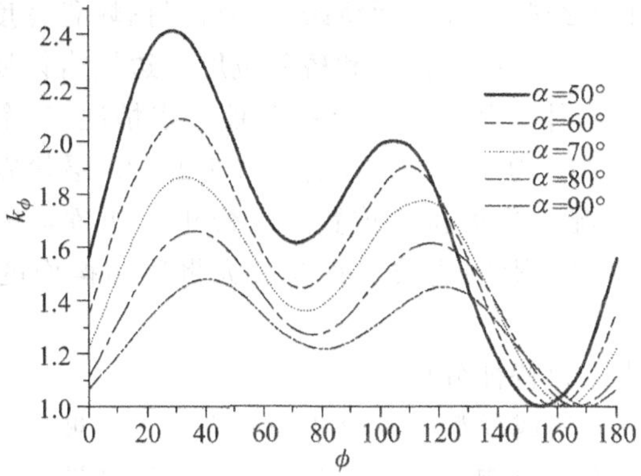

图 7-2-9　层面角度影响系数

当桥基在坡中部时，假设根据荷载条件和坡度用式（7-2-2）或式（7-2-3）确定桥基水平距离为 S_f，作坡面的平行线，平行距离为 S_f，则桥基位于该线以内任何地方均可。

当边坡为折线型时，由于折线坡有多个坡度，采用不同的坡度将获得不同的桥基水平距离，相同条件下坡度越大，桥基水平距离越大。将边坡分为不同坡度段，根据每段边坡坡度确定该段边坡桥基水平距离，以此桥基水平距离作该段边坡坡面的平行线，各段边坡的桥基水平距离平行线会相交，桥基置于这些平行线相交的范围内即可。

卸荷裂隙对桥基的位移及基底岩体应力有较大的影响，应避免将桥基置于卸荷裂隙上及卸荷裂隙之前。因此对于存在卸荷裂隙的岩体高边坡，原则上桥基必须置于卸荷裂隙之后。假定卸荷裂隙为新的坡面，卸荷裂隙的倾角为新的坡度，由此确定桥基水平距离。

7.2.3　荷载作用下高边坡稳定性分析

（1）天然边坡稳定性分析。

通过实地考察、现场岩体结构参数测试、力学指标测试等手段，掌握工程区工程地质条件，利用赤平投影初步分析边坡岩体稳定性，利用边坡稳定坡角经验公式确定边坡自然稳定坡角，现场初步分析边坡稳定性现状及设桥后边坡稳定性发展模式。

（2）高陡边坡桥基位置确定。

首先进行相关参数的调查。桥基位置公式包括 4 个参数，即坡度、桥基宽度、荷载强度、边坡岩体质量 *RMR*。桥基荷载可通过桥跨大小及桥梁结构形式并参考以往工程经验估计，而桥跨大小可根据峡谷宽度估计。再根据地基承载力及荷载大小估计荷载强度和桥基宽度。边坡岩体质量 *RMR* 由岩体抗压强度、*RQD*、岩体块体、节理状态和地下水情况 5 个参数确定。再利用公式确定桥基位置。均质高边坡采用式（7-2-2），层状岩体高边坡采用式（7-2-3）。对特殊情况下边坡桥基位置进行修正，如桥基位于高边坡中部、折线边坡、存在卸荷裂隙的边坡、存在长大贯通结构面的边坡、低边坡等情况。

（3）边坡岩体应力特征分析。

利用数值分析方法或模型试验分析荷载作用下边坡岩体应力特征，分析荷载对边坡岩体应力的影响，特别是基础底部、边坡坡面关键部位岩体应力特征。数值分析方法可利用 ANSYS、FLAC 等软件。

（4）边坡岩体位移模式分析。

利用数值分析方法或模型试验分析荷载作用下高边坡岩体位移模式。数值分析方法可利用 UDEC 软件或其他离散元程序。

（5）边坡岩体强度分析。

在有限元应力分析基础上，利用岩体强度准则，对岩体强度进行评判，确定岩体强度特征，分析塑性区及强度储备不足区域，为边坡加固设计提供依据。

（6）对于重大工程，利用现场监测手段，对高陡边坡稳定性进行监测。

（7）综合评价荷载作用下高陡边坡岩体稳定性。

7.2.4 工程实例

大理至瑞丽铁路位于云南省西部地区，东起广大铁路终点大理站，向西经永平、保山、潞西等市县，跨越漾濞江、顺濞河、银江大河、澜沧江、怒江等大江大河，西至瑞丽，线路长约 338.808 km。澜沧江大桥位于云南省大理白族自治州永平县与保山市隆阳区交界的澜沧江大峡谷中，距南丝绸古道兰津古渡霁虹桥约 300 m，距新霁虹桥约 200 m，澜沧江大桥为全线最高大桥，前接江顶寺隧道，后接大柱山隧道。大桥为劲性骨架钢筋混凝土拱桥，全长 456.275 m，采用向下竖转进行拱肋劲性骨架合龙的施工方法。

1. 桥址区工程地质概况

澜沧江大桥位于云南县保山市水寨乡北 3 km 附近，其桥墩设置在谷深 1 000 m 左右的深切峡谷的灰岩岸坡上。大桥地处云贵高原西缘，横断山脉南段的滇西纵谷地带，山体高耸挺拔，地势险峻，河谷深切，水流湍急，河谷多呈“V”形，为典型的高原构造剥蚀高中山峡谷地貌。地面标高一般为 1 175 m ~ 2 200 m，相对高差一般为 880 m ~ 1 040 m。大理侧桥台位于澜沧江左岸博南山坡，坡角约 50°，瑞丽侧桥台位于澜沧江左岸罗岷山陡崖之上，坡角约 60°，拱座后侧山体存在大块崩塌块石的可能。该桥跨越澜沧江，澜沧江桥址附近呈“之”字形，桥址附近呈近东西向展布，河床相对顺直，与线位近正交，宽约 82 m，水深 10 余 m。桥址区地表横向冲沟较发育，横坡 40° ~ 90°不等。

澜沧江大桥两侧地层主要受平坡断裂、燕子窝断层控制，桥址区勘探深度范围内地层岩性大理台附近表层为第四系全新统坡残积粉质黏土，大理拱附近表层出露基岩，澜沧江河谷为第四系全新统冲积卵石土、漂石，瑞丽台拱附近表层为第四系全新统坡残积粉质黏土，下部为三叠系上统大水塘上段的碳酸盐岩。

桥址区无特殊岩土分布，在桥位上下游发育燕子崖、平坡滑坡群，在桥位下游 500 m 发育有岩堆，桥位瑞丽侧下游发育危岩、落石，桥位两侧上游均发育有深切冲沟，桥位瑞丽侧下游发育宽缓冲沟。桥位为溶岩地层，地表可见溶沟、溶槽。

桥址区位于青藏高原南部地震区滇西地震活动带内，该地震带受“南北向怒江活动断裂带及澜沧江活动断裂带”控制，应力场复杂，地震活动程度强度大、频度高，是一条中强地震活动十分频繁的地带。桥址区地震动峰值加速度为 0.20 g，地震基本烈度Ⅷ度。利用有限元对区域活断裂影响程度分析，认为活动断裂对桥址岩体应力影响不大。

2. 桥基安全位置确定

1）岸坡自然稳定坡角确定

在一般意义上，桥基岸坡的稳定性与自然岸坡的稳定性有关，而自然岸坡的稳定坡角是考虑岸坡自我生存能力下的稳定坡角，在此基础上，可进一步分析加载条件下的岸坡稳定性。利用式（5-5-54）确定边坡稳定坡角。

（1）大理岸：

回弹值 $R_{75} = 36$，岩体块度经换算 $D = 40$ cm，蓄水位以上坡段地下水折减系数 $\gamma_w = 0.7$，蓄水位以下坡段地下水折减系数 $\gamma_w = 0.5$，高度折减系数取

$\gamma_h = 0.8$，则大理岸边坡自然稳定坡角为：

蓄水位以下：$\theta = 0.8\times[14.7\times\ln(0.5\times36\times\lg40)+13] = 49.9 \approx 49°$

蓄水位以上：$\theta = 0.8\times[14.7\times\ln(0.7\times36\times\lg40)+13] = 53.9 \approx 53°$

（2）瑞丽岸：

回弹值 $R_{75} = 40$，岩体块度经换算 $D = 55$ cm，地下水折减系数及坡高折减系数与大理岸相同，得瑞丽岸边坡自然稳定坡角为：

蓄水位以下：$\theta = 0.8\times[14.7\times\ln(0.5\times40\times\lg55)+13] = 52.1 \approx 52°$

蓄水位以上：$\theta = 0.8\times[14.7\times\ln(0.7\times40\times\lg55)+13] = 56.1 \approx 56°$

2）桥基安全距离确定

桥基安全距离确定公式所需要参数包括边坡自然坡度、桥基宽度、荷载强度、边坡岩体质量。边坡坡度通过野外实测获得，大理岸桥基附近边坡呈折线型，桥基及下方边坡平均自然坡度分别为 53°、71°、37°，瑞丽岸桥基及下方边坡平均自然坡度分别为 54°、81°、44°。

澜沧江大桥采用拱桥方案，拱座承台尺寸为 25.86 m × 42 m，桩基础采用半径 2.5 m 桩 18 根，则换算为沿线路方向桥基宽度 $B = 7.5$ m。拱轴向力 327 786 kN，弯矩 1 265 168 kN · m，将拱轴向力分解到水平方向和竖直方向，得竖直方向荷载强度 $q = 2.34$ MPa，取 2.5 MPa，水平方向荷载对桥基岸坡稳定有利，为安全计不考虑。

边坡岩体质量采用 Bieniawski 的岩土力学分类法，采用该方法时将节理和断裂的间距改为岩体的块度。大理岸：$R_{75} = 36$，则 $\sigma_c = 42.2$ MPa；$RQD = 80\%$；岩体块度 $D = 0.4$ m；节理表面粗糙，节理张开度小于 1 mm，硬岩壁；坡面湿润。根据以上特征，查表得 $f_1 = 4$，$f_2 = 17$，$f_3 = 15$，$f_4 = 20$，$f_5 = 7$，则 $RMR = 63$。瑞丽岸：$R_{75} = 38$，则 $\sigma_c = 46.4$ MPa；岩体块度 $D = 0.55$ m；其他参数与大理岸相同。查表得 $f_1 = 7$，$f_2 = 17$，$f_3 = 15$，$f_4 = 20$，$f_5 = 7$，则 $RMR = 66$。

将相关参数代入式（7-2-2），可得澜沧江大桥两岸桥基安全距离如表 7.2.1。

表 7.2.1　两岸不同坡度段桥基安全距离

大理岸	$\alpha = 53°$	$\alpha = 71°$	$\alpha = 37°$
	$S_f = 18.2$ m	$S_f = 28.1$ m	$S_f = 10.7$ m
瑞丽岸	$\alpha = 54°$	$\alpha = 81°$	$\alpha = 44°$
	$S_f = 18.5$ m	$S_f = 33.8$ m	$S_f = 13.7$ m

通过上式计算的桥基安全距离为基础外缘与坡面边缘的水平距离，而不是桥基中心与坡面边缘的水平距离。根据边坡不同坡度段桥基安全距离作基础安全距离线（图 7-2-10）。

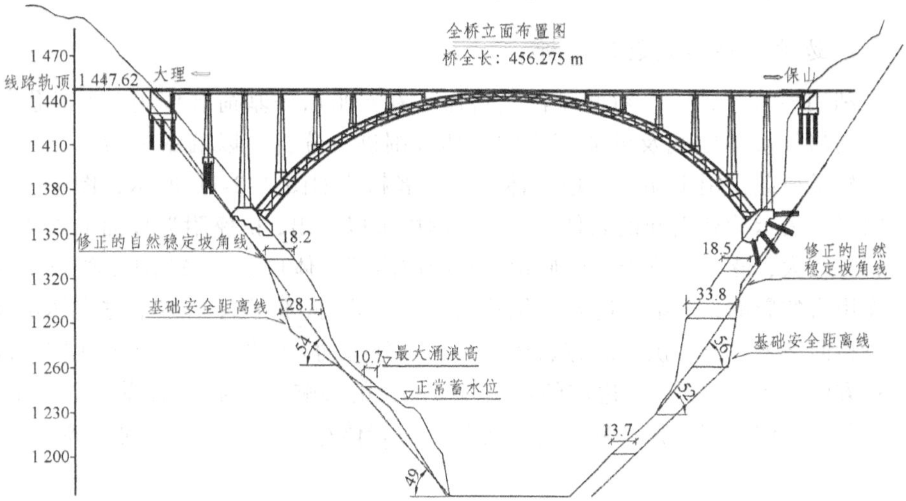

图 7-2-10　桥基安全埋置线

3）考虑滑坡涌浪对边坡稳定坡角的修正

澜沧江流域规划了多级梯级电站，对桥址区影响最大的是小湾电站。小湾电站位于澜沧江桥址区下游 110 km 左右，水库正常蓄水位 1 240 m，超出目前水位约 65 m。小湾水库蓄水后，将可能在澜沧江两岸诱发地质灾害，如古滑坡复活、诱发地震等。蓄水后可能诱发的滑坡引起的涌浪将对岸坡稳定产生一定的影响。采用美国土木工程学会提出的涌浪推算方法，计算得最不利情况下桥位处涌浪最大高度约 22 m。对岸坡稳定坡角修正方法为：涌浪范围内岸坡稳定坡角按水下稳定坡角计（大理岸 49°，瑞丽岸 52°），涌浪范围以上的岸坡稳定坡角不变。

4）综合确定桥基安全埋置线

根据经验公式确定澜沧江大桥大理岸蓄水位以下天然稳定坡角为 49°，蓄水位以上天然稳定坡角 54°；瑞丽岸蓄水位以下天然稳定坡角为 52°，蓄水位以上天然稳定坡角 56°。

考虑荷载对边坡岩体应力的扰动，确定桥基位置分别为：大理岸水平距离 17.2 m，垂直距离 28.5 m；瑞丽岸水平距离 21.1 m，垂直距离 28.7 m。

考虑滑坡产生涌浪对坡面的影响，修正边坡稳定坡角，并考虑荷载对岩体应力的扰动，确定桥基位置分别为：大理岸水平距离 24.3 m，垂直距离 28.5 m；瑞丽岸水平距离 23.4 m，垂直距离 35 m。

综合考虑岸坡自然稳定坡角、荷载作用下桥基安全设置线及考虑涌浪对桥基安全设置线进行修正后，桥基安全埋置线如图 7-2-10 所示。

3. 边坡位移模式数值分析

利用离散单元法，对澜沧江大桥岸坡在蓄水后桥基荷载作用以及地震作用下的岩体破坏模式及可能产生的破坏范围进行分析，以瑞丽岸为例。

桥梁荷载作用下瑞丽岸坡岩体位移发展趋势如图 7-2-11 所示，图中的位移向量仅表示荷载引起的岩体位移。从图中可以看出，拱座附近坡面上岩体位移相对较大，最大值位于拱座底部，向岸坡内部岩体位移越来越小，受拱座水平作用力的影响，拱座附近岩体位移向量指向坡内，但拱座后缘上方岩体位移趋势指向坡外，因此拱座后方岩体可能向坡外运动。此外，拱座下方陡坡顶部位移方向也指向坡外，对边坡的稳定性有一定的影响。总的来说，荷载作用下，拱座附近岩体稳定，但拱座后缘上方及下方岩体存在向坡外运动的趋势。

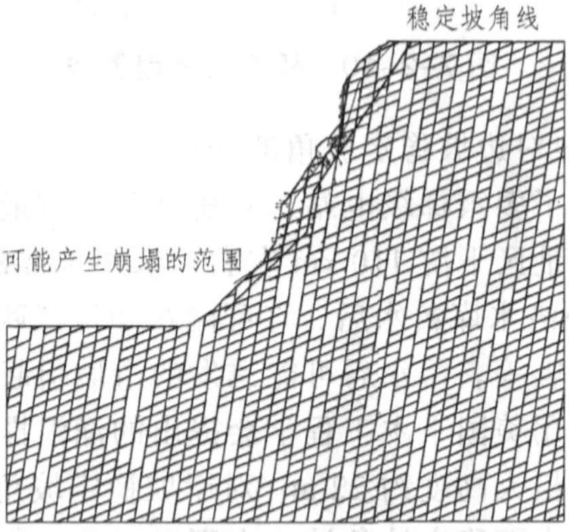

图 7-2-11　桥梁荷载作用下岩体位移趋势

多遇地震对拱座附近岩体稳定有不利影响，加速了坡面岩体的运动和破坏，特别是拱座后缘上方的岩体。但从位移量上对比桥梁荷载产生的位移来说，多遇地震产生的位移量为桥梁荷载产生的位移量的 50%左右，可以认为多遇地震对瑞丽岸岩体的稳定性有一定影响。

而罕遇地震对拱座附近岩体稳定有很不利影响，加速了坡面岩体的运动和破坏，特别是拱座后缘上方的岩体，从位移量上对比桥梁荷载产生的位移来说，罕遇地震作用下瑞丽岸最大位移是桥梁荷载产生的最大位移量的

188%，因此，可以认为罕遇地震岸坡岩体的稳定性有很大的影响。

4. 边坡岩体应力特征数值分析

采用有限单元法对边坡岩体力学行为进行分析，数值分析通过有限元软件 ANSYS 实现，分析岸坡岩体在桥梁荷载下、水库蓄水、地震作用下的力学响应，以瑞丽岸为例。

图 7-2-12 表示桥梁荷载作用下基础附近岩体最大主应力分布特征。与天然状态相比，基底附近岩体最大主应力状态发生了明显的改变，特别是基础底部，均产生了应力集中现象，应力值明显增大，但应力集中的范围并不大，远离基础的岩体应力并未受到太大的影响。

图 7-2-13 表示桥梁荷载作用下岩体最大主应力影响系数等值线，从图中可以看出，荷载对边坡岩体应力的影响主要集中在拱座附近，且影响的程度和范围都不大。瑞丽岸 4 号台基底岩体应力影响系数最大值为 0.4，拱座基底岩体应力影响系数约 0.3，坡面上岩体应力影响系数最大可达 0.2。总的来说，基底岩体应力受荷载影响较大，荷载对坡面岩体应力的影响也不容忽视，荷载作用下边坡岩体能否保持稳定，仍需要通过强度分析才能确定。

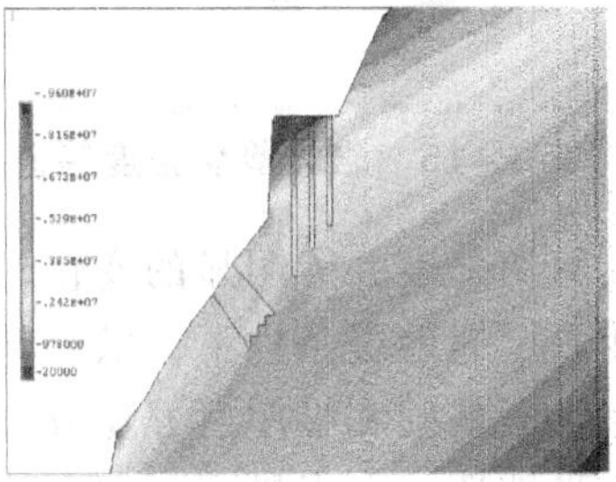

图 7-2-12　桥梁荷载作用下边坡岩体最大主应力

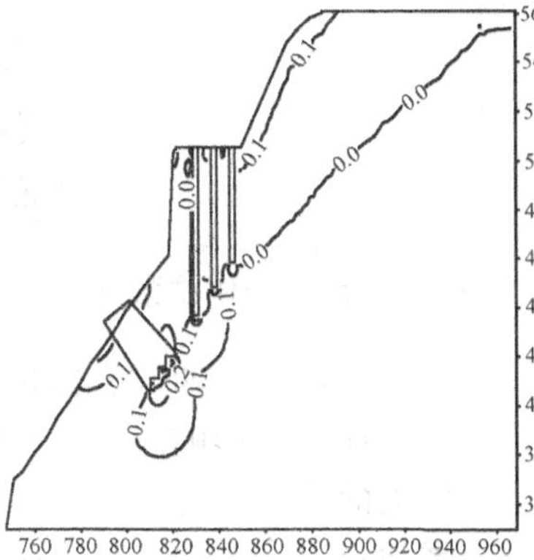

图 7-2-13　桥梁荷载作用下岩体应力影响系数

在多遇地震荷载作用下，边坡岩体应力状态没有明显的改变，最大变化量约 0.1 MPa，在罕遇地震荷载作用下边坡岩体应力最大变化量约 0.4 MPa。表现为在拱座基础岩体最大主应力略有减小，其他基础底部岩体最大主应力略有增大。

5. 边坡岩体强度分析

边坡在岩体自重、桥梁荷载以及考虑地震等作用下能否稳定，在很大程度上取决于岩体的强度。由于两岸岩体质量较好，岩体抗压强度较高，因此岩体一般不会因抗压强度不足而破坏，岩体的破坏一般是基底的剪切和壁顶的拉张。

图 7-2-14 表示桥梁荷载作用下岸坡岩体拉张应力区，从图中可以看出，与天然状态相比，岸坡岩体拉张应力区分布主要在基础底部有变化，其他区域张应力与天然状态下岩体张应力分布类似。基础底部存在的张应力对基础及基础底部岩体的稳定性影响不大，但可能引起基础外侧岩体的破坏。图 7-2-15 表示桥梁荷载作用下两岸岩体强度特征。桥梁荷载作用下墩台基础附近岩体均能满足强度要求，拱座基础岩体强度稍显偏低。大理岸拱座下方及谷底塑性区范围受荷载影响较小，并未因桥梁荷载的作用而扩大，但瑞丽岸拱座下方陡坡底部塑性区范围有一定的扩大，但仍在稳定坡角线以外。荷载作用对瑞丽岸的影响大于大理岸，桥梁基础整体是稳定的，两岸岸坡整体上也是稳定的，但两岸拱座下方岩体强度稍显不足，建议加固该范围岩体。

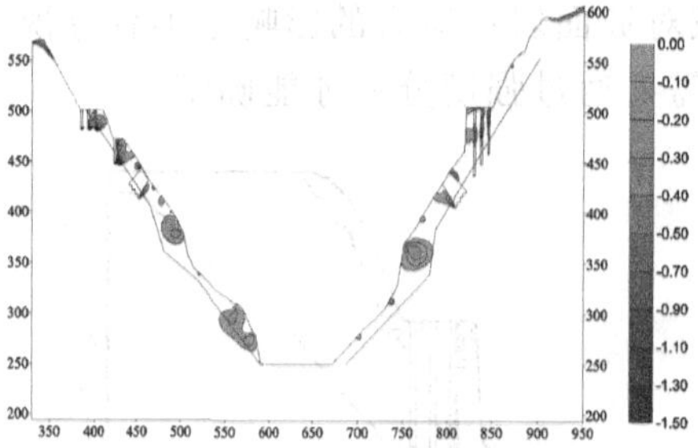

图 7-2-14　岸坡岩体拉张应力区

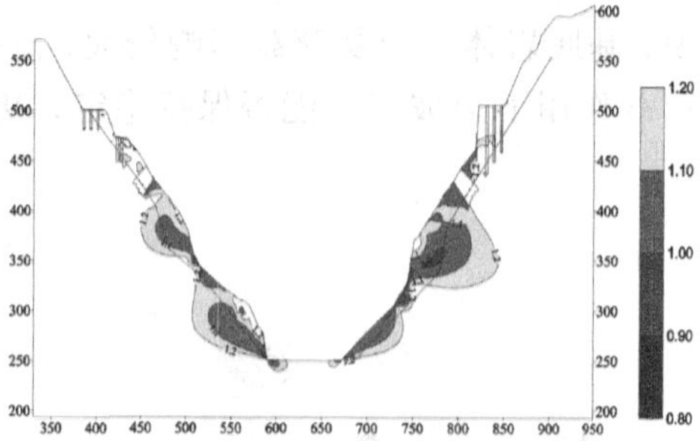

图 7-2-15　岩体剪切强度等值线

多遇地震作用下，两岸岩体拉张应力及剪切强度并无明显的变化，因此可以认为多遇地震不影响边坡的整体稳定性。罕遇地震条件下，墩台基础底部产生了较大的拉张应力，特别是瑞丽岸，拱座基础和拱座后方陡坡段岩体拉张应力增加较多，可能造成该区域岩体拉张破坏。两岸拱座下方有较大区域剪切强度降低，大理岸拱座下方陡坡底塑性区无明显变化，但瑞丽岸拱座基础底部出现了较大区域的塑性区，拱座下方陡坡段塑性区已发展至坡面，也超过了稳定坡角线范围，可造成该区域较大面积的岩体破坏。考虑罕遇地震作用时，建议对两岸拱座基础底部岩体及瑞丽岸拱座下方陡坡段岩体进行加固处理。

6. 桥梁转体施工对边坡稳定性的影响

澜沧江大桥采用劲性骨架钢筋混凝土拱桥，采用向下竖转进行拱肋劲性骨架合龙的施工方法。劲性骨架高 187.23 m，转体总重 2 150 t，拱脚竖转铰处竖向反力 1 030 t，水平反力 447 t。利用数值方法对桥梁转体过程中边坡的稳定性进行分析。

分析两种工况下边坡岩体的稳定性，一是初转时，即转体角度为 0°，二是转体就位时，即转体角度为 65°。初转时牵引索荷载较大，就位时扣索总荷载较大，也是最不利状态。其他转体状态下荷载均一般不超过就位时的荷载。转体过程中扣索和牵引索受力点在两岩桥台上，如图 7-2-16 示。

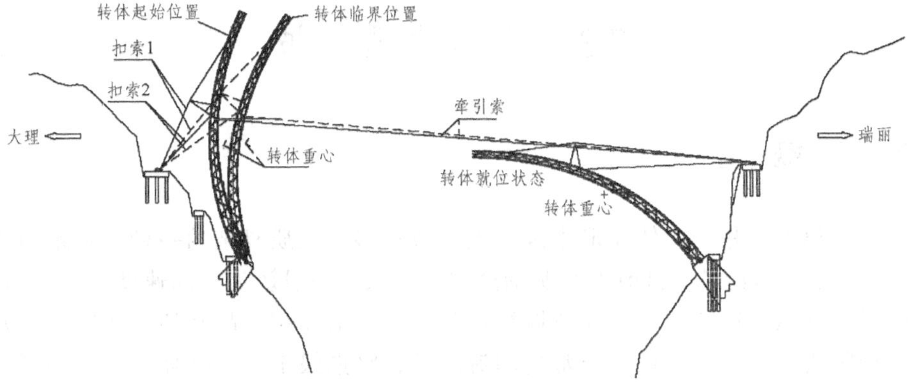

图 7-2-16　转体过程示意图

初转时边坡岩体张应力主要存在于坡面陡坡段顶部，这与天然状态下边坡岩体张应力区类似。由于在转体过程中两岸桥台受到了较大的拉力，桥台桩基附近岩体中出现了较大的拉张应力，这对桥台处岩体的稳定不利。大理岸桥台最外侧桩基底部有较大的张应力区，承台附近岩体张应力区延伸至坡面，可能产生局部的岩体拉张破坏；瑞丽岸桥台附近岩体拉应力区已延伸至坡面，可使桥台下岩体产生整体拉张破坏，且桥台外侧存在巨型危岩体，桥梁转体施工可加速其运动。初转时两岸墩台基础附近岩体强度均满足要求，初转时墩台附近岩体不会产生剪切破坏。总的来说，初转时瑞丽岸桥台下方岩体比较危险，建议在转体施工前对其进行加固处理。

转体就位时两岸桥台附近岩体产生了较大的张应力区，与初转时边坡岩体张应力区相比，两岸桥台张应力区范围有较大的增加，数值上也有一定增加。大理岸桥台桩基附近岩体中存在大范围张应力区，可能产生大面积的岩体拉张破坏;瑞丽岸桥台附近岩体拉应力可使桥台下岩体产生整体拉张破坏。总的来说，转体就位状态时，两岸桥台处岩体均存在较大范围的张应力区，为安全计，建议对两岸桥台底部岩体进行加固处理。

转体就位时边坡岩体剪切强度与初转时岩体强度特征相比并无明显变化，两岸墩台基础附近岩体强度均满足要求，转体就位时墩台附近岩体不会产生剪切破坏。

转体过程最不利阶段是转体就位状态，两岸桥台附近岩体将产生大面积拉应力区，可能造成桥台底部岩体大面积岩体拉张破坏，建议转体施工前对两岸桥台底部岩体进行加固处理。

7.3 高速岩质滑坡

7.3.1 概 述

高速滑坡是岩土体变形中规模大、数量多、性质复杂的一种不良地质现象。对于高速滑坡，目前没有明确严格的定义。一般认为滑动速度大于 1 m/s 的滑坡称做高速滑坡。高速滑坡往往具有巨大的体积、超常的高速度、超常运动距离、巨大的能量、异常高的流动性，将摧毁工程、破坏房屋、中断交通等，会给人类造成极大的威胁和危害。如 1963 年 10 月 9 日意大利威尼斯瓦依昂河下游的托克山斜坡，在瓦依昂河水库开始蓄水时坡体整体性高速下滑，激起了巨大的涌浪，致使坝内所有设施遭受破坏；对岸朗格尼亚镇、下游皮拉哥城河维拉诺尼镇、上游拉瓦佐镇均遭涌浪袭击而摧毁，死亡 2 400 余人，整个水库完全破坏，造成震惊世界的灾难性事故。

国外大约从 20 世纪 30 年代开始研究高速滑坡。Schiedegger 于 1973 年首次发表了《关于灾难性滑坡的滑程与滑速的预测》的重要论文，开创了高速滑坡滑动速度计算的先河。1978 年，Voight 等人编辑的 *Rockslides and Rock avalanches* 论文集介绍了欧美国家 16 个灾难性高速滑坡实例。2002 年 Evans 与 DeGraff 编辑的《灾难性滑坡：效应、发生与机理》论文集，论述了当前世界范围最有影响的 16 个灾难性高速崩滑事件的运动过程和形成机理。国内对高速滑坡的研究起步较晚，从 20 世纪 80 年代以来，国内学者对高速滑坡进行了深入的研究。张缙（1980）提出了高速滑坡的启动机理，指出峰值强度与残余强度越大，滑体势能越大，并可转化为动能，同时指出运动路线对运动速度与距离的影响。郭崇元（1982）提出超大型滑坡速度的计算公式。胡广韬（1988，1995）系统论述了多冲程与多序剧动式高速滑坡的动力学机理，特别对多冲程高速滑坡的“超前溅泥气浪”与“边缘旋流”进行了深入的分析。王思敬、王效宁（1989）在专门分析了高速滑坡运动全过程的能量变化。程谦恭、彭建兵、胡广韬等（1997，1999，2000）详细研究了剧冲式高速滑坡变形、破坏、失稳剧动、高速飞行、碰撞解体及冲击成坝的动力学机理。

7.3.2 高速滑坡基本力学特性

1. 滑动过程中摩擦特性

滑坡滑动过程是摩擦与剪切的统一。在摩擦过程中发生部分剪切，在剪切过程中伴随着摩擦。大型高速岩质滑坡沿滑动面高速滑动时主要产生两种重要的流体力学现象：① 在饱水的滑动带由于高速摩擦产生的热量可将部分滑动带水汽化，产生巨大的汽化压力；② 孔隙水压力突然增大。两者相互耦合使滑动带抗剪强度因作用在滑动面上有效法向压力的减少而骤然降低。这两种流体动力学现象是产生大型高速滑坡启程剧滑高速的重要原因。

邢爱国等(2002)在不同试验条件下对玄武岩试件进行了高速摩擦试验，研究了不同试验条件下滑动面摩擦系数的变化规律。试验主要内容有：法向压力不变时，摩擦系数与运动速度的关系；运动速度不变时，摩擦系数与法向压力的关系；玄武岩试件在高速摩擦过程中，水对摩擦系数的影响。

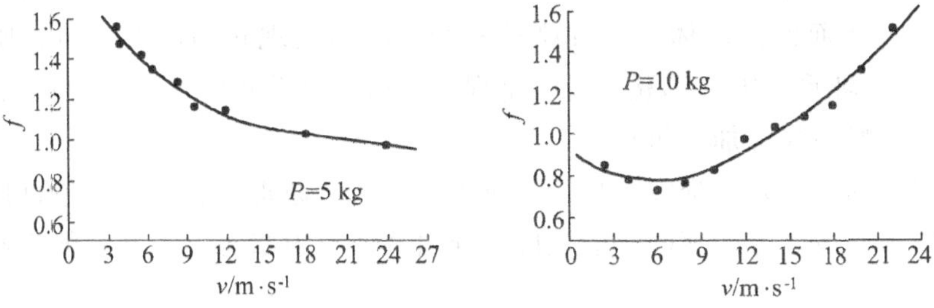

图 7-3-1　干燥试件摩擦系数与速度的关系

试验发现，干燥试件 f-v 曲线的基本特征是（图 7-3-1）：在低法向压力下试件开始运动以后，随着运动速度的增大，摩擦系数持续降低；而在高法向压力下摩擦系数迅速降低到一个极小值，随着运动速度的增大，动摩擦系数迅速升高。这是由于摩擦表面状态发生很大改变，发生黏着磨损的缘故。对于饱水试件，法向压力的大小并没有影响 f-v 曲线的基本特征。随着速度的继续增大，曲线总体上皆呈现下降趋势（图 7-3-2）。摩擦系数与运动速度关系拟合曲线形状为抛物线形。

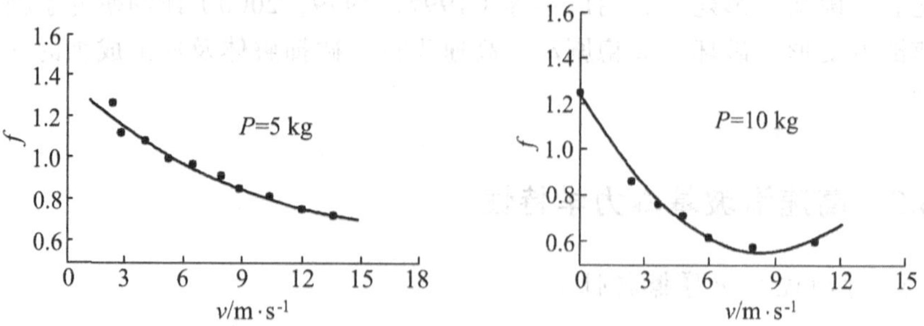

图 7-3-2　饱水试件摩擦系数与速度的关系

无论是干燥试件还是饱水试件，在较高的速度下摩擦系数均随着压力的增大而降低，在一定程度上反映了超大型深层滑坡产生高速滑动的可能性。

2. 滑坡的动力学机制

1）启程阶段

在岩质斜坡破坏产生滑坡的过程中，在滑床面形成的同时及其前后，临床岩土抗剪强度会出现显著峰残差。因此，滑动前天然完整斜坡在静力极限平衡状态时形成的与抗剪强度相当的推滑力，由于抗剪应力骤然或迅速地按该处“峰残强降率”降低了 50%～60%（有时甚至更大），也就骤然或迅速地释放了原有推滑力的 50%～60%，有时更大。这个被释放出的巨大力量，便顺着滑坡床面使滑坡体在启程剧动开始的瞬间出现相当高的“启程剧发速度”，向斜坡重力方向迅猛下滑，呈现为“启程剧动式滑坡”。这便是启程剧动的临床峰残强降加速机理。

根据临床峰残强降加速机理，应用断裂力学原理，分析斜坡累进性破坏过程中锁固段岩体的剪断释能效应，导出平面应力状态下，峰残强降剧动速度公式为：

$$V_s = \sqrt{\frac{\pi g G_v \rho}{2E}} \cos\alpha(\tan\varphi_p - \tan\varphi_r) \tag{7-3-1}$$

式中：V_s 为滑坡剧动启程速度；π为常数；g 为重力加速度；α为滑床面倾角；G_v 为单位横向宽度的滑体体积（m^3）；ρ为岩体重度（MN/m^3）；E 为锁固段岩石的弹性模量；φ_p 为岩石的峰值强度；φ_r 为岩石的残余强度。

2）高速阶段滑体势能转化机理

根据能量转换守恒定律，滑动前滑体系统的总能量等于滑动时滑体系统每一瞬间所具有的总能量。因此，便可导出滑体在滑动过程的某一瞬间其滑体内的能量平衡方程式为：

$$\frac{1}{2}mV_1^2=\frac{1}{2}mV_b^2+mgh_0-mgh_0\cdot f\cdot\cot\alpha \tag{7-3-2}$$

式中：m 表示滑体质量；V_1 表示滑体在某一瞬间的滑速；V_b 表示滑体启程速度；h_0 表示滑体质心静止开始下降的铅直高度；α表示滑面倾角；g 表示重力加速度；f 表示动摩擦系数。

滑体启程速度 V_b 的确定，根据滑坡形成机制不同及启程剧动加速动力学机理之差异，而有不同的计算方法。大板桥滑坡启程剧动是由锁固段岩石峰残强降势能转化而来，此时 $V_b=V_s$，由式（7-3-2）可求出滑体启程后进入加速运动阶段，滑体在滑床上运动过程中任一瞬间的滑动速度为：

$$V_1=\sqrt{V_b^2+2gh_0(1-f\cdot\cot\alpha)} \tag{7-3-3}$$

式中：h_0 表示质心高度；f 表示动摩擦系数。

3）高速凌空飞越阶段空气动力擎托持速机理

当滑床面剪出口高出河谷最低地面，并具有相当大的“临空”高度，滑坡又有启程剧动与行程高速时，剪出口以下空气难于迅速排空，从而形成气垫，起到擎托滑坡体作用，保持滑坡体已经获得的高速度继续滑动，呈现“持速效应”。在考虑飞行时的空气动力学效应（即空气的阻力效应和升力效应等）时，滑坡的质心运动方程为：

$$\begin{cases}V_{2x}=V_1\cos\theta_1-\dfrac{R_x}{m}t\\ V_{2y}=V_1\sin\theta_1-\left(g-\dfrac{R_y}{m}\right)t\\ h_1=v_1\sin\theta_1 t-\dfrac{1}{2}\left(g-\dfrac{R_y}{m}\right)t^2\\ S_t=v_1\cos\theta_1 t-\dfrac{1}{2}\dfrac{R_x}{m}t^2\end{cases} \tag{7-3-4}$$

由上式可解出滑坡体离开滑床后在空中飞行的时间 t 为：

$$t=\frac{v_1\sin\theta_1+\sqrt{v_1^2\sin\theta_1^2+2\left(g-\frac{R_y}{m}\right)h_1}}{g-\frac{R_y}{m}} \qquad (7\text{-}3\text{-}5)$$

式中：V_{2x}、V_{2y} 为滑体质心速度 V_2 在水平、铅直方向的分量；θ_1 为 V_1 与水平面的夹角；h_1 为剪出口与撞地点的落差；S_t 为滑体在空中的水平滑程；m 为滑体的质量；R_x、R_y 为翼型滑坡的空气动力 R 在水平、铅直方向的分量。

$$\begin{cases}R_x=\frac{1}{2}\rho_a v_1 s(C_x\cos\phi_1+C_y\sin\phi_1)\\R_y=\frac{1}{2}\rho_a v_1 s(C_y\cos\phi_1-C_x\sin\phi_1)\end{cases} \qquad (7\text{-}3\text{-}6)$$

式中：ρ_a 为空气密度；C_x、C_y 为翼型滑坡体的空气动力参数；s 为翼型滑坡体的翼面积，是滑坡体下的面积向最大翼弦 AB 平面上的投影；ϕ_1 为滑坡体最大翼弦 AB 与水平轴的夹角（图 7-3-3）。

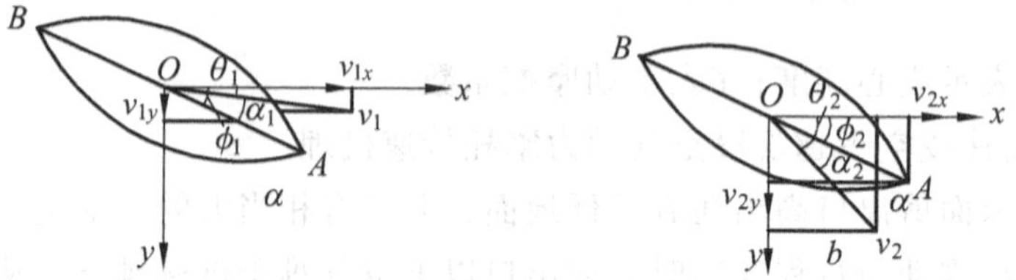

图 7-3-3 滑坡凌空飞越运动状态

4）撞击弹落阶段滑坡坝冲击夯实机理

高速凌空飞越的滑坡体，与前进方向上对岸陡壁猛烈碰撞解体后，迅猛向下坠落形成滑坡坝。此阶段高速滑坡体的能量发生明显转化，一部分能量损耗在与对岸陡壁的撞击之中，而更大部分能量转化为滑坡土石体成坝时的冲击夯实能。

设河对岸为直立陡壁，翼形滑坡体与对岸陡壁碰撞瞬间迎角 $\alpha_2=0$，亦即碰撞入射角 $\phi_1=\theta_2$，碰撞入射速度为 V_2；碰撞后土石体弹落速度为 V_3，反射角为 β（图 7-3-4）。根据能量守恒与转化定律，有：

$$\frac{1}{2}mV_2^2=U_c+\frac{1}{2}mV_3^2 \qquad (7\text{-}3\text{-}7)$$

其中，U_c为碰撞损耗能，主要表现为对岸陡壁撞击中心一定范围之内岩体动力破碎能与滑坡体本身土石体进一步破碎的碎屑化能量。可见，当确定了碰撞损耗能 U_c，即可求出土石体反弹下落速度 V_3。

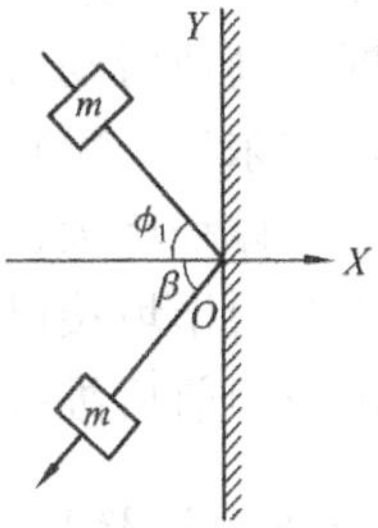

图 7-3-4　滑体碰撞反弹下落示意图

碰撞反弹后坠落在峡谷坚硬基岩上的滑坡土石体，在形成滑坡堆石坝的过程中，产生较大的压应力，从而导致大坝的压实。滑坡坝横剖面中土石体的压实可按一维情况进行研究。设土石体反弹下落高度为 H，反弹下落初速度为 V_3，任一时刻 t 下落速度为 V。研究断面在压实之前的坝高为 h，压实之后坝高为 h_s，大坝土石体初始密度为ρ_0，大坝土实体压实密度为ρ_s。根据静荷载试验所求得的土石体本构模型 $\sigma=f(\varepsilon)$，可作为描述其承载压缩性的状态方程式。

滑坡堆石坝的压实计算，基于能量平衡方程而进行。在计算中不仅考虑沿坝高所存在的不可避免的能量损失，而且还考虑坝基变形及滑坡体反弹抛掷高度等因素。

对降落在可压缩地基上的土石柱体，非均匀压实的情况而言，其能量平衡方程式可表示：

$$\begin{cases} U+U_{gr}=W \\ U=\dfrac{1}{2}\displaystyle\int_0^h \sigma\varepsilon \mathrm{d}y \\ W=\rho_0 ghH+\dfrac{1}{2}\rho_0 hV_3^2 \end{cases} \tag{7-3-8}$$

式中：U 表示土石体的形变势能；U_{gr} 表示地基形变势能；W 表示土石体的外力势能。

7.3.3　高速滑坡稳定性分析实例

1. 工程概况

大板桥滑坡是发育在四川青衣江上游夹金山南麓宝兴河上的一个典型高速岩质滑坡。它是晚更新世晚期发育在高山峡谷区高陡边坡上，具有高位能的古老切层剧冲式高速岩质滑坡。由于滑坡形成前的斜坡体高度临空（后缘高出老河床 925 m，剪出口高出老河床 150 m）；滑坡是斜坡岩体受突然诱发力快速剪断、高速滑动所形成；滑坡体积方量巨大（>3 000 万 m^3），滑坡高速滑动后堵塞东河，顺河形成宽度达 750 m、高度达 300 m 左右的滑坡大坝。由于滑坡大坝体积巨大，坝体宽厚；滑体能量巨大，堆积体密实；加之在滑坡坝与左岸基岩岸坡接触部位湖水切开一个天然溢洪道，因此，当泥沙淤满库区时，滑坡坝前后维持时间已达 2 万年左右。

2. 滑坡运动过程离散元模拟

1）分析模型

根据滑坡的实际地质结构，滑坡区为高山峡谷地貌，河谷形态呈“U”形，谷底宽 110 m ~ 160 m。滑坡发育在高陡边坡上，其纵向平面长度 1 525 m，横向宽度 375 m ~ 400 m，厚度 80 m，体积 3.12×10^7 m^3。滑坡后壁至剪出口长度 1 300 m，后壁顶部高出河床 925 m，剪出口高出河床 100 m ~ 150 m。滑坡高速滑动后，形成顺河宽度达 750 m、高度达 300 m 左右的滑坡大坝。根据实测的岩体结构概化剖面，边坡岩体可抽象为由两组节理切割的平行四边形组合的结构体。节理间距根据岩体露头裂隙测量数据，并且适当考虑计算工作量，放大 10 倍左右确定，即一般为 5 m ~ 6 m。考虑边坡发育松动的极限状态，所有结构面设置为全连通的，将边坡变形体离散化为 134 个单元。模型如图 7-3-5 所示，根据岩体力学参数实验及工程类比，模型的力学参数取值如表 7.3.1 所列。

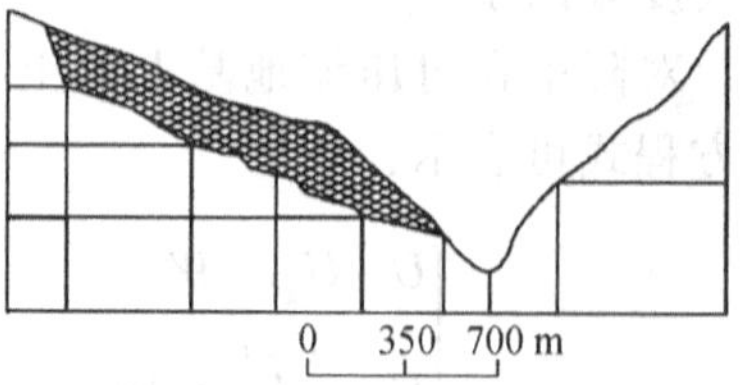

图 7-3-5 边坡离散元分析模型

表 7.3.1 计算模型结构力学参数取值

接触法向刚度 K_n /（MN/m）	10^6	节理法向刚度 K_n /（MN/m）	2 500
接触切向刚度 K_s /（MN/m）	200	节理切向刚度 K_s /（MN/m）	250
接触摩擦系数 f	0.63	节理面摩擦系数 f	0.70
块体重度 γ /（MN/m^3）	0.027	节理面凝聚力 c /（MPa/m）	0

数值模拟计算中，具体采用离散单元法的刚性块体模型，运动过程中单元之间的位移增量等完全由单元的几何尺寸、质心平移和单元绕其质心转角大小来决定。在接触关系上，选用标准弹塑性无张力角-边接触模型及其本构关系。对滑坡体内侧边坡的岩体单元采用全约束，即滑床面底部边界块体既

无水平向位移，也无竖直向位移。而对滑坡体本身的所有单元则均不加约束，允许其块体可以大规模运动(包括转动及块体间完全脱离接触而解体)。同时，为了模拟滑坡体在脱离剪出口后的运动解体过程，对坡脚部位及河对岸较大范围内的岩体单元也采用全约束。

2）分析结果

根据以上模拟方法和计算参数，对剧冲式高速滑坡运动全过程进行了模拟。整个模拟过程共进行 48 000 个时间单位，每个时间单位理论上约为 4.1079×10^{-4} s，故整个模拟过程理论上历时约为 19.72 s。不同时段滑坡运动状况及解体过程模拟结果如图 7-3-6 所示。通过对这些资料的对比和综合分析，可将滑坡不同运动阶段其失稳、破坏、解体及形成滑坡坝的主要特征概括如下。

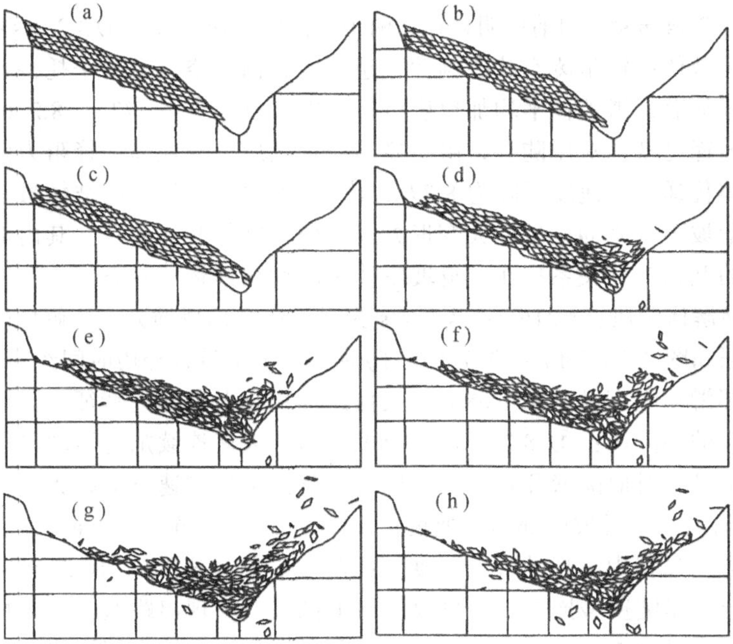

图 7-3-6　剧冲式高速滑坡运动全过程坡体运动状态

注：（a）剧动启程阶段（t = 3.286 s）　（b）高速滑行阶段（t = 4.929 s）
（c）高速滑行阶段（t = 6.572 s）　（d）碰撞解体阶段（t = 9.859 s）
（e）碰撞解体阶段（t = 11.502 s）　（f）碰撞解体阶段（t = 13.145 s）
（g）冲击夯实阶段（t = 16.431 s）　（h）冲击夯实阶段（t = 19.718 s）

启程阶段：0 ~ 3.286 s 为坡体中部最终锁固段剪断，滑坡体剧动启程阶段。图 7-3-6（a）清楚地显示了这一过程。整个过程经历时间约 3.286 s，由于滑坡锁固段聚能突释效应，滑坡在启动瞬间（0.822 s 时）即具有 3.09 m/s 的剧动速度，至整个滑坡体腾空而下时，其运动速度已达 21.11 m/s。此阶段滑坡体加速度达 7.31 m/s^2。滑坡体中部沿阶梯状滑面，在水平方向出现明显拉裂、错位大变形；滑坡后部沿早期蠕动变形阶段发育的张裂缝，与滑坡后壁突然分离；滑坡体前部块体已沿缓倾滑面，跃出剪出口。整个滑体已完全形成，以势不可挡之势向边坡下方剧冲。

高速滑行阶段：3.286 s ~ 8.216 s 为滑坡体高速滑动飞越阶段，其运动特征如图 7-3-6（b）~ 图 7-3-6（c）所示。整个过程经历时间约 4.93 s，滑坡中部滑动距离已达 271.2 m。此阶段滑体一直处于不断的加速运动过程中，在剧动后 3.286 s 滑坡中部速度已达 21.11 m/s 的基础上，至滑坡体前锋与对岸陡壁完全碰撞时，短短 4.93 s，滑坡中部运行速度可达 66.31 m/s，平均加速度约为 9.44 m/s^2。但前后明显存在两个不同的加速过程：① 3.286 s ~ 6.572 s 时段，滑坡体前锋呈凌空状态剧冲飞越河谷，由于空气动力擎托持速效应，加速过程显著，滑坡体平均加速度可达 9.78 m/s^2；② 6.572 s ~ 8.216 s 时段，滑坡体前锋已抵达对岸陡壁，由于碰撞减速效应，滑坡体前锋阻力向滑坡中后部块体传递，加速度下降为 8.77 m/s^2。高速滑行阶段，滑坡体虽然呈高速持续向滑坡下方剧冲，呈现大变形方式，但其整体状态尚存，其内部相邻块体之间的互相依存关系犹在，滑坡整体呈刚性块体运动状态。

碰撞解体阶段：8.216 s ~ 14.788 s 为滑坡体全面碰撞并完全解体阶段，其运动特征如图 7-3-6（d）~ 图 7-3-6（f）所示。整个过程经历时间约为 6.572 s，滑坡中部滑动距离已达 751.08 m。根据运动状态及其加速特征，又可划分为两个不同的小阶段：① 8.216 s ~ 11.502 s 为滑坡体连续加速运动阶段。滑坡体前锋虽已与对面陡壁开始碰撞，但滑坡整体仍呈加速下滑趋势，在短暂的 3.286 s 间隔内，滑坡中部运动速度由 66.31 m/s 突升至 92.29 m/s，后者即是滑坡体运动过程中出现的最大速度。此阶段平均加速度达 10.53 m/s^2。滑坡体前锋与对岸陡壁碰撞后，少量块体向上抛起，表现出跳跃式运动特征，最大抛起高度可达 170 m ~ 200 m；至本阶段结束时，滑坡中部块体运动开始出现紊乱状态。② 11.502 s ~ 14.788 s 为滑坡体减速运动阶段。河道两岸之间的"U"形狭谷已逐渐被滑体物质填满，因此滑坡中部块体虽然在水平（X）方向位移距离仍然加大，但在竖直（Y）方向位移距离明显减小。其位移速度由 92.29 m/s 下降为 61.57 m/s；加速度呈负增长趋势，平均加速度为 − 12.65 m/s^2，其中仅 12.323 s ~ 13.145 s 的 0.822 s 内，加速度就跌至 − 34.67 m/s^2。由于滑坡体后部块体继续强烈推挤其中部块体向前滑动，加之滑坡体中部块体与对面陡壁发生全面碰撞，滑体从而迅速解体，其块体之间相互碰撞，不断改变各自的运动状态，向上抛起或向下坠落，表现出明显的紊动特征。

冲击夯实阶段：14.788 s ~ 19.718 s 为滑坡体碰撞解体后迅猛下落冲击夯实阶段，其运动特征如图 7-3-6（g）~ 图 7-3-6（h）所示。应当指出，本阶段后续过程实际上是一个依赖于较长时间的渐进性地质历史过程，本步计算中仅模拟其最初阶段（历时 4.93 s）的特征。由图中可看出，滑坡坝土石体压密过程是在整个岩体下落的作用下进行的，而非单个石块下落的作用。其次，由于滑体与对岸陡壁碰撞后，以较大的抛掷能量整体坠落于硬基上，产生较大的压应力使滑坡坝土石体压实，因此滑坡坝底部密实度应较大，向上方密实度应变小。这一模拟结果已为现场滑坡坝土石体岩土力学实验结果所证实。

3. 滑坡稳定性分析数值模拟

1）计算模型

根据斜坡地质结构及滑坡体现存状态，建立大板桥滑坡计算模型。模型左侧上部边界分别取至滑坡后壁顶部向斜坡上方 75 m 处，即高程为 2 875 m；模型右侧上部边界取至河对岸陡壁高程 2 885 m 处，高出滑坡前缘河谷 585 m。模型左侧边界为荷载边界，不考虑构造应力。仅作用有三角形分布的水平自重应力，模型底部及右侧边界均为约束边界，分别提供 y 方向和 x 方向约束。同时，为了保证河谷部分计算结果的可靠性和精确性，在模型右侧边界也施加了相应的三角形分布水平自重应力。采用四边形和三角形单元将滑坡计算模型离散化为 349 个节点，338 个单元。根据岩土体物理力学性质实验及其工程地质类比，计算模型中各类介质物理力学参数取值见表 7.3.2 所列。

表 7.3.2 计算模型物理力学参数

材料类型	弹性模量/MPa	泊松比	峰值内聚力/MPa	峰值内摩擦角/°	残余内聚力/MPa	残余内摩擦角/°	重度/(MN/m^3)	抗拉强度/MPa
结晶灰岩	23 790	0.20	4.0	37	1.5	32	0.027	2.5
滑体土	79.34	0.25	0.094	35	0	30	0.022 7	0
滑带土	18.65	0.30	0.016	30	0	23	0.021 0	0

2）计算结果分析

采用理想塑性模型与 D-P 屈服准则进行弹塑性分析，非线性解法采用常刚度增量-初应力法。滑坡计算结果如图 7-3-7、图 7-3-8 所示。

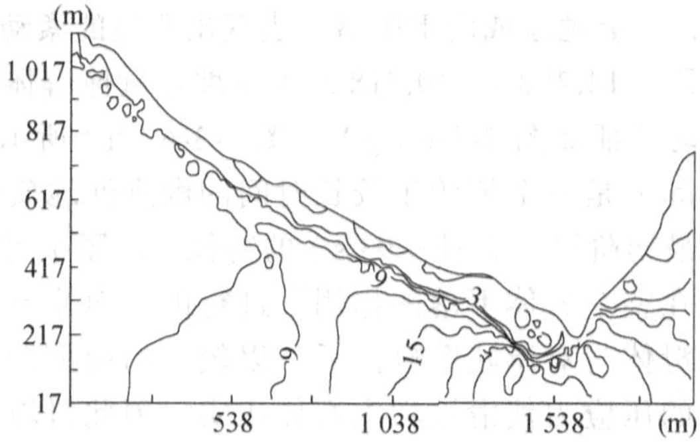

图 7-3-7 滑坡安全度等值线图

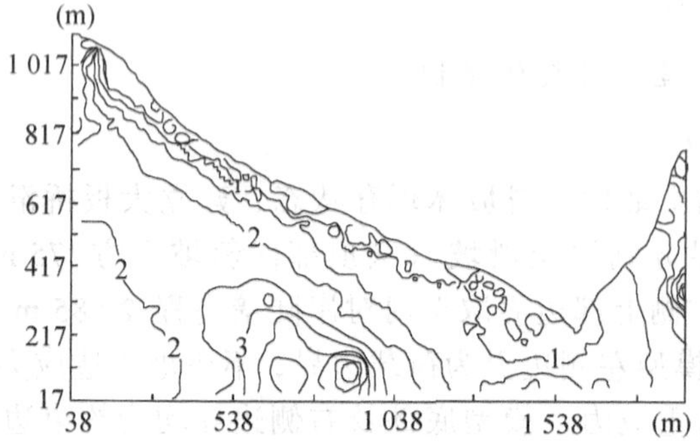

图 7-3-8 滑坡莫尔强度比等值线图

斜坡岩土体应力分布总体特征符合斜坡应力分布的一般规律，在坡脚河谷部位出现最大剪应力集中现象。与斜坡变形前应力场相比，滑坡体潜在剪出口部位的应力集中区已不复存在，对应为一个应力渐变过渡带。

坡体内存在两个较为明显的最大主应力、最小主应力及最大剪应力变化梯度带：一个位于基岩与滑坡岩土体接触界面，亦即先成滑面附近；另一个位于滑坡岩土体内部，其位置与具体滑坡地质结构有关。滑坡岩土体内部应力变化梯度带出现在 2 025 m 高程（滑坡剪出口部位）向下至 1 950 m 高程（古河道与现今河道之间的“河间岩坎”顶部）。

斜坡安全度及莫尔强度比分布特征表明，沿基岩滑面的最大剪应力集中带也是斜坡岩土体安全度及莫尔强度比变化梯度最大的带。此外，在上述滑坡岩土体内部应力变化梯度带区域，安全度 F 值及莫尔强度比值明显出现最小值异常区，二者变化趋势完全吻合，说明沿基岩滑面的剪应力集中带在这里具有与坡体表部岩土体剪应力集中带相连通的趋势。因此，坡体具有在这一部位切穿表部岩土体滑出的可能性。

斜坡安全度及莫尔强度比分布特征还表明，滑坡表部岩土体分别在 2 100 m、2 200 m 及 2 300 m 高程附近，也出现了程度不同的低值异常区，结合应力分布特征及斜坡滑床面结构特征，可以认为在上述部位，亦即沿阶梯状滑床面转折的近水平滑床面有切穿表部岩土体滑出的可能性。

上述数值分析表明，对于大板桥滑坡现有状态，类似于斜坡变形破裂阶段岩质斜坡应力积累及变化的机制已不复存在，再次由于应力积累产生突发性失稳破坏是不可能的。数值分析结果提供的现有状态下沿表部岩土体最大可能剪出面的位置分布，为进一步应用极限平衡理论进行滑坡稳定性评价与分析打下了基础。

4. 滑坡稳定性极限平衡分析

1）计算模型及参数

根据滑坡的地质模型及形成机制研究，对影响滑坡稳定性的各种自然因素（包括地震、暴雨等）及蓄水因素进行分析，其滑坡整体稳定性验算主要按自重应力场下的平面模型考虑，如图 7-3-9 所示。计算模型的建立主要考虑了以下因素：

根据数值模拟分析，滑坡潜在滑动面除了基岩面以外，还有可能沿表层岩土体不同部位剪出。因此，计算过程中对于可能的剪出口均予考虑，滑坡堆积物表面分布有几个不同高程的渗水带（面），确定其稳定性计算的潜在剪出面有 5 个（图 7-3-9 中 a、b、c、d、e 面）。

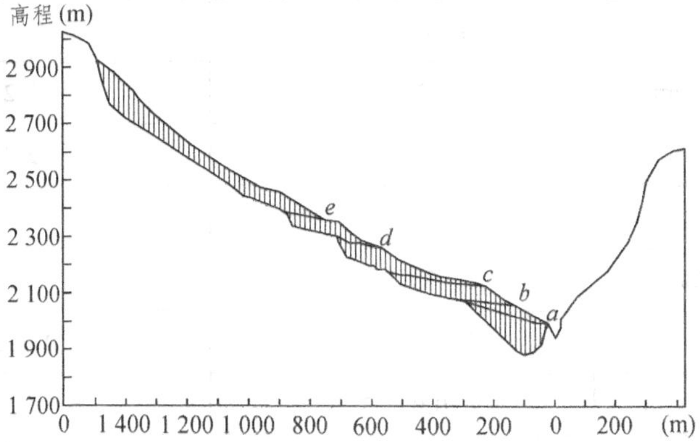

a、b、c、d、e—潜在剪切滑动面

图 7-3-9 滑坡稳定性计算剖面

地震动力或其他爆破振动对滑体的影响。地震对滑坡体产生有振动的加

速度 a，其等效静力 $P=K_cQ$，由滑坡体重量 Q 与地震系数 K_c 决定。研究区地震基本烈度为Ⅶ度，所以计算时按 $K_c=0.025$ 取值，其惯性力取水平方向，由滑体重心指向坡外。

根据滑坡体的实际地质结构，大板桥滑坡体没有形成统一的潜水面，故暴雨对滑体的影响可视为沿滑坡后壁裂隙渗入的水，只在裂隙内形成裂隙水柱，并与滑动带贯通，一方面在裂隙内产生静水压力，另一方面沿滑带向下流动形成动水压力。由于目前状态下滑带土处于饱和状态，所以计算时采用饱和抗剪强度。

2）计算方法

根据滑面剖面上呈阶梯状折线形式，采用适合于同倾向多滑面体稳定性计算的剩余下滑力法，其数学模型为：

$$
\begin{aligned}
E_n &= K_cW_n\sin\beta_n - W_n\cos\beta_n\tan\varphi_n - C_nF_n + \\
&\quad E_{n-1}[\cos(\beta_{n-1}-\beta_n)-\sin(\beta_{n-1}-\beta_n)\tan\varphi_n]
\end{aligned}
$$

式中：E_n、E_{n-1} 为第 n、$n-1$ 块剩余下滑力；W_n 为第 n 块滑体重量；β_n、β_{n-1} 为第 n、$n-1$ 块滑面倾角；C_n、φ_n 为第 n 块凝聚力和内摩擦角；F_n 为第 n 块滑面面积；K_c 为采用的稳定系数。

滑坡稳定性计算参数以滑体土、滑带土物理力学试验值为依据，选取见表 7.3.3。

表 7.3.3　大板桥滑坡滑带土、滑体土参数取值

参数	滑带土取值				滑体土取值			
天然密度/（g/cm^3）	2.10				2.27			
干密度/（g/cm^3）	1.78				2.08			
天然含水量/%	18.6				8.88			
孔隙率/%	34.55				24.59			
重度/（MN/m^3）	0.021 0				0.022 7			
饱水重度/（MN/m^3）	0.021 3				0.023 3			
凝聚力/MPa	试验值	0	计算值	0	试验值	0.094	计算值	0.09
内摩擦角/°	试验值	23.62	计算值	23	试验值	34.34	计算值	35

滑坡稳定性计算中，根据实际地质情况，对于基岩滑面上下不同部位的

抗剪强度参数赋予不同的值，亦即在 2 300 m 高程以下的下滑面，滑带土较为饱和，其 c、φ 值取上表所列值，而 2 300 m 以上的上滑面，由于滑带土较为干燥，取 $c=0$，$\varphi=30°$值。

3）计算结果

根据以上模型及参数，计算出各种不同状态及条件下大板桥滑坡的稳定性系数见表 7.3.4。

表 7.3.4　滑坡滑带土、滑体土参数取值

计算方案	潜在剪出面				
	a	*b*	*c*	*d*	*e*
天然状态	1.534 9	1.588 9	1.434 4	1.175 9	1.139 8
天然状态＋暴雨	1.509 4	1.588 8	1.390 9	1.117 9	1.060 7
天然状态＋地震	1.433 8	1.481 9	1.350 1	1.112 2	1.080 5
天然状态＋暴雨＋地震	1.412 1	1.456 3	1.312 1	1.061 0	1.009 9

根据沿滑坡浅表层岩土体中几个潜在剪切面所做的滑坡刚体极限平衡分析，滑体在各种外力组合及各种状态下，稳定系数值均大于 1，表现为超稳定状态。这是由于滑坡形成时为高陡斜坡型剧冲式高速滑坡，滑坡动能转化形成“超稳功能”；滑坡剪出口以下，古河道与现今河道之间，顺河存在一条“基岩隔坎”，类似挡土墙的作用。滑坡坝形成后历时较长，经过很长时间的后期稳定性调整及后生固结作用，引起滑坡体的冲量密实、自重压密以及岩土体中颗粒间或岩块间新联结的形成等，使岩土体抗剪强度逐增，都增大了滑坡体的“超稳性”。因此滑坡在公路开挖边坡内，局部虽然有小型的坍滑、变形，以及滑坡后壁的崩塌等，但整体上具有超稳性的趋势不变，大板桥滑坡整体上是稳定的。滑坡后部主滑区堆积体上生长有千年以上的树木（据夹金山林业局 20 世纪 70 年代采伐树木后残留的树桩年轮分析），说明至少近 1 000 年来是稳定的。

滑坡的 5 个潜在剪出面中，沿下部 *b* 面稳定性程度最高，各种情况下稳定系数为 1.456 3～1.588 9；*a* 面稳定性程度也较高，各种情况下稳定系数为 1.412 1～1.434 9；*c*、*d*、*e* 面在各种情况下稳定系数分别为 1.312 1～1.434 4、1.061 0～1.175 9、1.009 9～1.139 8，从下往上，稳定性系数逐渐变小。虽然沿 *d*、*e* 面，在天然状态＋暴雨＋地震状态下，亦即地震烈度Ⅶ度及滑坡后壁裂隙充水高度达 160 m 时存在的静水压力、动水压力联合作用下，稳定系数虽接近极限状态，但这种情况实际出现的可能性是极小的。

7.4 软弱岩体

7.4.1 软弱岩体的含义

软弱岩体简称软岩，主要是指强度低、变形大、稳定性差等特性而制约工程安全的各类岩石的统称。如泥岩、页岩、粉砂岩、煤岩、泥灰岩、盐岩、片岩、板岩、千枚岩、风化岩、碎裂岩、凝灰岩等。

强度低一般指岩块强度低于 30 MPa 的岩石；变形大是指在工程荷载作用下，软弱岩体的变形呈现塑性和流变特征；稳定性差是指软弱岩体在荷载、水、温度等因素作用下容易产生危及工程安全的各类变形破坏现象。

因具体工程环境的不同，软弱岩体大致可以分为以下三类：

原生软岩：由于胶结程度差、结构构造、物质组成等原因，导致岩体强度低、变形大，形成软岩，如泥岩、页岩、粉砂岩、煤岩、泥灰岩、盐岩、片岩、板岩、千枚岩、碎裂岩、凝灰岩等。

风化软岩：先期形成的各类岩石，由于风化作用导致结构松散、强度低、变形大、稳定性差，形成软岩，如各类风化岩体。

高地应力软岩：由于岩体赋存环境中的高地应力，导致某些坚硬岩体表现出应力软化现象，形成高地应力软岩，如深埋硐室中的岩体。

工程环境对软弱岩体的含义的理解有重要影响，因此，在以下论述中如无特殊说明，一般是指原生软岩类软弱岩体。

软岩工程技术和理论的专门性研究工作长期以来受到学术界的重视，国际性的学术活动频繁。1981 年 9 月，在日本召开了“国际软岩学术讨论会”。1986 年 6 月，国际岩石力学学会地层局在苏联召开了“深部矿井地层控制”国际学术会议，1989 年 8 月在法国召开了“深部围岩岩石学与岩石物理学”学术讨论会；1990 年 9 月，在英国召开了“软岩工程地质”国际学术讨论会；1992 年 7 月，在澳大利亚召开了“采矿地层控制”国际学术会议。全国性的和行业性的软岩学术或攻关会议也较多，煤炭工业部先后在 1984 年和 1996 年召开煤矿软岩专门会议，讨论软岩问题，随着软岩工程的增多，关于软岩的各类文献也日益增多，研究内容涉及软岩的基本定义、工程力学特性、工程勘察、设计、施工等各个方面，比较突出的问题是如何理解软岩的基本含义、属性和工程分类等，如地质软岩强调了软岩形成的地质过程、工程软岩强调了软岩的软、弱、松、散等工程性能等，从不同侧面探讨了关于软岩的基本内涵，有助于对软岩的认识和理解；其次是各种软岩工程建设亟须关于软岩工程勘察、设计、施工的技术方法，由于交通、建筑、矿业、水电等各个行业的具体要求和着重点不同，对软岩的研究特色也显著不同，比较有代表性的有《软岩力学》、《软岩工程力学》、《软岩工程设计理论与施工实践》等专著和相关文献，较为全面地总结了现阶段软岩研究的进展，可供进一步学习参考。

7.4.2 软弱岩体工程力学特性

1. 软岩应力应变特性

可以通过岩石单轴压缩试验、三轴试验、剪切、抗拉等试验方法获取软岩单轴抗压强度、弹性模量、泊松比、凝聚力、内摩擦角等基本参数。

软岩单轴抗压试验曲线如图 7-4-1（a）所示，σ-s 是单向应力-应变曲线，σ-s_v 是应力-体积变形，从图中可以看到，软岩没有完全的弹性变形阶段，即使在很低的应力水平上，也能测得一定的塑性变形。在整个变形过程中，有较明显的体积变形，体积变形将经历压缩和膨胀两个阶段。在软岩单轴抗压试验过程中，开始岩石有明显的体积压缩，压缩变形速度随载荷增加逐步变小，接近抗压强度极限时产生较明显的体积膨胀现象。由单轴抗压试验可知，一般软岩的单轴抗压强度σ_c为 5 MPa ~ 60 MPa，弹性模量 E 为 10 GPa ~ 15 GPa，泊松比 μ 为 0.25 ~ 0.35。

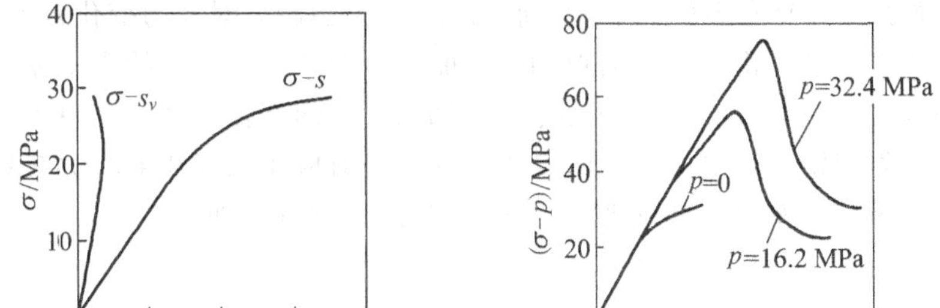

（a）单轴压缩试验曲线　　（b）三轴应力-应变曲线

图 7-4-1　淮南某泥岩的单轴压缩和三轴试验曲线

图 7-4-1（b）是在岩石刚性试验机上得到的某泥岩全应力-应变曲线。其中 $\sigma_1=\sigma_2=p$ 分别为 0、16.2 MPa 和 32.4 MPa。从图中可以看到，在无围压 $p=0$ 情况下要得到软岩的全应力应变曲线是非常困难的。随着围岩压力的增高，软岩应力峰值会不断提高，残余强度也会有所增加。从大量试验统计可知，软岩的凝聚力 c 为 0 ~ 5 MPa，内摩擦角φ为 15° ~ 35°。

对比单轴压缩试验和三轴试验，软岩应力应变随着赋存环境的变化，尤其是围压的变化，其强度和变形将产生显著的变化。因此，在软岩工程力学参数选择时应注意考虑工程环境和软岩工作环境对软岩强度和变形的影响。

软岩的应力应变关系常用的材料模型是弹塑性增量模型。然而，软岩工程的变形破坏问题实质上是一个塑性大变形问题。塑性大变形区别于弹性大变形和小变形的显著标志是前者与过程紧密相关，不同的加载过程对应着不同的变形结果。因此在进行数值计算时，应考虑流变与施工过程即时间效应的问题，即在计算过程中应考虑加载过程对变形的影响。

2. 流变特性

由于软岩工程岩体本身的结构和组成反映出明显的流变性质，同时也是由于受力条件（长期受力、三向应力状态）使流变性质更为突出。软岩的流变性主要表现在软岩的蠕变性、松弛性和流动极限的衰减性质。

1）蠕变特性

软岩的单轴蠕变试验是决定其蠕变特性参数的重要手段。由于没有现成的蠕变试验仪器，多借助高压直剪仪、高压固结仪、三轴仪等设备，根据试验目的进行改装、试验。

图 7-4-2 和图 7-4-3 是典型泥岩蠕变曲线，从图中可以看出，随着时间的增加，泥岩的变形逐渐增加，在一定的应力水平下逐渐趋于稳定。随着应力水平的增加，蠕变变形量也呈现增加的趋势，说明泥岩对应力变化较为敏感。

图 7-4-4 是（淮南）泥岩单轴蠕变曲线。图 7-4-4（a）给出了在双对数坐标中 4 种应力水平上无量纲参数 s/s_a 随时间 t 的变化规律。其中 s 为单轴应变，s_a 为初始或瞬时应变。图 7-4-4（b）是对应于图 7-4-4（a）在双对数坐标中 4 种应力水平下的蠕变应力速率与时间 t 的关系曲线。

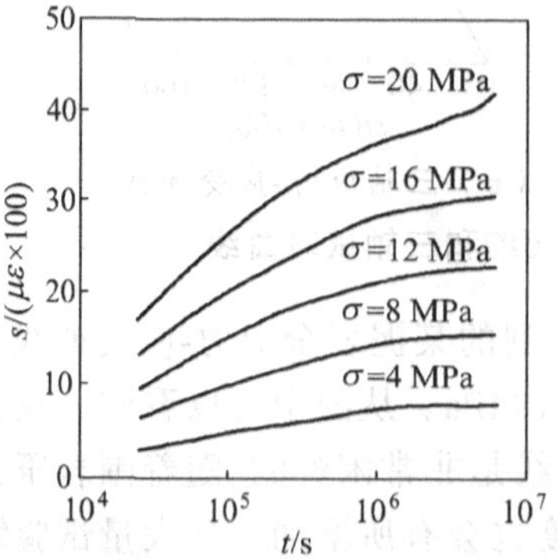

图 7-4-2 不同应力水平上的泥岩蠕变曲线

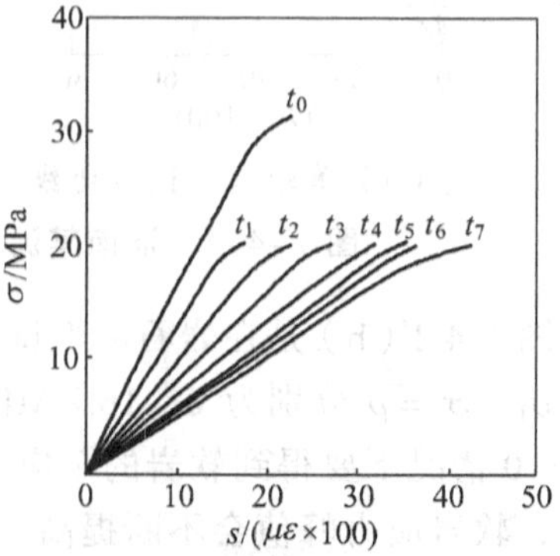

图 7-4-3 不同蠕变时间上的应力-应变曲线

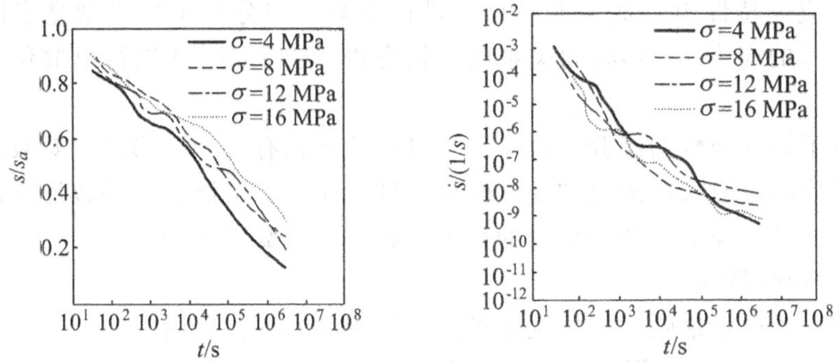

（a）　　　　　　　　　　（b）

图 7-4-4　软岩单轴蠕变曲线

软岩单轴蠕变曲线表明，在定常蠕变阶段，蠕变速率随时间变化呈减速衰减特征。四种应力水平作用下的泥岩变形在初始阶段变形较大，随着时间的增加变形量逐渐减小。

淮南泥岩试样分步加载流变试验结果如图 7-4-5 和 7-4-6 所示。图 7-4-6 是对应于图 7-4-5 的应力应变（σ-s_σ）和应力塑性应变（σ-s^p）关系曲线。

图 7-4-5 表明，随着分级荷载的逐步增加，软岩的单轴压缩变形也逐步增加，也呈现出分级变形的趋势，软岩蠕变的时间效应显著。从图 7-4-6 中可以看到，软岩蠕变没有绝对的弹性阶段。塑性变形可分为 3 个阶段，起始段和末段塑性变形量较大，中间较小，弹性变形则相反。

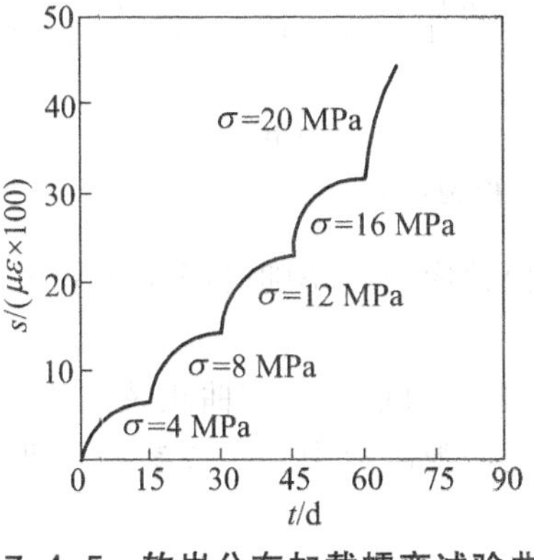

图 7-4-5　软岩分布加载蠕变试验曲线

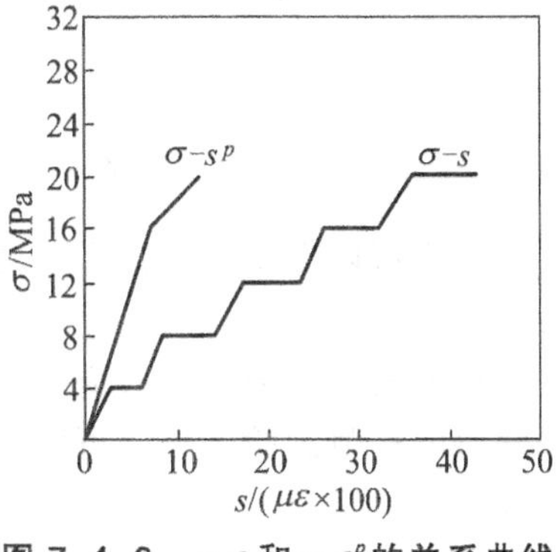

图 7-4-6　σ-s 和 σ-s^p 的关系曲线

蠕变方程的建立有三种方法：经验方程、组合模型、积分模型。经验公式是指根据试验曲线求得相应的软岩蠕变的数学表达式，多为拟合形式；组合模型是指按照岩石的弹性、塑性、黏性等性质设定一些基本元件，按照岩石应力应变特性组合成蠕变模型，进行求解；积分型本构模型是指以积分形式表示的应力-应变-时间关系的本构方程，然后对时间进行离散化后积分求解。

对于蠕变函数的经验形式，采用最广的形式有幂函数形式、对数函数形式和指数函数形式。通过蠕变试验获得试验曲线，按照各种函数形式进行曲线拟合，可以确定蠕变函数中的相关参数，建立蠕变方程。

2）松弛特性

软岩的单轴松弛试验是决定松弛物性参数的重要手段。

图 7-4-7 是淮南泥岩单轴松弛曲线。图中给出了在双对数坐标中 4 种应变水平上无量纲σ/σ_a随时间参数 t 的变化规律。其中σ为单轴应力，σ_a为初始或瞬时应力。图 7-4-7（b）是对应于图 7-4-7（a）在双对数坐标中 4 种应变水平下的松弛应力速率$\dot{\sigma}$与时间 t 的关系曲线。

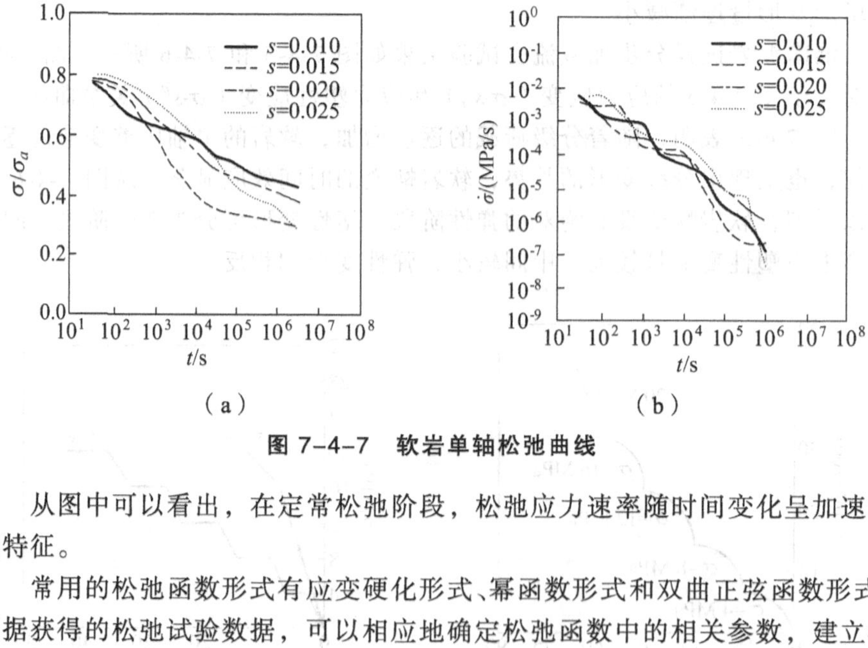

图 7-4-7　软岩单轴松弛曲线

从图中可以看出，在定常松弛阶段，松弛应力速率随时间变化呈加速衰减特征。

常用的松弛函数形式有应变硬化形式、幂函数形式和双曲正弦函数形式。根据获得的松弛试验数据，可以相应地确定松弛函数中的相关参数，建立松弛方程。

3）长期强度

流动极限，就是具有流变性材料的屈服极限。实验证明，它往往随时间的延长而衰减。$t=0$ 时的流动极限就是瞬时流动极限，常常近似地称为瞬时强度。$t\to\infty$时的流动极限称为长期流动极限，或称为长期强度（图 7-4-8），随应变速率减缓，软岩单轴抗压强度从60 MPa降至10 MPa。

图7-4-8中的理论曲线由Toshihisa和Adachi（1981）建议由三轴作用下长期强度的递减公式计算得到，公式如下：

$$\frac{(\sigma_1-\sigma_2)}{\sigma_M^{\beta}}=\alpha t \qquad (7\text{-}4\text{-}1)$$

式中：σ_M^{β}为平均应力；β和α为流变参数。

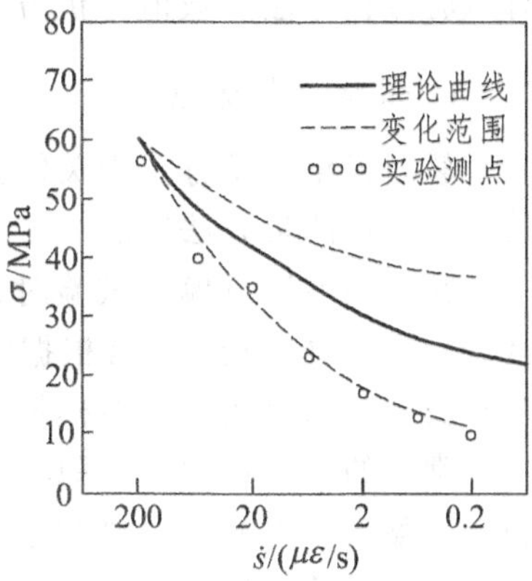

图7-4-8 软岩长期强度曲线

图中实验测试值由于是在单轴情况下得到的，因此实测数据点明显低于资料中的曲线。

材料的流动极限衰减性质对于实际工程施工具有重要意义，是大型永久性工程设计所必不可少的主要指标。例如，为了防止围岩由于强度衰减而造成破坏区扩大以致冒落，应该及早对巷道围岩进行支护和加固。

3. 应力软化特性

应力软化是指岩体在一定应力作用下表现出大变形特征。应力软化特征在高地应力软岩中表现突出。何满潮（2007）根据软岩巷道工程实践提出软化临界荷载和软化临界深度的概念，为确定深埋硐室岩体应力软化研究提供了参考依据。

4. 软弱岩体力学参数确定方法

软弱岩体力学参数可以通过常规岩石试验或专门岩石试验获取，如三轴试验、蠕变试验、单轴压缩试验等。也可借助神经网络、遗传算法等理论的参数反分析方法。

把野外工程地质研究、室内力学实验和数值模拟方法相结合，在确定工程岩体连续性尺寸的基础上，可以给出某一特定工程岩体的力学参数。这种方法具有方便、高效、实用等独特优点，可代替各种大型的岩体材料试验设备，可以完成任意大尺寸的工程岩体力学参数的实验，是确定工程岩体力学特性参数的实用方法。

7.4.3 软弱岩体工程稳定性分析方法

根据研究目的和工程问题的特点，常用的软弱岩体工程稳定性分析方法有试验分析方法、数值分析方法、监测分析方法等。

1. 试验分析方法

软岩模型试验分析中关键是模型试验材料的选择、加载设计、变形，尤其是大变形测量方法等。

在试验室进行模型试验时，由于软岩遇水软化、崩解等特性，用软岩直接进行模拟难度较大，常根据研究需要选择相似材料，如石膏、水泥、石蜡、有机玻璃、粉煤灰等材料模拟软岩进行实验。

常用的方法根据相似原理和试验目的，进行不同材料配比试验，如石膏和砂、黏土和水泥、石蜡和水泥等，最终确定试验材料。

模型试验为研究软岩工程变形破坏过程，如何加载、测量和测量哪些因素是模型试验中必须回答的问题。对于加载方式可以利用千斤顶、堆载等方式提供工程荷载，但由于试验条件的限制，试验荷载与工程荷载差别较大。目前离心模型试验可以提供和工程实际相当的荷载，在荷载问题上较符合实际，但在模型尺寸、变形、试验费用等方面有局限性。

软岩由于变形较大，在试验中可以借助微型或小型应变仪、传感器、土压力盒、孔隙水压力计等测试软岩工程中的关键参数的变化规律。

需要强调的是模型试验目的决定了试验方法、材料选择、加载方式、参数测量等问题，应结合具体问题进行具体分析。

由于软岩材料水稳定性较差，完整软岩进行模型试验较困难，可以直接在现场进行模型试验，如现场大剪试验、载荷试验等。

2. 数值分析方法

数值分析方法主要是借助现有 ANSYS、FLAC、ABAQUS 等通用计算软件，选择或编写适合软弱岩体的工程力学特性的材料模型，进行计算机模拟计算。在 FLAC、ANSYS 等通用软件中，都提供了适合软弱岩体的弹塑性模型，如 D-P、莫尔-库仑模型等，常用的蠕变模型有 Burger 蠕变黏塑性模型、岩盐蠕变模型等，使用者也可以根据研究需要，编写专门的软弱岩体的本构模型，如何满潮、缪协兴等介绍的大变形本构模型等进行数值分析计算。

3. 现场监测分析方法

软岩工程现场监测是工程稳定性分析中的重要方法，重点是结合工程特点利用应力计、土压力盒、测斜管、沉降管、位移计、孔隙水压力计等设备监测软岩工程中关键位置的工程参数变化规律，必要时进行原位测试等现场测试工作。对于有腐蚀性的软岩，还应进行水质分析和长期监测等工作。

总之，对于软弱岩体工程稳定性分析，常常是理论分析、模型试验分析、数值分析、现场监测等多种方法相互验证，综合应用，进行稳定性分析与评价。

7.4.4 工程实例

1. 工程背景

兰新二线乌鞘岭特长隧道位于既有兰新线兰武段打柴沟车站和龙沟车站之间，设计为两座单线隧道，左、右线隧道长 20.050 km，隧道最大埋深 1 100 m 左右。

本地区地层岩性复杂，沉积岩、火成岩、变质岩三大岩类均有，且以沉积岩为主，其分布主要受区域断裂构造控制。区内出露的地层主要有第四系、第三系、白垩系及三叠系沉积岩，志留系、奥陶系变质岩，并有加里东晚期闪长岩侵入。围岩主要由 V、VI 类围岩组成。

乌鞘岭隧道硐身横穿祁连褶皱系的北祁连阶地槽褶皱带和走廊过渡段两个次级构造单元，褶皱和断裂发育，本区共有 4 条区域性大断裂：毛毛山南缘断层（F4），出露宽度 200 m ~ 500 m；大柳树沟—黑马圈河断层（F5），出露宽度 80 m ~ 260 m；毛毛山岭中断层（F6），出露宽度 40 m ~ 80 m；毛毛山—老虎山断层（F7），出露宽度 400 m ~ 800 m，局部大于 1 000 m，资料显示，全新世以来 F7 断层仍有活动迹象。

F4 断层破碎带（YDK170 + 290 ~ YDK170 + 740）位于乌鞘岭岭南地段，长 450 m，其中 YDK170 + 440 ~ YDK170 + 640，长 200 m 为断层主带，断层主带两侧为影响带，本段埋深约 440 m。F4 断层主带，围岩以断层泥砾、角砾为主。断层角砾为灰白色、紫红色，可见红色条纹，成分以砂岩为主。岩质软弱，锤击易碎，局部手掰即碎；断层泥为紫红色薄层夹于断层角砾间，岩质软弱，局部可见光面、擦痕。岩体破碎，无层理，呈块状、碎块状，围岩稳定性较差，开挖后，拱部及边墙易掉块、坍塌。一般无水，局部有少量渗水，为 V 级围岩。F4 断层影响带，围岩以碎裂岩为主。碎裂岩呈灰绿色，成分为安山岩，角砾状结构，块状构造，锤击易碎，结合差，岩块较坚硬，断层角砾间或碎裂岩裂隙中局部有断层泥充填。岩体破碎，呈块状、碎块状，围岩稳定性差，开挖后，掌子面、拱部及边墙易掉块、坍落。无明显地下水出露，局部有少量渗水，为 V 级围岩。

针对乌鞘岭隧道软岩隧道围岩变形速度快、变形量大、变形时间长、难支护的具体情况，选用伯格斯流变模型，利用 FLAC 软件对乌鞘岭隧道 F4 断层进行施工过程的力学效应模拟，并对 F7 断层进行最佳支护时间研究。

2. 变形特征的数值模拟

采用 FLAC 软件对乌鞘岭隧道通过 F4 断层区短台阶法施工阶段的隧道变形进行数值分析研究。

1）计算模型

实践和理论分析证明，对于一般情况地下硐室开挖后的应力和应变的影响范围，仅在硐室周围距硐室中心点 3 倍 ~ 5 倍开挖宽度（或高度）。考虑到软岩深埋隧道并伴有高地应力的作用，实际影响范围有增大趋势。模型分析中选取的计算区域为：计算断面横向尺寸取为距隧道中心 65 m，隧道上方边界距隧道中心为 50 m，下方边界距隧道中心为 75 m。其边界条件如下：顶面为垂直地应力加载面，左面为水平构造应力加载面，右面为对称约束，前后为纵向约束，底面为竖向约束。

2）计算参数

在隧道开挖之前，岩层中已存在的初始应力场$\{\sigma_0\}$分为两部分考虑：垂直应力和水平侧压力。该隧道在 F4 断层内平均埋深为 440 m 左右，垂直地应力 p 按岩体自重作用下的应力计算（综合自重应力场），计算取隧道中为 10 MPa；侧压力系数根据现场实测围岩压力、根据实测地应力和根据反分析计算综合确定，侧压力系数取为$\lambda=0.75$。锚杆的有关参数见表 7.4.1，支撑工字型钢参数见表 7.4.2，初次衬砌及二次衬砌参数见表 7.4.3。

表 7.4.1　锚杆有关参数

锚杆直径	孔径	弹模	截面积	锚杆长度
22 mm	35 mm	52.5 GPa	3.80×10^{-4} m^2	4 m
拉伸屈服	压缩屈服	水泥浆刚度	水泥浆黏聚力	水泥浆摩擦力
114 kN	114 kN	3 000 MPa	0.27 MPa	0

表 7.4.2　钢支撑有关参数

弹模	泊松比	横截面积	I_y	I_z	抗拉强度	抗压强度
200 GPa	0.3	30.6 cm^2	1 660 cm^4	122 cm^4	400 MPa	981 MPa

表 7.4.3 初衬及二衬有关参数

C20 混凝土			C25 混凝土		
弹模	泊松比	重度	弹模	泊松比	重度
21 GPa	0.2	2 300 kN/m^3	29.5 GPa	0.2	2 300 kN/m^3

围岩采用伯格蠕变模型和莫尔-库仑模型合成的黏塑性模型，其中黏弹性本构关系服从伯格模型，由于该地层没有进行蠕变实验，所以黏性系数根据经验采用工程类比法，取值见表 7.4.4。屈服后塑性本构关系采用莫尔-库仑模型，参数见表 7.4.4。围岩加固区采用莫尔-库仑本构关系，有关参数见表 7.4.5。

表 7.4.4 围岩参数

重度	弹模	泊松比	内摩擦角	黏聚力	弹模 E	黏滞系数
2 400 kN/m^3	1 700 MPa	0.35	25°	5 kPa	1 500 MPa	9.40×10^{14} Pa · s

表 7.4.5 加固区围岩参数

重度	弹模	泊松比	内摩擦角	黏聚力
2 400 kN/m^3	4 000 MPa	0.35	25°	20 kPa

3）开挖过程的模拟

根据短台阶法施工工艺，具体模拟开挖过程为：① 上台阶掘进一个进尺后，掌子面停止施工，马上立钢支撑并喷射混凝土，打设锚杆，这样的工艺一直进行到形成 5 m 的上台阶；② 上台阶掘进 5 m 后，中台阶开始同步施工。同时保持上中台阶纵向相距 5 m 的长度；③ 中台阶掘进 5 m 后，下台阶开始同步施工。同时保持中下台阶纵向相距 5 m 的长度；④ 待仰拱封闭，围岩收敛速度趋于稳定时，及时施作二次衬砌，开挖和支护过程见图 7-4-9。

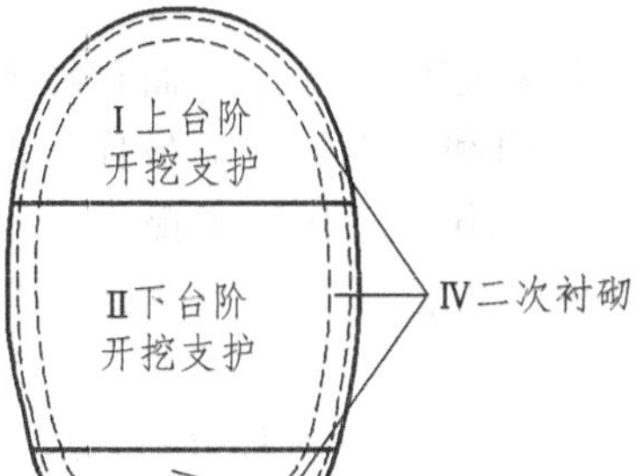

图 7-4-9 开挖支护过程

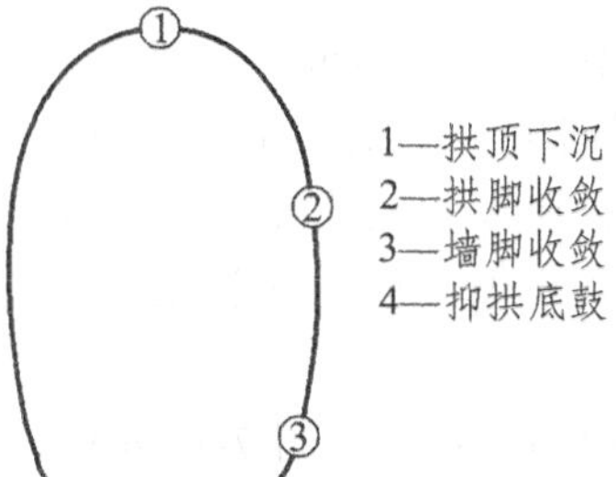

图 7-4-10 提取节点示意图

4）计算结果分析

位移分析：为了能清楚的表达施工对隧道围岩稳定的影响，分析中选择了几个关键位置上的节点来进行描述，见图 7-4-10。计算结果如图 7-4-11、7-4-12 所示。

由图 7-4-11、图 7-4-12 看出，曲线表示节点位移随时间的变化关系。而关键点的位移-时间关系在某种意义上可以反映隧道围岩的变形规律。从图 7-4-11 中可以看出拱顶下沉曲线 1 和仰拱底鼓曲线 4 变化趋势相同，数值为同一数量级，除个别时段外，拱顶下沉曲线 1 位移绝对值均大于仰拱底鼓曲线 4。仰拱底鼓曲线在仰拱施工后基本趋于稳定，而拱顶下沉曲线则随时间逐步趋于稳定。从图 7-4-12 中可以看出拱脚收敛曲线 2 和墙脚收敛曲线 3 变化趋势也相同，数值为同一数量级，且拱脚收敛曲线 2 位移均大于墙脚收敛曲线 3。在此曲线上，我们可以将隧道的变形分为 3 个阶段：初期弹性变形阶段（瞬时变形）、黏塑性变形阶段（此阶段虽然变形速率减小，但变形量的增加不容忽视）、稳定变形阶段。

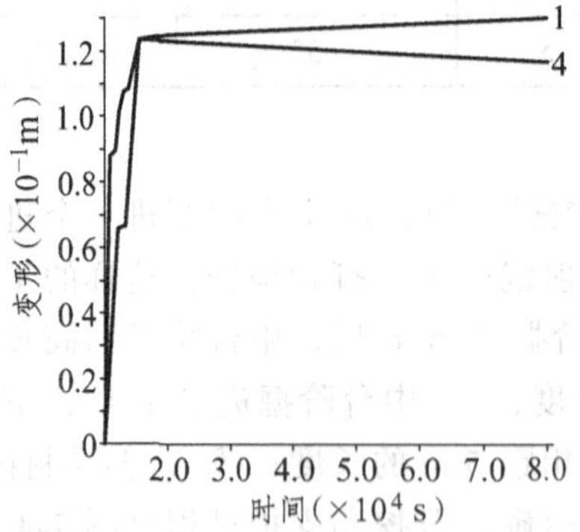

图 7-4-11　拱顶和仰拱变形曲线

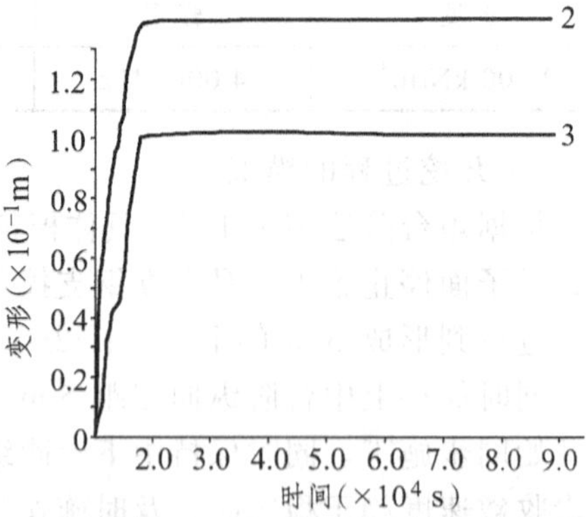

图 7-4-12　边墙变形曲线

有了位移-时间关系曲线，可以据此预测隧道的变形量，而且隧道的位移-时间关系曲线对于反映隧道围岩的变形规律和获得隧道的最佳支护时间及支护厚度都具有重要的意义，为实现地下隧道信息化施工提供了理论依据，真正做到信息化施工，完成数值计算由“可信”、“可靠”到“实用”的过程。

由图 7-4-13、图 7-4-14 可知，围岩在 x 方向位移呈对称分布，边墙中部向内部收敛变形最大为 29.33 cm（14.665×2）。围岩在 z 方向位移拱顶向内变形最为严重，为 12.9 cm。由于隧道处于深埋软岩中，计算和实测的隧道周边位移量都比较大，因此在隧道施工时，为保证变形后隧道界限。应根据监控量测或计算预留 20 cm ~ 30 cm 沉落量。从整个变形趋势来看，可以看到隧道拱部及边墙初期流变比较剧烈，变形速率比较大，之后趋于缓和。如果在早期就进行支护，而且支护刚度又比较大的话，支护势必难以抵抗强大的变形压力。所以，必须采取初次支护采用柔性支护，适时进行二次支护的支护方式。

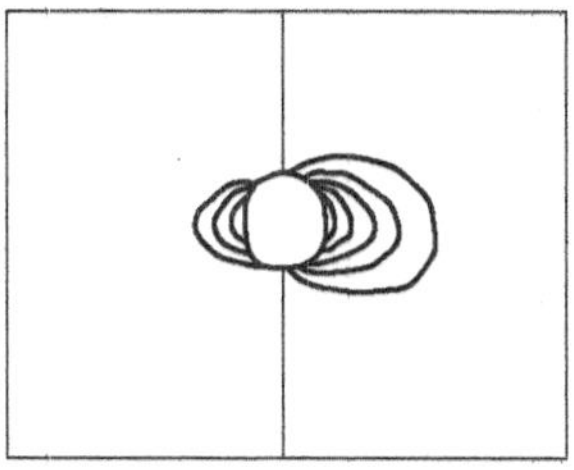

图 7-4-13　稳定阶段 *x* 方向位移分布

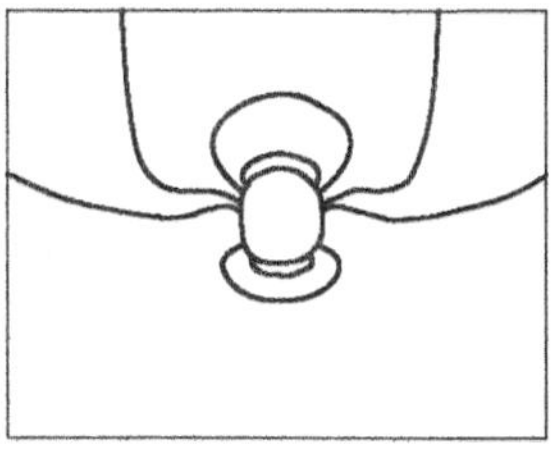

图 7-4-14　稳定阶段 *z* 方向位移分布

3. 开挖后围岩应力数值模拟

图 7-4-15 所示开挖后 38 h 的应力等值图（图 7-4-15（a））、开挖后 77 h 的应力等值图（图 7-4-15（b））、开挖后 204 h 的应力等值图（图 7-4-15（c））和开挖后 960 h（40 d）的应力等值图（图 7-4-15（d））。从图 7-4-15 可以看出，

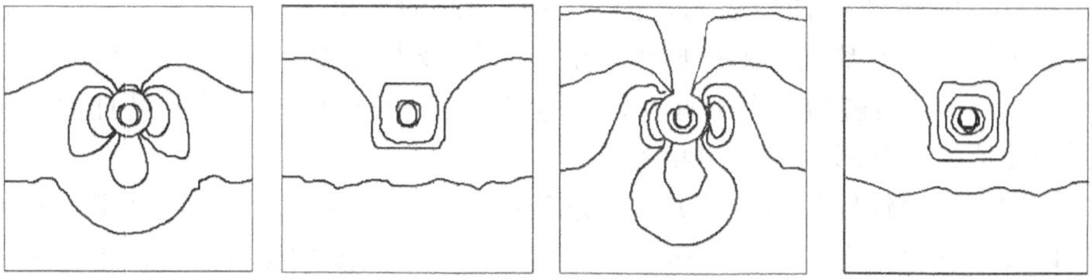

开挖 38 h 最小主应力　开挖 38 h 最大主应力　开挖 77 h 最小主应力　开挖 77 h 最大主应力

（a）　（b）

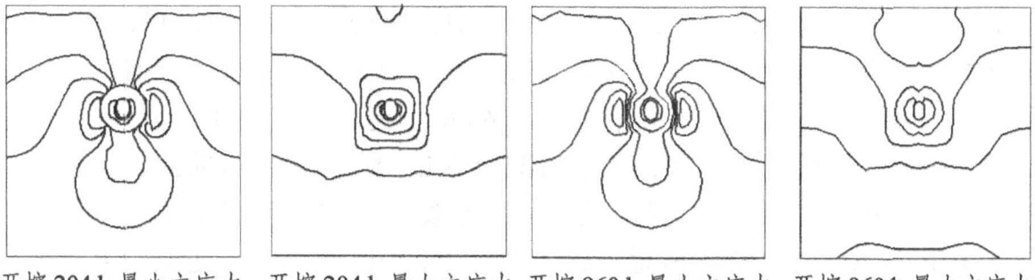

开挖 204 h 最小主应力　开挖 204 h 最大主应力　开挖 960 h 最小主应力　开挖 960 h 最大主应力

（c）　（d）

图 7-4-15　开挖后不同时间的围岩应力分布

围岩最小主应力均为压应力，集中区随着开挖支护的进行从隧道周边向深部逐步转移。从图 7-4-15 可以看出，开挖后围岩趋于稳定阶段（40 d 后），围岩中最大主应力 14.3 MPa，最小主应力为 9.0 MPa。围岩最大主应力也均为受压，说明围岩处于整体受压状态，没有拉应力产生。

随着台阶法分步开挖，围岩塑性半径从开挖周边向深部不断增大，围岩趋于稳定时的塑性状态如图 7-4-16 所示。

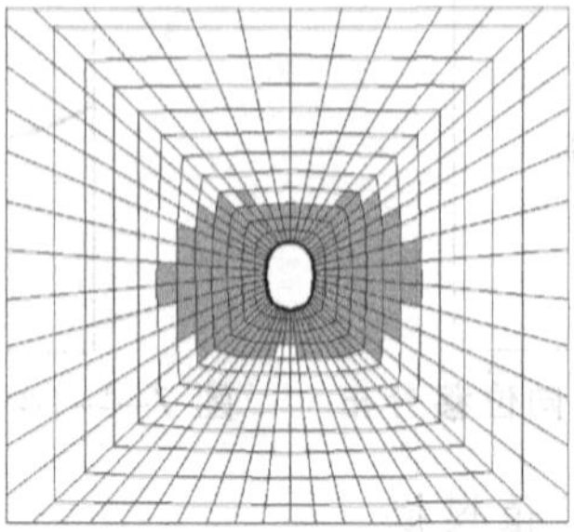

图 7-4-16　围岩塑性区范围（阴影部分为塑性区）

4. 合理支护时间数值模拟

围岩-支护相互作用原理是隧道支护系统设计的基本依据之一，这种相互作用可由围岩-支护曲线表示。围岩-支护曲线的获得主要以经典的弹塑性分析和现场试验为基础，取决于围岩力学性质、支护刚度和围岩破裂区的变形。然而，对于软岩隧道，由于具有较强的流变性，因此其围岩-支护特性曲线还强烈地依赖于时间，即时间相关性。

对于岩性较好的隧道围岩，隧道开挖完成后，如果围岩已经稳定，则可立即安设支护，支护压力也等于零。但是，对于大多数隧道而言，还存在一个围岩自稳时间。随着时间的推移，隧道围岩变形速率逐渐减小直至趋于稳定。这样就存在一个合理支护时间的问题，如果支护时间过早，则围岩长期不能稳定，而且支护刚度要求很高；支护时间过晚，则不能保证围岩变形在允许的范围内。因此对于深埋软岩隧道，合理的施工方法应该是通过试验预留开挖沉降量，开挖后立即喷射 3 cm ~ 6 cm 的混凝土，防止围岩局部掉块、应力集中等。然后开始出渣，通常情况为 3 h ~ 5 h。安装钢筋网、钢拱架、打锚杆，通常为 4 h ~ 8 h。然后喷射 C20 混凝土。完成初期支护施作。

采用 FLAC 对乌鞘岭隧道通过 F7 断层支护时间与围岩变形的关系进行模拟研究。隧道计算模型采用圆形，开挖方式简化为上下断面开挖支护。支护参数基本同前，侧压系数 $\lambda = 1.0$，弹模 $E = 1\ 100$ MPa。

初期支护合理支护时间的模拟研究如图 7-4-17 ~ 7-4-19 所示，开挖间隔均采用 24 h。随着初期支护施工的时间推迟，围岩趋于稳定时的最大位移不断增加，塑性半径也不断增加，围岩应力逐渐向深部转移，初期支护上作用的最大应力有逐步减小的趋势。

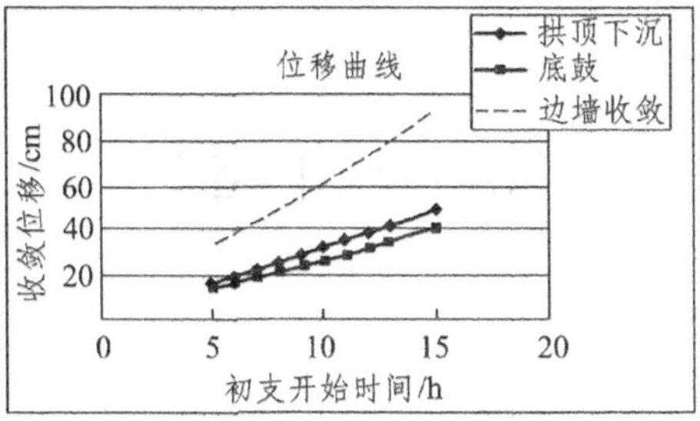

图 7-4-17　支护时间与最大位移的关系

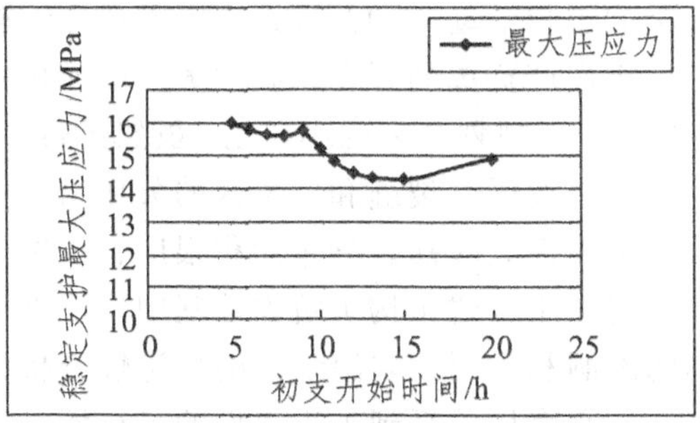

图 7-4-18　支护时间与最大应力的关系

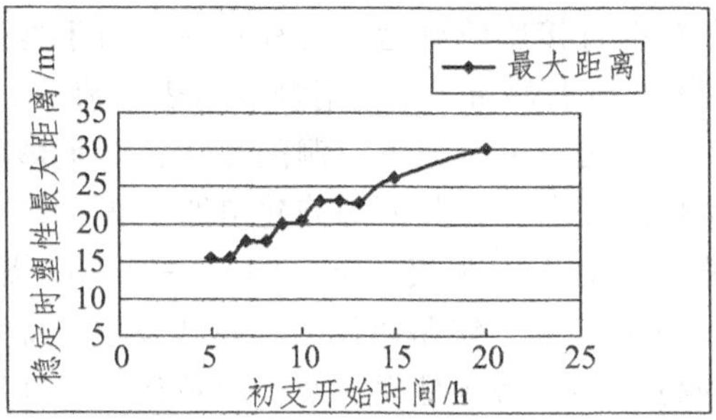

图 7-4-19　支护时间与最大塑性距离的关系

由图可知，不能无限制地推迟初期支护作业时间来降低支护上的应力。当从开挖 12 h 以后开始支护时，围岩作用在支护上的应力降低很小，而岩体位移不断增加，很可能导致衬砌侵限。当支护过晚时，作用在支护上的压应力有可能增加，岩体变形又非常大，这种情况对施工非常不利。对于软弱围岩应力较大时，施工中可要求围岩出现塑性圈，且塑性圈尽可能的大，但是必须控制围岩变形速率，不能过快。塑性区半径增大能有效地发挥围岩的自承能力，使开挖边界应力得到充分的释放。因此作用在初期支护上的应力就可能降低，减小应力集中。

7.5 地下空洞

7.5.1 概　述

工程建设中，常常会遇到地下空洞问题，如地下采空区、岩溶洞穴等。地下采空区是指人类的工程活动（如开采地下深部矿床、修建地下工程等）形成的地下空间。由于矿产资源的开发，我国大多数矿山均不同程度存在着未处理的采空区，特别是无规划乱采的小矿场。虽然经过长时间的自然压实，但开采引起的地下空洞、离层、裂缝和冒落区的欠压密、空隙中饱水等现象仍将长期存在。我国可溶性碳酸盐岩分布面积很广，占国土面积 1/3 以上。在岩溶地区，由于岩溶作用，建（构）筑物地基中广泛地分布有对地基基础稳定性有较大影响的溶洞和土洞，岩溶地基的稳定性分析评价是岩溶区工程建设的重要问题之一，它直接关系到工程建设的可行性、安全性及工程造价等。对于地下采空区和岩溶形成的地下溶洞，本书中统称为地下空洞。

地下空洞的存在将直接影响到地表的稳定性。由于地下空洞导致的地表开裂、地面成片塌陷、地上建筑坍塌、滑坡及地表水流失、地下水位下降等，已成地域性生态环境问题。由于地下空洞的存在，严重影响到了城市的规划建设和居民的生命财产安全。在其上部修建道路工程也将存在安全隐患。传统建设公路和铁路中，对于大规模地下空洞区一般采取绕避的方法，但 20 世纪 90 年代以来，随着公路、铁路建设的跨越式发展，特别是行车速度高达 200 km/h 及以上的高等级铁路将是现在及今后新建国有铁路的主要部分，城市轻轨交通建设也在蓬勃发展，各种交通设施建设中将不可避免的遇到越来越多的地下空洞问题。

对地下空洞问题的研究，国内外主要是在煤炭、冶金、军事和交通等部门进行，如波兰、前苏联、英国和中国等主要产煤国家。早在 1838 年，比利时工程师哥诺特提出了开采沉陷的第一个理论“垂线理论”，随后又以实测资料为基础提出“法线理论”，认为采空区上下边界开采影响范围可用相应的层面法线确定。后来德国的依琴斯凯（1876）提出的“二等分线理论”。耳西哈（1882）提出了“自然斜面理论”，与移动角的概念很相似，并给出了从完整岩石到厚含水冲积层的六类岩层的自然斜面角，法国的裴约尔（1885）提出了“拱形理论”等。1923—1940 年，史米茨（Schmitz）、凯因霍尔斯特（Keinhorst）、巴尔斯（Bals）等人相继研究了开采影响的作用面积及分带，提出了连续影响分布的影响函数，为影响函数法奠定了基础。1947 年前苏联学者阿维尔申出版了专著《煤矿地下开采岩层移动》，利用塑性理论对开采沉陷进行了细致的理论分析，并结合经验方法建立了地表下沉盆地剖面方程，该方程为指数函数形式，提出了水平移动与地面倾斜成正比的著名观点。1954 年波兰学者李特维尼申提出了开采沉陷的随机介质理论。该理论把岩层移动过程视为一个随机过程，推证下沉服从柯尔莫哥罗夫方程，把开采沉陷理论的研究提高到了一个新的阶段。20 世纪 70 年代，Jones 等人（1977）研究了采矿塌落对公路的影响。20 世纪 80 年代以来，Jones（1988）、Sergeant（1988）、M. C. Wang（1982）等人又分别研究了采矿及下伏空洞对建筑物地基的危害。

近年来，模型试验、不确定性分析方法和数值分析方法在地下空洞稳定性分析中应用越来越广泛。康建荣（1999）运用相似材料模拟和离散元法研究了采动覆岩离层形成的过程、机理及基本规律，并开发了适用于任意形状、多工作面、多开采线段的开采沉陷预计系统。这些研究成果为进一步研究老采空区在建筑物荷载作用下的地基稳定性问题奠定了基础。刘秀英（2010）利用相似材料模拟试验动态模拟采空区形成过程，当采煤结束且采空区基本稳定后，通过在采空区的不同位置逐级加荷载来分析研究老采空区地表的移动和变形规律。赵奎等（2003）分析了采空区块体稳定状态的随机性和模糊性的特点，根据块体理论与模糊分析学中的模糊测度理论，提出了块体稳定性的模糊随机可靠性分析方法，并将该方法应用于浙江遂昌金矿采空区顶板围岩块体稳定性分析的工程实践中。丁陈建等（2009）提出了应用人工神经网络技术进行采空区地基的稳定性预测评价，以采煤工作面终采时间、沉降趋势、深厚比、构造复杂程度、上覆岩层强度、相对位置、“活化”因素等作为评价指标，利用模糊综合评判结果对神经网络模型进行训练，对采空区稳定性进行预测评价。Sirivardane 和 Amanda（1991）、Yao（1993）、Wood（1990）等学者相继运用有限元和边界元法研究了采动覆岩产生垮落的开采条件和垮落高度、覆岩产生离层裂缝的力学条件及离层裂缝的位置和高度等。常江（1995）以弹塑性理论为依据，将老采空区地层概化为一个连续介质和碎裂介质的耦合体，运用有限元法分析了不同覆岩组合对采空区建筑地基稳定性的影响；孙忠弟等（2000）在研究高等级公路下伏空洞对路基场地稳定性的影响时，开发了二维弹塑性理论有限单元法计算软件。伍永田等（2008）采用离散元法对含不连续面岩体的采矿区进行了模拟计算，并以此来评价采空区的稳定，以及可能因塌陷而导致的地面影响范围，模拟计算结果与实际情况吻合较好，误差 11.7%。杨德智等（2010）以铁法大隆井田采矿地质条件为背景，以有限元理论为基础，建立基本数学模型，运用 ANSYS 分析软件进行采空区地基稳定性分析，反映出采空区地基的变化规律，并且可以为采空区地基处理提供必要的参考。

7.5.2 地下空洞的勘察及探测技术

1. 工程地质调查与测绘

包括地下空洞区地形地貌调查、地层岩性、水文地质调查、测量及试验等内容的野外调查，能够从宏观上把握地下空洞发育的分布和特点，并据此可进一步进行工程地质勘探工作。该方法简单，方便实用，能获得直观的野外工程地质资料。

2. 地球物理勘探

对岩体中复杂的地下空洞进行探测，除了电阻率（电剖面和电测深）法、高密度电法、无线电波透射法、地面地震反射波法、声波透射法、微重力法、射气测量等以外，20 世纪 80 年代以后发展起来的探地雷达、层析成像技术等在地下空洞勘察中得到了广泛的应用，尤其是在确定地下空洞的分布形态和充填情况时，发挥了很大的作用。在查明大范围的区域地下空洞发育及分布规律方面，地球物理勘探是最理想的方法之一，但探测的准确程度受场地的干扰、技术人员的解释水平等因素影响。

3. 示踪试验

用示踪剂（荧光染料等）进行地下空洞地下水连通试验以及长期观测的研究，以查明地下空洞的发育程度和空洞相互连通、分布情况。该方法简单，较方便可靠，但对于无地下水的空洞无法应用。

4. 钻　探

钻探应在地质调查和物探的指导下有目的地进行。在地下空洞区布置钻孔，一般采用多次实施，逐步深入的方法，还应布置适当数量的控制性深钻孔。在地下空洞区钻探应特别注意钻进过程中所遇到的各种异常现象，如遇空洞时发出的隆隆声、钻具突然下落、钻进速度突然加快、孔内掉块、冲洗液突然减少、停止回水、冲洗液颜色变化等，均应做详细记录，为岩芯鉴定提供依据。

7.5.3 地下空洞基本力学特性

地下空洞顶板安全性受空洞大小、空洞埋深、地面荷载等因素影响。利用数值分析方法，分析地下空洞顶板岩体应力与空洞埋深和洞径的关系。

洞顶点应力随地下空洞埋深和洞径的变化规律如图 7-5-1 所示。当地下空洞较小时，空洞顶部岩体应力为压应力，如图中洞径 0.5 m 的情况下，随着埋深从 2 m 增加到 20 m，洞顶岩体应力由 50 kPa 逐渐增大至 200 kPa，岩体在远低于其抗压强度的压应力作用下，一般不易破坏。当地下空洞较大时，如图中洞径 3.0 m 的情况下，随着埋深的增加，洞顶岩体应力由拉应力逐渐转化为压应力。洞顶岩体在拉应力作用下，岩体极易拉裂破坏。图中零应力线上方为拉应力，零应力下方为压应力，一般认为裂隙岩体不抗拉，因此若岩体应力落在图中零应力线上方，则表明岩体将破坏。不同洞径地下空洞洞顶岩体出现拉应力的埋深是不一样的，也表明不同洞径的地下空洞，在地下若能存在，则必须满足一定的埋深条件，若埋深不足，则必定会破坏或者坍塌。

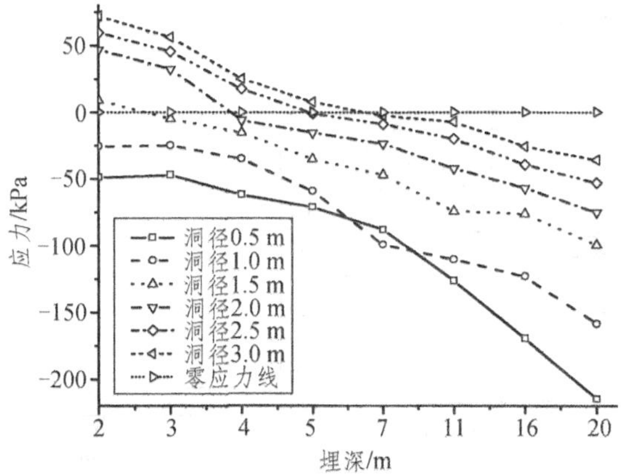

图 7-5-1 洞顶点应力随埋深变化规律曲线

对于岩溶路基来说，根据地下空洞的大小和埋深决定其治理的范围。根据不同洞径情况下洞顶出现拉应力的埋深，得出岩溶路基治理深度随洞径的变化曲线如图 7-5-2 所示。可以看出，若路基下方存在地下空洞，其治理的深度随地下空洞的增加呈指数增加的趋势，地下空洞越大，需要治理的深度越大。

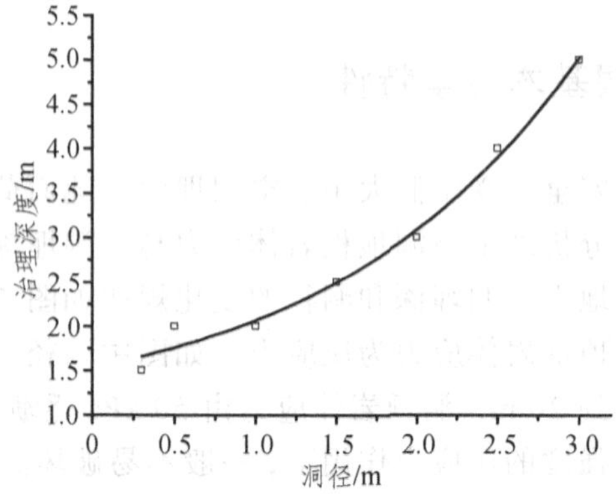

图 7-5-2　地下岩洞安全顶板厚度曲线

若地下空洞不在路基正下方，其对路基安全性的影响将随着偏距的增大而减小，但地下空洞偏离路基足够远时，即使空洞塌陷破坏，也不会对路基的安全造成影响。洞顶岩体应力与洞径、埋深及洞偏距的关系曲线如图 7-5-3 所示。总的来说，在埋深较小的情况下，随着洞偏距的增大，洞顶岩体应力由拉应力逐渐转为压应力，特别是洞径较大的情况，表明随着地下洞室偏离路基，路基荷载对地下洞室的影响越来越小。当空洞埋深较大时，偏距对洞顶岩体应力的影响减弱。

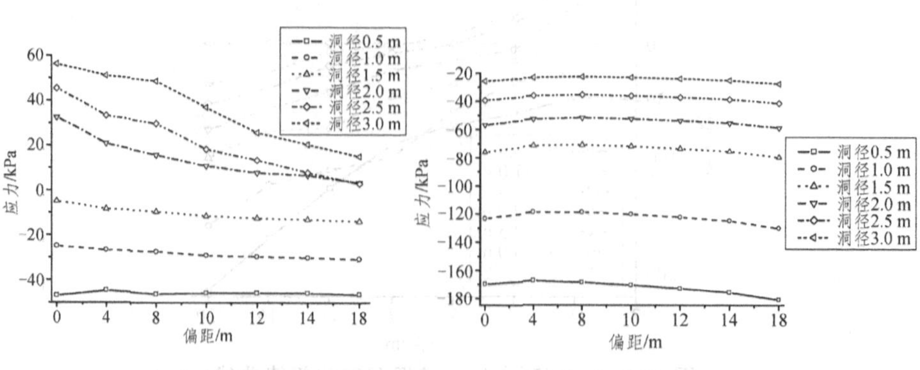

（a）埋深 3 m　　（b）埋深 11 m

图 7-5-3　洞顶岩体应力随空洞偏距变化规律

7.5.4 地下空洞稳定性分析方法

1. 顶板厚跨比法

常用于稳定围岩。根据近似的水平投影跨度 L 和顶部最薄处厚度 h，求出厚跨比 h/L，作为安全厚度评价依据，不考虑顶板形态、荷载大小和性质。因水平洞顶比拱形差，故取近似水平状态的 h/L 作为估算安全厚度的最小比值，由经验知 $h/L \geqslant 0.5$ 是属于安全的，一般可取 $h/L \geqslant 1.0$ 作为安全界限。

2. 计算法

1）普氏崩坏拱法

地下空洞形成后，顶部岩体失去稳定，产生坍塌，并形成自然拱，拱内的岩石有松散崩落的可能，只有在完全为均质而致密的岩层时才可能具有规则的外形（图 7-5-4）。自然拱的高度计算式如下：

$$h = \frac{b}{f} \tag{7-5-1}$$

式中：h 表示自然拱高度；$2b$ 表示洞室宽度；f 表示岩体的坚实系数，取值参见《铁路工程地质手册》。

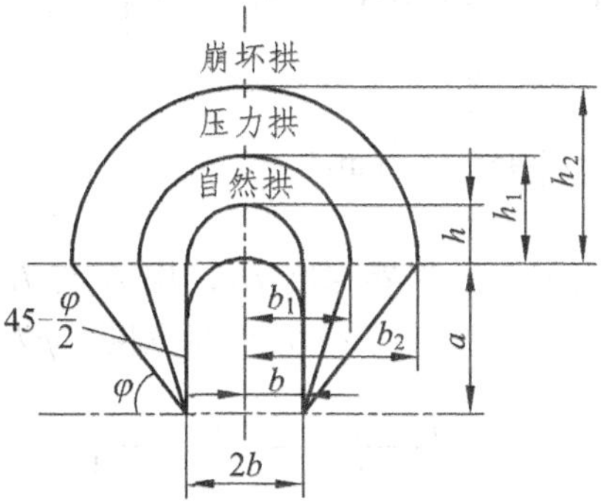

图 7-5-4 普氏崩坏拱

洞室两侧由于应力集中而逐渐破坏，顶部坍塌进一步扩大，最终稳定形成塌落拱。普氏采用下式确定坍落拱高 h_2：

$$h_2 = \frac{b_2}{f} = \frac{b + a\tan(90^\circ - \varphi)}{f} \tag{7-5-2}$$

式中：a 表示洞高；b_2 表示崩坏拱跨度之半；φ为岩体内摩擦角。

2）经验公式法

根据洞室坍塌的大量统计资料，围岩压力高度即松弛垂直荷载的高度经验公式如下：

$$h = 0.45 \times 2^{S} \cdot W \tag{7-5-3}$$

式中：h 表示崩坏拱高度或者垂直荷载高度；S 表示围岩类别；W 表示洞穴宽度影响系数，其值为 $W = 1 + i(B + 5)$，其中 B 表示洞室宽度，i 为系数，当 $B<5$ m 时，$i = 0.2$，当 $B \geqslant 5$ m 时，$i = 0.1$。

3）洞顶坍塌堵塞法

在洞内无地下水搬运的条件下，洞顶发生坍塌后，坍塌体因孔隙增加体积增大，当坍塌到一定高度时，空洞将被松散的坍塌体堵塞，此时的顶板将不再坍塌，这时的高度可用下式估算：

$$V_0 + V_1 = K \cdot V_1 \tag{7-5-4}$$

式中：V_0 表示空洞原体积；V_1 表示可能坍塌的岩体体积；K 表示岩体的涨余系数，取值参见《铁路工程地质手册》。

4）松散体应力传递法

《铁路工程地质手册》中采用巷道顶板的压力 Q 与深度关系 H 方程：

$$\begin{cases} Q = \gamma H\left[2a - H\tan\varphi\tan^2\left(45° - \dfrac{\varphi}{2}\right)\right] \\ H_a = \dfrac{2a}{\tan^2\left(45° - \dfrac{\varphi}{2}\right)\tan\varphi} \end{cases} \tag{7-5-5}$$

计算顶板岩层自然平衡的临界深度 H_0，用 H 与 H_0 的关系来评价小型采空区的稳定性，其中γ为岩层重度，$2a$ 为空洞宽度，φ为内摩擦角（图 7-5-5）。

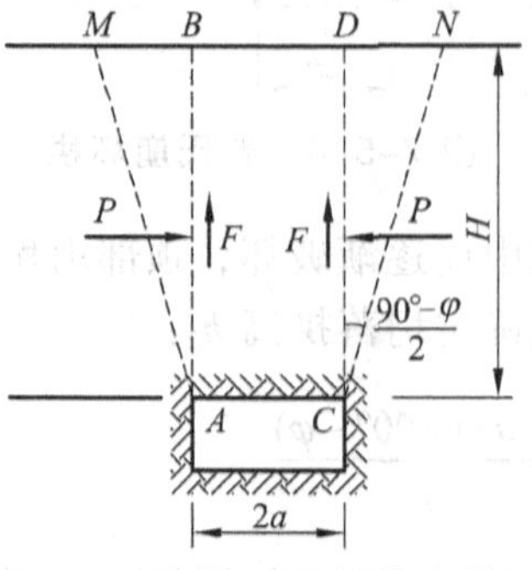

图 7-5-5　地下空洞顶板稳定性示意图

$$H_0=\frac{2a\gamma+\sqrt{4a^2\gamma^2+8a\gamma R\tan\varphi\cdot\tan^2\left(45^\circ-\dfrac{\varphi}{2}\right)}}{2\gamma\tan\varphi\cdot\tan^2\left(45^\circ-\dfrac{\varphi}{2}\right)} \tag{7-5-6}$$

评价标准为：

当 $H< H_0$ 时，顶板及地基不稳定；

当 $H_0< H<1.5H_0$ 时，顶板及地基稳定差；

当 $H>1.5H_0$ 时，顶板及地基稳定。

3. 地下空洞处理范围确定

根据《铁路工程地质手册》，路基下空洞处理范围由坡脚向外 3 m ~ 5 m 作为安全距离，再由此按β角在断面上作斜线交至地下空洞底板，其以上部分为处理范围（图 7-5-6）。

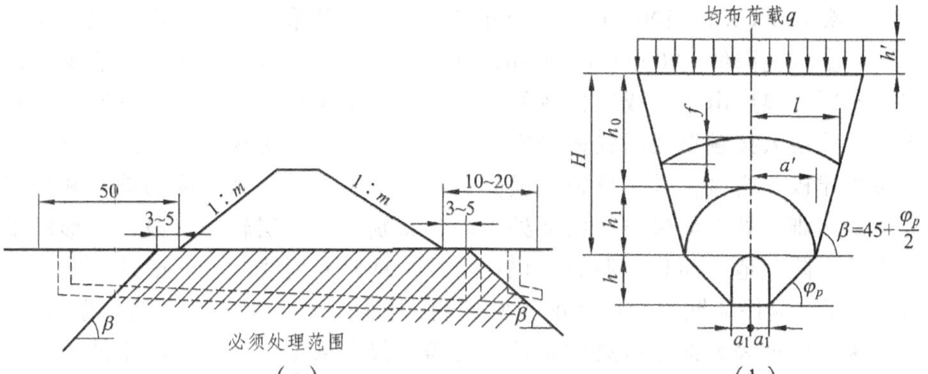

图 7-5-6 地下空洞处理范围

$$\begin{cases}\beta=45^\circ+\dfrac{\varphi_p}{2}\\ \varphi_p=\arctan\left(\tan\varphi+\dfrac{c}{P}\right)\\ P=\gamma l\left[(h_0+h')+\dfrac{l}{3f_{kp}}\right]\\ l=a+h\tan(90^\circ-\varphi_p)+\dfrac{H}{2}\tan(90^\circ-\beta)\end{cases} \tag{7-5-7}$$

式中：φ_p 表示顶板的综合摩擦角；φ表示顶板的内摩擦角；c 表示顶板的凝聚力；P 表示垂直压应力；γ 表示顶板的天然重度；f_{kp} 表示顶板岩石的坚实

系数；h'表示均布荷载换算高度；h_0 表示地面至破裂拱天然高度；a 表示空洞宽度之半；h 表示空洞高度；H 表示顶板厚度。

对于不规则的、复杂的地下空洞，可利用数值分析方法分析在不同加固处理范围情况下地基变形与破坏情况，由此确定地下空洞的合理处理范围。

7.5.5 工程实例

以国电河北龙山发电厂铁路专用线路基采空区处理工程为例，分析地下空洞勘察、稳定性分析、处理措施及处理效果检测、工后路基稳定性自动监测与预警。

1. 工程概况

国电河北龙山发电厂铁路专用线工程位于河北省邯郸市涉县井店镇台村附近。该工程 CK0 + 200 ~ CK0 + 800 段通过一个开采磁铁矿形成的大型采空区，采空区范围约 600 m × 1 200 m，分布较为复杂。该采空区与一般煤层采空区不同，煤层由于其成层性较好，采空区范围及相对位置易于查明。而对于由热液侵入接触形成磁铁矿采空区而言，矿床分布无规律，因此采空坑道分布规律极不明显，采矿坑道纵横交错，深度不等。该采空区的勘察和处理都十分困难，处理前采空区已多处塌陷，特别是黄土层较厚一段，已形成了较大的塌陷盆地，而且空洞塌陷仍在继续。铁路专用线约 600 m 的采空区经过处理后，应保证铁路专用线的正常使用，应保证不发生路基突然坍塌事故。

采空区地表大部分被第四系黄土覆盖，仅在采空区南部有较小的中奥陶统马家沟组灰岩露头，区内地表已多辟为耕地。采空区勘探深度内揭露的地层主要为第四系全新统人工堆积碎石土、第四系更新统冲洪积黄土、奥陶系灰岩及燕山期侵入闪长岩。磁铁矿即赋存于灰岩与闪长岩的接触带及接触带顶底板灰岩薄弱带中。采空区厚度一般累计厚为 5.0 m ~ 10.0 m，采矿坑道埋深多在 40 m ~ 70 m 范围，已经形成冒落带，移动角 60°，在冒落带的松散堆积碎石土层中存在大量可充填的空隙。

采空区规模巨大，由于无规划乱采及多次转让，采空区内采矿竖井、坑道纵横交错，坑道多层分布，按常规手段很难完全探明地下采空区分布情况。该工程采用多种方法对采空区进行勘察，主要有地质调查、勘探钻孔、电测深法等。通过对该磁铁矿开采历史的走访和调查，对能进入的巷道进行了实地勘察，了解地下坑道的大致分布特征及连通状况、坑道的规模及塌陷现状。通过对采空区段地层电性的电测深法勘探，结合现场多个钻孔勘探结果，基本掌握了采空区地层分层、采空区分布位置及规模，为采空区的处理提供了科学的依据。

2. 采空区处理范围数值分析

1）计算模型的建立

根据现场调查和勘察设计提供龙山电厂专用线采空区加固处理施工设计平面图，选择最不利且具有代表性的断面Ⅳ-Ⅳ（CK0＋670）进行数值模拟分析。Ⅳ-Ⅳ断面加固宽度较大，上伏黄土层约 40 m，灰岩厚 10 m 左右。数值计算中空洞横向宽度采用现场勘察得到的最大塌陷宽度（约 240 m）。计算模型的几何尺寸如图 7-5-7 所示（单位 m）。

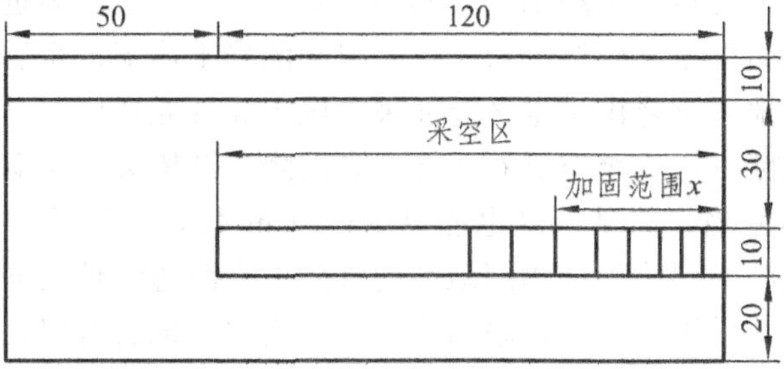

图 7-5-7　断面Ⅳ计算模型几何尺寸

计算材料采用弹塑性本构模型，屈服采用莫尔-库仑准则。由于计算的模型具有对称性，为了减小计算量，故取线路的一半来建立模型。左右边界水平方向约束位移、底边界竖直方向约束位移，同时前后约束其 Z 方向的变形。分析过程中模拟了加固宽度分别是 10 m、20 m、30 m、40 m、60 m、80 m、100 m、120 m 一共 8 种充填情况下的沉降变形。岩体的物理力学参数按经验取值，如表 7.5.1 所示。同时分析了 3 种不同强度的砂浆对地表沉降的影响。模型共划分 3 914 单元，最小单元块体约 0.55 m×0.5 m。

表 7.5.1　岩层的物理力学参数

岩层	体积模量 /MPa	剪切模量 /MPa	密度 /（kg/m^3）	凝聚力 /kPa	内摩擦角 /°
黄土	14	3	1 500	45	30
灰岩	17 857.2	4 687	2 700	200	35
砂浆 M2.5	1 600	960	2 000	100	32
砂浆 M5	3 533	2 120	2 000	100	32
砂浆 M7.5	5 300	3 180	2 000	100	32

2）计算内容

计算不同加固宽度 10 m、20 m、30 m、40 m、60 m、80 m、100 m、120 m 一共 8 种充填情况下的位移变形，砂浆采用 M2.5；计算在加固宽度为 60 m 和 80 m 时，分别采用 M2.5、M5、M7.5 共 3 种不同型号的砂浆加固后的位移结果。

3）计算结果与分析

（1）不同充填宽度时地面的沉降分析（砂浆采用 M2.5）。

当充填宽度为 10 m 时，在空洞上方岩土体自重作用下，充填的砂浆整体被压坏，空洞上方岩土体整体塌陷。显然，充填宽度为 10 m 不但无法满足路基沉降要求，还会引起大规模的塌陷。当采空区充填宽度为 80 m 时，未充填的空洞最终将产生塌陷，空洞的塌陷将引起采空区附近区域土体的拉裂及下沉，断面Ⅳ土层较厚，由于塌陷引起的岩土体下沉量影响范围更广，沉降量更大，地表沉降由采空区至非采空区（或者充填区）是逐渐减小。右边界（代表线路中心）至空洞右边缘地表沉降逐渐增大。空洞充填后，路基不会产生整体塌陷，路基沉降也能控制在 1 m 以内。当采空区充填宽度为 120 m 时，空洞的塌陷引起周围地表的沉降由空洞边缘地表向外逐渐减小，线路中心地表几乎不受空洞塌陷的影响，线路中心地表沉降几乎为零。

（2）不同充填加固宽度线路中心及维护带沉降分析（砂浆采用 M2.5）。

不同充填加固宽度时，线路中心地表沉降与充填宽度的关系如图 7-5-8 所示。从图中可以看出，当充填达 60 m 时，线路中心沉降量将小于 1 m，但维护带 20 m 处仍处于空洞塌陷影响范围之内，沉降量仍较大。当充填宽度达到 80 m 时，线路中心和维护带 20 m 处的沉降均小于 1 m，表明空洞塌陷

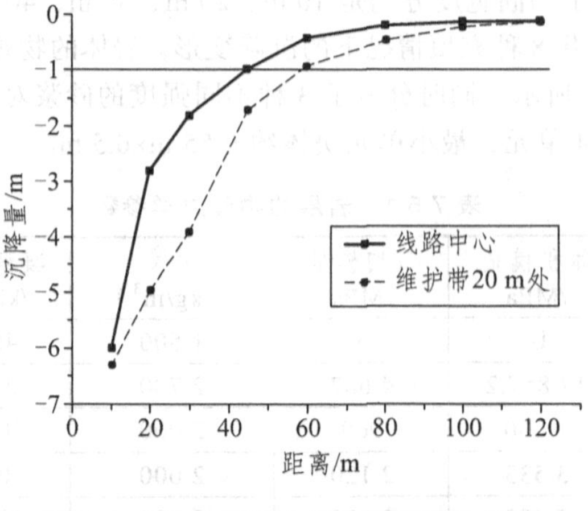

图 7-5-8　地表沉降与充填宽度的关系

对两者的影响已较小。当充填宽度为 100 m 和 120 m 时，线路中心和维护带 20 m 处地表沉降均较小。从图中还可以看出，当充填宽度达到 100 m 以上时，线路中心和维护带 20 m 处地表沉降已趋于稳定，再增加充填宽度对地表沉降的影响不是非常的明显。

（3）砂浆强度对地表沉降的影响。

为了研究砂浆强度对地表沉降的影响，分析了充填宽度为 60 m 时增加砂浆强度后维护带 20 m 处沉降的变化，结果如图 7-5-9 所示，图中横坐标零点位置表示维护带 20 m 处。从图中可以看出，提高砂浆强度对地表沉降的改善不是十分的明显，但仍有一定的意义，计算表明，砂浆强度提高一个等级，地表沉降降低约 8%。

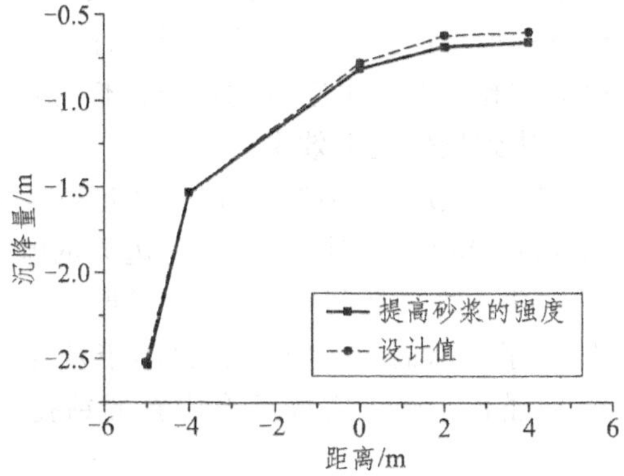

图 7-5-9　砂浆强度对地表沉降的影响

4）小结

按照设计要求的沉降量 1 m 设防，大里程断面Ⅳ（CK0 + 670）设计加固宽度 80 m 的情况下安全系数超过 1.5；断面Ⅳ（CK0 + 670）在维护带宽度 20 m 处的沉降量 0.46 m，但是考虑到该断面的黄土埋深较大，因其自身的湿陷性，沉降还会加大，将使最终沉降量偏大，建议线路设计单位加强对该段黄土地基处理措施。

3. 采空区处理措施

采空区处理对象为维护带宽度范围内的空洞和冒落带松散体的空隙、裂隙。路堤部分以坡脚外 1 m 为界；路堑部分以两侧堑顶边缘为界，两侧界线以内的范围为受保护对象，以此界线外一定范围宽度作为维护带宽度。《铁路工程地质手册》规定铁路建筑物维护带宽度一般不小于 15 m。根据本工点实际情况，维护带宽度定为 15 m。

采空区处理采用下部压力注浆加固加部分回填综合治理的方案,采用探、灌结合，先探后灌的施工方案。用充填法和注浆法对采空区进行治理是一种动态的过程，在此过程中，可根据钻孔所揭示采空区的情况，适当调整钻孔深度和浆液的类型、配比，以达到最佳充填效果。采用探灌结合、先探后灌的原则，根据地表变形和巷道分布情况，选择具有代表性的位置进行补充勘察和钻探验证。补充勘察和验证孔为控制性钻孔，施工孔为一般性钻孔。钻孔间距 20 m，正三角形布置。线路中心、空洞分布区和维护带边缘可适当加密孔间距。对已经充填的竖井或斜井及半径 30 m 范围，如果验证确已达到充填效果，可以不再进行钻孔、充填和灌浆。施工时，视采空区和冒落带分布情况，调整孔数和孔位。首先对路基左右两侧采用水泥砂浆进行压力注浆，形成注浆围幕；然后采用粉煤灰水泥浆对路基范围及采空区影响范围进行自流充填注浆。每进行下一道工序前，应对前一道工序的注浆效果进行检查。但在施工过程中，根据钻孔所揭示采空区的情况，仍可适当调整钻孔深度和浆液的类型、配比，以达到最佳充填效果。

施工孔序按Ⅲ序进行，第Ⅰ序为线路中心附近的竖井或斜井充填，第Ⅱ序为线路左右侧 8.6 m、26.0 m 充填孔和处理边界的帷幕孔，充填孔间距 20 m，正三角形布置钻孔，帷幕孔间距 10 m，线形布置。第Ⅲ序为已形成正三角形的中心根据Ⅱ序孔所揭示采空区、冒落带及充填情况决定是否需要布置钻孔，为注浆补强孔，施工完成后形成新的钻孔，间距 11.5 m，正三角形布置。

4. 采空区处理效果检测

采空区规模巨大，采矿竖井、巷道纵横交错，相互重叠，有的已冒顶塌陷。采空区加固处理效果检测宜采用多种方法进行相互验证。本工程采空区加固处理效果检测主要采用电测深法、钻孔取芯法、电磁波层析成像法、钻孔岩芯波速测试，井中波速测试及沉降观测等方法进行，各检测方法相互印证，以获得准确客观的检测结果。

1）检测孔检测

通过检测孔检测采空区是最直接的一种方法，但其只能观察到局部范围内的采空区处理情况。在采空区段布置 18 个检测孔。根据 18 个检测孔钻孔柱状图、岩芯和灌浆资料综合分析可知：1～4、6、8、15 号检测孔仅零散部位未完全充填；5、7、9 号检测孔局部层位未完全充填；10～14 号检测孔部分破碎带未完全充填；16～18 号检测孔部分破碎带顶部未完全充填。仅 12 号孔中存在较大空隙，补注浆量为 46 m^3，其余孔位补注浆量为 2 m^3～4 m^3。

检测孔综合分析结果表明采空区大部分区段充填效果良好，但局部仍存在充填不良情况。

2）电测深法检测

采空区处理前后分别对线路左右侧各 15 m 范围进行纵向电法勘探，综合线路左右两侧电测深分析结果表明，K0 + 200 ~ K0 + 450 段，地下采空区充填效果良好，且线路右侧方向充填效果优于左侧；K0 + 450 ~ K0 + 560 段，地下采空区充填效果不明显；K0 + 560 ~ K0 + 800 段，地下采空区充填效果整体较好，但仍存在局部充填效果不明显的情况。通过后序少量钻孔的补注浆，充填效果不明显地段可得以较好的改善。

3）电磁波层析成像检测

利用 18 个检测孔进行电磁波层析成像检测，结果表明，采空区在Ⅰ、Ⅱ序注浆充填处理后，还主要存在两处异常：一个是位于 JCK-1、JCK-2 和 JCK-3 钻孔附近，埋深较大，一般在 468 m ~ 485 m 高程之间；另一个异常区在 JCK-9 到 JCK-14 之间，一般在 500 m ~ 508 m 高程之间，并有一定的延伸。总体看来，Ⅰ、Ⅱ序注浆充填后，采空区绝大部分区段处理效果明显。

4）地表监测

采空区处理过程中，在采空区施工区布置沉降观测点 30 个，组成沉降观测网。施工过程中共进行了 8 次变形监测。根据各沉降观测点高程变化及地表观察分析，采空区地表在施工期整体基本稳定，未发生大面积沉降或塌陷。K0 + 200 ~ K0 + 510 段地表基本未发生沉降变形；K0 + 510 ~ K0 + 800 段地表有沉降，最大沉降 0.235 m，其中 K0 + 510 ~ K0 + 680 局部地段发生数起小型塌陷，但距离线路中线均在 10 m 以上，对路基的影响很小。

5）波速测试

通过场地波速测试与现场完整芯样测试的比对，除了 JCK-1 号孔于 58 m ~ 62 m、JCK-9 号孔于 56 m ~ 58 m、JCK-10 号孔于 42 m ~ 56 m 位置存在波速远低于正常值的情况，其他位置未发现异常。

5. 采空区路基沉降监测与预警

根据确保铁路运营安全的要求，布置沉降预警系统对经过处理后的采空区路段进行实时监测预警。

1）系统简介

系统由单点沉降仪、CAN 总线、计算机、数据采集与分析软件系统、报警器、VGA 传输系统构成。单点沉降仪选用西南交通大学与中阳公司共同研制的沉降压力传感器（CS.JD-1 型）。沉降监测系统由一系列测点传感器、基准点、数据采集装置组成，各个测点由充液管、电缆互相连通。基准点置于一个稳定的标点，当任何一个测点相对于基准点发生沉降时，将引起压力变化，根据压力值变化来计算地基的沉降，其原理示意图如图 7-5-10 所示。

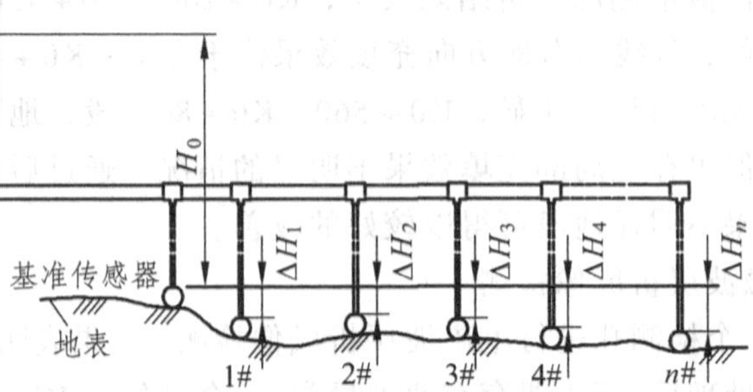

图 7-5-10　系统原理示意图

系统检测精度 1 mm，系统测试量程范围 0 ~ 5 000 mm。

2）系统设计

根据监测路基以路堑为主，路堤高度不高于 5 m 的特点，以及下部采空区的形状，故沉降观测点设置于路基表面，在线路中心线处布置观测点，埋设传感器，传感器通过管道送入线路中心位置。传感器根据采空区的地质条件及采空区加固处理后的检测结果进行布置。专用线沉降预警系统的构成主要有 4 部分：数据采集系统、数据传输系统、控制系统、辅助监视系统。

（1）数据采集系统：沉降压力传感器、供电系统、信号系统、水塔组成。电源采用直流电源，液体根据实际需要采用不同功能的液体。电源与信号线根据传输距离、传感器个数确定不同的线径。

（2）数据传输系统：因控制系统一般设置在室内，从经济、可靠性的角度来说，数据传输采用埋设光纤，可以使传输距离达数十公里且确保信号的质量。当传感器的数量较多时，采用 CANrep-B 隔离 CAN 中继器确保数据传输的流畅性和及时性。采集数据经过中继续器进入光纤收发器，传输至终端控制系统。

（3）控制系统：控制系统由计算机、软件两部分组成。

（4）辅助监视系统：采用 VGA 传输系统，通过屏蔽双绞线将控制系统数字信号送至同步监测室，实现视频与音频同步传输，提供多方显示。

具体预警系统方案如图 7-5-11 所示。

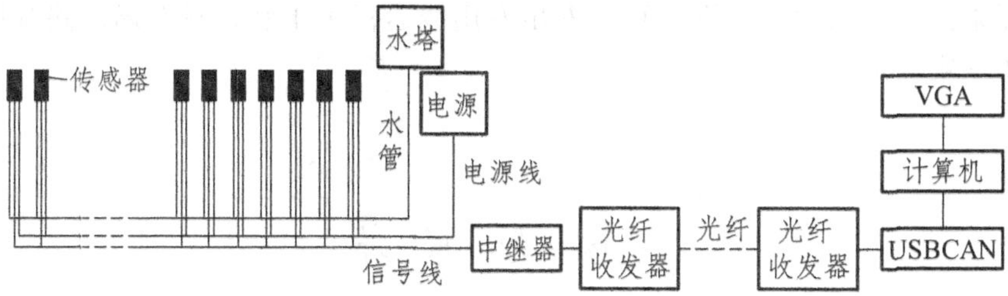

图 7-5-11　系统方案示意图

3）系统安装

路基施工刚完成时，在路基表面指定监测位置挖横向沟，预埋入保护传感器的 PVC 管（直径 50 mm），放置传感器（图 7-5-12）。在铁路监测范围内路肩一侧安装直径为 15 mm 镀锌水管、直径 20 mm PVC 导线保护管；水管和导线保护管安装完毕均埋入路肩。管道与传感器之间采用塑胶软管相连通。在基准传感器处修建远端配电房，用来安置简易水塔、中继器、光纤收发器、开关电源等。铁路专用线位于北方地区，为避免液体冬天冻结，液体采用 –35 °C 防冻液。控制系统安置在工区，距配电房 1 550 m，信号采用光纤传输。VGA 传输系统安置在行车房，提供同步监视，确保整个铁路安全运营。

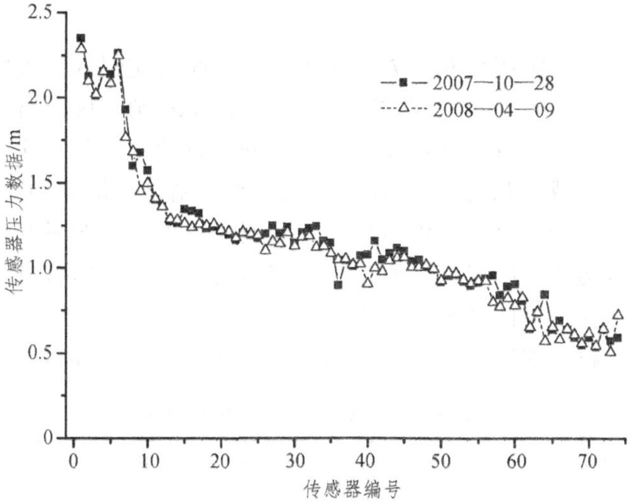

图 7-5-12　不同时期沉降监测数据散点图

4）监测结果

该路基沉降预警系统能够准确实现路基变形动态远程监测及数据分析并报警提示。图 7-5-12 为系统分别在 2007 年 10 月 28 日及 2008 年 4 月 9 日传感器采集的原始数据，图中可以看出专用线运营 1 年后，只有局部路基段产生了一定变形。

7.6 膨胀岩

7.6.1 膨胀岩的含义

从广义上讲，岩石都具有一定的膨胀性，能产生显著膨胀变形的岩石都可以称为膨胀岩。然而，力学剪胀、低温冻胀等问题在岩体力学、冻土工程中都有专门的研究，因此，就工程意义而言，膨胀岩主要是指经历地质作用形成，含有较多亲水性矿物，由于含水率变化而产生显著膨胀变形的一类软弱岩体。常见的膨胀岩主要有泥岩、页岩等黏土质含量较高的岩石。其主要的物理化学效应是指岩石受水、温度等因素影响而产生膨胀，主要有以下两种作用：① 蒙脱石、绿泥石、伊利石等黏土矿物的吸水作用；② 由于水合作用所引起的硬石膏，无水芒硝—芒硝转化，以及导致体积增加的其他类似的转化。

膨胀岩主要有沉积型黏土岩类膨胀岩、蒙脱石化侵入岩类膨胀岩、蒙脱石化凝灰岩类膨胀岩、断层泥类膨胀岩、含无水芒硝、硬石膏等膨胀岩等类型。从成因和分布上看，断层泥类膨胀岩分布较少，蒙脱石化中基性火成岩类分布也具有地域性和局部性，硬石膏和无水芒硝是与沉积型泥质岩伴生的，所以主要的膨胀岩是沉积型泥质岩。沉积型泥质岩的分布极其广泛，但并非所有的泥质岩均属于膨胀岩，而仅仅是其中的一部分，即含有亲水性黏土矿物，成岩胶结程度差的部分泥质岩。

根据岩石膨胀的剧烈程度，可以按照表 7.6.1，分成如下类别。

表 7.6.1 膨胀岩综合判断分类

判断因素类型	非膨胀岩	弱膨胀岩	中膨胀岩	强膨胀岩
极限膨胀量/%	<3	3～15	15～30	>30
极限膨胀力/kPa	<100	100～300	300～500	>500
干燥饱和吸水率 /%	<10	10～30	30～50	>50
自由膨胀率/%	<30	30～50	50～70	>70

国内外在土力学、岩石力学和工程地质学领域都十分重视对膨胀岩的研究。1981 年国际岩石力学学会在东京召开的“国际软岩会议”专门将膨胀岩列为一个专题来讨论，1983 年国际岩石力学学会膨胀岩专业委员会曾专门研究膨胀岩的基本概念、膨胀力、膨胀量的建议试验方法等。中国地质学会工程地质专业委员会也于 1986 年召开膨胀岩学术讨论会,专门探讨膨胀岩的有关问题。随着矿业工程、铁路工程、水电工程、建筑工程等工程建设的发展，关于膨胀岩的文献逐渐增多，如《膨胀岩与工程》、《特殊岩土工程土质学》、《膨胀岩与巷道稳定》等专著对膨胀岩的膨胀机理、膨胀本构关系等核心问题进行了较为深入的探讨;《膨胀土地区建筑设计规范》、《铁路工程特殊岩土工程勘察规范》、《岩土工程勘察规范》等文献把膨胀土和膨胀岩笼统称为膨胀岩土进行阐述和分析，从行业规范的角度，介绍了膨胀岩地区工程建设中的工程技术问题;《软岩工程设计理论与施工实践》、《软岩力学》、《软岩工程力学》等文献提出膨胀性软岩的概念，从软岩工程的角度探讨岩石的膨胀性能及其对工程安全的影响，重点探讨软岩膨胀变形与应力变形在工程分析中的耦合问题。还有相当部分的文献结合南昆线、抚顺煤矿、南友公路等具体工程建设中遇到的膨胀岩，较为深入地阐述了膨胀岩的基本含义、膨胀特性机理、试验方法、工程判别，膨胀岩工程勘察、设计、施工，膨胀岩工程稳定性分析等方面。

7.6.2 膨胀岩工程力学特性

1. 膨胀岩的强度与变形

与非膨胀性岩石相比，膨胀岩的强度相对较低，如广西地区多数膨胀岩的天然单轴抗压强度为 0.2 MPa ~ 5 MPa，凝聚力主要变化范围为 25 kPa ~ 100 kPa，内摩擦角主要变化范围为 12° ~ 34°。

表 7.6.2 是河北峰峰矿务局通二煤矿 – 500 m 水平各种软岩单轴抗压试验结果。由表可以看出，具膨胀性的泥质页岩强度的软化效应极其强烈，软化系数变化于 0.39 ~ 0.43；砂岩的软化情况差异较大；具膨胀性的泥质粉砂岩的软化系数为 0.54；而粉砂岩和细砂岩的软化系数都高达 0.87 ~ 0.90。

表 7.6.2　软岩单轴抗压强度试验结果汇总

岩性	岩样编号	弹性模量 E/MPa	单轴抗压强度 /MPa	饱和单轴抗压强度 /MPa	软化系数
泥质页岩	Ⅰ	4 180	25.4	10.1	0.39 ~ 0.43
粉砂岩	Ⅱ	7 540	46.1	40.4	0.87 ~ 0.90
含砂质泥岩	Ⅲ	3 790	20.5	9.0	0.48
砂质泥岩	Ⅳ	4 054	27.6	11.3	0.41
泥质粉砂岩	Ⅴ	4 560	26.7	14.4	0.54
细砂岩	Ⅵ	9 012	54.3	49.1	0.90

由于膨胀岩遇水极易发生膨胀、崩解、软化等现象，膨胀岩的强度受水的影响较大，试验结果表明，遇水后膨胀岩的强度急剧降低，软化系数可以达到 0。

膨胀岩试样制备难度较大，常规条件下很难制成试验的标准样，需要专门的制样技术。

膨胀岩的单轴强度和三轴强度曲线如下所示：

图 7-6-1 是各类软岩在天然状态下和饱和状态下的应力-应变曲线。由图可见，泥岩和页岩具有明显的压密阶段，变形量一般占峰前变形量的 20% ~ 35%，线形变形量一般占峰前变形量的 50% ~ 65%，非线性变形量一般占 10% ~ 20%；砂岩的压密变形量占峰前变形量的 10% ~ 25%，近似线性段一般占 55% ~ 74%，非线性段一般占 10% ~ 15%。在围压条件下，泥岩类的应力-应变破坏的全过程曲线，如图 7-6-2 所示。

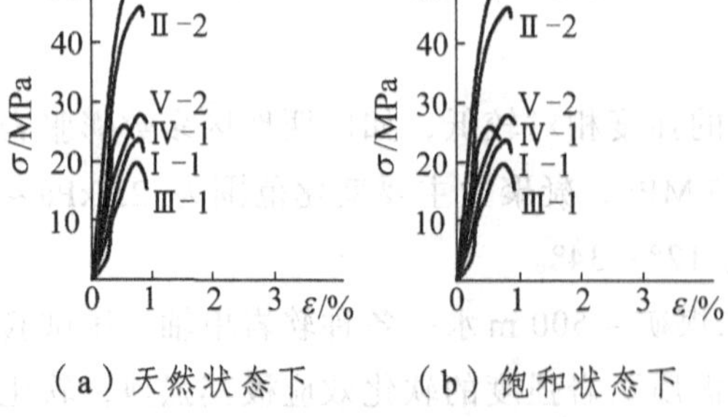

（a）天然状态下　（b）饱和状态下

图 7-6-1　完整岩样的应力-应变曲线

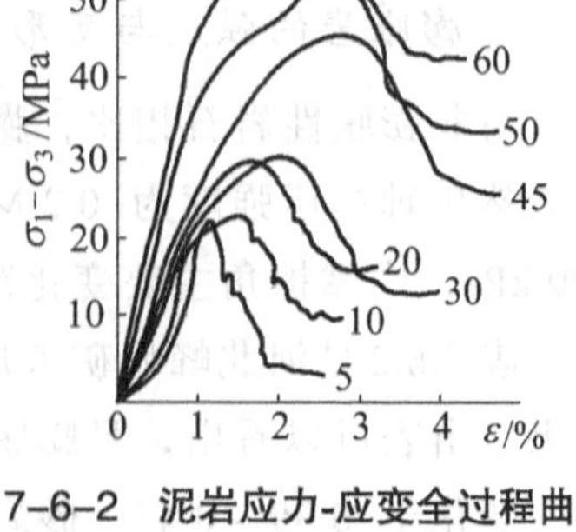

图 7-6-2　泥岩应力-应变全过程曲线

2. 膨胀应力与膨胀应变

Huder-Amberg 在实验室内用常规固结仪器对膨胀性泥灰岩的膨胀形态

进行了研究，得出了膨胀应力和膨胀应变的经验公式：

$$\varepsilon_z = K\left(1 - \frac{\lg \sigma_z}{\lg \sigma_0}\right) \tag{7-6-1}$$

式中：ε_z为轴向膨胀应变；σ_0为最大膨胀应力；σ_z为轴向应力；K为$\sigma_z = 0.1$ MPa 时轴向膨胀应变。

在此基础上，Einstein（1972）和 Wittke（1976）提出了三维膨胀本构关系。

假定侧向应力为：

$$\sigma_x = \sigma_y = \frac{\mu}{1-\mu}\sigma_z \tag{7-6-2}$$

则膨胀应变第一不变量和应力第一不变量的关系为：

$$\varepsilon_v = K\left[1 - \frac{\lg\left(\sigma_v \dfrac{1-\mu}{1+\mu}\right)}{\lg\left(\sigma_{v\max} \dfrac{1-\mu}{1+\mu}\right)}\right] \tag{7-6-3}$$

式中：ε_v 为体胀应变；σ_v 为第一应力不变量；$\sigma_{v\max}$ 为最大体胀应力；μ为泊松比。

国内傅学敏、潘清莲、陈宗基、孙钧等根据大量的研究成果，分别提出了膨胀应力和膨胀应变的本构关系。于学馥、郑颖人等以膨胀试验为基础，提出了在一定假设条件下的围岩膨胀压力的计算方法。设任意坐标轴上的单元体，由于开挖而引起的径向应力的降低值为 P-σ_r（P 为开挖前围岩初始应力）。以此压力降低与膨胀仪中的压力降低作对比，则单元体上的膨胀值 u^s 为：

$$u^s = \frac{k_{0.06}}{\lg P_1 - \lg \sigma_r}(\lg P - \lg \sigma_r)\Delta r \tag{7-6-4}$$

式中：$k_{0.06}$ 为轴向压力等于 6.25 kPa 时的膨胀率；P_1 为各方向被约束时浸在水里的最大轴向压力；σ_r 为围岩径向应力。

3. 膨胀岩的流变

由于膨胀岩属于软岩范畴，具有显著的流变特性。图 7-6-3 和图 7-6-4 显示了南昆线膨胀岩的流变特征。

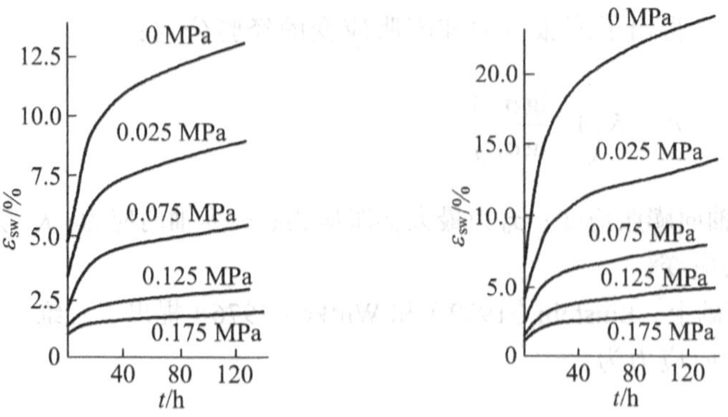

（a）原状样　　　　　　　　（b）重塑样

图 7-6-3　南昆线膨胀岩的膨胀过程曲线

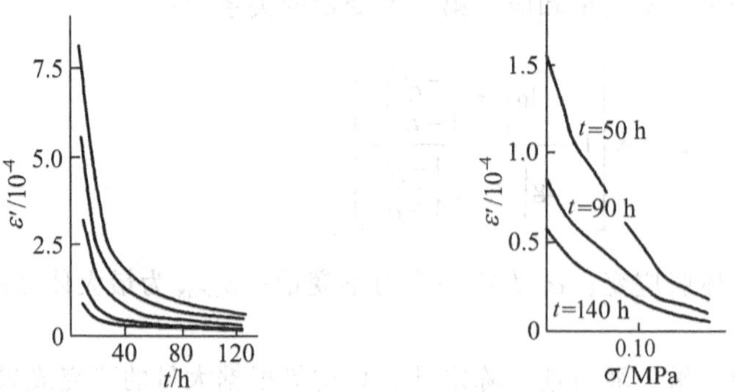

（a）ε'-t 曲线　　　　　　　　（b）ε'-σ 曲线

图 7-6-4　膨胀过程中 ε'-t 曲线和 ε'-σ 曲线

4. 水对膨胀岩工程力学性能的影响

由于膨胀岩的水敏性高，水稳定性差，膨胀岩的工程参数的确定较为困难，综合既有研究，认为考虑工程安全的条件下，根据膨胀岩水稳定性的高低对试验获得的工程参数进行经验折减，可以满足工程需要。

5. 膨胀岩试验方法

膨胀岩试验方法目前有两条思路：一是将膨胀岩粉碎，制成重塑样，按照膨胀土标准进行相关试验。这是目前膨胀岩工程中常用的试验方法，试验简单易行，操作方便，为广大工程技术人员熟悉，局限性在于破坏了膨胀岩的结构构造特征，不能真正反映膨胀岩的性质。二是严格按照岩石的标准，取样制样进行相关试验，但是由于膨胀岩的水稳定性差，取样制样极为困难，制约着试验技术的发展。

膨胀应力可以利用高压固结仪进行测量，膨胀量可以利用瓦式膨胀仪进行测量，国际岩石力学学会膨胀岩专业委员会也提出了建议的试验方法。

由于膨胀岩标准试样难于制备，通常的办法是将膨胀岩粉碎重塑，按照土样的方法进行试验，这样得到的试验结果与膨胀岩本身的膨胀过程差异较大，人为消除了成岩结构对膨胀性的影响，是目前膨胀岩试验的难点。

7.6.3 膨胀岩工程稳定性分析方法

由于膨胀岩问题的复杂性，常用试验分析、数值分析、现场监测等多种方法进行综合研究，评价膨胀岩体工程稳定性。

1. 试验分析

膨胀岩模型试验分析的重点的实验材料的选择，尤其是能在水的作用下产生膨胀变形现象，这在模型试验中难度较大，主要是因为多数膨胀岩遇水软化、崩解、膨胀，很难直接使用膨胀岩岩样。一般情况下是按照膨胀岩膨胀力或膨胀率，选择砂、水泥、黏土、石膏、石蜡等材料进行配比调试，测试不同配比试样的膨胀参数，进行物理模拟试验。但是由于人工材料的膨胀性模拟较为困难，多数情况下是用膨胀岩粉碎料进行模型试验。

2. 数值分析

膨胀岩的数值分析关键是如何将膨胀力和膨胀变形加到数值计算中。可以借鉴的是将膨胀力用温度场进行模拟，或者考虑水对膨胀性的影响，调整膨胀岩的应力大小，进行考虑膨胀应力或应变的数值模拟计算。对散体结构的岩体，颗粒流（PFC）是有效的数值分析程序。

对于膨胀应力和应变的关系可以借鉴 Huder-Amberg、Einstein（1972）、Wittke（1976）、傅学敏、潘清莲、陈宗基、孙钧提出的膨胀应力和膨胀应变的本构关系进行膨胀问题的数值模拟计算。

3. 现场监测分析

由于膨胀岩体工程问题的复杂性，通常是在数值分析和试验分析的基础上，进行现场监测，在利用应力计、位移计、沉降管、土压力盒、孔隙水压力计等常规设备测试应力、应变的基础上，还要特别考虑膨胀压力的测试和计算问题以及地表水、地下水、膨胀岩含水量的变化等水的因素对膨胀岩的影响，进行地下水水位测量、水质分析、含水量测试等现场监测和测试工作。

7.6.4 工程实例

1. 工程背景

西岭雪山隧道是成都通往西岭雪山旅游公路的越岭隧道，位于大邑县斜源镇，全长 1 145 m，净空宽 9 m，高 5 m，为人字坡形单硐双车道设计。

西岭雪山隧道通车后，2001 年 5 月中旬发现 K23 + 315.6 ~ 318.6 段（图 7-6-5）拱顶有裂缝，裂缝长约 2 m，裂缝宽约 1 mm；2001 年 10 月 23 日发现该段有表皮剥落情况发生，剥落形状为纵向不规则状，长约 1 m，最宽处约 30 cm，最深处为 5 cm，原设计用三榀钢拱架加固处理。隧道加固工程竣工交验后，于 2002 年下半年发现侧沟壁多处沿隧道轴向开裂，道面混凝土轴向及斜向开裂严重，拱顶及拱腰多处开始渗水。2003 年 12 月 24 日，K23 + 455 ~ 465 段拱顶偏右侧长约 10 m 的二衬混凝土塌落，塌落处最大宽度一般 1.2 m ~ 1.5 m，裂缝沿隧道轴向向两侧延伸，总长度约 35 m。2004 年 2 月—2005 年 2 月对上述塌落段进行加固处理，处理过程中裂缝沿隧道轴向向两侧不断延伸，最终拱部处理长度约 600 余米，仰拱拆除翻修约 70 余米。整治工程于 2005 年 2 月完成。2006 年 3 月，检查发现隧道拱部又有多处裂缝，局部道面上鼓开裂及侧沟变形开裂。隧道出口右侧沟出现大量白色结晶沉淀物，拱腰渗水点也有同样现象发生，多处隧道边墙排水盲管被此类白色结晶物质堵塞，使排水盲管失去排水功能。

2. 地质条件

隧址区主要分布侏罗系蓬莱镇组、遂宁组、沙溪庙组紫红色砂页岩地层及第四系坡残积松散堆积物。

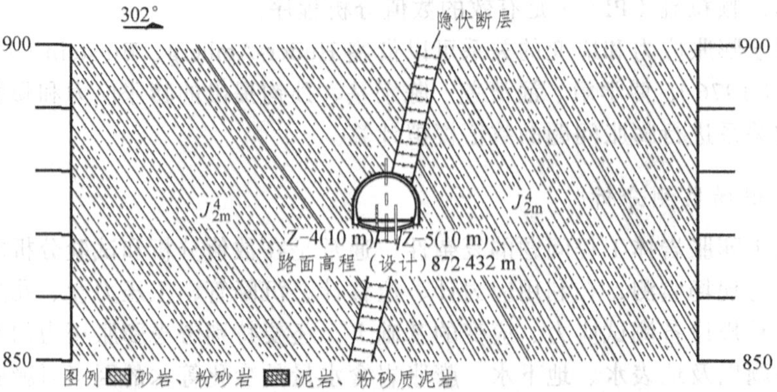

图 7-6-5 西岭雪山隧道 K23 + 317 断面图

隧址区位于雾中山背斜南东翼，为一单斜构造，地层倒转，走向北东 30°~50°，倾角 42°~77°，局部地段直立。王八岗冲断层在隧道处近平行穿越隧道进口部分，走向北东 40°~50°，倾向北西，倾角 60°~65°，切割蓬莱镇组、遂宁组地层。并有次生小断层发育。

受断层影响，地表有小型滑坡分布。根据汶川地震修正为Ⅶ度地震区。

隧址区水文地质条件比较复杂，地下水主要为碎屑岩类裂隙水及断层破碎带水。年降雨量高达 1 800 mm。

围岩级别为Ⅳ~Ⅴ级。

3. 隧道病害机理分析

1）试验分析

根据对西南地区红层的研究经验，西南红层一般均具有一定的膨胀性，且含有可溶物质。首先对红层泥岩工程性质进行研究。

对侧沟白色结晶物质分析表明，其主要成分为芒硝并伴有碳酸钙。

试验岩样取自施工期塌方、通车后开裂变形处围岩钻孔。岩样差热分析、X 射线衍射、自由膨胀率试验结果见表 7.6.3。

表 7.6.3　X 射线衍射、热分析物质成分分析汇总

试验泥岩样及取样位置	X 衍射分析结果	热分析结果	自由膨胀率 F_S
Z-5-2 暗紫红色泥岩	蒙脱石、伊利石、石英	蒙脱石	155.5%
Z-5（5.5 m）灰绿色泥岩	绿泥石、伊利石、蒙脱石、石英	伊利石、蒙脱石	60%
Z-6-2 紫红色泥岩	蒙脱石、伊利石、石英	蒙脱石、伊利石	61.5%
Z-7-1 灰黄色泥岩	蒙脱石、绿泥石、伊利石、石英	绿泥石、伊利石、蒙脱石	61.5%
Z-9-3 紫红色泥岩	绿泥石、伊利石、石英	绿泥石、伊利石	48%
Z-11-1 鲜紫红色泥岩	蒙脱石、伊利石、石英	伊利石、蒙脱石	57%

扫描电镜观察表明，泥岩的微结构以曲片状、水平密集、粘胶结为特征，呈卷边曲片状的蒙脱石和呈平片状的伊利石矿物以面-面和边-面接触，形成具一定方向的密集排列的叠聚物，片状矿物具有较高的定向性。这种结构单元的活动性很强，因此易于吸水膨胀，且膨胀量很大。扫描电镜显示，黏土矿物之间存在无定形的胶结物质，其主要成分应为氧化铁和钙质，胶结物的存在一定程度上会抑制膨胀性。

经测试，泥岩样阳离子代换总量分别为 58.60 mmol/100 g、56.38 mmol/100 g，表明交换性阳离子较高。

采用重塑样进行膨胀力试验，制样密度及含水量尽量接近天然状态。通过浸水加荷平衡法测定膨胀力，实验表明（表 7.6.4），西岭雪山隧道泥岩具有比成都黏土（膨胀土）高 3 倍的膨胀性。

表 7.6.4　西岭雪山膨胀力试验

实测制样含水率/%	重度/（kN/m³）	干重度/（kN/m³）	膨胀力/kPa	试验后含水率/%
6.4	21.6	20.25	135.16	—
5.4	22.52	21.36	78.64	11.9
9.3	22.75	20.81	156.8	13.8
9.3	22.75	20.81	162.9	13.4
12.6	22.82	20.26	137.0	—

由野外地质调查及试验分析，初步认为隧道病因为断层作用使岩体破碎，隧道开挖增强了地表-地下水的流动，使具有膨胀性的红层岩体膨胀性得以发挥，而红层中可溶物的溶出结晶堵塞了地下水通道，使水压增加，综合作用使围岩压力大大超过隧道支护承受范围。

2）围岩及衬砌力学分析

为了分析围岩应力的影响，采用 FLAC 对 K23 + 317 典型断面进行模拟计算。计算模型为：采用平面应变的力学模型，取隧道左右 2 倍隧道宽度、下部 2 倍隧道高度的区域，上部区域按实际埋深进行数值模拟。岩石强度准则选用莫尔-库仑准则。模型网格的建立采用缩比模型（1：2），共 1 375 个单元（25 × 55）。然后给计算模型加上约束，并分别给各岩层赋予相应的强度及变形参数值，在自重作用下形成初始应力场，然后进行开挖和支护模拟，其中支护结构参照实际结构建立，并跟踪重点考察点的位移变化值，计算至各单元力系平衡，从而得到应力、变形、位移分布情况。

计算分无膨胀力和有膨胀力两种地质条件。计算分析的结论如下：

（1）自重作用下，隧道开挖时若无支护，在断层影响下，左右拱部的水平位移值达到了 125 mm 和 300 mm，右侧拱部的垂直位移值为 1 375 mm，隧道底部的隆起值为 1 125 mm，很明显，隧道已经破坏。剪应力值达到 0.8 MPa ~ 0.9 MPa，已大大超过断层带泥化夹层的抗剪强度（一般 0.2 MPa ~ 0.3 MPa）。隧道围岩会发生变形破坏。

（2）仅考虑自重，断层的影响会造成围岩应力（主要是断层面处的剪应力）集中（图 7-6-6），受断层的影响，其剪应力场有了明显改变，最大剪应力值也略有增加，达到了 1.2 MPa，左右拱部的水平位移值分别为 17.5 mm 和 30 mm，隧道右侧拱部垂直位移值为 60 mm，隧道底部向上隆起值为 10 mm。因此隧道结构会产生较大变形，但没有发生根本性的破坏。

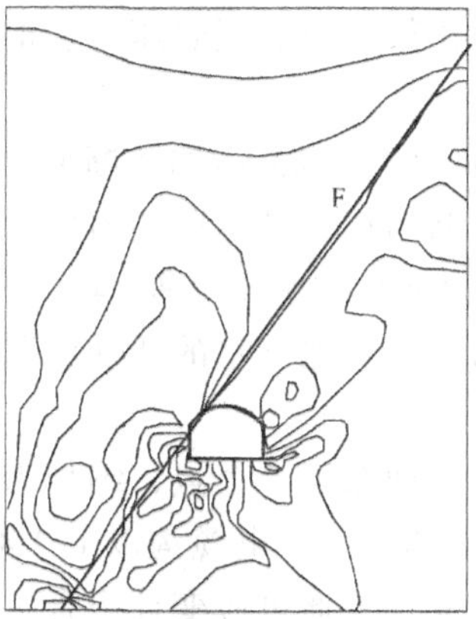

图 7-6-6　隧道围岩剪应力分布（局部）

（3）考虑膨胀力的影响，采用 ANSYS 计算衬砌的应力及变形。膨胀力用温度应力模拟。计算发现，无论是最大主应力σ_1，还是 X 方向应力σ_x和 Y 方向应力σ_y，膨胀力对隧道支护拱圈都有较大影响。当有膨胀力作用时，σ_1、σ_x和σ_y都有了很大的增加。具体见表 7.6.5。

表 7.6.5　σ_1、σ_x、σ_y对比表

荷载形式	σ_1/MPa	σ_x/MPa	σ_y/MPa
自重＋膨胀力	2.206 7	2.864 2	0.380 9
自重	0.203 4	0.042 2	0.099 5
差值	2.003 3	2.822 0	0.281 4

可见由于膨胀力对隧道产生的应力远远超过隧道自重产生的应力，对隧道变形起关键作用。膨胀力作用时，在拱顶和仰拱处应力较大，在拱脚处应力分布较小，和实际隧道破坏情况相符。

对衬砌上拉应力分析表明，考虑膨胀力时，出现开裂，最初出现在拱圈拱顶和仰拱的外侧。当综合考虑由于排水不畅引起的高水压和地震，衬砌将沿着最初外侧的开裂点向内侧延伸，直至贯穿衬砌。裂缝主要出现在拱顶，以及仰拱部位。这和现场实际情况也较吻合。

4. 整治措施及监测结果

按照分析的地质模型，重新设计加固整治措施：在已有衬砌的基础上，新增全隧道钢拱架、锚杆、喷钢纤维混凝土并全部新建仰拱。

为验证设计，布置对拱架应力、围岩压力、锚杆拉力、隧道收敛变形及地下水压力的监测。

选择 K23 + 052（断面 1）、K23 + 291（断面 2）、K23 + 546（断面 3）、K23 + 677（断面 4）四个断面作为基本监测断面。监测内容包括：隧道结构变形、组合钢拱架变形受力和孔隙水压力等。其中，K23 + 052 作为典型断面，增加原二衬压力监测。另外，对地下水的活动状况进行监测。

1）钢拱架轴向受力

钢拱架变形测试每个断面布置 6 个点，编号为 F-1 ~ F-6，由于两侧电缆沟的限制，F-2 测点和 F-6 测点位于电缆沟以上 100 cm 处。测点采用应变计法，即在相应位置安装应变计，通过应变计组合，测量钢拱架轴向变形，从而推算钢拱架的轴向应力。每个断面共安装应变计 6 个（图 7-6-7），4 个断面共 24 个。

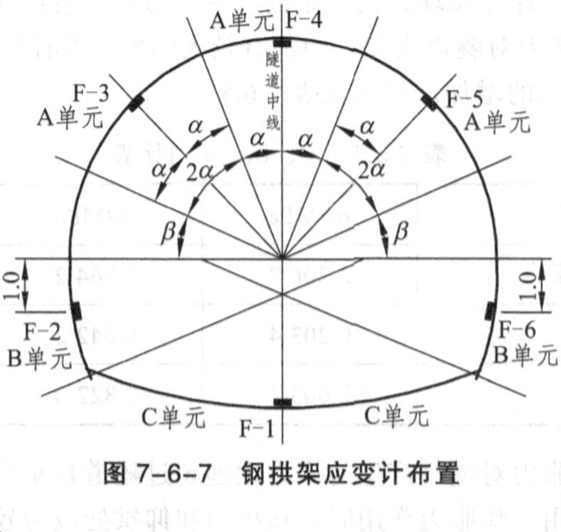

图 7-6-7　钢拱架应变计布置

2）锚杆应力

每个断面钢拱架锁脚锚杆安装钢筋计进行锚杆受力监测，编号为 G-1 ~ G-2，目的是监测锁脚锚杆受力。共布置 8 个钢筋计，锚杆应力测量采用智能型钢弦式钢筋计，最大量程为 300 MPa。

3）二衬压力

二衬压力监测只在 K23 + 052 断面进行，共安装布置 6 个测点，编号为 T-1 ~ T-6。采用 ZX-5010Z 智能型钢弦式土压力盒，量程为 1 MPa。每个土压力盒在安装时都需要固定在钢拱架上，其正面密贴钢拱架，背面密贴二衬混凝土拱圈。

4）孔隙水压力

采用智能型孔隙水压力计，量程为 0.6 MPa，位置位于仰拱两侧。共安装孔隙水压力计 2 个。分别位于断面 K23 + 052、K23 + 291 处。孔隙水压力计的安装时间为原仰拱拆除后仰拱钢拱架安装前进行。

5）收敛变形

采用自制常规收敛仪监测，精度 0.001mm。

监测得到的不同时间衬砌内力如图 7-6-8 所示。测得的最大轴向压力为 19.7 MPa，出现在右拱脚附近，最大轴向拉应力为 58.7 MPa，出现在仰拱中部，均小于设计值。对隧道收敛的监测表明，一年收敛小于 ± 0.02 mm。其他监测数据均在正常范围之内，图中细实线为不同时间的应力分布值。监测结果表明隧道已经稳定。

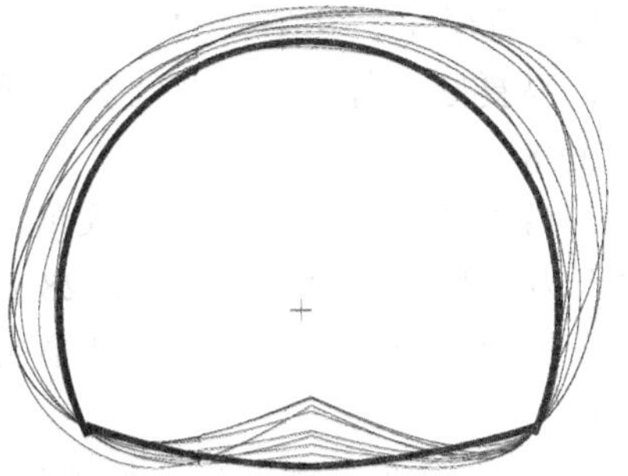

图 7-6-8　不同时间衬砌内力监测值

加固工程于 2007 年年底完成，经历了 2008 年 5 · 12 汶川特大地震和 2010 年特大降水，隧道没有出现任何问题，证明分析和措施完全合理有效。

参考文献

[1] EINSTEIN H H，MADSEN F，GYSEL M，et al. 国际岩石力学学会膨胀岩委员会和试验方法委员会膨胀岩工作小组. 关于泥质膨胀岩室内实验的建议方法岩土力学. 1994，15（3）.

[2] LI QIANG. ZHANG ZHUOYUAN. Mechanism of buckling and creepbuckling failure of the bedding rock mass on the consequent slope. Proc. of the 6th Int. Congr. of IAEG. Rotterdam. A. A. Balkema. 1990.
[3] SCHEIDDGER A E. On the prediction of the reaching and velocity of catastrophic landslides. Rock Mech，1973（5）.
[4] WANG Z Y. Research on displacement criterion of structural deformation and failure for bedding rock slope. Scientia Geological Sinica，1998，7（2）.
[5] 艾志雄，边秋璞，赵克全．岩土蠕变试验及应用简介．三峡大学学报：自然科学版，2006，28（6）.
[6] 白云峰．顺层岩质边坡稳定性及工程设计研究．西南交通大学，2005.
[7] 曹树刚，边金，李鹏．岩石蠕变本构关系及改进的西原正夫模型．岩石力学与工程学报，2002，21（5）.
[8] 曹文贵，速宝玉．岩体蠕变大变形有限元分析及其在金川矿的应用．矿冶工程，1999，19（3）.
[9] 常江．老采空区上方建筑物地基稳定性的研究．西北矿业学院学报，1995，15（1）.
[10] 陈渠，西田和范，岩本健，等．沉积软岩的三轴蠕变实验研究及分析评价．岩石力学与工程学报，2003，22（6）.
[11] 陈卫兵，郑颖人，冯夏庭，等．考虑岩土体流变特性的强度折减法研究．岩土力学，2008，29（1）.
[12] 陈卫忠，谭贤君，吕森鹏，等．深部软岩大型三轴压缩流变试验及本构模型研究．岩石力学与工程学报，2009，28（9）.
[13] 陈文胜．岩土力学松弛数值计算方法和应用研究．岩石力学与工程学报，1998，17（5）.
[14] 陈新．西岭雪山隧道受力变形监测及安全性评价．西南交通大学，2008.
[15] 程谦恭，彭建兵，胡广韬，等．高速岩质滑坡动力学．成都：西南交通大学出版社，1999.
[16] 程圣国，叶永，杨俊晓．顺层岩质边坡临界坡长求解研究．华中科技大学学报：城市科学版，2006，23（2）.
[17] 答治华，王小军．膨胀岩边坡病害及防护．路基工程，1998，16（4）.
[18] 邓荣贵，周德培，李安洪，等．顺层岩质边坡不稳定岩层临界长度分析．岩土工程学报，2002，24（2）.
[19] 丁陈建，汪吉林．神经网络法的采空区地基稳定性评价．采矿与安全工程学报，2009，26（2）.

[20] 董志宏，丁秀丽，邬爱清，等．地下硐室软岩流变参数反分析．矿山压力与顶板管理，2005（3）．
[21] 段建，言志信．岩质边坡流变分析的一种实用计算方法．岩土工程技术，2005，19（4）．
[22] 范庆忠，高延法，崔希海，等．软岩非线性蠕变模型研究．岩土工程学报，2007，29（4）．
[23] 范秋雁．膨胀岩与工程．北京：科学出版社，2008．
[24] 范文，俞茂宏，李同录，等．层状岩体边坡变形破坏模式及滑坡稳定性数值分析．岩石力学与工程学报，2000，19（增刊）．
[25] 冯君．顺层岩质边坡开挖稳定性及其支护措施研究．西南交通大学，2005．
[26] 冯兆祥，林闽．层状岩质边坡中最不利滑裂面迁移现象的研究．高校地质学报，2002，18（4）．
[27] 高根树，张咸恭．大型滑坡高速滑动机理．中国地质灾害与防治学报，1992，3（1）．
[28] 韩会增．文江泉，王贤能．南昆线膨胀岩边坡坍塌机理和防护措施．岩土工程学报，1996，18（2）．
[29] 何峰，王来贵，于永江．岩石试件非线性蠕变模型及其参数确定．辽宁工程技术大学学报，2005（2）．
[30] 何满朝，景海河，孙晓明．软岩工程力学．北京：科学出版社，2002．
[31] 何满潮，毛利勤，张金凤．膨胀岩路堑边坡稳定性探讨．矿山压力与顶板管理，2004，21（3）．
[32] 何满潮，陈新，梁国平，等．深部软岩工程大变形力学分析设计系统．岩石力学与工程学报，2007，26（5）．
[33] 胡广韬．滑坡动力学．北京：地质出版社，1995．
[34] 胡启军．长大顺层边坡渐进失稳机理及首段滑移长度的确定研究．西南交通大学，2008．
[35] 康建荣．采动覆岩动态移动破坏规律及开采沉陷预计系统（MSPS）研究．中国矿业大学，1999．
[36] 雷晓燕．岩土工程数值计算．北京：中国铁道出版社，1999．
[37] 李保雄，苗天德．红层软岩顺层滑坡临滑预报的强度控制方法．岩石力学与工程学报，2003，22（增2）．
[38] 李广信．高等土力学．北京：清华大学出版社，2004．
[39] 李青麒．软岩蠕变参数的曲线拟合计算方法．岩石力学与工程学报，

1998，17（5）.
[40] 李清林，谢汝一，王兰普．应用电 CT 成像探测煤矿采空区及其稳定性计算．工程地球物理学报，2006，13（2）.
[41] 李树森，任光明．层状结构岩体顺层斜坡失稳机理的力学分析．地质灾害与环境保护，1995，6（2）.
[42] 李永盛．单轴压缩条件下四种岩石的蠕变和松弛试验研究．岩石力学与工程学报，1995，14（1）.
[43] 李云鹏，杨治林，王芝银．顺层边坡岩体结构稳定性位移理论．岩石力学与工程学报，2000（6）.
[44] 廖红建，宁春明，俞茂宏．软岩应变软化特性的数值解析探讨．西安交通大学学报，1998，32（3）.
[45] 刘波，韩彦辉．FLAC 原理、实例与应用指南．北京：人民交通出版社，2005.
[46] 刘长武．软岩巷道锚注加固原理与应用．徐州：中国矿业大学出版社，2000.
[47] 刘光廷，胡昱，陈凤岐．软岩多轴流变特性及其对拱坝的影响．岩石力学与工程学报，2004，23（8）.
[48] 刘钧．顺层边坡弯曲破坏的力学分析．工程地质学报，1997，5（4）.
[49] 刘特洪，林天健．软岩工程设计理论与工程实践．北京：中国建筑工业出版社，2001.
[50] 刘祥海．顺层滑坡机理及滑动（层）面抗剪强度的研究．滑坡文集（第六集）．北京：中国铁道出版社，1988.
[51] 刘小丽，周德培．用弹性板理论分析顺层岩质边坡的失稳．岩土力学，2002，23（2）.
[52] 刘秀英．荷载作用下老采空区地表移动规律的试验研究．太原科技大学学报，2010，31（1）.
[53] 缪协兴，陈智纯．软岩力学．徐州：中国矿业大学出版社，1995.
[54] 邱恩喜，赵文，刘俊新．地下采空区加固范围的数值分析与稳定性评价．路基工程，2008（1）.
[55] 邱恩喜，谢强，赵文．铁路路基沉降预警系统构成及工程应用．水文地质工程地质，2008（5）.
[56] 曲永新．对中国东部膨胀岩的研究．软岩工程，1991，31（2）.
[57] 曲永新．中国东中部泥质岩成岩胶结作用的工程地质研究．中科院工程地质力学开放研究室年报，北京：科学出版社.

[58] 任光明. 顺层坡滑坡形成机制的物理模拟及力学分析. 山地学报，1998，16（3）.
[59] 沈珠江. 理论土力学. 北京：中国水利水电出版社，2000.
[60] 孙广忠. 岩体结构力学. 北京：科学出版社，1988.
[61] 孙钧. 岩土材料流变及其工程应用. 北京：中国建筑工业出版社，1999.
[62] 孙忠弟. 高等级公路下伏空洞勘探、危害程度评价及处治研究报告集. 北京：科学出版社，2000.
[63] 谭罗荣. 孔令伟. 特殊岩土工程土质学. 北京：科学出版社，2006.
[64] 汤国璋. 膨胀岩的工程特性与路基工程防治途径. 兰州铁道学院学报：自然科学版，2002，21（1）.
[65] 陶连金，蒯本秋，张波. 松散软岩巷道破坏的颗粒离散元模拟分析. 地下空间与工程学报，2010，6（2）.
[66] 陶振宇，潘别桐. 岩石力学原理与方法. 武汉：中国地质大学出版社，1990.
[67] 腾永海，张俊英. 老采空区地基稳定性评价. 煤炭学报，1997，22（5）.
[68] 汪洋，王晓睿，唐雄俊，等. 高地应力条件下软岩隧道大变形数值模拟. 中外公路，2009，29（5）.
[69] 王春雷. 桥基荷载作用下三维高边坡岩体力学行为及桥基位置确定的研究. 西南交通大学，2008.
[70] 王红伟，王希良，彭苏萍，等. 软岩巷道围岩流变特性试验研究. 地下空间，2001，21（5）.
[71] 王辉，罗国煜. 顺层岩坡优势面水力学作用研究. 水文地质工程地质，1999（2）.
[72] 王建锋，WILSON H TNAG，崔正权. 边坡稳定性分析中的剩余推力法. 中国地质灾害与防治学报，2001，12（3）.
[73] 王来贵，赵娜，何峰. 软岩的非线性蠕变模型及其稳定性分析. 辽宁工程技术大学学报，2006，25（5）.
[74] 王西宁. 软弱围岩流变分析及其支护方法研究. 西南交通大学，2007.
[75] 王贤能，韩会增，文江泉. 膨胀岩边坡工程中膨胀与流变的耦合效应. 地质灾害与环境保护，1997，8（4）.
[76] 王小军. 膨胀岩的判别与分类和隧道工程. 水文地质工程地质，1995（2）.
[77] 文江泉，韩会增. 膨胀岩的判别与分类初探. 铁道工程学报，1996（2）.
[78] 吴方见. 大型采空区加固效果检测方法研究. 西南交通大学，2008.

[79] 伍永田，张旭生，李晓芸. 采空区塌陷的离散元模拟. 采矿技术，2008，8（1）.
[80] 邢爱国，胡厚田，杨明. 大型高速滑坡滑动过程中摩擦特性的试验研究. 岩石力学与工程学报，2002，21（4）.
[81] 邢爱国，高广运. 大型高速滑坡近程空气动力学效应研究. 岩石力学与工程学报，2003，22（5）.
[82] 徐长洲，陈万祥，郭志昆. 软岩蠕变特性的数值分析. 解放军理工大学学报：自然科学版，2006，7（6）.
[83] 徐建平，胡厚田. 摄动随机有限元法在顺层岩质边坡可靠性分析中的应用. 岩土工程学报，1999，21（1）.
[84] 徐峻龄. 顺层滑坡的滑体厚度与岩体结构的关系. 滑坡文集（第四集）. 北京：中国铁道出版社，1984.
[85] 严秋荣，邓卫东. 红层软岩土石混合料的长期蠕变性能模拟试验研究. 重庆交通学院学报，2008，25（4）.
[86] 晏同珍，杨顺安，方云. 滑坡学. 武汉：中国地质大学出版社，2000.
[87] 晏同珍. 水文工程地质与环境保护. 武汉：中国地质大学出版社，1993.
[88] 杨德智，陈雨，宋丽英，等. 基于 ANSYS 的采空区地基稳定性分析与评价. 能源技术与管理，2010（1）.
[89] 杨庆，廖国华，吴顺川. 膨胀岩三维本构关系的研究. 岩石力学与工程学报，1995，14（1）.
[90] 杨庆. 膨胀岩与巷道稳定性. 北京：冶金工业出版社，1995.
[91] 袁静，龚晓南，益德清. 岩土流变模型的比较研究. 岩石力学与工程学报，2001，20（6）.
[92] 张凤翔，张文军，董学农. 软岩膨胀应力、膨胀率测试方法的研究. 阜新矿业学院学报，1984，3（1）.
[93] 张慧梅，李云鹏，杨治林. 顺层边坡岩体结构稳定性位移判据的研究. 西安科技大学学报，2004，24（4）.
[94] 张为民. 松弛模量与蠕变柔量的实用表达式. 湘潭大学自然科学学报，1999，21（3）.
[95] 张向东，李永靖. 软岩蠕变理论及其工程应用. 岩石力学与工程学报，2004，23（10）.
[96] 张忠亭. 岩石蠕变特性研究进展概况. 长江科学院报，1996，13（1）.
[97] 赵奎，蔡美峰. 饶运章，等. 采空区块体稳定性的模糊随机可靠性研究. 岩土力学，2003，24（6）.

[98] 赵文，谢强，李娅. 高陡边坡桥基安全距离研究. 铁道工程学报，2006，96（6）.
[99] 赵文. 荷载作用下高陡边坡岩体力学行为及桥基位置确定方法研究. 西南交通大学，2005.
[100] 郑颖人，沈珠江，龚晓南. 岩土塑性力学原理. 北京：中国建筑工业出版社，2002.
[101] 周翠英，朱凤贤，张磊. 软岩饱水试验与软化临界现象研究. 岩土力学，2010，31（6）.
[102] 周维垣，杨强. 岩石力学数值分析. 北京：中国电力出版社，2005.
[103] 朱定华，陈国兴. 南京红层软岩流变特性试验研究. 南京工业大学学报，2002，24（5）.
[104] 朱晗近，马美玲，尚岳全. 顺倾向层状边坡库区破坏分析. 浙江大学学报：工学版，2004，38（9）.
[105] 朱合华，叶斌. 饱水状态下隧道围岩蠕变力学性质的试验研究. 岩石力学与工程学报，2002，21（12）.
[106] 朱玉平，莫海鸿. 顺倾边坡岩层滑移弯曲临界长度及其影响因素分析. 岩土力学，2004，25（2）.